The Invisible Weapon
Telecommunications and International Politics 1851-1945

インヴィジブル・ウェポン
電信と情報の世界史1851-1945

D. R. ヘッドリク Daniel R. Headrick
横井勝彦・渡辺昭一【監訳】

日本経済評論社

はしがき

二〇世紀を振り返ってみて、私は、自分たちがつくり上げてきた世界に対して、人間が曖昧な認識しか持っていないことに驚きを禁じえない。世界中の人々が科学技術に魅了されて、自分たちが抱える問題を解決する万能薬として、科学技術に期待を寄せている。だが、近代の科学技術は、驚嘆すべき不快な副産物も数多くもたらしたのである。そのなかでもほとんど理解されていないものの一つに、相互依存性（interdependence）がある。なぜなら、近代の科学技術は、単体で生まれたのではなく、それまで以上に広い範囲での相互作用と相互依存を必要とする複雑なシステムとして誕生したからである。したがって、一国が科学技術の面で発展すればするほど、その国は世界中からの原材料、工業製品、情報さらにはサービスに、ますます大きく依存するようになる。

この相互依存性は、多くの人々にとって憂慮すべきものであり、恐るべきものですらある。二〇世紀が、近代の科学技術が必要とする極度の相互依存性から脱却しようとする大衆運動の時代、すなわちナショナリストの解放闘争や経済的な自給自足を達成しようとする取り組み、あるいは人種的に同質の社会をつくり上げようとする取り組みに至るまで、さまざまな運動の時代であったことは、決して偶然ではないのである。人間は、互いに闘っているだけではなく、拘束から放たれた科学技術と経済の力が自分たちの上にのしかかってくるような世界、すなわち、相互依存性と貿易と通信が支配する世界に対しても、反発しているのである。

電信は、この過程に最も深く関与している科学技術である。それは極めて複雑であるが、システムとネットワークをいとも簡単に形成し、世界的な規模での相互依存性を必要とし、かつそれを促進していく。だが二〇世紀の大半を通じて、電信は、人々を分離し孤立させる目的で政治によって管理され、歪められ、変形されてきたのである。本書は、このパラドクスを理解するための一つの試みである。

この本は、多くの方々のご支援の賜物である。ここでこれらの方々からのご支援について、簡単に記しておきたい。まずは、カレッジ・ティーチャー研究奨励制度と二度の資料調査旅費の助成を通じて、この研究プロジェクトを支援してくれた全米人文科学基金にお礼を申し上げたい。

また、私の研究を最も支援してきてくれた次の方々にも、この場を借りてお礼を申し上げる次第である。ケーブル・ワイアレス社と同社資料の保管担当者ピーター・トレーヴァース－ラニー、ワシントンの国立公文書館のジェリー・ヘスとデヴィッド・フェイファー、ロンドンの防衛省のR・M・コッポック、そしてキューの公文書館、ロンドンの大英図書館、シカゴのジョセフ・レジェンスタイン・アンド・ジョン・クレラー図書館の親切で配慮の行き届いたスタッフの皆さんに、心よりお礼を申し上げたい。

多くの友人と同僚の研究仲間からは、私の研究に対して激励や示唆に富んだ批判を賜った。以下に彼らの名前を記して謝意を表したい。ヨルマ・アヴェナイネン、ヒュー・エイトキン、ジーン－クラウド・アライン、キャサリン・ベルソ－ラベニア、アンドリュー・バトリカ、パトリス・カルレ、イアン・コゲッショウ、ドナルド・デュ・コーガン、ケイト・エルザ、パスカル・グリセット、ロバート・キューービセック、ビル&ジェーン・マッカラム、ジョエル・モキア、デヴィッド&ナンシー・ノースラップ、ジョン・スミダ、ユーゾー・タカハシ、フランク・トーマス、ガリー・ウォルフェ、マーク・W・ザファー、ゾーン・ザング。

編集者のナンシー・レーンには、多年にわたって変わることなく激励していただいた。心よりお礼申し上げたい。

本書を妻のリタに捧げたい。彼女から私は歴史家のあるべき姿を、そしてそのほかにも多くを学ぶことができた。

シカゴ　一九九〇年　夏

D・R・ヘッドリク

目　次

はしがき　i
凡　例　ix
第1章　電信と国際関係……………………………………………………… 1
電気通信の特徴／電信と世界史／研究分野としての国際電信
第2章　新たな技術……………………………………………………………… 11
電信の起源／電気通信国際協力／最初の海底電信ケーブル／地中海電信ケーブル／第一次大西洋電信ケーブル（一八五八〜一八六六年）／紅海電信ケーブル（一八五六〜一八六〇年）／インドへの電信（一八六一〜一八七〇年）／結論
第3章　世界的な電信ケーブル・ネットワークの拡大（一八六六〜一八九五年）…… 33
電信ケーブル技術／大西洋電信ケーブル／電信ケーブル会社／インドとオーストラリアへの電信ケーブル／西インド諸島とラテン・アメリカにおける電信ケーブル競争／ロシアを越えて日本へ／コマーシャル・コードと万国電信連合／結論

第4章　一九世紀末における電信と帝国主義……63
インドの電信／インドシナの電信／フランス領西インド諸島のケーブルとニュース／中国の電信／東アフリカのケーブル／西アフリカのケーブル／ケーブルと植民地統治／結論

第5章　世紀転換期の危機（一八九五～一九〇一年）……93
電信と外交／一八九八年までのイギリスのケーブル戦略／電信の遅延とフランス帝国主義／ドイツとアゾレス事件／米西戦争／ファショダ事件／イギリスの戦略的ケーブルに関する報告書（一八九八年）／ボーア戦争

第6章　諸列強と電信ケーブル危機（一九〇〇～一九一三年）……121
イギリス太平洋ケーブルと「オール・レッド」ルート／イギリスのケーブル通信戦略（一九〇二～一九一四年）／アメリカのケーブル網／フランスとケーブル危機／ドイツとケーブル危機／結論

第7章　無線時代の始まり（一八九五～一九一四年）……155
マルコーニと無線通信の誕生（一八九五～一八九九年）／マルコーニの独占と諸列強の対応（一九〇〇～一九〇六年）／技術的変革と通商面での競争関係（一九〇〇～一九〇七年）／一九〇八年に至るまでのアメリカ海軍と無線通信／連続波（一九〇八～一九一四年）／フランス植民地における無線通信（一九〇八～一九一四年）／ドイツの長距離無線通信と植民地の無線通信（一九〇六～一九一四年）／イギリスの帝国無線通信網（一九一一～一九一四年）／結論

第8章　第一次世界大戦時における有線および無線電信……187
一九一四年七月の緊張／ドイツ通信網に対する連合国側の攻撃／ドイツの連合国通信網への攻撃／戦時中の連合国の通信状況／検閲制度／プロパガンダ／結論

第9章　第一次世界大戦における通信諜報……209
一九一四年以前の政府の暗号解読技術／地上戦における通信諜報／イギリス海軍の通信傍受と電波到来方向推定／一九一四年におけるドイツの暗号とイギリスの暗号解読技術／イギリス海軍の諜報戦（一九一五～一九一六年）／Uボート戦争（一九一七～一九一八年）／ドイツ軍の通信諜報／ツィンマーマン電報

第10章　対立と決着（一九一九～一九二三年）……237
一九一九年パリ講和会議／一九二一～一九二二年のワシントン海軍軍縮会議／ラテン・アメリカ通信ケーブルをめぐる争い／アメリカ無線通信会社／一九一九～一九二四年におけるイギリスの無線通信／一九二四年までのドイツとフランスの無線通信／ラテン・アメリカと中国における無線通信／結論

第11章　技術の大躍進と商業競争（一九二四～一九三九年）……267
一九二三年における世界のケーブル敷設状況／一九二〇年代のケーブル技術／新ケーブル（一九二四～一九二九年）／国際電信電話会社と電話／短波革命／イギリスの反応／フランス植民地の短波／短波の国際的影響力／イギリスの通信合併／イギリスの合併に対する反応／収益性と安全性をめぐるイギリスのジレンマ／結論

第12章　第二次世界大戦における通信諜報……295
一九三六年に至るイギリスとドイツの通信諜報／暗号解読機／戦争の足音（一九三六〜一九三九年）／戦争の勃発（一九三九〜一九四〇年）／戦時中のイギリス通信諜報／戦時のドイツ通信諜報／イギリス本土防空戦と北アフリカ戦線（一九四〇〜一九四二年）／ドイツスパイと連合国の無線攪乱戦略／無線諜報、レジスタンス、そしてノルマンディ上陸／ソ連諜報組織／結論

第13章　海上通信をめぐる覇権戦争……327
ケーブル戦争／通信網と大西洋での海戦／大西洋での戦い（一九三九〜一九四四年）／真珠湾攻撃以前のアメリカ通信諜報／真珠湾からミッドウェイへ／ミッドウェイ海戦後

第14章　番人の交代……351
アメリカの膨張／北アフリカとヨーロッパへの戦略ケーブル／イギリスの退却／戦後通信機構の組織化／結論

第15章　電信、情報、そして安全保障……367

文献ノート　371

訳者あとがき　377

索　引　400

凡例

一、本書は、Daniel R. Headrick, *The Invisible Weapon: Telecommunications and International Politics 1851-1945*（Oxford University Press, New York and Oxford, 1991）の全訳である。

一、外国の固有名詞は、原則として現地音のカナ表記をこころがけたが、現在の日本で定着している表記についてはそれを尊重し、現地音カナ表記にしていないものもある。いずれも固有名詞の原綴は巻末索引に示してある。

一、外国の社名・団体名・官職名・その他普通名詞は、本文中で原語を表記しないと理解を妨げるもの以外は、原語・原綴はすべて巻末索引に示してある。

一、イギリス公文書館の現在の表示法はTNA（The National Archives）であるが、原書の各章の注では、その表示が以前のPRO（Public Record Office）のままになっている。この訳書でもPROのままにして修正は加えていない。

第1章　電信と国際関係

一八五三年、オーストラリアに初めて電信が敷設されたとき、メルボルンのアーガス社は、歓喜に浸って、「電信は、近代における最も完成された発明と言えよう。……これほどの完璧なものはない。われわれは、今、人間の飽くなき叡智を絞って次世代に残せるものは何かを真剣に考えようではないか[1]」と述べた。このような一九世紀によく見られた手放しの喜びようは、自然に対する人類の支配を可能にする科学技術への進歩主義者の称賛ばかりか、この支配力が人類に恩恵をもたらすという楽観主義的な信念をも体現したものにほかならなかった。これより三〇年後、スエズ運河の建設に携わったフェルディナン・ド・レセップスは「万民に利益をもたらす事業とは、完成したものであれ、建設中か計画中のものであれ、人々を共通の目標に導き互いに理解を深められるようになって、争いのない時代を到来させる事業のことである[2]」と述べている。

レセップスが言及した事業は、鉄道、蒸気船、運河、電信のような、一九世紀の多くの人々を興奮させた新しい輸送および通信の手段であった。もし彼が長生きして二〇世紀の発明を目の当たりにしたなら、もちろん驚嘆したであろうが、それらが人々の争いをやめさせられるとは思えなかったに違いない。われわれが前世紀において何かを学んだとしたなら、技術は人間に自然に対する支配力を与えてくれるが、その結果を予想する力を与えることは決してないということであろう。

電気通信の特徴

通信と政治の関係は非常に複雑であり、それを明確にするうえで、まず通信システムの重要な特徴をいくつか確認しておきたい。手紙と同じようにある場所から他の場所へと二地点間を結ぶ電気通信システムは、特定の受信者に情報を伝えるシステムであるが、単に情報を伝達するということのほかに、五つの重要な特質を持っている。それは、技術的・経済的側面に関わるスピード、受信範囲、経費、信頼性、これに加えて政治的・組織的側面に関わる安全性である。

まず、スピードに関して、これは、電信の最も驚嘆すべき特質である。新しい技術への爆発的需要を引き起こした要因は、電流の信じられないほどのスピードと、それが約束する「リアルタイム」な情報であった。一九〇一年に、アメリカ陸軍通信部隊のジョージ・スクワイアー大佐は、当時の驚きを次のように表わしている。「実際に地上のどんな地域にも及ぶ電気信号の高速性は、特急郵便（最速の外洋船）でさえまったく比較にならない(3)」と。初期の電信は、郵便よりははるかに高速であったとはいえ、決して情報を瞬時に中継することはできないどころか、技術的および組織的遅滞によって減速した。より多くの情報がアッという間に陳腐になることから、政府、企業、そして新聞は、電気通信の効率改善を目指していた。

次に、受信範囲についてであるが、これは、ネットワークへの加入者数に関連する。電信は、単独の装置としてではなく、最初からネットワーク、すなわち、地球全体に広がる大規模で複雑な社会技術的システムとして出現した。これは、例えば鉄道、航空機、電力のような最近の他の発明にも当てはまった(4)。しかし、鉄道や電力は地域レベルで最も効率を上げたが、電信はアッという間に全国レベルとなり、海底ケーブルについて言えば、大陸間レベル、そして地球レベルにさえなったのである。

電気通信網は、次の二つの理由によって拡大する性質を持っている。それは、人間の要求を満たし、待望の新製品のごとく次々と顧客を引きつけるだけでなく、ネットワークの可能な接続数（顧客にとっておおよその価値判断となる）が、利用者数の累乗で拡大するからである。このような理由によって、電気通信網は発明者の予測を越えて拡大してきた。電気通信は、その発明から二〇年も経たずにヨーロッパや北米を覆い、最も小さな町にまで到達するに至った。その後まもなく地域ネットワークは、大陸間ネットワークに連結し、海底ケーブルによってグローバル・ネットワークをつくり上げた。最近、豊かな国家では、どの家庭やオフィスの机にも電話が置かれるようになったが、人々は、それに飽きたらず、個々の部屋、車、飛行機でも電話を利用できるようになることを願い、いずれいつでも世界の誰とでも通話できる腕時計式の電話を持ちたがるであろう。

電気通信網に関する第三の特徴は、経費の問題である。それは、速度の利点に見合うものの、その拡大を制限した。すべての経済的現象のごとく、通信革命は、歴史上のさまざまな局面でさまざまな社会的グループに関わった。当初、長距離電信の利用料金は、一八六六年の大西洋電信ケーブルの場合、二〇語の電文が一〇〇ドルと、びっくりするほど高額であった。それは、産業労働者の二～四カ月分の賃金に相当した。これまで電信の技術的驚異を称賛してきた人々でさえ、その高額な経費ゆえに長年利用を制約され、緊急時のみ電報を利用するに留まったのである。

新しい技術というものは、発明当初は高価であるものの徐々に安くなるのが一般的である。ただ交通や住宅と違って、通信経費は一世紀以上にわたって下落し続け、そして今なおその下落は留まるところを知らないのには驚くばかりである。電信から始まる通信技術の進歩に対する人々の憧れは、ついに今報われようとしている。

実業家たちは、通信が利潤獲得や事業拡大の機会を与えてくれたために、いち早く電信を利用した。実業界では、しばしば電信のスピードと信頼性の対費用効果が正当化された。鉄道、海運、通信販売商会、新聞のように、一九世紀に勃興した数多くの事業は、電信と密接な関係を持ち、それに依存さえした。電話も、利用されるようになってまもなく事業に不可欠な道具となった。同様に、無線も船舶や航空機に欠かせなくなったし、放送メディアをもつくり出した。かくして、電信によって、地方の事業は地域レベルから全国的レベルとなり、やがて地球規模へと拡大し、世界経済を発展させてきた。

政府は、大衆が切望してもほとんど入手不可能なものや、企業がただ限定的にしか確保できないものを、あらゆる犠牲を払ってでも手に入れようとした。電信が開通したとき、政府は大いに歓迎し、その費用拡大を度外視して支援した。

しかし、第四の特徴である信頼性は、容易には達成されなかった。初期の電信は、設備の故障から人為的ミスに至るまで、さまざまな問題に悩まされた。電文は、しょっちゅう行方がわからなくなったり、遅延されたり誤送されたりもした。このような状態を改善するために、複線化、設備更新、そして経験豊かな交換手を多数採用するなど、多額の投資を行う必要があった。同様なことは、二〇世紀初頭の無線についても当てはまった。技術的視点からみると、電信の歴史は、ときに驚異的進歩を見せながらも、絶えずゆっくりと改善されてきた歴史であった。

電信は、人類の偉業の一つであるとしばしば指摘されてきた。しかし、安全性の面からみると、まったく異なった状況を示す。安全性とは、技術的特質ではなく、社会的、政治的性質のものであるからだ。政治は、一九世紀以降安定するどころか、時には著しく混乱したため、電信の歴史にさえ暗い側面を持ち込んでいる。

人から人へと私文書を伝えるサーヴィスにおいて、電信システムは、当事者以外誰の目にも触れないということが前提である。これは、個人に対するプライバシーの保証である。事業は、守秘義務を重視するが、同時に情報にアクセスする優先性をも重んじる。政府は、もっと厳しい要求をすることさえあり、政府関係の通信の多くを非公開とすることを望む。

同時に、通信の安全性を脅かすのも政府である。政府のみが自国民を監視し、他国を偵察する手段を持っている。政府は、有史以来詮索に明け暮れてきたが、ここにきて電信が広く行き渡るとともに重要な情報量が激増したことにより、通信はこれまで以上に脆弱化した。国内における通信の安全性は、電信システムそれ自体の特質の問題というよりも、政府の裁量に対する信頼性の問題となった。通信は、国際的に、時には国内的にも、他国政府のスパイの目に曝されてきたのである。

電信と世界史

タイムリーな情報の入手は、権力の重要な武器となるため、政府は通信を渇望するものである。古代の支配者たちでさえ、自分の領土や国境で起こっている出来事を知る必要があった。彼らは、自らの代理や臣下に次々と命令を出し、事態を収拾しようとした。政府は、対外関係において他国に関心を示し、露骨な権力誇示ではないにしても自らの影響力を拡大しようとした。そして戦時には、情報とその操作が勝敗を決してきた。

情報には、三つの価値基準がある。情報それ自体の価値、タイムリーなニュースとしての価値、排他性という点での秘密(機密)としての価値である。政府は、この三つすべてを切望した。いわゆる大帝国はすばやく情報を入手するためにはどんな手段をも使ってきた。ローマ帝国は道路を建設し、ペルシャ帝国やモンゴル帝国は駅逓制度を設けた。イギリス帝国は郵便蒸気船に補助金を与えた(5)。しかしながら、電報が利用される以前には、政府は、通信に伴う遅滞や信頼性の低さに悩まされてきた。大帝国においては、手紙の発信者が返信を受け取るのに何カ月もかかった。例えば中国、ローマ、スペインのような帝国は、その貧弱な通信にもかかわらず、一九世紀末の「新帝国主義」国家よりもはるかに長期間にわたって何世紀もの間存続してきた。

一八世紀までに、ヨーロッパの各国政府は、自らの通信網に満足せず、通信技術の進歩を加速させた。手旗信号、海軍旗、公共郵便制度の発展は、需要が通信メディアの提供を推進させつつある兆候であった。

本書は、フランスとイギリスの間に初めて電信ケーブルが敷設された一八五一年から第二次世界大戦終結までを取り扱う。さらに国際関係の視点から、当該期を、諸列強間の相対的に平和な四〇年間と、その後緊張が続き二つの世界大戦を引き起こした半世紀との二つに分けて考察する。

電報が登場した一八四〇年代は、ヨーロッパとアメリカ合衆国が平和な時代の絶頂期にあった。これまでの敵意は忘れ去られて、軍事的要求よりも民間人の要求が優先された。電報の急速な拡大は、政府の要求と同様にビジネスや鉄道の要求にも対応した。人々や新聞は、瞬時の電気通信マジックを大いに歓迎した。取引にとって重要であり、外交にとっても有益なものは、世界の人々と国家の間により大きな調和をもたらしてくれると、多くの人々は信じていたのである。

電気通信は、次第に単なる奇跡から現代の利器へと転換し、産業文明の進歩の証となった。新しい媒体が世界中に拡大するにつれて、小規模なネットワークは大規模なネットワークへと取り込まれ、技術改良や経済の大規模化が自ずと独占を生んだ。アメリカ電信電話会社（以下AT&T社と略記）やウェスタン・ユニオン電信電話会社のような巨大企業に寛大であったアメリカ合衆国を除けば、あらゆる国家において、国内の電信網は政府によって設立され運営された。

一九世紀末は、次の二つの点で例外的時期であった。一つは、諸列強がなるべく互いの争いを避けて、その力をアジアやアフリカでの貿易や帝国主義へ注ぎ込んだことである。平和な時代になって、彼らは、これまでのように安全性の問題には関心を払わなくなり、通信の改良にも多額の資金を投資しなくなった。その間、国際貿易は非常に拡大し、政治よりも経済が通信拡大の原動力となった。一八六〇年以降、ケーブル事業は、投資家と顧客の両方を満足させることになった。国内電信を独占した政府でさえ、国際電信事業については私企業に任せるに至った。第2章と第3章に示すように、一九世紀末の電気通信の歴史は、政治史というよりは経営史と言えるかもしれない。

電信ケーブルが世界中を覆うようになるにつれて、少数の企業（その大部分はイギリス企業）が国際通信を独占した。この独占は、外国企業の憧れとねたみを引き起こしたが、敵対心を生むまでには至らなかった。自由貿易主義時代には、国家は互いの相対的優位性には寛大であったからである。ヨーロッパの諸列強が大陸の問題に、アメリカ合衆国が西進運動に熱中していたとき、海上はイギリスの圧倒的支配領域であった。第4章で検討されるように、植民地帝国へ、そして中国のような非ヨーロッパ諸国への電信の拡大に政府が介入することは、大抵の場合自明のことであった。植民地関連の行政やニュース、そして国際貿易にとって電信の広い範囲に及ぶ利便性は明白であったので、ケーブル所有の問題は些細な論点でしかなかった。

一九世紀を通じて、ヨーロッパ諸列強間の競争は、勢力均衡に対する伝統的な慎みと尊重によって抑制された一方で、われ先に争う領土的な野望は、アフリカやアジアの広大な未征服地へ向けられていた。世紀末に向けて、アフリカやアジアの領土がほとんど諸列強の支配下に置かれるようになると、ナショナリズムがますます辛辣となった。何十年間も帝国拡大という共通の企てに関わってきたヨーロッパ諸列強間の友好的競合関係は、嫉妬、恨み、そして疑惑へと変貌したのである。米西戦争、ファショダ事件、ボーア戦争、英独建艦競争のような世紀転換期の事件は、緊張を高めつつ、一九世紀の長い平和を二〇世紀の両大戦の第一局面へと導いた。

通信に対する国家の関与が強まるにつれて、それを喪失する恐怖もまた同じように強まった。米西戦争でのケーブル切断やボーア戦争時の検閲は、通信線がいかに攻撃を受けやすいか、そしてそれ以上に国際通信をイギリスの善意に依存している国家がいかに攻撃を受けやすいかを、世界に示すかたちとなった。その反動で、フランスとドイツが多額の政府資金によって独自の通信網建設を急ぎ、イギリス政府も助成金を投じて構築した戦略的ケーブルを用いて通信網を完成させ始めた。アメリカ合衆国のみが、いまだに純粋な自由企業形態に満足していた。このように、一九一四年までに急速に拡大した通信は、諸列強間の誤解を解くどころか、戦争の気配に動揺する神経質な政府の苛立ちを募らせてしまった。外国ケーブルへの依存から解放されたいという願望から、諸列強は無線の未熟な技術をより完成された技術へと高めようとした。かつて奇跡として標榜され、その後公益事業として見なされた電信は、いまや諸列強間の競争の政治的道具となった。この問題は、第5章から第7章で取り上げる。

二度の世界大戦によって、一九世紀末から始まった電信の政治色は著しく強まった。政府と軍隊は、ニュースや私的通信に加えて、情報の持つ三つの特殊形態を利用したのである。その形態とは、プロパガンダ（事実はどうであれ、政府が世界を信じ込ませようとした手段）、機密（政府が非友好国から守ろうとした情報）、そして、諜報（非友好国がすでに入手していた秘密）であった。両大戦および冷戦中に、真の情報は、これら三つの形態が交じり合うことによって隠蔽されがちであった。交戦国同士が機密と諜報を利用するとき、情報を支配できるかどうかは、とくに守勢に立っている弱小国家の命運を大きく左右した。彼らにとって最小限の力であっても生死を決定しかねないからである。第8章と第9章で述べるように、第一次世界大戦において、初めて電信の軍事的潜在能力が明白となった。この点については、最良の国際通信手段を手に入れていたイギリスが、他のどの国よりもその教訓を学んだのである。

スパイ活動のロマンスは現実にはなくなっても、文学の世界においては長く語り継がれている。何時間もラジオのかすかな音に聞き入る退屈さと、寝室で繰り広げられるマタハリのなまめかしい行為の興奮を比較できようか。文学にとって不幸なのは、電信と無線が運輸から通信を分離させたとき、それがスパイ活動の新しい形態をつくり出したことである。それは、秘密情報を獲得するために使われたどんな手段よりスリリングではないにしても、より驚異的であった。交戦国は、電信や無線によってすべての武器や軍艦を管理し、地域的な戦争ではなく世界戦争を戦うことができた。その過程において、彼らは、互いに情報を探り出すために通信諜報をも生み出した。長距離通信がより容易かつ安価になるにつれて、政府は、検閲、秘密の傍受、暗号解読と分析によって情報を支配することをますます重要視した。スパイ活動は、他の多くの活動と同様に、当初官僚的であったが、次第に機能的になった。

第10章および第11章が扱う両大戦間期は、自由貿易への復帰どころか敵対的ナショナリズムや国家統制企業の拡大期であった。自由な資本主義の最後の砦であるアメリカ合衆国でさえ、政府が深く国際電気通信分野に介入してきた。これまで優位を保ってきたイギリスは、アメリカ合衆国の富とナショナリズムの拡大、そしてこれまでの技術を時代遅れとしてしまうようなケーブルや無線という二つの新しい技術によって挑戦を受けることになった。

第二次世界大戦は、さらなる技術進歩を伴った第一次世界大戦の再来であった。ここでもイギリスは、再び通信の支配者となった。イギリスは、相対的に自らの通信の安全性を確保したのみならず、ドイツの最高機密の暗号解読にも成功していた。アメリカ合衆国もまた、日本の暗号解読に成功していた。しかし、イギリスは、他の分野と同様にこの分野においても、その地位を同盟国でありかつ友好的な競争相手でもあるアメリカ合衆国に譲り渡すことによって、自らの安全保障を確保せざるをえなくなった。この点については、第12章から第14章で言及したい。

第二次世界大戦から四〇年以上が経過したが、情報とその混成状況——宣伝・諜報・スパイ活動——は、依然として国際政治における兵器庫の一部のままである。フェルディナン・ド・レセップスの時代と違って、通信の改良が世界中の人々に平和と調和をもたらすのかどうかは疑わしい。

研究分野としての国際電信

現代世界において、情報とそれを伝える電信システムは欠かせないものとなっている。これらがさまざまな観点から、そして政治学や経済学から工学および軍事科学に至る多様な学問分野で研究されてきたことは何ら驚くことではない。「通信」という新しい学問分野は、とくに新マスメディアと社会の相互作用を研究するために、ここ数年の間に登場してきた。

放送とポイント・ツー・ポイント（二地点間通信）という二つの通信形態のうち、放送、すなわちマスメディアは、大方の通信研究者の注意を引いてきたが、それには二つの理由があった。それは、その性質上、公共性を生み出すとともに広く聴衆を求めるからであり、また自らの情報を生み出し、後世のためにそれを保持するからである[6]。他方、ポイント・ツー・ポイントは、さほど注目されていない。それは、プライバシーを守り、ただ顧客の情報を伝えるのみであり、そしてその通信のコピーを保持することは滅多にないからである。しかしながら、それは、政府活動、戦争の結果、事業の遂行、そして、一般の人々の生活にさえ、より深い繋がりを持っている。実際に新聞やテレビ番組よりも個人の手紙や電話に価値を見出さない人々などいるであろうか。ポイント・ツー・ポイントの電信は、その捕捉が非常に困難であるために、この点に関する研究は、通信の構造、出所や公表の履歴、通信装置や技術、そしてそのビジネス活動に集中せざるをえなかった。いくつかの顕著な例外を除けば、ポイント・ツー・ポイントの文化的側面は、いまだ研究されていないのである。[7] 電信の政治的影響は重要であったため、研究者の注意を惹かないことはなかったが、電文内容が、メディアによってではなく何年間もそれを秘匿しておく顧客によって保持されるために、主として文化的側面は、我慢強い研究者である歴史家の間で注目されてきたにすぎない。

国家間の関係からみると、ここ一世紀半における通信の進歩は、二重の歴史を持っている。技術の面では、その歴史はほとんど不断の進歩の歴史であり、結果として通信は、経費の削減、通信領域、スピード、信頼性の増大も実現した。他方、安全性の面では、世界が危機的状況に陥るにつれて国際電信の政治的重要性が高まると、それは諸列強が競って開発する武器へと変貌してしまった。

科学技術の社会的側面を取り扱うどんな著書とも同じように、本書も技術が独自に有する自律性についての厄介な論点に直面する。一世紀以上もの間、哲学者や作家は、技術が発明者の意図とは無関係にそれ自体の評価を勝ち取ったかどうか、この自律的な技術が決定的要因、すなわち現代史の「独立変数」であるのかどうかを考えてきた。[8] この問題は、ここでの話題と密接に関係するのである。なぜなら電信技術は、複雑で進歩が速く、諸国家の政治活動に重要な役割を演じるからである。しかし、この技術はどこからともなく突然生じることはない。それは、その発端があまり予測できない場合には、純粋な技術的要求や発明者や利用者の合理的な選択によっても、遂行されたり普及されたりすることはない。むしろ組織が機械と社会との間を調整し、そして両方に影響を及ぼしている。その組織とは、いくつか名前を列挙すれば、イースタン電信連合会社、フランス下院議会、ウェスタン・ユニオン電信会社、ドイツ国防軍などであり、結局のところこれらの組織が、買収、投資、補助金、特許、秘密の共有や保持、そして他の多くの手段によって、技術と社会の相互関係を支配している。技術が歴史過程に影響を及ぼすことはしばしばあるが（この著書はその事例で溢れている）、組織こそが、「技術」と「人間」の間の相互関係を支配し、それを通じて歴史をつくるのである。ゆえに、本書は、単なる因果関係の研究ではなく、通信技術、それを利用する組織、それが伝える情報、そして国家権力の間の相互関係の究明を目指しているのである。

注

（1） Ann Moyal, "The History of Telecommunication in Australia: Aspects of the Technological Experience, 1854–1930," in *Scien-*

tific Colonialism: A Cross-Cultural Comparison, ed. Nathan Reingold and Marc Rothenberg (Washington, 1987), 36.

（2） Letter to Maxime Hélène, November 6, 1882, in Hélène, *Les travaux publics au XIXe siècle. Les nouvelles routes du globe* (Paris, 1882), 7.

（3） Captain George O. Squier, "The Influence of Submarine Cables upon Military and Naval Supremacy," *National Geographic Magazine* 12, no. 1 (January 1901), 2.

（4） 技術史における諸システムをめぐる見解については、草分け書である Thomas P. Hughes, *Networks of Power: Electrification in Western Society, 1880–1930* (Baltimore, 1983) を参照。

（5） その重要性にもかかわらず、一九世紀以前の政治と通信の関わりについて、依然として歴史的研究が十分になされていない。唯一の著書として、Harold A. Innes, *Empire and Communications* (Oxford, 1950) が挙げられよう。

（6） 例えば、Everett M. Rogers, *Communication Technology: The New Media in Society* (New York, 1986) を参照。

（7） 数少ない研究として、次の著書が挙げられる。Ithiel de Sola Pool, *The Social Impact of the Telephone* (Cambridge, Mass., 1976) and *Technologies of Freedom* (Cambridge, Mass. 1983); Carolyn Marvin, *When Old Technologies Were New: Thinking About Communication in the Late Nineteenth Century* (New York, 1987); Stephen Kern, *The Culture of Time and Space* (Cambridge, Mass., 1983); Patrice A. Carré, "Proust, le téléphone et la modernité," *France Télécom: Revue française des télécommunications* 64 (January 1988), 3–11.

（8） この考えは、Jacques Ellul, *The Technological Society*, trans. John Wilkinson (New York, 1964) において強調され、Langdon Winner in *Autonomous Technology: Technics-out-of-Control as a Theme in Political Thought* (Cambridge, Mass., 1977) によって引き続き検討された。

第2章　新たな技術

電信の起源

フランス革命期に、革命政府は国内および海外であらゆる敵と対戦した。兵力の規模や出来事が推移するスピードは飛躍的に増加したが、馬による伝令のような通信手段はローマ時代から進歩していなかった。革命家たちは戦場からのニュースや自軍の統制手段を切望し、空を経由する信号、すなわち一七九三年にクロード・シャップが紹介した腕木通信（semaphores）のシステムを熱狂的に導入しようとした。しかし、シャップのシステムには数多くの欠点があった。それは経費がかかる複雑なシステムであり、数マイルごとに通信塔を必要とするだけでなく、数百人の訓練を受けた通信手をも必要としていたからである。しかも、このシステムは、通信速度が遅く、信頼性に欠け、晴天時のみに利用可能だった。にもかかわらず、その後五〇年間に成立したすべてのフランス政府はこのシステムを好んだ。なぜなら、このシステムは、フランスの為政者たちにある種の統治感覚を与え、反体制運動の危険な影響を受けやすい国ではとくに貴重な必需品だったからである。それゆえ、一八五〇年までにフランス全国土は五〇〇〇キロメートルの通信線と五五六カ所の通信局で覆われることになった。

その他の国では、政府は質素倹約に努め、しかも安定していたから、腕木通信システムをほとんど導入しなかった。一七九七年から一八〇八年までの時期に、イングランド政府は海軍省と主要な港を結ぶ腕木通信ネットワークを建設した。とはいえ、平和がもどるとすぐに放棄してしまった。その後は、商業都市や民間会社が船舶の到着を知らせるために腕木通信線を建設した。同様に、アメリカ合衆国でも船舶到着のニュースは腕木通信によって伝えられ、ニュージャージーのサンディーフックからニューヨーク市に伝達された。一方、プロイセンは一八三〇年代にフランスのモデルに基づいて腕木通信線を建設し、ベルリンとラインラントを結合した(1)。

腕木通信は、その欠点にもかかわらず、さまざまな欲望を刺激した。当時最速の交通手段よりも迅速に情報が伝達されたのは、歴史上初めてのことだったからである。一八二〇年代までには、新しい情報渇望者が現れることになった。すなわち、金融業者と投機家である。彼らの運命は証券取引所の価格変動や船舶の到着に関する最新のニュースに依存しており、他者に先駆けてその種の情報を獲得することは、投機家にとって莫大な富の獲得を意味した。それゆえ、彼らは腕木通信手を買収して、公的通信文に秘密暗号を挿入させようとしたのである。

政府が腕木通信を独占していた間、経済界は別の通信技術を使用した。伝書鳩である。伝書鳩は電信によって時代遅れになるまで報道機関の頼みの綱だった。一八三〇年代に、ガルニエ通信社とアヴァス通信社はパリ、ブリュッセル、フランスの地方都市間で通信文を運搬するために鳩を使用していた。シャルル-ルイ・アヴァスは、宅配業者と鳩を使って、ブリュッセルの朝刊ニュースを正午までにはパリに、午後三時までにはロンドンに伝達した。『タイムズ』紙も一八三七年にパリ～ブローニュ間で伝書鳩通信を始めた。一八四六年までに、アントワープだけで二万五〇〇〇羽の伝書鳩が存在したと言われている。(2)

電報は、次のような発明品の一つに属する。すなわち、鉄道や航空機と同じく現れるや否や熱狂を呼び起こし、その魅力はその後数世代にわたって存続した。多くの人々が電気による通信文の運搬を試みたが、この投機的事業の成功は、通常二人のイングランド人と一人のアメリカ人の名前と結びついている。ウィリアム・クックとチャールズ・ホイートストンは、一八三七年のイギリスで鉄道の線路を利用した電信を初めて建設した。サミュエル・モールスは同じ年に彼の信号［モールス信号］の特許を取得し、一八四四年に最初の公共電信線をボルティモア～ワシントン間に開設した。その後、フランス人は電信に対して顕著な貢献をするようになるけれども、一八四〇年代にフランスは腕木通信に過剰投資し、鉄道に対してはほとんど投資しなかったから、イングランド人やアメリカ人と異なり、電信を早急に必要なものと感じなかった。それゆえ、その後一世紀間に顕著な較差が生じ、それ以来ずっとフランスはこの較差を縮めるために努力している。

一八四〇年代末までに、電信線の網の目はイギリス、フランス、ドイツ、アメリカ合衆国の東部を覆い始め、イタリア、オーストリア、さらに遠隔地域にも拡大した。電信が公衆に対して開かれるとすぐに、電信業者がビジネス界や新聞社にニュースを伝えるために出現した。一八四八～四九年に、ベルンハルト・ヴォルフとジュリアス・ロイターは、プロイセンの電信線の両端があるベルリンとアーヘンに拠点を構え、アーヘンからフランス・ベルギー電信線の始点となるブリュッセルまでは、ロイターが伝書鳩を使って通信文を送付した。その二年後に、パリとベルリンを直接結ぶ電信線が開通すると、ロイターはイングランドに移転した。いまや、外国のニュースがわずか数時間で届くようになったのである。(3)

電気通信国際協力

一九世紀末に生じた国際的な緊張と覇権争いに関して考察する際に、以下の諸点に注目しておくことは重要であろう。国際通信に対する統制と安全性をめぐって争いが生じるには、各国を結合する電信線の存在が前提であり、こうした電信線の存在は国際協定の必要性を意味した。つまり、言い換えれば、国際協力が国際紛争に先行していたということである。

国際協定を希求する動機のうち主要なものは、国際通信を加速し、国境横断時に常に起こりうるあらゆる障害を克服したいという願いであった。一例を挙げれば十分であろう。一八五二年以前に、フランスとバーデン大公国（ライン川を越えたフランスの近隣国）間の国境を横断できる電信は存在しなかった。同年、この二国は協定を締結し、バーデン電信局の従業員がストラスブールの電信事務所に配属された。フランスからバーデン行きの電報が到着すると、フランス側の職員がそれをバーデン側の職員に手渡し、バーデン側の職員がドイツ語に翻訳し、この電報を持ってライン川を横断し、再びバーデンの電信線を使って送信した(4)。この時間がかかるシステムは、通信が存在しないよりはましであったが、改善を求める声が多かった。しかも、こうした状況はヨーロッパ全域で生じていたから、各国政府は協力せざるをえなかったのである。

ドイツほど、こうした要求が多かった地域はなかった。最初の電信線が敷設されたときには、ドイツはまだ多くの国家に分断されており、それぞれの国家が独自の電信局を保持していた。しかし、言語的・商業的・政治的圧力が組み合わさって、こうした障壁は解消されていった。一八四九年には、最初の条約によってプロイセン〜ザクセン間が［電信で］連結された。一八五〇年には、バイエルン〜オーストリア間も連結され、また同年にはプロイセン、オーストリア、そしていくつかの小国がオーストリア−ドイツ電信連合を結成した。その後、オーストリア−ドイツ電信連合には大多数のドイツ諸国とオランダが加わった(5)。

一八五〇年代初頭に、フランスは近隣諸国と一連の条約を締結した。それは一八五一年のベルギーとの条約、一八五二年のスイスとの条約、一八五三年のサルデーニャとの条約、そして一八五四年のスペインとの条約である。その翌年に、これらの諸国は西ヨーロッパ電信連合を結成し、のちにオランダ、ポルトガル、ヴァチカン、両シチリア王国も参加した。ベルギー、フランス、プロイセンは一八五五年のベルリン協定にも調印し、直通線（スルー・ライン）の開通を確定し、通信の秘密厳守と効率化をも確約した(6)。一八六〇年代の初頭までに、ヨーロッパ諸国は多数の条約によって相互に結合され、二つの電信連合に統合されたのである。一八六四年に、ナポレオン３世は効率的な国際電信システムの構築を目的として、イギリスを除く主要なヨーロッパ諸国政府（国営電信を持っていない政府）を招聘した。この会議は一八六五年にパリで開かれ、万国電信連合を設立した(7)。

国境を越えて電信線を張りめぐらし、直通電報の開通を許可すること以上に、協力すべき事項は多かった。直通電報料金とさまざまな関連部局への同料金の配分、異なる電報種目のなかでの優先順位、コードやサイファーといった暗号の使用法、電報で使用を認められる単語と言語、直通電報のルート、検閲や秘密事項などといった多数の解決すべき事項が存在した。こうした問題の多くは外交官たちの能力や関心を超越したものであった。それゆえ、一八六八年にウィーンで開催される次の電信会議において外交官たちは、ベルンにこれらの問題を扱う国際電信管理局を設立することを決定した。これは世界初の常設的な国際機関だった(8)。

それ以来、定期的な会議によって運営方針が決定され、国際電信管理局が日々の業務を行った。一八七一〜七二年のローマ会議では、投票権は与えられなかったが、民間会社の参加も認められた。大規模な海洋横断ケーブル会社がその業務を国家行政と協調して行うようになるにつれ、こうした一体的な性格を有する電信体制がアジアとアメリカにも拡大することになった。

最も重要な会議は、一八七五年にサンクト・ペテルブルクで開催された。その国際協定は、この会議が開かれる以前の一〇年間に蓄積された経験を成文化したものだったが、いくつかの重要な政治的決断を含んでいた。例えば、第二条では通信の秘密が保障されたが、第七条では覆され、国家の安全や公序良俗を脅かすと判断されたあらゆる電信を差し止める権利が各国政府に与えられた。そこには、ロシアとドイツの影響が存在したことが明らかだった。さらに、電信が可能な限り最短ルートを経由して伝達されるべきであるという提案は政治的理由から却下された。なぜなら、ロシアとフランスが両国間の一切の往復文書をドイツに入手されることのないよう欲したからである(9)。

非ヨーロッパ諸国もこうした国際電信協定に参加した。一八六八年にインドが、一八七二年にオランダ領東インドが、一八七五年にエジプトが、さらにはアフリカとアジアにあるさまざまなヨーロッパ植民地が、世界的なネットワークに連結されていくにつれて、国際電信協定への参画を果たしていった。これには、技術的な問題の調整という現実的な必要性とは別の理由が存在した。フランス郵便電信省長官はフランス植民大臣に宛てた手紙のなかで次のように書いている。

われわれの植民地が［国際電信協定に］参加することは極めて重要である。なぜなら、すべての加入国政府は国際会議で投票する権利を得るからである。それゆえ、われわれの植民地が一つ新たに参加すれば、会議後の投票時に、フランスは新たな投票権を一つ獲得することになる。[10]イギリスやフランスのような植民地の最多保有国がしばしばこうした会議における支配力を行使することになったのである。

アメリカ合衆国もサンクト・ペテルブルク会議に招待されたが、国営電信システムを持たないという理由から辞退した。さらにアメリカ合衆国は、検閲条項があるという理由でこの国際協定に調印しなかった。しかし、アメリカの二大企業のウェスタン・ユニオン電信会社と郵便電信会社は、サンクト・ペテルブルク会議で決められた国際協定を遵守し、電報料金やその他の技術的な問題に関する協定を私的に取り結んだ。[11]西半球の多数の国はこのアメリカの前例に倣うことになった。

サンクト・ペテルブルク会議は、一九三二年までの期間では最後となる電信に関する外交会議だった。その後は、さまざまな電信行政組織の代表団が出席した一連の運営会議が開催された。こうした運営会議としては、一八七九年、一八八五年、一八九〇年、一八九六年、一九〇三年、一九〇八年、一九二五年、一九二八年の諸会議が該当する。[12]

最初の海底電信ケーブル

広大な海を横断するためには、電信ケーブルを絶縁しておかねばならない。一九世紀の前半期に数多くの発明家たちがこの問題を考えたが、なかでも最も優れていたのは、おそらくウィリアム・ブルック・オウショーニシだった。彼はベンガル軍の医師であり、カルカッタ医科大学の化学担当教授でもあり、さらに電気に関心を持つアマチュアの科学者でもあった。それまで、彼は電信をまったく見たことがなかったが、イギリスの新聞記事やベンガル・アジア協会の会合での議論に触発され、新たな電導体に関する実験を開始した。一八三八年に、彼は二二キロメートルの電信線を竹の棒で吊し、フーグリ川を折り返し地点として、絶縁された電信線を三キロメートルも水面下に敷設した。これは最初の水中回線だった。[13]彼自身の言葉によれば、

> 自然界で不可能と思われることに対して人類の叡智がもたらした勝利の目録は、科学の進歩によって絶えず更新されている。……私が例証したあらゆる事柄よりもさらに大きな収穫は、文書を送る際の時空間の消滅であろう。電気信号は一〇〇〇マイルも離れた両地点を太陽光が天空を進むよりも短時間に通過する。このことは、論証可能であり、また実際に真実であるけれども、そのように断言すると人々は驚くであろう。[14]

オウショーニシの実験は成功したが、カルカッタでは誰もその

有用性を理解しなかった。それは、ヨーロッパからあまりにも遠く離れた場所で行われたから、注目されなかったのである。

しかし、一八四〇年代の半ばまでに、二つの事件が関連し、水中電信は実現可能となった。第一の事件は陸上電信の普及であり、それは電流を水中に通す方法のさらなる探究を促進した。第二の事件は電信線を絶縁するのに効果的な素材、つまりガタパーチャの発見であった。ガタパーチャは、東南アジアの多雨林に生育する「パラクウィム」の乳樹脂であり、ジョゼ・ダルメイダとウィリアム・モンゴメリーという名の二人の医師によってシンガポールからイングランドに初めて持ち込まれた。ドイツでは、プロイセン砲兵隊のヴェルナー・フォン・ジーメンス中尉が、この物質を使って電信線をコーティングする機械を発明し、ライン川とキール港に横断電信ケーブルを敷設した。同じ頃、イングランドでも、チャールズ・ハンコックとヘンリー・ビューレイが、製造上の問題を克服し、フォークストン港で実地試験を開始した[15]。

まもなく、事態は実用化に向けて動きだした。一八五〇年八月に、ジェーコブ・ブレットとジョン・W・ブレットの兄弟は、最初の海底電信ケーブルをドーヴァーからカレーまで敷設した。それはガタパーチャでコーティングされた銅製一本撚りの電信線だったが、数時間後に漁民が引き揚げてしまい、不幸にも壊れてしまった。その翌年の一一月に、トーマス・クランプトンの海底電信会社が、ガタパーチャでコーティングされ、鉄製ロープの鎧装で保護された銅製四本撚りの電信線をそれとは別に敷設した。これが功を奏し、三七年間もの使用に耐えた[16]。さらにこの電信線は国際的にも経済的にも成功した。なぜなら、それはフランスとイギリスという世界で最も裕福で強力な二国を結びつけたからである。一八四八年からフランス大統領となっていたルイ・ナポレオン・ボナパルトは、イギリスとの緊密な絆を確立しようと試みていた。フランスの金融業者もパリとロンドンの証券取引所の連携を強く欲しており、それゆえこの事業を支持していた[17]。この電信線が敷設されると、ジュリアス・ロイターは、すぐに膨大なニュースを処理するために、ドーヴァーとカレーに事務所を開設した。その後の数年間に、電信ケーブルは、アイルランド〜イングランド〜スコットランド間や、イングランド〜ベルギー間、さらにはイングランド〜オランダ間、デンマーク〜スウェーデン間にも敷設された。ヨーロッパが繁栄と自由貿易の時代に突入すると、電信ケーブルはその時代における希望の象徴になったのである。

地中海電信ケーブル

一八五一年まで、電信は国内的事業であり、人々の日常的交流を促進するために時折国境を越えるに留まっていた。しかし、諸大国は、貿易だけでなく、その勢力をも拡張していた。イギリスとフランスは、当時大国だったが、その意思を他国に押し付けるための手段として電信の価値を見出すようになった。このことは、両国が深く関与していた地中海において初めて顕在化した。

フランスは、一八三〇年からアルジェリアの征服を試み、一八五〇年代までに一〇万人もの兵員がナポレオン以来最大の軍事作戦に従軍した。同じく、大量のヨーロッパの市民も「アルジェリア」植民地で生活していた。二つの異なる通信システムがフランスの行政官と入植者のために役立っていた。すなわち、一八五四年までに一四九八キロメートルも拡大した腕木通信ネットワークと、同年二四九キロメートルの電信線の敷設から始まり、一八六一年までに三一七九キロメートルにまで拡大した電信ネットワークである。

「ドーヴァー」海峡ケーブルの成功以来、抑えがたい衝動となったのはアルジェリアを結合する電信ケーブルの敷設だった。一八五三年にジョン・ブレットはフランスからコルシカ島、サルデーニャ島を経てアルジェリアに至る電信ケーブルの敷設を提案し、すぐにフランスとサルデーニャ政府から認可を得た。その後、彼は地中海海底電信会社を設立し、「フランス、ピエモンテ、コルシカ島、サルデーニャ島、アルジェリア、そしてエジプト経由で、ヨーロッパ、アフリカ、インド、オーストラリア」を結合すると大々的に約束した。ジェノヴァ、コルシカ島、サルデーニャ島の間は一八五四年に電信ケーブルの敷設に成功したが、サルデーニャ島からアルジェリアまでの電信ケーブルは初期の敷設装置にとっては重量がありすぎたために失敗した。

次の電信ケーブルは、R・S・ニューアル社によって一八五七年に敷設されたものだったが、二年間しか実用に耐えなかった。そこで、フランス政府は第三のケーブル製造業者グラス・エリオット社に注目し、この会社は二つのケーブル敷設を試みた。最初の試みはトゥーロンからアルジェに至る電信ケーブルだったが、敷設中に壊れてしまった。第二の試みは、一八六一年にポート・ヴァンドルからメノルカ島経由でアルジェに至る電信ケーブルの敷設だったが、一年間しか使用できなかった。フランス政府は業を煮やし、スペインを横断する陸上電信線とともに、一八六四年にジーメンス社が敷設したカルタヘナからオランまでの短距離間電信ケーブルを使用した。しかし、これも同様に壊れてしまった。

一八七〇年に、イギリスが所有するマルセイユ・アルジェ・マルタ電信会社は、フランスとフランス領北アフリカ植民地の間に信頼性のある直通電信ケーブルを初めて敷設した。その一年後にインド・ゴム・ガタパーチャ電信会社（通常はインド・ゴム社やシルバータウン社として知られている）がこの電信線の複製を製作し、フランス政府のための第二の電信線として敷設した。

一八七〇年代に、さらに多くの移民がアルジェリアに移住して貿易も拡大すると、大量の電報に対応するために大量の電信ケーブルも必要になった。一八七九年と一八八〇年にインド・ゴム社はフランス政府のためにさらに二つの電信ケーブルを敷設した。フランス政府は、一八九二年と一八九三年にも、依然として多くの電信線を必要としていたから、電信総合会社とグラモン社の二社と契約した。これらの会社の電信ケーブルは、フランスで初めて製造されたものだった[18]。

アルジェリアへの最初の電信ケーブルにまつわる物語では、二つの点が注目に値する。第一は、通信に対するフランス政府の渇望が新しい技術開発を促した点である。実際、フランス政府の助成を受けて行われた試みが失敗を重ねるうちに、技術は進歩したのである。第二に、イギリスと同じく通信を大いに必要としてきたフランスは、外国企業を優遇したため、自国における電信ケーブル産業の発展を二〇年間も遅らせてしまった点である。この決断は、のちにフランス政府が後悔したものであった。

イギリスは、フランスと同様に地中海に深く関与してきたが、それは領土の獲得というよりも、ロシア、トルコ、フランス、エジプト間の力の均衡を維持するためだった。同様に、イギリスはロシアの穀物やエジプトの綿、イタリアのワインやその他の商品をこの地域から輸入していた。しかし、最も重要であったのは、イギリスの偉大な富と権力の源泉であったインド・ルートであった。一八三〇年代に、汽船が郵便物や乗客を運搬し始めると、このルートの保護がイギリスの政治家たち、とりわけ外務大臣パーマストン卿にとってそれまで以上の主要な関心事となった。イギリスの安全は、イギリス海軍と、その基地であるジブラルタル、マルタ島、コルフ島に依存していた。

とはいえ、政治的に大きく変動しがちな地域で起こる出来事にロンドンが精通していくためには、通信はあまりにも遅かった。たとえ汽船を使ったとしても、イングランドからコルフ島に送った手紙の返信は六週間以内に受け取ることはできなかった[19]。歴史家のジョン・セルが説明しているように、「地中海のイギリス領土と電信で結合されていれば、海軍力を必要な場所に速やかに移動できるから、同地域におけるイギリスの海軍力は二～三倍になっただろう。そうしておけば、ネルソン提督は、死に物狂いでフランスのヴィルヌーヴ提督を追跡する必要はなかったのである[20]」。

戦争が引き金となって電信が敷設されることはよく起こった[21]。一八五四年三月にフランスとイギリスはロシアに宣戦布告し、クリミアに軍隊を上陸させた。通信文は電信でマルセイユに送られ、そこから船でコンスタンティノープルに送られた。コンスタンティノープルには一六～二〇日後に到着した。イギリスとフランスの政府は、自軍を統制することを切望したから、民間企業が電信を建設するのを待っていられなかった。それゆえ、両国の政府はオーストリアの電信ネットワークの終点であるブカレストから、黒海に面するヴァルナまで陸上電信線を建設し、そこから先のクリミアまではニューアル社に依頼して、鎧装なしの電信ケーブルを仮設させた。[22]一八五五年四月になって初めて、フランスとイギリスの政府は、遠方の戦場にいる自軍と通信した。兵站業務と事務処理はたしかに改善されたが、遠隔地点で干渉を受けたため、軍事作戦には依然として支障をきたしていた。A・W・キングレークは、彼の詳細な戦史のなかで、電信に好意的な意見を述べなかった。

しかし今、突然なことに、新しい危険な魔術が戦争に干渉するようになった。この魔術は、空間を飛び越える速度で絶対的な統治者の命令を運び、そのことによって統治者が潜在的に有している間違いを犯す可能性を増加させた。……

われわれの政府はそれを乱用しなかったが、フランス人は、パリからの迅速な命令にさらされていたため、電信線の一方にルイ・ナポレオンがおり、他方にはカンロベールのような指揮官がいる状況下で、戦争をいかに遂行すべきかを学ばなければならなかった。カンロベールは、明らかに堅い意志を示した言葉を用いずに、礼節を極めた言い逃れによって、あくまでも宮廷の戦略には応じようとしなかった。[23]

実際にカンロベール大将に宛てた初期の電信のなかで、ナポレオン3世は、軍隊の移動に関して詳細な指示を与えようとし、次のように彼の不満を漏らしている。「私自身がクリミアに遠征できないことを、私は極めて遺憾に感じている」。[24]だが、そのことはおそらく正解でもあった。なぜなら、ナポレオン3世は、彼の伯父が保持していた戦争の才能をまったく持っておらず、たとえ自分で遠征したとしても戦局を混乱させたに違いなかったからである。しかしながら、彼の干渉は、アドルフ・ヒトラーやリンドン・ジョンソンのような自称軍事戦略家が遠方から指揮した未来の軍事行動の前兆でもあった。

第一次大西洋電信ケーブル（一八五八〜一八六六年）

イギリスとフランスの政府が、地中海を横断するさらに高速の通信手段を熱心に探求していた間に、民間企業家はより利潤率の高いアメリカへのルートに関心を向けていた。大西洋電信ケーブルほど、歴史のなかでより多くの興奮を呼び起こし、より多く叙述された電信通信事業は存在しない。[25]

大西洋を横断する電信ケーブルのアイデアは非常に早くから現れた。一八四五年にブレット兄弟はこの事業のためにイギリス政府に助成金を申請したが拒絶された。この事業を実際に推進したのはアメリカ人のサイラス・フィールドだった。一八五四年に彼は、大西洋を横断する二つの最短地点であるニューファンドランドからアイルランドへの電信ケーブルの敷設に着手した。アメリカ合衆国において彼はサミュエル・モールスや海軍観測所のマシュー・モーリー大尉の支持を取り付け、民衆の間に大きな興奮を引き起こした。しかし、彼は十分な資本を調達できなかったから、イングランドに赴き、ジョン・ブレットや電信技術者のチャールズ・ティルソン・ブライト、そして数人の資本家たちと合流して一八五六年に大西洋電信会社を設立した。

イギリスとアメリカの政府は、大西洋の海底測量や戦艦の貸し出しなどさまざまなかたちで援助を与えたが、直接的な助成金は提供しなかった。一八五七年八月と一八五八年七月における二度の失敗の後に、この事業は三度目の挑戦で成功し、報道機関と株主の称賛を浴びることになった。一八五八年八月一三日には、大西洋の両端において行われた演説と祝賀が式典を彩るなか、ブキャナン大統領とヴィクトリア女王が挨拶を交わした。

だが、その電気信号は微弱で低速度であり、物理学者のウィリアム・トムソンがこの目的のために開発した超高感度の反射検流計を使っても改善されなかった。この電信ケーブルの価値を証明したのは、イギリス政府がインドにカナダ二個連隊を派遣する命令の中止を連絡したときであり、それによって五万ポンドが節約された。しかし電気信号は、［一八五八年の］九月初旬にはさらに弱く、しかも判読不能になり、一〇月二五日には完全に途絶えてしまった。

その失望感はあまりにも大きかったため、イギリス政府はこの問題に関する公式調査を命じた。合同委員会の八名のメンバーのうち、半数が商務省から、残りの半数が大西洋電信会社から参加した。この委員会は、一八五九年一二月から一八六〇年九月にかけて二二回の会議を開催し、一八六一年四月に提出した報告書は、海底電信のあらゆる側面を詳細に調査したため、電気工学における古典となった(26)。この報告書は、医師から転向した電気技術者でブライトの友人でもあったエドワード・ホワイトハウスが最終的に犯した過ちを非難していた。というのも、彼は電信ケーブルを回復させようとして二〇〇〇ボルトの電流を流してしまったからである。しかし、ドナルド・ド・コーガンが最近指摘したように、実際の過ちの原因は、電信ケーブルの敷設を急ぎすぎた推進者たちや、製造業者のニューアル社とグラス・エリオット社にあった。ニューアル社とグラス・エリオット社はあまりにも軽量で絶縁性をほとんど持たない電信ケーブルを急いで製造しただけでなく、それを劣化するままに放置していた(27)。

海底電信の歴史のなかで一八五〇年代は熱狂と実験と失敗の

一〇年間だった。イングランドとフランス、またはカナダとニューファンドランドを結ぶ短い電信ケーブルはそれなりに良好に機能した。しかし、大西洋のような長距離や、地中海と紅海といった深海での成績は落胆するほど悪かった。一八六一年までに敷設された一万七七〇〇キロメートルの電信ケーブルのうち、たった四八〇〇キロメートルだけしか機能せず、残りは破損してしまった(28)。電信ケーブルの状態があまりにも絶望的だったために、一時はアメリカ合衆国とヨーロッパをアラスカとシベリア経由で繋ぐ提案もなされた。

だがついに、科学技術は電信ケーブル自体が持つ問題を捉えた。電信ケーブルや機器の製造業者やウィリアム・トムソン、チャールズ・ブライト、ウィロビー・スミスのような専門家たちは、この一〇年間の経験から、電信ケーブルをいかに製造すべきか、いかに検査し、取り扱い、敷設すべきか、電気信号をいかに効率的に送るべきかを習得した。

こうした出来事のなかで最も重要な役割を果たしたのは、グラスゴー大学の自然哲学教授ウィリアム・トムソンだった。彼は初期の大西洋電信ケーブル事業に関わっており、一八五九～六〇年の合同委員会にも参加していた。彼は、長距離の電信ケーブルが蓄電器のような役割を果たし、電気信号をなめらかにし、判読しがたくしてしまうことを発見し、メイン・パルスの直後に短い逆パルスを送信して信号を鋭くする方法を考案した。彼はさらに高性能な送受信装置も発明して深海測量の効率も向上させた。こうした物理学への貢献によって、彼は一八六六年に勲爵士に叙せられ、一八九二年には貴族に昇進してケルヴィン男爵となった。

一八六〇年から一八六四年までの間は、アメリカ南北戦争やイギリス投資家たちの懸念によって電信を拡張することは妨げられた。南北戦争が終結しても、科学技術の準備は整っていたが、五〇万ポンドを海に沈めるという考えに対して投資家たちはまだ一抹の不安を感じていた。だが、まさにこのときに、マンチェスターの綿織物製造業者ジョン・ペンダーは彼の全財産とビジネスの才能を電信事業に注ぎ込んで小心者を勇気づけた。彼はまず電信ケーブルの芯線を製造しているガタパーチャ社を鎧装製造業者のグラス・エリオット社と合併させ、新会社である電信建設維持会社（通称TC&M社）を設立した。この会社は大西洋電信会社と共同で電信ケーブル事業を行い、一八六五年七月には新しい電信ケーブルをグレート・イースタン号に搭載した。グレート・イースタン号は、世界最大級の船であり、海洋横断に十分な量のケーブルを搭載しうる唯一の船だった。しかし、この電信ケーブルは、アイルランドの東方約二二〇〇キロメートル地点で壊れてしまった。だが、一八五八年に敷設された電信ケーブルとは異なり、この電信ケーブルは、他のあらゆる点で優れており、［修理するためには］単に引き揚げて再結合することだけを必要とした。その翌年にペンダーは、資本金六〇万ポンドでアングロ－アメリカ電信会社を設立し、新しい電信ケーブルを再搭載したグレート・イースタン号を出発させた[29]。今度は全工程が上手くいき、一八六六年七月二七日に大西洋の両岸は結合された。その六週間後に、一八六五年の電信ケーブルは引き揚げられて修理され、二つの電信ケーブルが大西洋をつなぐことになった。グローバルな情報通信の時代が始まったのである。

紅海電信ケーブル（一八五六〜一八六〇年）

一八五六年にクリミア戦争が終結しても、中東に対するイギリスの関与は終わらなかった。汽船と電信という一九世紀中葉の二つの新しい科学技術によって、インドへの通路としてのこの地域の重要性は著しく増加した。ヨーロッパとインドの電信ネットワークの結合は必然的だったが、そのためには、フランス〜アルジェリア間の通信路と同様に、克服しなければならない数多くの政治的・技術的な障害が存在した。イギリスとインドを結合する試みのなかには、一八五六年から一八六〇年までの失敗の時代や、一八六一年から一八六六年までの極めて不完全な通信の時代、そして最後に一八六六年以降の一連の成功の時代があった。

一八五六年に二つの電信企業家グループが、利潤獲得の好機を捉えて、中東での事業に取り組み始めた。ブレット兄弟は、ヨーロッパ・インド電信連絡会社を設立し、ユーフラテス峡谷経由で地中海とペルシャ湾を結合することを提案した。同じ頃に、ライオネル・ギズボーンとフランシス・ギズボーンは、陸上通信線を敷設してエジプトを横断し、紅海まで電信ケーブルを敷設するための独占的特許をオスマン政府とエジプト政府から獲得した。この二つの計画のうち、イギリス政府は、ブレット兄弟の計画を好み、一八五七年二月に彼らと仮契約を締結した[30]。

その数カ月後の五月一〇日にはインド大反乱が勃発し、五月一六日にヘンリー・ローレンスは反乱中心地のラクナウからカルカッタの総督に向けて電報を打った。「ここは静まり返っているが、事態は深刻である。獲得しうる限りのヨーロッパ人を中国やセイロンやその他の場所から確保し、さらにすべてのグルカ兵を山丘地帯から確保してほしい。時間こそがすべてである」。その二日後にこの公文書は、カルカッタを離れ、二七日にボンベイに到着した。その後すぐに汽船でスエズに送られた。六月二一日にはアレクサンドリアでこのメッセージは船に積み込まれ、トリエステに向かった。六月二六日にそれはトリエステから再度打電され、その日の深夜にロンドンに到着した。この通信は四〇日間もかかったことになる[31]。電信の必要性は、もはや疑いないものであった。イギリス下院はこの問題を詳細かつ緊急に議論した。パーマストンはエジプトを信頼していなかったからユーフラテス峡谷の計画を支持したが、オスマン政府はそのために必要な特許をブレット兄弟に与えるのを拒み、その代わりにオスマン政府が保有する電信線をコンスタンティノープルからペルシャ湾に建設することを決めた。ヨーロッパ・インド電信連絡会社は解散し、それによってイギリスによる事態への迅速な対応の望みは潰えた。

一一月にラクナウを占領し、インド大反乱を終結させても、イギリスの不安は収まらなかった。それゆえ、イギリス政府は紅海ルートに注目した。一八五八年の初頭にライオネル・ギズボーンは紅海・インド電信会社を設立した。しかし金融市場は厳しく、必要な資本金を調達できなかったから、彼はインドの鉄道会社が獲得したような配当金の保証をイギリス政府に要求した。『タイムズ』紙やロンドン貿易商人、さらにインド省はその考えを支持した。一八五八年一一月にイギリス政府は、近年の大西洋電信ケーブルの失敗にもかかわらずこの条件をのみ、八〇万ポンドの資本金に対して年四・五%の配当金を五〇年間にわたって保証する契約をこの会社と締結した。一八五九年五月から一八六〇年二月までに、請負業者のR・S・ニューアル社がこの電信ケーブルを敷設した。契約の規定どおりに三〇日間にわたってそれぞれの区間で行われた試験結果は良好だったが、まもなくトラブルが発生し、一八六〇年三月までに六区間のうち五区間の電信ケーブルが機能しなくなった。ボンベイからスエズまでの全区間にわたって送信された電報は消失したのである。

この大災害の原因は、まもなく明らかになった。この電信ケーブルは細く、重量は一キロメートル当たり一トンしかなく、のちの電信ケーブルの四分の一の重さしかなかった。一八五八年の初頭に行われた水深測量では海底が軟らかいことが明らかだったが、適切で詳細な海底調査はまったく行われていなかった。この電信ケーブルは弛みがなく、しかも真っすぐに敷設されたから、水中の海峰間に引っ掛かり、電信ケーブルにまとわりついたフジツボの重みでまもなく壊れてしまったのである。その他の場所でも、薄い外装ワイヤーがさびつき、フナクイムシが絶縁体を食い破るのを許してしまった。こうした失望にもかかわらず、イギリスとインドの政府は当初の配当金契約を守る義務を感じ、その後五〇年間にわたって紅海・インド電信会社の株主に毎年三万六〇〇〇ポンドを支払った。

大西洋と紅海における電信ケーブルの大災害によって、投資家たちの信頼は揺らぎ、その後二〇年間にわたってイギリス政府は電信ケーブル事業を助成することに反対した。しかし、そうした出来事は一つの肯定的結果をも招いた。それは先述した合同委員会の結成であり、海底電信を投機的事業から組織的工学部門へ転換した。それ以降、科学技術上変動しやすいものは事後的にではなく、すべて前もって研究されるようになった。(32)

インドへの電信（一八六一～一八七〇年）

こうした失敗によっても、インドとの通信を求めるイギリスの欲求は衰えることはなかったが、旧式の技術である陸上電信線へと、その注目は逸れることになった。陸上電信線は通信速度が遅く、しかもその安全性は海底電信ケーブルよりも低かったが、一八六〇年代の初頭には比較的信頼性の高いものと考えられるようになった。海底電信ケーブルは、よく機能するか、それとも完全に失敗するかのどちらかだったのに対し、陸上電信線は故障しても容易に修理可能だったからである。それは、大西洋や、フランス～アルジェリア間、そして紅海における電信ケーブルが失敗した後の代替技術だったと考えられよう。

一八五八年に、トルコ政府は、コンスタンティノープルからバグダッド、そしてペルシャ湾岸のファーウまで陸上電信線を建設することを決定し、一八六一年にはバグダッドまで、一八六五年にはファーウまで完成させた。その間、イギリスは東方から接近していた。インド政府のインド－ヨーロッパ電信局は一八六二年にパトリック・スチュワート大佐のもとで設立され、カラチからペルシャ湾の入口にあるグアダルまで陸上電信線を建設した。海岸に住む部族の協力を獲得するために、フレデリック・ゴールドスミッド少佐の特別任務が必要とされ、彼は部族を脅迫してその約束を取り付けた。一八六四年にグアダルからファーウまでの電信ケーブルが敷設され、この電信線は完成した。以前のものとは異なり、この電信ケーブルは重く、適切に敷設された。(33)

イギリスはこの電信線の完成を見越して、オスマン帝国と協定を締結し、ペルシャとも協定を締結した。それらの協定によって、インド－ヨーロッパ電信局はテヘランとペルシャ湾岸のブシール間に陸上電信線を建設し、インド行きの電信ケーブルと結合することを許可された。その間にロシアは、モスクワからグルジアのティフリスへ、さらにそこからテヘランへ向かう電信線の建設を推進した。一八六五年一月には、最終的にこの二つの電信線が結合され、イギリスは、ついに電信を使ってインドと通信できるようになった。

つまり、ある意味で、イギリスは交信しうるようになったのである。電報を送信するためには、二〇単語につき五ポンドもの経費がかかった。しかも、この電報は受信されるたびに文章化され、一二回から一四回も再転送しなければならなかったから、通信速度も極めて遅かった。最初の数カ月後の電報の平均速度はトルコの電信線経由で五～六日であった。電報はわずか二四時間でロンドンからボンベイに到着したこともあれば、ほかのあるとき、とくに雪によってトルコの電信ワイヤーが遮断された冬季には、最長で一カ月もの時間がかかることもあった。なかでも最悪なのは、到着した電報が間違いだらけであり、時

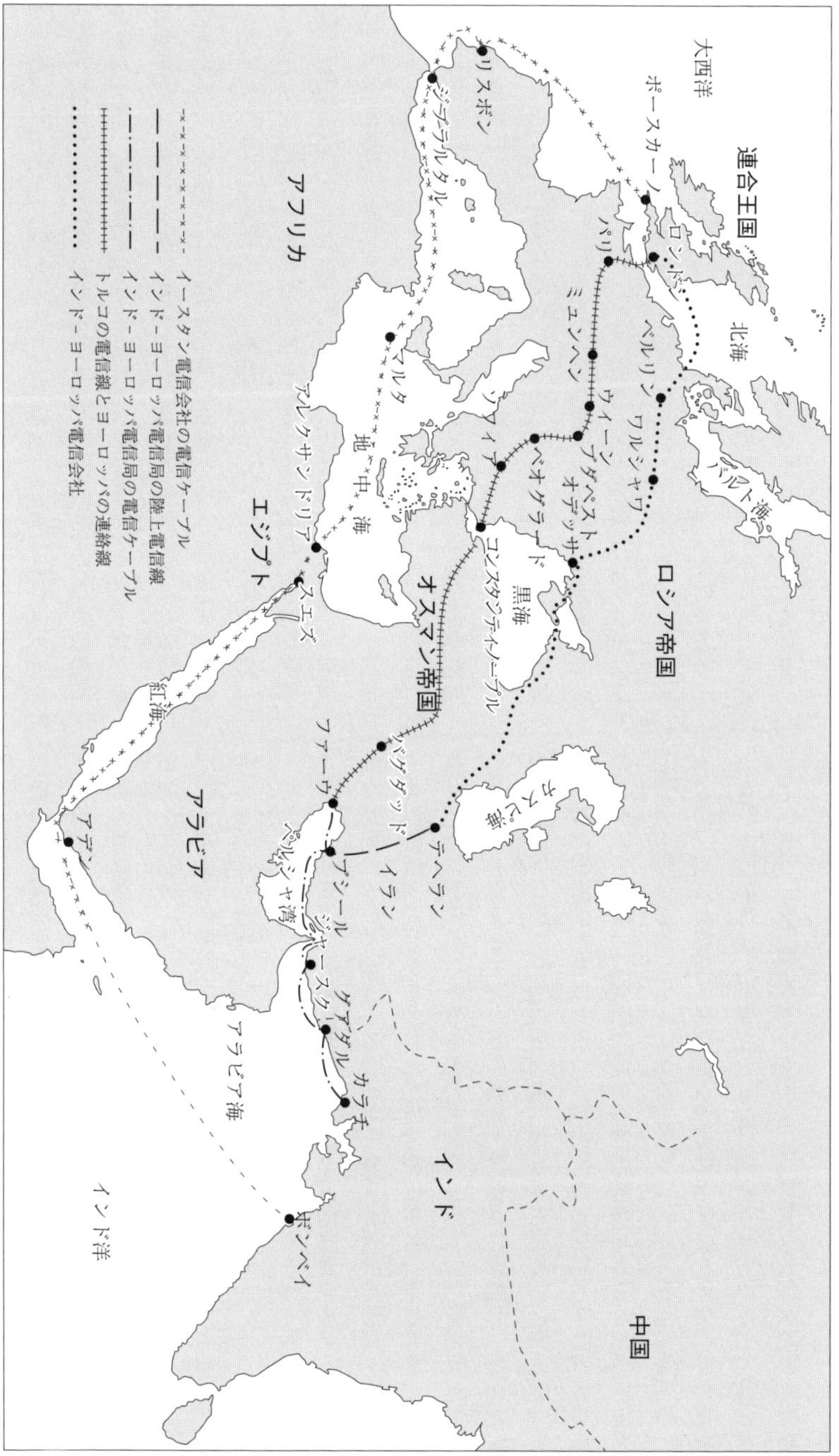

図1　イギリスとインド間の電信（1875年頃）

にはまったく意味不明な言葉になっていたことである。一八六四年のインド－オスマントルコ電信協定の規定によれば、トルコ行政当局が「この業務の完全な遂行のために十分な英語の知識を有する」事務員を雇うことや、コンスタンティノープルの事務所に「完璧に英語に精通した」職員を配置することなどが定められたが、彼らはこうした高い基準をほとんど達成できなかった。ペルシャとロシアを経由するもう一つのルートでは、さらに状況は悪かった。ゴールドスミッドによれば、ロシアでは「[業務の]すべてが粗野どころか粗野の極みだった」。電報は、たとえ紛失しなかったとしても、到着するまでに一～二週間かかった。

これらの欠点にもかかわらず、電信は人気があり、操業開始後九カ月間に二万二八六六件もの電報がイギリスからインドに伝達された(34)。ジュリアス・ロイターはアジアからニュースを獲得することを切望して一八六六年にボンベイ事務所を開設し、イングランドからドイツにも電信ケーブルを敷設し、ドイツで陸上電信線に結合した。

報道機関や商業界で陸上電信線は使われたが、その一方でイギリスとインドの政府は別のことを心配した。イギリスとインドの両政府は、彼らの通信をトルコやペルシャ、そしてロシアだけでなく、イタリア、フランス、プロイセン、バイエルン、ギリシャ、オランダ、そしてベルギーにも依存しなければならなかったからだ。それらすべての場所では、それぞれの地域の政府の公式電報が優先され、外国の電報は、静まり返った夜間まで脇に追いやられていることが多かった。さらにスパイ行為や意図的な誤報、そして遅延といった未確認情報に基づく噂も存在していた。近年に敵国となったロシアは、イギリスにとってとくに不安の源であり、イギリスはインドに対するロシアの野心を恐れていた(35)。

これらの不満に応えて、一八六六年にイギリス下院は「イギリス本国と東インド間における現在の電信郵便システムの効率的な運用について調査するための」特別委員会を設置した(36)。この委員会は、三月から七月にかけて開催され、電信産業、政府、商業、銀行業界から多数の参考人聴取を行った。そのすべての参考人がトルコとインドでの業務の劣悪さに合意し、なかでも幾人かは、ロシア・ペルシャ電信線はさらに悪いと考えていた。その他の参考人たちはヨーロッパの行政当局に対する疑念を表明した。それは、電気国際通信会社の社長であるロバート・グリムストンによる次のような批評だった。「これは単なる噂であるが、パリの行政当局は彼らが重要と見なしたすべての電報の複写を四部作成し、異なる部局に回覧させていると、私は信じている(37)」。その報告書のなかで、特別委員会は次のような結論を述べた。

イギリス本国とインドの関係に内包されている政治的・商業的・社会的利益の重要性を考慮すると、たとえ総合的にみて平時における業務が良好に行われていても、電信による相互通信手段を使う場合には、いくつかの外国政府が所有し、しかもそれぞれ別々の管理下にあるいかなる電信線や電信システムにも依拠しないほうが得策である。

さらに、この報告書は次のように推奨した。

まずロンドンとインド諸管区の間で、その後は中国やオーストラリア植民地との間で、実質的に一つの経営・管理下にある電信線の構築を考えることは極めて価値あることであり、イギリス政府の影響力のような合理的な支援によって援助が与えられることになるだろう。[38]

特別委員会は、他のどのような特定の解決方法よりも、「合理的な支援」について述べているが、その理由はインドへの電信に対する助成金の支給について、イギリス政府が複数の意見を保持していたからである。商務省、外務省、植民地省、そしてインド省はより良好な通信を希望したが、大蔵省は一八五八年の失敗による傷からいまだ立ち直っておらず、さらなるリスクを負うことを拒絶していた。

大蔵大臣が下院に覚書を提出した一八六七年四月一〇日に、イギリス政府の立場はついに明らかになった。この覚書は、今後助成金を支給しないことを述べたが、イギリス政府が「電信ケーブル敷設時にイギリス海軍艦船を使用して計画ルートの調査やその他の支援を提供し、電信ケーブル敷設が必要な領土を保持する外国政府と交渉する際に、イギリス政府の有能な省庁を使って支援」しうることを表明した。[39] この覚書は、電信推進者たちが助成金を絶え間なく要求することに対して拒否を表明したようにもみえたが、実は、政府が助成金を与えなくても民間企業がその目的を達成しうることへの自信の表れでもあった。

この信念に基づく決定を裏付ける証拠は、まもなく明らかになった。ヴェルナー・フォン・ジーメンスは、いまやプロイセンのジーメンス・ハルスケ社の社長だったが、一八六七年二月にロンドンからテヘランに二本の陸上電信線を建設し、テヘランでインド‐ヨーロッパ電信局の電信線と結合することを提案した。この電信線は、イギリス～インド間の通信に独占的に使用され、現地の電信事務員ではなくジーメンス社の従業員によって管理されることになった。ジーメンス社は、インド‐ヨーロッパ電信局のJ・V・ベイトマン‐シャンペーン少佐を送り込み、ロシアとプロイセンの両政府と交渉させた。必要な許可を獲得すると、ジーメンス社はインド‐ヨーロッパ電信会社を設立し、ロンドンにその拠点を置いた。この電信線は一八六九年に建設され、一八七〇年一月三一日に操業を開始した[40]。

この新しい電信線はすぐに効力を発揮した。インドからロシア経由でイングランドに電報を送信する際の平均時間は、従来の九日間一〇時間三九分から、一八七〇年の一日間一三時間一〇分へ、さらに一八七三年までには三時間九分へ短縮された。しかも、電報は速くなっただけでなく、初めて正確になった。トルコ電信線もこの競争にあおられて、同じ電報にかかる時間を一八六五〜六九年における五日間以上から、一八七三年には一九時間一二分に切り詰めたのである[41]。

その間に、ジョン・ペンダーは、一八六六年の大西洋電信ケーブルの成功によって突如有力な地位に上り詰めた。彼は東方に視線を向け、一八六八年五月にイギリス－地中海電信会社を設立し、マルタ島からアレクサンドリアに電信ケーブルを敷設した。翌年、彼はファルマス・ジブラルタル・マルタ電信会社を設立し、外国を通過せずにイングランドと地中海にある複数の拠点を結合した。また彼はイギリス・インド海底電信会社も設立し、スエズとボンベイを結合した。この会社は政府保証や助成金を受けなかったが、ペンダーは一二〇万ポンドを容易に調達できた。どの助成金よりも重要だったのは、一八六八年の電信買収法だった。イギリス国内の電信会社を国有化する際に、イギリス政府はそれらの電信会社の株主たちに八〇〇万ポンドを支払い、その金はいまや新たな投資、とくに電信ケーブルへの投機的事業に向けられるのを可能にした[42]。

この新しいスエズ〜ボンベイ間の電信ケーブルは、もう一つのペンダーの会社、すなわちTC&M社によって製造され、一八七〇年の初頭にグレート・イースタン号を使って敷設された。今回の敷設事業は正確に行われ、一八七〇年五月には三本もの新しい電信ケーブルが結合され、メッセージが流れ始めた[43]。

結論

一八五〇年から一八七〇年までの電信の歴史はいくつかの点で重要である。まずそれは海底電信ケーブル技術が揺籃期から円熟期へと成長した時代だった。一連の失敗から得られた教訓により、電信ケーブル製造業者や技術者たちは、絶縁体や外装だけでなく、水深測量と敷設の技術、さらには電気の特性と長距離間の信号送付に関する知識を習得した。一八七〇年までに、イギリスの企業だけが長距離電信ケーブルの生産方法を開発し、その電信ケーブルを敷設するための船や実用的知識も発展させた。また、多額のポンドをリスクの多いハイテク事業に投資し、それを失いながらも再び試行しうるような巨大で弾力的な資本市場を持っていたのも、イギリスだけだった。

その結果、イギリスは一八七〇年までに北アメリカ、ヨーロッパ、中東、インドと直接通信できるようになった。フランス、ドイツ、ロシア、アメリカ合衆国がまだ国内通信ネットワークの構築を試みていたときに、イギリスは世界中と通信する新しい手段を駆使する準備を整えていたといえよう。その結果、イギリスは次世紀までこの地位を保持することになった。

　また、イギリスは、この過程を経るうちに通信に関するいくつかの教訓を得た。第一の教訓は、一本に集約された電信線のほうが一連の短い電信線を繋ぎ合わせるよりもはるかに効率的に機能したことである。第二の教訓は、外国の電信当局が技術的に役立たなかっただけではなく、政治的にも信頼しえなかったことである。第三の教訓は、第一と第二の教訓から推定しうることであるが、選択の余地さえあればどこでも良好に機能する海底電信ケーブルのほうが、外国を経由する陸上電信線よりもはるかに好ましかったことである。第四のとりわけ最も重要な教訓は、ある電信線が途切れた際に頼るべき別の電信線を保持しておく必要性である。最後に、民間企業が国家の援助なしでも世界の主要通信線においてリスクという重荷を背負えることをイギリス政府が学んだことである。

　いずれは他の列強も同じ結論に達しただろうが、そのときにはもはや手遅れだった。というのも、イギリスはすでに先陣を切っており、最高の電信ルートを獲得し、効率的なサービスを確立して、この事業を価値あるものにする顧客を獲得していたからである。

注

（1）シャップの腕木通信については、Catherine Bertho, *Télégraphes et téléphones de Valmy au microprocesseur* (Paris, 1981), 9-58を参照。イングランドの腕木通信については、Geoffrey Wilson, *The Old Telegraphs* (London and Chichester, 1976), Chapters 1-5を参照。

（2）Graham Storey, *Reuters: The Story of a Century of News-Gathering* (New York, 1951), 9-11; Jonathan Fenby, *The International News Services* (New York, 1986), 28.

（3）Storey, 9-12; Fenby, 31-32; Vary T. Coates and Bernard Finn, *A Retrospective Technology Assessment: Submarine Telegraphy. The Transatlantic Cable of 1866* (San Francisco, 1979), 77.

（4）George Arthur Codding, Jr., *The International Telecommunication Union: An Experiment in International Cooperation* (Leiden, 1952), 14.

（5）Ibid., 13-14.

（6）Ibid., 18.

（7）Ibid., 21; George Sauer, *The Telegraph in Europe: A Complete Statement of the Rise and Progress of Telegraphy in Europe, Showing the Cost of Construction and Working Expenses of Telegraphic Communications in the Principal Countries etc. etc. Collected from Official Returns* (Paris, 1869), 12.

（8）Codding, 23-24.

（9）Keith Clark, *International Communications: The American*

Attitude (New York, 1931), 97–98.

(10) Letter of March 24, 1894, from the director general of Posts and Telegraphs to the minister of colonies in Archives Nationales Section Outre-Mer (Paris), Affaires Politiques 2554 dossier 4: Yanaon.

(11) Clark, 103 and 116–19; Leslie Bennett Tribolet, *The International Aspects of Electrical Communications in the Pacific Area* (Baltimore, 1929), 10–12.

(12) Codding, 27–30; "Telegraph Conferences" in General Post Office Archives (London) [以下 POST] 83/30.

(13) Sir William Brooke O'Shaughnessy, "Memoranda relative to experiments on the communication of Telegraphic Signals by induced electricity," *Journal of the Asiatic Society of Bengal* (September 1839): 714–31, and *The Electric Telegraph in British India: A Manual of Instructions for the Subordinate Officers, Artificers, and Signallers Employed in the Department* (London, 1853), iii–iv; Krishnalal J. Shridharani, *Story of the Indian Telegraphs: A Century of Progress* (New Delhi, 1956), 3–7; George W. Macgeorge, *Ways and Works in India: Being an Account of the Public Works in that Country from the Earliest Times up to the Present Day* (Westminster, 1894), 499–500; Mel Gorman, "Sir William O'Shaughnessy, Lord Dalhousie and the Establishment of the Telegraph System in India," *Technology and Culture* 12 (1971), 581–601.

(14) O'Shaughnessy, "Memoranda," 20–21.

(15) Donard de Cogan, "The Bewleys and their Contribution to Trans-Atlantic Telegraphy," *IEE Proceedings* (July 1987); Eugen F. A. Obach, *Cantor Lectures on Gutta-Percha* (London, 1898), 1–7; Alfred Gay, *Les câbles sous-marins*, Vol. 1: *Fabrication* (Paris, 1902), 45–46, and Vol. 2: *Travaux en mer* (Paris, 1903), 139–42; Th. Seeligmann, G. Lamy Torrilhon, and H. Falconnet, *Le caoutchouc et la gutta-percha* (Paris, 1896), 12–43; G. L. Lawford and L. R. Nicholson, *The Telcon Story, 1850–1950* (London, 1950), 9–28. また，Daniel R. Headrick, "Gutta-Percha: A Case of Resource Depletion and International Rivalry," *IEEE Technology and Society Magazine* (December 1987), 12–18 を参照。

(16) これらの初期電信ケーブルに関して，この分野のパイオニアの１人が著した詳細かつ極めて専門的な年代記として，Willoughby Smith, *The Rise and Extension of Submarine Telegraphy* (London, 1891), 1–19 を参照。また，Lawford and Nicholson, 28–40 を参照。

(17) Philippe Bata, "Le réseau de câbles télégraphiques sous-marins français des origines à 1914" (mémoire de maitrise, Université Paris-I Sorbonne, 1981), 3–5.

(18) *Exposé du développement des services postaux, télégraphiques et téléphoniques en Algérie depuis la conquête* (Algiers, 1930), 49–50; Kenneth R. Haigh, *Cableships and Submarine Cables* (London and Washington, 1968), 302–304; Maxime de Margerie, *Le réseau anglais de câbles sous-marins* (Paris, 1909), 11–

12, 18, and 27; Robert J. Cain, "Telegraph Cables in the British Empire 1850–1900" (Ph. D. dissertation, Duke University, 1971), 13 no. 1 and 75; Smith, 29–39.

(19) Arthur R. Hezlet, *The Electron and Sea Power* (London, 1975), 2.

(20) John Cell, *British Colonial Administration in the Mid-19th Century: The Policy-Making Process* (New Haven, Conn., 1970), 224.

(21) 初期の地中海電信ケーブルについては、"Correspondence Respecting the Establishment of Telegraphic Communications in the Mediterranean and with India," *Parliamentary Papers* 1857–8 [2406] LX; Cain, 12–22; Cell, 224–26; and Hezlet, 4–7 を参照。

(22) Smith, 40–42; Rupert Furneaux, *The First War Correspondent: William Howard Russell of the Times* (London, 1944), 39. ラッセルはクリミア戦争の間に電報を一通だけ送った。

(23) A. W. Kinglake, *The Invasion of the Crimea: Its Origin, and an Account of its Progress Down to the Death of Lord Raglan* (Edinburgh and London, 1892), 8: 263–64.

(24) Ibid., 266.

(25) Bern Dibner, *The Atlantic Cable* (Norwalk, Conn., 1959); Coates and Finn; Jeffrey Kieve, *The Electric Telegraph: A Social and Economic History* (Newton Abbot, England, 1973), 101–10; Smith, 44–51.

(26) Great Britain, Submarine Telegraph Committee, *Report of the Joint Committee appointed by the Lords of the Committee of Privy Council for Trade and the Atlantic Telegraph Company to Inquire into the Construction of Submarine Telegraph Cables; together with the Minutes of Evidence and Appendix* (London, 1861), also in *Parliamentary Papers* 1860 [2744] LXII.

(27) Donard de Cogan, "Dr. E. O. W. Whitehouse and the 1858 Trans-Atlantic Cable," *History of Technology* 10 (1985), 1–15.

(28) Hezlet, 7.

(29) グレート・イースタン号については、James Dugan, *The Great Iron Ship* (New York, 1953) を参照。

(30) Manindra Nath Das, *Studies in the Economic and Social Development of Modern India: 1848–56* (Calcutta, 1959), 111–13; Shridharani, 7–8.

(31) Coates and Finn, 101.『タイムズ』紙に宛てたラッセル特派員の特電は、ロンドンに届くのに、平均して四三日間もかかった。Furneaux, 100 を参照。

(32) "History of Telegraph Communications with India (1858–1872) and an account of Joint Purse from 1874" (1897) in POST 83/56, pp. 3–23; "Correspondence Respecting the Establishment of Telegraphic Communications in the Mediterranean and with India," *Parliamentary Papers* 1857–8 [2406] LX; "Further Correspondence Respecting the Establishment of Telegraphic Communications in the Mediterranean and with India," *Parliamentary Papers* 1860 [2605] LXII; Halford L. Hoskins, *British Routes to India* (London, 1928), 374–78; Cain, 25–37 and 61–64; Cell, 226–33.

(33) Christina P. Harris, "The Persian Gulf Submarine Telegraph of 1864," *Geographical Journal* 135 pt. 2 (June 1969), 169–90.

(34) Cain, 116.

(35) Frederick J. Goldsmid, *Telegraph and Travel: A Narrative of the Formation and Development of Telegraphic Communication between England and India* (London, 1874), 60–325; J. C. Parkinson, *The Ocean Telegraph to India: A Narrative and a Diary* (Edinburgh, 1870), 280–91; Hoskins, 379–89.

(36) この特別委員会の報告書は、POST 83/93 と *Parliamentary Papers* 1866 (428) IX, 1 にある。

(37) Ibid., 27.

(38) Ibid., xv–xvi.

(39) "Special Report from the Select Committee on the Electric Telegraphs Bill," *Parliamentary Papers* 1867–8 (435) XI, pp. 29–30.

(40) "Indo-European Telegraph Department 1865–1931," ed. Lesley A. Hall, in India Office Records (London), L/PWD/7; "History of Telegraph Communications with India (1858–1872) and an account of Joint Purse from 1874" in POST 83/56, 40–43; "Indo-European Telegraph, 1867–1871. Correspondence," in Public Record Office (Kew), FO 83/330; Colonel Henry Archibald Mallock, *Report on the Indo-European Telegraph Department, being a History of the Department from 1863 to 1888 and a Description of the Country through which the Line Passes*, 2nd ed. (Calcutta, 1890), 6–9; Hoskins, 389 and 396–97.

(41) Goldsmid, 389.

(42) Charles Bright, "The Extension of Submarine Telegraphy in a Quarter-Century," *Engineering Magazine* (December 1898), 417–20; Coates and Finn, 170; Kieve, 117–18.

(43) イギリス・インド［海底電信会社］の電信ケーブル敷設については、Dugan, 218–39; Smith, 243–58; Parkinson を参照。一八六六～一八七〇年の電信については、Hugh Barty-King, *Girdle Round the Earth: The Story of Cable and Wireless and its Predecessors to Mark the Group's Jubilee, 1929–1979* (London, 1979), 26–35; Hoskins, 389–97; Mallock, 6–10; POST 83/56, 38–43; Cain, 122–25 を参照。

第3章　世界的な電信ケーブル・ネットワークの拡大（一八六六〜一八九五年）

一八六六年までに、電信関連の技術者と企業家たちは、過去二〇年間の実験や失敗から多くのことを習得し、その後半世紀間にわたって国際通信を支配する一つのシステムを構築しようとしていた。第一次世界大戦までに、電信技術は円熟期に達しており、遠距離電話、無線、航空便によりその地位を脅かされるには至っていなかった。電信ケーブルが効率的で信頼しうるものになると、電信ネットワークはすぐに拡大し、世界のほぼ全地域に到達するようになった。海底電信ケーブルは、一八五二年には合計四六キロメートルだったが、一八九五年までに三〇万キロメートル以上に拡張された（表3-1と図2を参照せよ）。その間、世界の陸上電信線は一〇〇万キロメートル以上に成長し、電信ケーブルとワイヤーは一日当たり約一万五〇〇〇件の電報を伝達した。(1)

だが、電信装置は、生産コストがかかり、操作しづらく維持しにくかった。電信は、必要ならばどこでも生産しうるというものではなかったから、多くの国は電信装置を生産せずに輸入しなければならず、低開発諸国や植民地では、外国から技術者も招聘しなければならなかった。電信は、広範囲な地域に普及したが、そのためには科学技術が必要だったから、電信装置の生産と管理は一極に集中していた。実際、一八九〇年代までの時期では、先進工業諸国だけが電信装置を独自に生産できたのである。

生産と管理が一極に集中する傾向は、海底電信ケーブルの場合に一層顕著だった。一八九〇年代までの時期では、イギリスだけが電信ケーブル産業を成り立たせるのに十分な商業・金融組織や需要レベルを保持していた。また、電信ケーブルの中継基地として適切な植民地および島嶼を全海洋において保持していたのも、イギリスだけであった。一八八七年にイギリスは世界の電信ケーブルの七〇％を所有しており、一八九四年から一九〇一年においても六三％のシェアを維持していた。(2)さらに重要なことには、世界の電信ケーブルにおけるイギリスのシェアのなかには、インド、東アジア、オーストラレーシア、アフリカ、そしてアメリカ大陸に向かう本線も含まれていた。他の諸国は、支線ケーブルを保持していたが、世界の重要なビジネス交渉の大多数は、イギリスの電信線を通じて行われていた。つ

表3－1　各年度初頭の電信ケーブルの距離（1852〜1908年）

年	民間会社		政府		合計	年	民間会社		政府		合計
	(km)	(%)	(km)	(%)	(km)		(km)	(%)	(km)	(%)	(km)
1852	46	100			46	1879	110,873	93	8,740	7	119,613
1853	91	98	2	2	93	1880	128,567	92	10,440	8	139,007
1854	178	95	9	5	187	1881	135,388	92	12,125	8	147,513
1855	178	94	11	6	189	1882	140,286	92	12,577	8	152,863
1856	178	94	11	6	189	1883	156,204	92	13,892	8	170,096
1857	357	97	11	3	368	1884	160,828	92	14,624	8	175,452
1858	357	75	122	25	479	1885	182,103	92	16,333	8	198,436
1859	574	82	122	18	696	1886	187,038	91	19,365	9	206,403
1860	724	86	122	14	846	1887	196,826	91	19,613	9	216,439
1861	880	79	240	21	1,120	1888	202,482	91	20,576	9	223,058
1862	1,028	81	242	19	1,270	1889	204,653	90	22,264	10	226,917
1863	1,231	78	357	22	1,588	1890	215,548	91	22,378	9	237,926
1864	1,231	68	576	32	1,807	1891	225,841	91	22,561	9	248,402
1865	1,231	32	2,613	68	3,844	1892	241,258	91	24,205	9	265,463
1866	4,744	62	2,891	38	7,635	1893	247,558	90	28,370	10	275,928
1867	8,419	73	3,110	27	11,529	1894	260,545	90	29,732	10	290,277
1868	11,693	79	3,110	21	14,803	1895	271,787	90	30,064	10	301,851
1869	12,601	80	3,228	20	15,829	1896	272,919	90	31,250	10	304,169
1870	20,357	82	4,436	18	24,793	1897	279,068	89	32,880	11	311,948
1871	41,290	90	4,775	10	46,065	1898	282,880	89	34,435	11	317,315
1872	53,674	89	6,480	11	60,154	1899	293,053	89	35,346	11	328,399
1873	55,107	89	6,602	11	61,709	1900	303,644	89	35,634	11	339,279
1874	69,098	91	6,768	9	75,866	1901	328,065	90	37,885	10	365,950
1875	85,483	92	6,934	8	92,417	1902	349,520	89	41,860	11	391,380
1876	96,223	93	7,626	7	103,849	1903	357,229	86	60,450	14	417,679
1877	102,134	93	7,854	7	109,988	1904	371,145	86	61,742	14	432,887
1878	108,842	93	8,426	7	117,268	1908	389,818	82	83,290	18	473,108

出所：Maxime de Margerie, *Le réseau anglais de câbles sous-marins* (Paris, 1909), 21.

まり、一八六六年から一八九五年までの時期は、イギリスが国際通信界でヘゲモニーを獲得していた時期だったのである。

電信ケーブル技術

海底電信は、一九世紀後期における高度な科学技術であり、最高の物理学者の知性を刺激する諸現象を含んでいた。ここでの主題である海底電信をいくつかのテーマに分割してみると、電信ケーブル自体とその敷設や修理、そして信号伝達ということになる。

電信ケーブルは、二つの部分から構成されていた。それはガタパーチャで絶縁された銅芯線とそれを保護するための外装である。技術者たちは、周囲の状況が異なれば異なるタイプの電信ケーブルが必要となることを知っていた。電信ケーブルが長くなれば、信号

図２　電信ケーブルの距離（1864〜1908年）

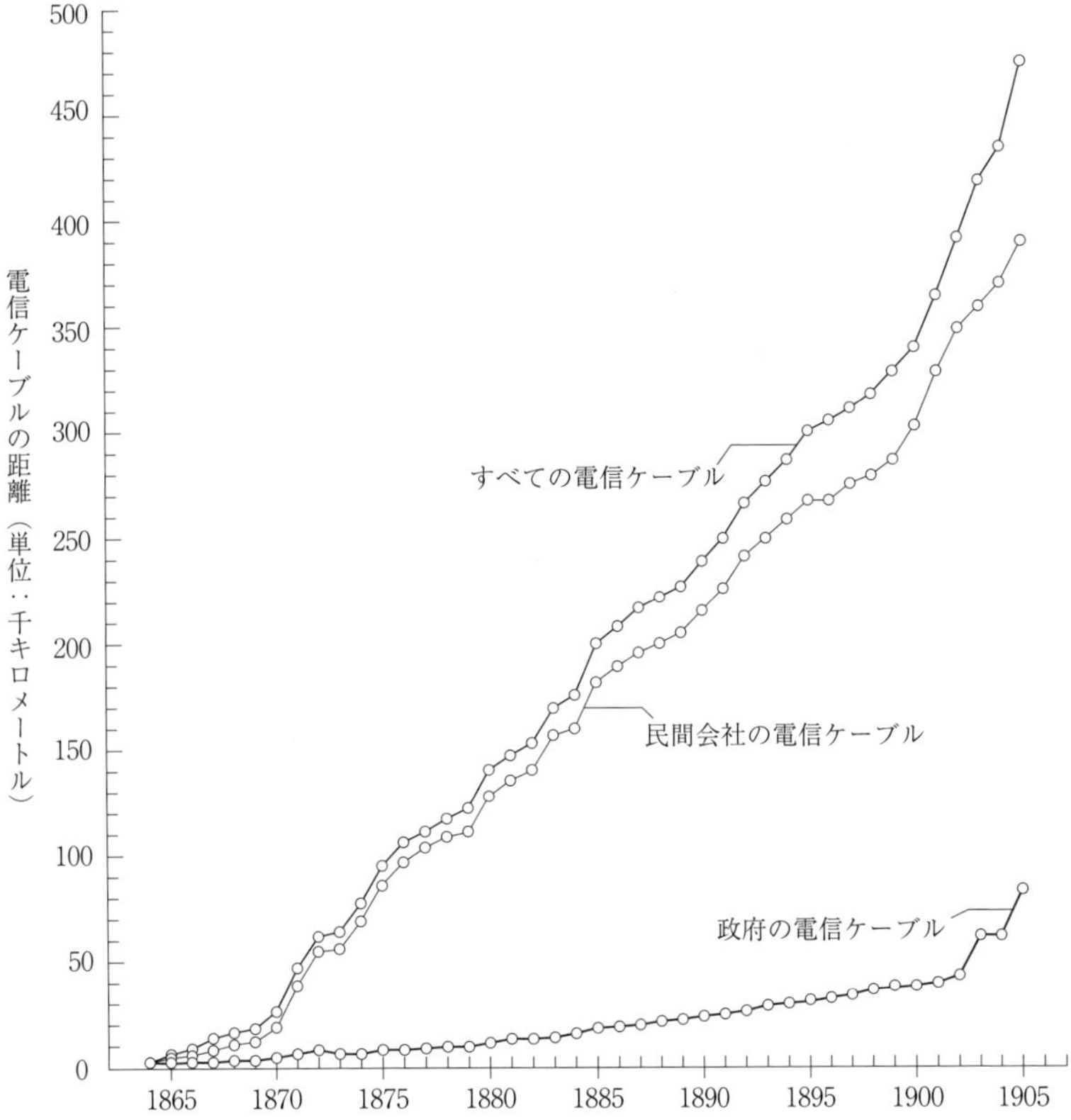

は不鮮明で判読しにくくなり、それゆえ情報伝達速度も遅くなった。「減衰」（*attenuation*）と呼ばれたこの現象は、厚みのある絶縁体で覆われた太い導線を使用することによって軽減できた。細い電信ケーブルは、短距離ルートのほうが適しており、例えばイギリス海峡を横断して通信するためには、一キロメートル当たり一七キログラムの銅を使用するだけで十分だった。一方、大西洋を横断して通信するには、より高速の通信サービスを提供しなければならなかったから、企業は、さらに太い芯線を製造するための初期投資を行う必要があった。一八七三年に敷設された電信ケーブルが九八キログラムの銅を含んでいたのと比べて、一八九四年にアングロ-アメリカ電信会社が敷設した電信ケーブルは一五九キログラムの銅を含んでいた。また一八九八年のニューヨーク〜ブレスト間を結ぶ直通電信ケーブルは、［当時］世界最長の六〇〇〇キロメートルもあり、重量も最大であって、一キロメートル当たり一六二キログラムの

銅を使用していた。

電信ケーブル設計上の第二の局面は、その外装にあった。それは、麻やジュートで覆われた柔らかい鉄製ワイヤーを幾重にも巻き付けたものだったが、海水から保護するために、麻やジュートに幾層ものタールが塗られていた。大西洋は海底が柔らかかったから、この外装でも主としてケーブル敷設時や修理引揚時に電信ケーブル破損を防ぐためには役立った。一方、大陸棚では、トロール船による破損を防ぐために、電信ケーブルはより丈夫でなければならず、しかも沿岸部では海流の力や岩、そして船の錨からの衝撃にも耐えられるように、さらに丈夫である必要があった。熱帯海域ではフナクイムシからガタパーチャを保護するために薄い真鍮テープが芯線のまわりに巻き付けられており、大西洋で使われたあるケーブルでは鉄製ワイヤーが電流の帰線として使われていた。このように、芯線と外装の型が多種多様であったから、電信ケーブルの重量は、一キロメートル当たり一トンから一三トンにもなった。

電信ケーブルは、それぞれの課題に応じて設計しなければならなかっただけではなく、ほぼ完璧である必要もあった。銅線に含まれている不純物は電導率を低下させ、海底の高圧力のもとでは、ガタパーチャの中にわずかな気泡や割れ目が存在しただけでも、不可避的な電気障害が生じた。それだけでなく、外装も完璧でなければならなかった。というのも、破損したワイヤーが芯線を貫通したり、敷設作業時に電信ケーブルを破壊したりする可能性があったからである。このように、電信ケーブルの製造にあたっては精密さが必要とされたから、ごく少数の企業がこの産業を支配することになった。そのうちの一社が電信建設維持会社であり、一九世紀における世界の電信ケーブルの三分の二を製造していた。残りの三分の一はその他のイングランド企業三社によって製造された。すなわち、ジーメンス兄弟社、インド・ゴム・ガタパーチャ電信会社、W・T・ヘンリー電信会社である。

フランスも電信ケーブルを製造したが、量的には少なかった。一八八一年に、フランス政府はラ・セーヌ・シュル・メールに電信ケーブルの外装を製造するための工場を開設した。しかし、その芯線は、サントロペの電話事業会社とカレーのグラモン社が製造していた。両社は協力して、マルセイユ～オラン［アルジェリア北西部の港湾都市］間（一八九二年）、オーストラリア～ニューカレドニア間（一八九三年）などの短距離電信ケーブルを製造した。ドイツは一八九〇年代まで電信ケーブルを製造せず、アメリカ合衆国は一九二〇年代までイギリスから電信ケーブルを輸入していた(3)。

この産業の一極集中化のもう一つの理由は、電信ケーブルの敷設と修理が極めて複雑なことにあった。最初の電信ケーブル敷設船は汽船を改装したもので、敷設作業もかなり場当たり的であって、電信ケーブル敷設が慎重な準備を必要とすると考えられるようになったのは、ようやく一八六〇年代の半ばになってからであった。敷設船は数千キロメートルの電信ケーブルを搭載できるほど巨大でなければならず、また電信ケーブルはガタパーチャの乾燥を防ぐためにタンクの中で巻かれて水に浸けておかなければならなかった。海洋を横断するのに必要な量の電信ケーブルを搭載しうる船は、当初グレート・イースタン号しかなく、それは二〇世紀に入る前に建造された船の中では最大の船だった。その後、一八七三年にフーパー号が世界第二位の大きさを誇る船として進水したが、それは電信ケーブル敷設のために特別に建造された最初の船であった。電信ケーブル敷設船は荒天時においても正確な航路を航行しうるように設計され、電信ケーブルを適切なスピードで、かつ適度な弛みを持たせて繰り出すための特別な装置も搭載していた。電気技術者たちは、船上で絶えず電信ケーブルを検査しており、敷設開始地点との通信を行って動作確認を行っていた。

こうしたあらゆる用心にもかかわらず、電信ケーブルは頻繁に修理を必要とし、とくに海岸の近くや海底が隆起しているカリブ海や紅海などではよく故障した。電信ケーブルを修理する船は、敷設する船よりも小型であり、それは主要な電信ケーブルのルートに沿って停泊していた。この船は、電気機器、航海装置、正確な地図、そして電信ケーブルを引き揚げる鉤などを使用して、電信ケーブル全長の〇・〇五%以内の距離（つまり大西洋電信ケーブルの場合は一・五キロメートル以内）に存在するケーブル断線を探査し、海底から電信ケーブルを引き揚げ、時には数日間〜数週間の検査の後で修理した。しかし、修理するには複雑な技術や装置が必要だったから、その敷設と修理は製造業者が行うことが多く、電信会社や政府が所有する修理船はごくわずかしか存在しなかった。こうした産業の一極集中化は、次の事例からも明らかである。すなわち、一八九六年に世界に存在した三〇艘の電信ケーブル敷設船のうち、イギリスが二四艘を所有したのに対して、わずかフランスが三艘所有したにすぎなかった。しかも、フランスの所有船はすべてイギリスから購入した小型のケーブル修理船だった。イギリスはこうした船を保有していただけでなく、ケーブルを切断したり修理したりするのに必要な知識も保持していた。こうした事情によって、二〇世紀の戦争時において、イギリスは敵国を凌ぐ有利な地位を獲得することができたのである[4]。

海底電信の初期の時代では、資本家たちは短期間で使えなくなる電信ケーブルへの投資を躊躇していた。しかし、一九世紀末になると、海底に沈められた電信ケーブルの耐久性は永続的なものとなった。なぜなら、水圧によって、絶縁というガタパーチャの性質が高められたからである。もちろん、いくつかの部品は頻繁に交換しなければならなかったが、その他の部品の耐久性は一〇〇年間にも達し、平均的な寿命も七五年間と推計された。その結果、技術的にみると、世界の大多数の海底電信ケーブルは、その後いずれも時代遅れなものになった。というのも、電信会社は、ケーブルを交換するよりも、すでに存在している電信ケーブルの経済的寿命を延ばしうる送信技術の発展を模索していたからである。さらに一般的なことに、電信会社は他社との競争から投下資本を守るために独占的利権やカルテル協定を得ようと試みた。一九世紀末までに、国際電信業界はすべての産業のうちで最も保守的な産業になった。

一八六〇年代から一九二〇年代まで、電信ケーブルはほとんど変化しなかったが、その送信技術は大きな発展を遂げた。最初の発明は、ウィリアム・トムソンによってなされた。「当時の」陸上電信線で使われた計器は、長距離電信ケーブルから伝えられた微弱な電流を検知しうるほど高感度ではなかったから、彼は反射検流計を一八五八年に発明した。この装置の使用によって、「反射検流計記録係」は、もう一人の記録係が電報を書き留めている間に、一分間につき最大で二五単語も解読できるようになった。しかし、反射検流計を使うと、人為的ミスが生じがちであり、記録が残らず、しかも二人の記録係が必要であった。それゆえ、トムソンは一八七〇年代初頭にサイフォン・レコーダーを導入し、繰り出される紙テープ上に波形状の線がペンで描かれるようになった。その後、この紙テープは正確で永続的な受信信号の記録となり、記録係は一分間につき最大六〇単語の速さで文章化しうるようになった。

電信ケーブル史初期の段階では、そのほかにも数多くの改良がなされ、そのすべては海底電信ケーブルの効率性を陸上電信線のそれにまで引き上げる必要性から生じた。アングロ-アメリカ電信会社の電信技手ジェームズ・グレーヴズは「シー・アース」と呼ばれる技術を考案し、それによって電流は水中に拡散するのではなく、ケーブル外装の鉄製ワイヤーを通じて返信された。この技術は一八六〇年代末に大西洋電信ケーブルに導入されたが、完成の域に達するにはその後二〇年を要した。その他の改良は一八七〇年代に集中的に行われた。送信速度を上げるために、同じ波長の正・負の電流を使ったケーブル信号が、点と線を使用するモールス信号の代わりに使われるようになった。また一八七五年から一八七九年の間に導入された二重電信方式によって、信号は、同時に双方向伝達しうるようになり、それぞれの装置が自ら送信した信号に反応しないようにすることでケーブル性能を倍加させる効果を得た。さらに、フランス人技術者のベルとブライクが自動送信機を発明したことによって、あらかじめ数名の記録係が電報を穿孔テープに記録しておけば最高速度で連続的に送信できるようになった(5)。

これらの技術革新には、通信速度を上げるという一つの共通目的があった。技術者たちは電信ケーブルや電信装置の効率を一分間ごとの通信単語数で計測し、一八六〇年代後半〜一九〇〇年の時期における通信速度の上昇は実に顕著だった。最初の長距離電信ケーブルは許容限度を超えるほど通信速度が遅く、一八五八年から一八七三年までの時期の大西洋電信ケーブルは、一分間当たり時折二五単語に到達したものの、平均すると七単語から一三単語程度に留まっていた。しかしながら、一八八〇年代までに大西洋電信ケーブルは一分間当たり二五単語から三〇単語を送信できるようになり、一八九四年の大重量電信ケーブルでは、およそ五〇単語、最速で最高九〇単語を送信できるまでになった。(6)

顧客は、通信速度を計る基準として、もう一つ別の尺度を使用した。すなわち電報が目的地に到達するまでの時間である。ここで計測されるのは、電気機器の効率性だけではなく、人為的な作業能率も含まれ、それは電報を数回にわたって転送しなければならない長距離ルートにおいてとくに顕著だった。最速のルートは北大西洋ルートであり、そこでは複数の電信ケーブルによる通信速度の競合が見られ、転送回数は二回のみだった。それゆえ、一八九〇年代までに、ロンドンとニューヨークの証券取引所の間では、送信依頼をしてから二〜三分で到達しうるようになった。このように、大西洋電信ケーブルは通信速度が極めて速かったから、パリからロンドンに直接電報を送信するよりもニューヨーク経由で送信したほうが、電報はより速く到着するようになった。

一方、その他のルートでは転送回数が多く、また競合関係も存在しなかったから、通信速度は遅かった。例えば、ロンドン〜ボンベイ間の電報では、コーンウォールのポースカーノや、ポルトガルのカルカヴェロ、さらにはジブラルタル、マルタ、アレクサンドリア、アデンで通信文を受信・転送しなければならず、それゆえ世紀転換期でも電報到達までに平均三五分もかかった。また、イングランドからアルゼンチンへの電信ケーブルでは六〇分、中国へは八〇分、そしてオーストラリアへは一〇〇分を要し、今日的基準からみれば時間がかかりすぎた。しかし、船便では数週間から数カ月間もかかったことを考えると、非常に大きな進歩であった。

また、特別行事の際には、電報は驚異的なスピードを発揮した。一八七〇年六月にジョン・ペンダーは、インドへの電信ケーブルの開通を祝うパーティーに電報を送り、それに対する返信を四分二二秒で受信した。一九〇一年一月二二日のヴィクトリア女王死去のニュースは英領ギアナのジョージタウンまで中継されて二二分間で到達した。また、一九二四年のイギリス帝国博覧会で、国王ジョージ［5世］は世界を一周する電報を彼自身に向けて送信し、わずか八〇秒後にそれを受信したのである。(7)

大西洋電信ケーブル

電信ケーブルは、イギリスから四方向に向かって拡大した。すなわち、ヨーロッパ、北アメリカ、地中海・アジア、そして南アメリカという四方向である。西インド諸島とアフリカに向かう電信線は基本的にこうした本線の支線だった。

このうちヨーロッパと北アメリカに向かう二方向では、電信ケーブルはすでに電信ネットワークを自国内に保有している諸国と接続されることになった。ヨーロッパ近海の電信ケーブルは、本数が多く使用頻度も高かったが、国内通信網と単に接続するだけの短距離接続ケーブルであり、わずかな投資額でこと足りた。また、これらの電信ケーブルは、それと接続される国内通信網を保有していた各国政府間の共同資産になった。

検討対象としてより興味深いのは、北大西洋ルートであった。このルートにおいては、電信ケーブルは巨額な投資を必要とし、こうした投資を担うことができたのは、十分な資本を保有している民間企業だけであった。それゆえ、イギリスとアメリカ合衆国は電信ケーブルにおける通信の自由化を実施して、外国企業が自国の海岸や都市にアクセスしやすくした。フランス企業はこうしたイギリスの影響下で活動した。一八六〇年代後半〜一九〇〇年の時期における大西洋電信ケーブルの歴史は、商業的利害に大きく左右されたものであって、政治的利害はほとんど見られなかった。

北大西洋を横断する電信ケーブルは、建設中断期を間に挟んだ三時期において集中的に敷設された。すなわち一八六六年から一八八四年、一八九四年から一九一〇年、そして一九二三年から一九二八年までの時期である。アングロ‐アメリカ電信会社はこの分野における先駆的企業であり、一八七三年、一八七四年、そして一八八〇年にニューファンドランドのハーツ・コンテントからアイルランドのヴァレンシアまで二本の電信ケーブルをさらに敷設した。アングロ‐アメリカ電信会社は、北大西洋ルートにおける支配権を確立していたが、すでに消滅した大西洋電信会社から引継いだ負債や、高額な一八六六年のケーブル敷設費用（総額七〇〇万ポンド）に苦しんでいた。それゆえ、アングロ‐アメリカ電信会社は、収益性がそれほど高い企業とはいえず、一八六九年にイギリス政府がイギリス国内の電信会社を八〇〇万ポンドで買収したときも、元出資者たちは新たに獲得した流動資本を他の電信事業に投資したがっていた。

そうした電信事業のなかで最初のものは、通信企業家ジュリアス・ロイターとフランスの金融業者エランジェ男爵が設立したフランス大西洋ケーブル会社だった。一八六九年にこの会社は、ブレストからサンピエール島経由でマサチューセッツのダクスベリーに電信ケーブルを敷設し、一八七一年には「共同出資協定」、つまり同一料金を設定するだけでなく、情報取扱量

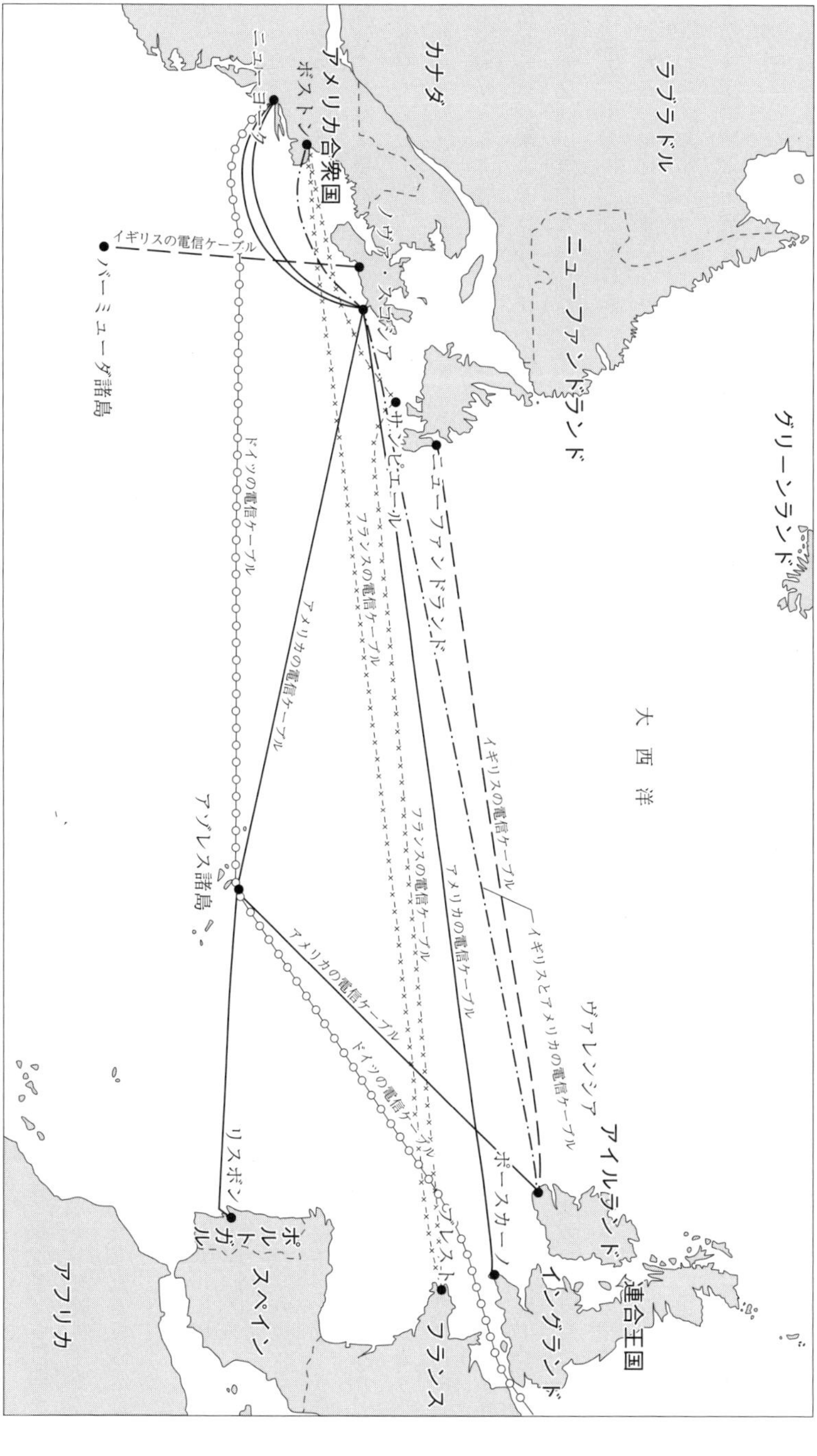

図3　大西洋電信ケーブル（1904年頃）

に応じた収益の分割にも合意するカルテルを締結することで、アングロ－アメリカ電信会社と提携関係を有するに至った。しかし、その二年後の財政困難期に、フランス大西洋ケーブル会社はアングロ－アメリカ電信会社に売却されることになった。一八七四年には、もう一つの競合先であるダイレクト・ユナイテッド・ステイツ電信会社が、ジーメンス兄弟社が敷設したハリファックスへの電信ケーブルをわずか一三〇万ポンドで獲得した。通信料金ではダイレクト社と競合しえなかったから、アングロ－アメリカ電信会社はその競合先であるダイレクト社の株式の半分を購入し、さらに共同出資協定を強要した。一八七九年になると、別のフランス企業、すなわちパリ～ニューヨーク間フランス電信会社が出現した。その会社は創始者のプイエ・カルチエ上院議員にちなんでPQとして知られていたが、新しい電信ケーブルをブレスト～ケープコッドの間に敷設した。PQも共同出資協定に参加したが、のちにこの協定からの離脱を試み、財政的困難に陥った。

一八八〇年代になると、アメリカ企業二社の出現により、競争はさらに激化した。一八八一年にジェイ・グールドのウェスタン・ユニオン電信会社は二本の電信ケーブルをノヴァ・スコシアからコーンウォールに敷設した。この会社も一八八三年に共同出資協定に加わったが、加入の条件は自ら提示していた。同年、商用ケーブル会社が鉱業界の大物ジョン・W・マッケイと『ニューヨーク・ヘラルド』紙の出版者ゴードン・ベネットによって設立され、ノヴァ・スコシアからイングランドに向かう電信ケーブルを敷設した。より直接的なルートを提供することによって、これらの会社はより速いサービスと割安な価格を提供した。(8)

一〇年間の建設中断後の一八九四年と一八九八年には、さらに多くの電信ケーブルが敷設された。一九世紀末までには、大西洋の海底に敷設された一六本の電信ケーブルのうち、一二本が機能していたが、イギリス七本とアメリカ三本、そしてフランス一本の計一一本がその後五〇年間も機能し続けるだろうと考えられていた。二〇世紀最初の一〇年間には、さらにドイツ二本とアメリカ二本、そしてイギリス一本が追加敷設された。

北大西洋ルートは、独占によって始まり、のちにカルテルに移行したが、十分な資本を持つアメリカ企業の参入によって競合状態が確立された。その後、イギリス資本家は徐々にこの市場への関心を失い、一九一一年にアングロ－アメリカ電信会社とダイレクト・ユナイテッド・ステイツ電信会社はその電信ケーブルをついにウェスタン・ユニオン電信会社に賃貸するに至った。しかしながら、イギリス企業は電信ケーブルの製造、敷設、整備における優位性をいまだ強固に保持していた。(9)

電信ケーブル会社

イギリス企業は、北大西洋ではアメリカ企業に取って代わられたけれども、ヨーロッパをアジア、オーストラリア、アフリカ、そして南アメリカと結合する、より収益性の高い事業機会を見出していた。こうした地域との間の電信ケーブル事業では、イギリス企業は、他社との競争に巻き込まれることはなかったが、その代わりに技術的に未発達な地域と直面することになった。こうした地域の多くは、すでにイギリス帝国に組み込まれているか、まもなくイギリス帝国に包含されることになる地域だった。イギリスと電信ケーブルで接続されたもう一方の端に位置する地域との間の富や権力の格差、そしてケーブル通信と海上権力が一つとなって作用することによって、こうした地域との間のケーブル事業は非常に大きな政治性を帯びることになった。イギリスが非ヨーロッパ世界の諸地域に君臨していたのと同様に、ある一企業が競合他社の上に君臨していたのである。イースタン電信連合会社の歴史は一八七〇年以後のイギリス帝国の盛衰と符合していた[10]。

一八六八年から一八七〇年の間に、ジョン・ペンダーはいくつかの電信会社を矢継ぎ早に設立した。すなわち、ファルマス・ジブラルタル・マルタ電信会社、イギリス‐地中海電信会社、マルセイユ・アルジェ・マルタ電信会社、地中海電信拡張会社、イギリス・インド海底電信会社である。これらの企業は、一企業の失敗によって他の企業の業績が悪化しないように別個に設立された。これらの企業が技術的・財政的にみて存続可能であることが明らかになった一八七二年に、ペンダーはこれらの企業を合併し、三八〇万ポンドの資本を投じてイースタン電信会社を設立した。

インドへの電信ケーブルが収益的に見込みのあるものとわかるとすぐに、ペンダーはこの投資パターンを、インドを越えた地域にも適用した。一八六九年と一八七〇年に、彼はイギリス・インド電信拡張会社、中国海底電信会社、イギリス・オーストラリア電信会社を設立した。一八七三年にこれらの企業による電信ケーブルの敷設がなされ、通信が確認されると、ペンダーはこれらの企業を合併し、三〇〇万ポンドの資本を投入してイースタン・エクステンション・オーストラレーシア・中国電信会社を設立した。

イースタン電信会社とイースタン・エクステンション・オーストラレーシア・中国電信会社は、ペンダーの電信ケーブル帝国の中心に位置しており、雄弁家たちの言葉によると「イギリス帝国の神経組織」であった[11]。その後の数年間にも、ペンダーはその他の企業を複数設立した。つまり、一八七三年にはヨーロッパとブラジルの間にブラジル海底電信会社を、また同年にはブラジル沿岸とブエノス・アイレスの間にウェスタン・ブラジル電信会社を、一八七七年にはアメリカ西岸電信会社を、一八七九年にはアデンと南アフリカのダーバンを結合する東南アフリカ電信会社を、一八八五年にはアフリカ西海岸沿いに電信を敷設するアフリカ直通電信会社を設立し、そのほかにもいくつかの小企業を設立した。これらの会社は名目的には別々の会社だったが、共通の取締役によって経営されており、ほぼすべてにおいてジョン・ペンダーや彼の養子ジョン・デニソン－ペンダー、またはトウィードデール侯によって会長職が独占されていた。企業間の結び付きを強化するため、これらの会社はアングロ－アメリカ電信会社やダイレクト・ユナイテッド・ステイツ電信会社と取締役を同じくし、しかも電信建設維持会社とも取締役は同一であった。この会社はこうした電信ケーブル会社の株式を保有し、これらの会社が保有する大部分の電信ケーブルを製造・敷設・修理していた。また、これらの企業が各々を独立の主体と考えないように、ロンドンのオールド・ブロード・ストリートにあるウィンチェスター・ハウスという建物に所在地を共有し、一九〇二年にはムアゲートのエレクトラ・ハウスに移転した。ここでは、「イースタン経由」のマークが付けられた電信は地球の一地点から別の地点へおよそ数分間で到達した。世界中に存在する電信ケーブルのほぼ半数がこの建物を通過し、この電信ケーブルによって、全世界の国際ニュース、商業情報、外交公文書の半数以上が伝達された(12)。

これらの電信会社は、取るに足らない製造業者と同じ程度のコネしかイギリス政府に持たない民間企業だった。一八六七年の大蔵省の覚書によれば、イギリス政府は「電信ケーブル敷設が必要な領土を保持する外国政府と交渉する際に、イギリス政府の有能な省庁を使って」これらの会社を支援することを約束していた(13)。しかし、電信会社はこの言葉から最大限の利益を獲得するために、あらゆる予防措置を講じなければならなかった。というのも、電信ケーブルに投下された資本の大部分は貿易、ペンダーの場合には繊維産業によるものであったが、電信会社の役員会には外務省や植民地省とコネを持つ貴族が多くなかったからである(14)。一八七六年二月に、ジョン・ペンダーとエマ・ペンダーの自宅で行われた夕食会の一例を挙げよう。

「植民地省のハーバート」はジョン・ペンダーに歩み寄って祝辞を述べた。エマ・ペンダーによれば、その後の会話でハーバートはイースタン電信会社とイースタン・エクステンション・オーストラレーシア・中国電信会社の会長の彼に対して次のように断言した。もし彼（ジョン・ペンダー）が電信と接続された「彼のオフィス」で何らかのかたちで事業を行おうとする場合、彼は（政府の援助なしに）自分の力のみでそれを行うことになるだろうと(15)。

一八八二年七月、イギリスによるエジプト侵攻の最中に、ジョン・ペンダーは、攻撃を受けやすい陸上電信線の代わりに、アレクサンドリアからスエズ運河を経由してスエズに向かう電信ケーブルを敷設することを提案したが、その際、この事業における無競争の保証を求めた。大蔵省はこれに対して次のように回答した。

　イギリス政府は、独占を保証するような性質を有するいかなる援助をも、貴公が代表を務めるこれらの会社に与えるべきではないと考える。しかし、貴公に次のことだけは保証しうる。政府の見解では、根拠は薄弱だが、現存する電信線に巨額の資本を投資しているイースタン電信会社のような地位の高い企業に対して競争を挑むことは極めて不得策であろうということである。こうした考えは、海外企業から挑まれる競争に対して、とくに適用されよう。(16)

一八八七年の植民地会議の最中にも、ペンダーは植民地省のサー・ヘンリー・ホーランドに次のような手紙を書いた。

　私どもの電信システムは、いまやイギリス政府と極めて密接な関係を持っております。海底電信について何らかの議論が行われる場合には、私どもがこの主題に関して十分な情報を獲得し、さらにこうした議論に参加すべきだという趣旨の手紙も私どもは外務省から頂いております。したがって、この会議に際し、植民地省も海底電信システムの重要性を考慮して、上記と同様の認識を私の会社に対してお持ち頂きますようお願い申し上げます。(17)

イースタン電信連合会社は、イギリス政府から十分な援助を常に与えられたわけではなく、イギリス政府もこの企業に対して必ずしも好意的だったわけではない。しかし、少なくとも一九〇二年までに、政府が同社との間に有した絆は、他のあらゆる産業との関係よりも緊密になった。

　イースタン・グループと比較すると、他のイギリス電信会社の歴史は極めて平凡なものになろう。カリブ海地域では三つの小企業、すなわち西インド・パナマ電信会社、キューバ海底電信会社、ハリファックス・バーミューダ・ケーブル会社が営業していたが、これらの会社は利益をほとんど生まなかった。なぜなら、通信量が少なく、しかもサンゴ礁の上に電信ケーブルが敷設されたため常に修理しなければならなかったからである。世紀転換期までに、イースタン電信連合会社はこれらの会社を子会社化するのに十分な株式を購入した。インド・ゴム社は、TC&M社のライバルだったが、イースタン電信連合会社が回避していた国々で営業することによって、電信ケーブル事業に参入しようとした。インド・ゴム社が所有していたダイレクト・スパニッシュ電信会社は、マルセイユとバルセロナ間を結合し、スペイン国立［海底］電信会社はカディスからカナリア諸島のテネリフまで電信ケーブルを敷設した。さらに、この電信ケーブルは、イギリス植民地以外で使用された西アフリカ電信会社の電信ケーブルとテネリフで連結し、また南アメリカ電信会社が所有するブラジル行きの電信ケーブルとも連結した。しかし、これらの企業はいずれも繁栄しなかった。一八八四年にイースタン電信連合会社はダイレクト・スパニッシュ電信会社、スペイン国立［海底］電信会社、そして西アフリカ電信会社の電信ケーブルを買収し、一九〇二年には南アメリカ電信会社がほぼ破産状態でフランスに売却された。その教訓は明らかだった。イギリス帝国に奉仕するか、イギリス政府と緊密に協力した企業は繁栄し、一方、他国に奉仕したイギリス企業は縮小するか、その競争相手や取引先によって吸収されたのである。

北大西洋以外でも、イギリス以外の電信ケーブル会社が存在した。デンマーク企業であるグレート・ノーザン電信会社はイギリスをスカンディナヴィアやロシアと結合し、シベリアを日本や中国と結合した。この企業は電信ケーブルをTC&M社より購入し、イースタン・エクステンション・オーストラレーシア・中国電信会社と緊密に提携した。一八八八年に設立されたフランス小企業のフランス海底電信会社は、カリブ海およびオーストラリア～ニューカレドニア間で電信ケーブルを運営した。あらゆるフランス企業と同様に、この企業は政府からの助成金に依存しており、一八九五年にはパリ～ニューヨーク間フランス電信会社と合併してフランス電信ケーブル会社を設立した。フランスとドイツの企業は、世紀転換期までイギリス企業に対する脅威にはならなかったし、たとえそうなり始めたとしても、それは政治的動機から生じるものであった。

表3－2から表3－4は、一八九二年における世界の電信ケーブルの分布を示しており、海底電信に関する重要な二つの側面を明らかにしている。それは、「民間企業によって運営されていた」ということと、「イギリスの支配的地位」であった。各国政府は数量的には最も多くの電信ケーブルを所有していたが、それらの大部分は極めて短距離のものであり、島々を結合したり、小湾や峡湾《フィヨルド》を横断したりしているにすぎなかった。しかし、距離的にみると、世界の電信ケーブルの八九・六％が民間企業に属しており、政府が所有している短距離電信ケーブルに対するその関係は、河川フェリーに対する大洋定期船の関係と同じだった。その他の統計から明らかなことも、イギリスの支配的地位であった。世界の電信ケーブルの三分の二はイギリスの電信ケーブルであり、しかも四五・七％が一つのグループ、つまり一九世紀における最大規模の多国籍企業、イースタン電信連合会社に属していた。

表３-２　1892年時点の世界における民間電信ケーブルの分布

	電信ケーブル数	距離（km）	全世界における割合（％）
イースタン電信連合会社			
イースタン電信会社	117	50,843	20.6
イースタン・エクステンション・オーストラレーシア・中国電信会社	27	13,597	5.5
東南アフリカ電信会社	12	12,586	5.1
ブラジル海底電信会社	6	13,647	5.5
西アフリカ電信会社	12	5,594	2.3
アフリカ直通電信会社	7	5,086	2.1
ウェスタン・ブラジル電信会社	10	7,341	3.0
アメリカ西岸電信会社	7	3,147	1.3
黒海電信会社	1	624	0.3
ラプラタ川電信会社	3	256	0.1
合　計	202	112,711	45.5
その他のイギリス会社			
ダイレクト・スパニッシュ電信会社	4	1,311	0.5
ハリファックス・バーミューダ・ケーブル会社	1	1,574	0.6
スペイン国立海底電信会社	7	3,998	1.6
アングロ－アメリカ電信会社	14	19,261	7.8
ダイレクト・ユナイテッド・ステイツ電信会社	2	5,741	2.3
キューバ海底電信会社	5	2,778	1.1
西インド・パナマ電信会社	22	8,440	3.4
合　計	55	43,103	17.5
イギリス会社の合計	257	155,814	63.1
イギリス以外の会社			
グレート・ノーザン電信会社（デンマーク）	27	12,838	5.2
パリ～ニューヨーク間フランス電信会社	4	6,475	2.6
フランス海底電信会社	14	6,952	2.8
ウェスタン・ユニオン電信会社（アメリカ合衆国）	8	14,340	5.8
商用ケーブル会社（アメリカ合衆国）	6	12,849	5.2
メキシコ電信会社（アメリカ合衆国）	3	2,821	1.1
中南米電信会社（アメリカ合衆国）	10	8,977	3.6
カナディアン・パシフィック鉄道会社（カナダ）	5	78	
イギリス以外の会社の合計	77	65,330	26.5
すべての会社の合計	334	221,144	89.6

出所：U. S. Department of the Navy, Bureau of Navigation, Hydrographic Office, *Submarine Cables* (Washington, 1892), 41-59.

インドとオーストラリアへの電信ケーブル

北大西洋と地中海ルートに続いて、インドへのルートが世界中で最も通信量の多いルートだった。インドとの通信だけでなく、オーストラリア、東南アジア、そして極東の一部との通信をも取り扱っていたからである。イースタン電信会社がボンベイに向かう電信ケーブルを開通すると、すぐにインドとイングランドの間の電報の半分を取り扱うようになり、そのシェアは

表3－3　1892年時点の世界における政府電信ケーブルの分布

	電信ケーブル数	距離（km）	全世界における割合（%）
イギリス帝国			
イギリス	111	2,963	1.2
インド	93	3,671	1.5
カナダ	22	396	0.2
その他	25	774	0.3
合　計	251	7,804	3.2
フランス帝国			
フランス	53	6,954	2.8
インドシナ	4	1,472	0.6
合　計	56	8,432	3.4
その他の諸国			
イタリア	34	1,976	0.8
ドイツ	45	1,541	0.6
オランダとオランダ領東インド	24	1,007	0.4
スペイン	9	961	0.4
ギリシャ	48	926	0.4
トルコ	10	628	0.3
ノルウェー	255	526	0.2
ロシア	8	524	0.2
デンマーク	55	363	0.1
ベルギー	2	202	0.1
オーストリア	31	194	0.1
その他	96	644	0.3
政府電信ケーブルの合計	892	25,728	10.4

出所：表3－2と同じ。

表3－4　1892年時点の民間・政府電信ケーブル

	電信ケーブル数	距離（km）	全世界における割合（%）
イギリスの電信ケーブル	508	163,619	66.3
アメリカの電信ケーブル	27	38,986	15.8
フランスの電信ケーブル	74	21,859	8.9
デンマークの電信ケーブル	82	13,201	5.3
その他	535	9,206	3.7
世界の電信ケーブルの合計	1,226	246,871	100.0

出所：表3－2と同じ。

三分の二まで徐々に上昇した。一方、トルコの電信線を使った電報は全体の一・四九％まで落ち込んだ。インド‐ヨーロッパ電信会社も電信ケーブルを保有していたが、もはや利益を上げなくなっていた。一八七七年の露土戦争によって三カ月間も［トルコの］電信線が不通になると、イースタン電信会社は第二のスエズ〜ボンベイ間電信ケーブルを敷設する好機を得た。これにより、競争状態に終止符が打たれる可能性もあったが、そうなる前に、イースタン電信会社はインド‐ヨーロッパ電信会社やインド‐ヨーロッパ電信局との間に共同出資協定を締結することに合意した。電信ケーブルが不通になった場合の代替ルートの保持を求めていたイギリスとインドの両政府は、この合意を好意的に支持した(18)。

一八七〇年に、最初のスエズ〜ボンベイ間電信ケーブルが敷設されると、イギリス・インド電信拡張会社はボンベイ〜マドラス間の陸上電信線をインド電信局から賃借りし、さらにマドラスからペナンとシンガポールに向かう電信ケーブルを敷設した。これは、シンガポールを越えて二方向に延び、一方はオーストラリアに、もう一方はインドシナと中国に拡張された。

当時、オーストラリアは、一つの政府によって統治されてはおらず、複数の植民地によって構成されており、それらの植民地は協力するよりも対立することのほうが多かった。しかし、オーストラリア人は電信を熱狂的に歓迎した。なぜなら、オーストラリアの内陸部は広大であり、大多数の植民者がいまだ愛着を有していたイギリスからも孤立していたからである。とはいえ、アメリカと異なり、オーストラリアは人口が少なく、しかも資金に乏しかったから、電信をすべて自力で構築することはできなかった(19)。オーストラリア人は、一八五三年から電信線の敷設を始めており、最初の電信ケーブルがオーストラリア大陸に到達するよりも前に、ニュー・サウス・ウェールズ、ヴィクトリア、サウス・オーストラリアでは電信ネットワークが存在し、クイーンズランドとウェスタン・オーストラリアにまで電信線が到達していた。しかし、オーストラリア北部沿岸のダーウィンにはどの電信線も到達しておらず、一八七一年一〇月になってようやくイギリス・オーストラリア電信会社がシンガポールから電信ケーブルを敷設した。一八七二年六月二三日には、ダーウィンからアデレードに向かうオーストラリア砂漠横断電信線が多くの苦難を乗り越えて開通に至った。以下のK・S・イングリスの叙述にも見られるとおり、この電信線は人々をあっと言わせるようなニュースを伝えている。「一八七二年に初めてロンドンからアデレードに伝えられた電報のなかには、イングランドとアメリカ合衆国が開戦するという発表もあった。その後数週間にわたってこの電信線は不通となり、この報道を否定するイングランドの新聞は郵便汽船で送られた(20)」。

この電信線は、当初の計画から一八カ月も遅れたとはいえ、一八七二年八月にようやく修理された。その効果は絶大だった。イングランドから最速船を使って五四日間もかかったニュースは、いまやわずか一五時間から二四時間で伝達された。オーストラリア人は、アメリカ人が一八五八年に示したのと同様の熱狂をもってこの出来事を祝う祝宴を催した。しかし、まもなく彼らは電信の欠点に気づいた。陸上電信線は損傷しやすく頻繁に故障したし、しかも電報はジャワ横断時によく誤伝された。なかでも最悪だったのは電報の高価格であり、開通当初は二〇単語で九ポンド九シリングだったのが、その後、一八七二年から一八九一年までは一単語一〇シリングになった。オーストラリア人は、地球上で最も多く電信を利用する人々だったが、「本国」のイングランドに電報を送信するための経済的余裕をほとんど持たなかった。それゆえ、電報は主に羊毛、小麦、その他の商品の価格相場や注文を最も簡潔な記号（番号）で伝達するために使われたのである。(21)

西インド諸島とラテン・アメリカにおける電信ケーブル競争

一八六六年に大西洋電信ケーブルの性能が明らかになると、企業家たちはすぐに西インド諸島とラテン・アメリカに注目した。この地域がインドや極東と同じく高い収益を生む見込みがあると思われたからである。しかし、この地域でイギリスは、アメリカ合衆国とフランスとの商業的かつ政治的競争に巻き込まれることになった。電信ケーブル利権をめぐるイギリスとアメリカの敵対は純粋に商業的なものであり、政府を巻き込むものではなかったが、この地域におけるフランスの利権は、次章で見るように商業的であると同時に文化的・政治的なものでもあった。

カリブ海に事業機会を見出した最初の電信ケーブル企業家は、アメリカ人のジェームズ・スクリムザーだった。南北戦争終結時に、彼はキー・ウェスト～ハバナ間に電信ケーブルを敷設するための特許をスペインとアメリカ合衆国から獲得した。一八六八年までに彼の経営する国際海洋電信会社は、電信ケーブルを運営し利益を上げるようになった。しかし、共同経営者間の意見の相違のために、この会社はイギリス領西インド諸島植民地での敷設権獲得に努めることはなく、一八六八年にはブラジルにおける電信ケーブル敷設権の付与も拒絶された。(22)

スクリムザーが成しえなかった上記の計画は、イギリスによって成し遂げられた。一八六九年に設立された西インド・パナマ電信会社はカリブ海の全イギリス領植民地だけでなく、キューバ、グアドループ、マルティニク諸島にも電信ケーブルの敷設権を得た。一方、キューバ海底電信会社もキューバ沿岸に電信ケーブルを敷設する特許を得た。一八七二年までに、これらすべての敷設地は相互に接続され、ハバナとキー・ウェスト間の電信ケーブル経由で、アメリカ合衆国やヨーロッパとも結合された[23]。

この時点で、ジョン・ペンダーは、南アメリカに注目するようになった。一八七三年に、彼のウェスタン電信会社は、スクリムザーへの付与が却下されたケーブル敷設権を獲得した。つまり、ブラジルとヨーロッパとを接続するケーブル敷設に与えられた三〇年間の特許である。さらに、同社の二つの子会社、すなわちウェスタン・ブラジル電信会社とロンドン・プラチナーブラジル電信会社もブラジル沿岸とアルゼンチンでの電信ケーブル敷設権をそれぞれ獲得した。アメリカ西岸電信会社は、すでにアンデス山脈を越える陸上電信線によってウェスタン社の電信ケーブルと接続する通信ネットワークを保有していたが、一八七五年から七六年になるとついにそのネットワークをペルーまで拡張した。一八七七年までに、ペンダーは南アメリカにおける通信の大部分を支配するようになった[24]。

しかし、スクリムザーは、電信ケーブル事業から撤退したわけではなかった。一八七八年に彼はジェイ・グールドのウェスタン・ユニオン電信会社に国際海洋電信会社を買収されたが、アメリカ合衆国〜メキシコ間を電信で接続するための特許を獲得し、その二年後にガルヴェストン〜ベラクルス間の電信ケーブルで両国間を接続した。彼のメキシコ電信会社は、ジェイ・グールドのライバルであるJ・ピアポント・モルガンに率いられたニューヨークの銀行家たちに投資意欲をおこさせるほどにまで事業を成功させた。これらの投資資金を用いて、スクリムザーは一八八二年に中南米電信会社を設立し、西海岸に沿ってペルーにまで電信ケーブルを敷設した。一八九一年になると、彼の会社はチリまで電信ケーブルを敷設し、アンデス横断電信会社の陸上電信線をブエノス・アイレスまで拡張した。いまや、スクリムザーの会社は南北アメリカ間の通信をめぐってペンダーの会社と競合するようになり、さらにヨーロッパ向け通信の一部においてもそうした争いが見られた。一〇年前に北大西洋でも経験したように、イギリス人はまたしても不愉快な競争にさらされたのである。とはいえ、それは一九二〇年代までは二国間競争といえるほどのものではなかった[25]。

フランス人がアメリカ大陸における電信ケーブル事業に参入したのは、時機を逸した頃だった。イギリスやアメリカ合衆国と比較すると、フランスはカリブ海で電信ケーブル事業をほとんど行わなかった。というのも、フランスはグアドループとマルティニクという二つの砂糖諸島と、ガイアナという未開発領土しか所有していなかったからである。イギリス人が最良の電信ケーブル・ルートを世界中で獲得しようとしていた最中に、フランスは一八七〇年のプロイセンとの戦争とその戦後処理への対応に追われていた。さらに、フランスには電信ケーブル産業は存在しておらず、フランスの保有資本は大規模な常備軍の維持に投じられるか、アルジェリアやヨーロッパに投資されていた。イギリスの電信ケーブル会社によって長年苦汁を味あわされた後の一八八〇年代に、フランスは初めてカリブ海に電信ケーブル・ネットワークを拡張したのである。

一八八六年七月にフランス政府は、ブラジル、仏領ギアナ、マルティニク、ドミニカ共和国、そしてアメリカ合衆国を、フランス製電信ケーブルで接続する特許権を付与する法案をフランス下院議会に提出した。この計画には電信ケーブル工場の新設が必要であったのみならず、一年間に一〇〇万フラン（四万ポンド）もの助成金も要求された。[26] この法案の支持者はフランスの国家的自尊心を人々の心に掻き立てるとともに、この事業からは巨額の利益が生まれるとの予測を示したが、法案の反対者は電信ケーブル事業が国費の浪費となり、最終的に納税者への大きな負担となると断言した。フランス下院は、対ドイツ防衛策としてフランスに資することのない計画に対しては全面的に懐疑の念を抱いており、その法案の審議を翌年まで延期した。

その間、イギリスでは、電信ケーブル産業の声を代弁する雑誌である『エレクトリシャン』誌が「フランスがその植民地で自国所有の電信ケーブルを持たねばならず、しかもフランスで製造された電信ケーブルをも持つべきであるという［国民的］感情むきだしの考え」[27] を嘲笑していた。しかし、イギリス人は嘲笑するだけでは満足しなかった。『フィナンシャル・ニュース』紙は次のように報道している。「われわれは、ブラジル海底［電信］会社の社長トマス・フラー氏がイギリス電信産業に資する偉大な勝利をパリで達成したことに対して祝辞を述べたい」[28] と。先述の法案がフランス下院議会に再提出されると、長々と議論された後で委員会に差し戻された。[29] 一八八七年の二月から七月にかけて、この問題は、パリの新聞記事や社説で話題となり、そのほとんどすべてがこの法案に反対するものであった。反対の理由は、この法案が非現実的であり、納税者を犠牲にした「金儲け」や「投機」を目的としたものと考えられたからである。結局、七月にフランス下院はこの法案を否決し、その後再び審議することはなかった。[30]

しかし、フランス下院議会での敗北後ほどなくして、電信ケーブルの推進者たちは、この事実から立ち直りを見せる。一八八八年に彼らはフランス海底電信会社を設立し、その二年後には助成金に頼らずにドミニカ共和国、グアドループ、マルティニク、仏領ギアナ、スリナム、ブラジルといった地域間で電信ケーブルの敷設を開始した。しかし、この事業の批判者たちが予想したように、この会社は損失を被り、一八九五年までに財政難に陥った。それゆえ、この会社は、フランス政府の救済措置を受け、同じく収益を上げていないパリ〜ニューヨーク間フランス電信会社と合併した。[31]

一八九二年から九三年に、フランスは再びカリブ海への電信ケーブルを獲得する千載一遇の機会を逸することになった。一八九二年二月にポルトガル政府がTC&M社にアゾレス諸島での電信ケーブルの独占的敷設権を付与しようとすると、フランス外務大臣リボーは、ポルトガル議会に働きかけてこの協定を否認させ、その代わりにこの特権はフランス海底電信会社に付与されることになった。この会社は、フランス郵便電信省と協約を結び、フランスからリスボンとアゾレス諸島を経由してハイチまで電信ケーブルを敷設しようとしており、この計画は、一八八七年に否決された計画と極めて類似したものだった。しかし、フランス通産大臣のジュール・シーグフリードは、すでに提示された一年間二三〇万フランという配当金保証を高額と見なし、フランス下院議会の予算委員会にこの計画を否認させた。それゆえ、ポルトガル政府は、イースタン系列子会社のヨーロッパ・アゾレス諸島電信会社にこの特権を付与し、ヨーロッパ・アゾレス諸島電信会社は、のちにこの特権をドイツ逓信省に売却した(32)。一八九六年になってようやく、フランス人所有であるが名目的にはアメリカ企業であるアメリカ合衆国・ハイチ電信会社によって、同社保有の西インド諸島電信ケーブルとフランスのニューヨーク〜ブレスト間電信ケーブルとの接続が実現され、フランスはついにカリブ海への通信手段を獲得した(33)。

フランスの経済力と世界におけるその存在感との間にはギャップが存在し、そのために電信ケーブル・ネットワークを創設するというフランス人の試みは何度も挫折した。一九世紀末において、フランスは豊かな国であったが、主としてそれは自給自足的な経済によって達成されたものであり、その産業部門は立ち遅れていた。だが、文化的・政治的・軍事的観点から見れば、フランスは地球的規模で帝国を築き上げてきた偉大な国だった。あるフランス人にとっては、世界的規模での通信は必要不可欠だったが、他のフランス人からすれば、それは公費の浪費にすぎなかったのである。

一六世紀以来、諸大国によってその支配が争われてきたアメリカ大陸は、イギリス人が深刻な競争に巻き込まれた唯一の地域であった。しかし、これは、やがて来たる数年間において激しさを増すことになる他国からの挑戦の序章にすぎなかったのである。

ロシアを越えて日本へ

極東へは、二つのルートから同時に電信が敷設されていった。つまり、東南アジアからのルートとロシアを横断するルートである。すでに見たように、電信ケーブルは、一八七〇年にイースタン・グループによってシンガポールまで到達していた。そこで、数年間を遡り、北方から極東に向かって電信が敷設されていく過程を考察することにしよう。

極東に電信をもたらそうとする最初の計画は、アメリカ合衆国によって実施された。一八五八年、ペリー・コリンズは、シベリアとアラスカ経由でヨーロッパと北アメリカを接続する計画をサンクト・ペテルブルクのロシア宮廷に提案した。一八五八年の大西洋電信ケーブルの失敗や、極東で拡大するロシアの利権を考慮すると、コリンズの計画は、極めて賢明に思われた。さらに、コリンズは日本だけでなく、中国を越えてオーストラリアまで電信ワイヤーを拡張する計画を提案した。彼は、サミュエル・モールスやウェスタン・ユニオン電信会社だけでなく、ロシア政府の支持も取り付けた。とくにロシア政府は、一八六〇年に獲得していた東海岸諸州との通信手段を欲していた。さらに、コリンズは、アメリカ合衆国政府やイギリス政府からの後援も得ていた。一八六四年から六五年にかけてウェスタン・ユニオン電信会社はブリティッシュ・コロンビアで電信線の敷設を始め、ロシア電信局はイルクーツクから電信ワイヤーを東方に向けて拡張し、さらに測量士がこれら二地点間の距離を示す地図を作製した。しかし、一八六六年の大西洋電信ケーブルの成功によって、この計画は終わりを告げた。(34)

次の計画は、ここで登場するにはあまりふさわしくない国からも提起された。極東に外交代表機関がなく商業的利権も持たない国デンマークである。進取の気性に富んだ二人のデンマーク人、すなわち銀行家のC・F・ティエットゲンとデンマーク海軍のエドゥアルド・スエンソン大尉は、こうしたデンマークの弱点を利用して自身の有利になるよう持ち込んだ。一八六八年にティエットゲンやその他の発起人によりデンマーク－ノルウェー－イギリス電信会社、デンマーク－ロシア電信会社、ノルウェー・イギリス海底電信会社という三つの電信ケーブル会社が設立され、その社名に示された国々の接続が試みられた。その一年後にこれらの会社は合併してグレート・ノーザン電信会社となった。この会社は、次の二つの理由からロシア政府からの支持を受けた。それまで、ロシアは、インド－ヨーロッパ電信会社の陸上電信線でイギリスと結ばれていたため、プロイセンを横断しない別ルートを必要としていたからであり、また、まもなくロシア皇帝アレキサンダー3世として即位する皇太子がデンマーク国王クリスチャン9世の娘ダグマーと結婚したからでもあった。

しかし、ティエットゲンは、ヨーロッパ海域だけの営業では満足しなかった。それゆえ、彼は、ロシア人に対してプロイセンやイギリスのコントロールを受けない中国や日本への電信線、あるいはアメリカへの電信線を提供した。ロシア政府は、その見返りとしてロシアとシベリアを横断する陸上電信線をグレート・ノーザン電信会社に使用させるつもりでいた。一八六九年一〇月にティエットゲンは、その特権を獲得し、三カ月後にグレート・ノーザン中国・日本電信拡張会社を設立した。(35)

もしデンマーク人がロシアとの政治的関係を効果的に利用で

きたとすれば、イギリスとの間に良好な関係を築き上げることにも同様な利用価値はあったと思われる。彼らの事業は反イギリス的とは見なされていなかったから、イギリスのビジネス界からの支援も得られていた。グレート・ノーザン中国・日本電信拡張会社は、ロンドンの銀行に引き受けられており、その資本の四分の三をイギリスの投資家たちから調達した[36]。イギリス外務省は、この会社が中国と日本で電信線の敷設権を獲得しうるように、ロシア、デンマーク、フランス、そしてオランダの外務省に対して、イギリスからの支援があることを伝えた。ジョン・ペンダーでさえも、この競争相手が香港に電信ケーブルを敷設することをすぐに承認した。西欧諸国の貿易や影響力に対する極東の門戸開放を実現するに際しては、ヨーロッパ人は、対立よりもむしろ、しばしば協調姿勢を取っていたのである。

電信ケーブル企業が一八六八年の明治維新直後に日本に接近したことは幸運なめぐり合わせだった。というのも、当時の日本は西洋技術を熱心に求める近代的エリートの支配下にあったからである。一八六九年に日本政府は、イングランドの電信技術者ジョージ・ギルバートを雇って、東京〜横浜間に陸上電信線を建設した。一八七〇年の初頭にスエンソン大尉が来日し、その所有企業による電信ケーブルの敷設権獲得を求めると、日本政府はすぐに承諾した。グレート・ノーザン電信会社はすでに電信ケーブル船を東方に派遣していたから、作業は迅速に進行した。一八七一年にこの会社は、ウラジオストクから長崎へ、そして長崎から上海へ電信ケーブルを敷設し、これらの都市と香港に事務所を開設した。また、この会社は、日本の電信当局のために長崎から横浜へ電信ケーブルを敷設した。日本からヨーロッパへの電信は一八七二年一月一日に操業を開始した。この会社は成功を祝って、グレート・ノーザン中国・日本電信拡張会社をその親会社であるグレート・ノーザン電信会社に合併させた[37]。

日本は、急速に電信ネットワークを構築した。一八七二年には留学生が初めてヨーロッパに派遣されて電信を学習するとともに、日本政府による電信装置の製造も開始された。一八七七年の薩摩の反乱［西南戦争］によって迅速な通信の価値が証明されると、電信ネットワークは拡大し、国民の利用にも供されるようになった。一八九一年の日本には、一万一六一〇キロメートルの陸上電信線と三八七キロメートルの電信ケーブルによって結ばれた四三五もの電信局が存在した。

日本は、国際通信は外国に頼ることを得策と考え、一八七九年には国際電信協定に調印し、ローマ字変換された日本語を国際電報で使うことに合意した。一八八二年に日本はアジアとの通信に関する独占的権利（結果的に世界の他地域との通信に関する独占的権利でもあり得たが）を二〇年間にわたってグレート・ノーザン電信会社に付与し、その代わりに、ロシア、中国、朝鮮への新しい電信ケーブルを獲得した。世紀転換期に至るまで、日本は通信に関しては自国の権益から外国勢力を締め出すことはしなかった。グレート・ノーザン電信会社に便宜を図ることによって、日本は国内で自立する手段を獲得したのである。[38]

コマーシャル・コードと万国電信連合

機密書類には二つの種類が存在した。コードは、語句を暗号文字で置き換えたものであり、記号化や文章化を行うためにはコード一覧表を必要とした。サイファーは、文字を数字で置き換えたものであり、すでに確定したシステム（例えば暗号表）や容易に変更可能な暗号キーを必要とした。どちらの方法も通信の簡潔さをもたらしただけではなく、機密性をも保証し、秘密を保持した。

最初のコードは、私的通信におけるプライバシーを保証する手段として開発された。一八四五年にはサミュエル・モールスの代理人フランシス・スミスが『秘密通信語彙集』（*The Secret Corresponding Vocabulary*）を出版し[39]、ロバート・スレーターは彼の一八六九年版『電信コード』（*Telegraphic Code*）の序文で次のように述べた。

一八七〇年二月一日に、イギリス全土の電信システムはイギリス政府の管理下に置かれる。その後はイギリス政府が郵政省職員を使って電信線を運営するだろう。換言すれば、彼らはこれまでわれわれの封書を思慮分別をもって申し分なく配達していたが、将来的にはわれわれの電報の送信と配達も任されることになるだろう。それゆえ、われわれの電報は官吏の目にさらされるようになり、事によると彼らによって内容を読まれることも十分にあり得る。いまや、大小の地域社会において（おそらくは、とくに小規模の社会にあてはまるであろうが）、覗き見をしたり、隣人の出来事を詮索したり、広く知られている噂話に耳を傾けることなどが日常的に行われるようになる。そうした地域社会では、電報でメッセージを送る際に、電報を扱うオペレーターが判読しえない言葉で電報を送信することが頻繁に行われるようになるだろう。[40]

電信を利用する顧客は、コードの有する他の利点もすぐに発見した。すなわち、コードを使うことによって得られる通信料節約効果である。長距離電信ケーブルを使用する電報料金は極めて高額だったから、ウィリアム・クラウゼンの『ＡＢＣコード』（*ABC Code*）や、ベストセラーになった『ベントリーの完全版コード用語集』（*Bentley's Complete Phrase Code*）のような標準的なビジネス・コード一覧表が相次いで出版され、特定産業や個々の企業用に特別編纂されたコード一覧表も出版された。[41] 一九〇二年には、イースタン社が旅行者の便宜を図るために『イースタン電信経由でのソーシャル・コード集』（*Via Eastern Telegraphic Social Code*）を出版した[42]。コード一覧表を作成する費用は極めて高額だったが、それがもたらす通信料節約効果は絶大だった。ソーシャル・コードを使えば、一つの暗号文字は平均して（暗号化されていない）平文における五・九五個の単語に相当し、コマーシャル・コードを使えば各暗号文字は平文における二七・九三個の単語として機能した[43]。長距離電信ケーブルでは、その電報の九割が商業的なものだったが、コードで書かれた電報がその九五％を占めていた。それゆえ、一八八五年から一八九八年の間にイギリス〜インド間の商取引は数倍以上に増加したにもかかわらず、伝達される単語数は変化しなかった。コードの利用が増えたために、電報の情報密度が増えたからである[44]。

民間の電信会社も電報料金を下げるための代替案としてコードの使用を推奨し、一般的には七音節を上限とする一つの暗号文字を一つの平文における単語に相当するものとして認めていた。ヨーロッパの諸政府と万国電信連合は、この慣行を規制しようとしたが、それは、お役所的な熱意や国家の安全保障に関わる懸念から実行された[45]。ヨーロッパではコードとサイファーの使用は一八六五年から許可されていたが、一単語につき最高一〇文字という限定つきのコードを公式に認定したのは、一八七五年のサンクト・ペテルブルク協定だった。一八七九年のロンドン会議ではヨーロッパ以外の地域向けの電報で使用される言語は、英語、フランス語、ドイツ語、イタリア語、オランダ語、スペイン語、ポルトガル語、ラテン語に限定され、当時流行していた帝国主義精神を反映して非ヨーロッパ人が使う言語はあっさりと禁じられた。一八九〇年のパリ万国電信連合会議では、すべての民間コードに置き換える目的で万国電信連合の公式コード一覧表を作成することが決定された。それは一八九四年に出版されたが、抗議運動が活発に行われ、万国電信連合が前言を撤回するか、既存のコード一覧表を公認することを迫られた。結局、一九〇三年に万国電信連合は民間のコード製作者に屈服し、一〇文字を上限とする人工単語の作成を認めた。その結果、コードづくりが急増した。『ホワイトローの電信サイファー』（*Whitelaw's Telegraphic Cypher*）のような本は、五文字からなる二万語もの単語を収録し、それらを結合させると、四億個もの一〇文字からなる異なる単語の組み合わせとなり、これらが国際電信における使用を認められることとなった。

結論

一八六〇年代〜一九世紀末の期間において、電信はまだ目新しかったから、人々はそれを科学技術の奇跡と見なし、政治家や実業家や国民もこの偉大な発明品を熱狂的に支持していた。例えば、ロシアのような専制主義国や、アメリカ合衆国のような民主主義国でも、またインドのような植民地政権や、トルコや日本のような非ヨーロッパ諸国でさえ、どのような政体を有する国の政府も国力増強や効率性向上策として懸命に電信を導入した。中国だけは電信を外部からの侵入者と見なし、こうした動きから取り残されていった。

電信はいたるところで突然現れたから、電信ケーブルは時には国内通信ネットワークに先立って拡大し、時にはそれに続いて拡張された。だが、それらはすべて突然に生じたのである。電信は一八六六年に北アメリカに到達し、一八七〇年にはインドに、一八七一年には日本と中国とオーストラリアに、一八七二年にはカリブ海に、一八七四年には南アメリカに、一八七九年には東南アフリカに、一八八六年には西アフリカに到達した。この二〇年間に、世界は電信ケーブルで結合されたのである。しかし、陸上電信の場合とは異なり、これによってその先進的科学技術が世界に普及することはなかった。電信ケーブルは世界中の大陸に拡大したけれども、その装置や技術的知識はごく少数のエリートによって独占されており、そのほとんどすべてがイギリス人、なかでもイースタン・グループとＴＣ＆Ｍ社のメンバーであった(46)。

商業的観点からすれば、こうした覇権は、得られるべくして獲得されたものだった。イギリスの技術者が電信技術を開発し、イギリスの企業家がそれを事業として推進し、イギリスの投資家が危険を覚悟してそれに投資した。多くの場所で、彼らは実用的なサービスを提供する代わりに［高額の］通信料金を要求した。電信会社は貪欲で悪どい方法も平然と使い、北大西洋や中国のような地域において深刻な競争に直面すると、競合他社と手を組んで顧客から搾取した。電信拡張期を通じて、イギリス政府はこの分野には関与せず、間接的に支援するのみであった。電信ケーブルは、外観上は政治と無関係な雰囲気のなかで生み出された商業的事業だったため、電信ケーブルがその所有者に対してどの程度の政治的権力を与えることになるかを当時推測し得た者はほとんどいなかった。しかしながら、長期的にみれば、イギリスの支配力は貿易やその海軍力だけではなく、電信ケーブルが提供する情報にも依拠していたのである。

注

（1） Maxime de Margerie, *Le réseau anglais de câbles sous-marins* (Paris, 1909), 21; Charles Bright, *Submarine Telegraphs, Their History, Construction and Working* (London, 1898), 167.

（2） Margerie, 36.

（3） 電信ケーブルの製造については、Bright, *Submarine Telegraphs* と "The Extension of Submarine Telegraphy in a Quarter-Century," *Engineering Magazine* (December 1898), 417–28; G. L. Lawford and L. R. Nicholson, *The Telcon Story, 1850–1950* (London, 1950), 72–80; Frank J. Brown, *The Cable and*

Wireless Communications of the World: A Survey of Present-Day Means of Communication by Cable and Wireless, Containing Chapters on Cable and Wireless Finance (London, 1927), 25-30; Alfred Gay, *Les câbles sous-marins*, Vol. 1: *Fabrication* (Paris, 1902) を参照。

（4） "Navires câbliers" in Ministry of Posts and Telecommunications (Paris), archives, 2997; Gay, Vol. 2: *Travaux en mer* (Paris, 1903), 167-70; Gerald R. M. Garratt, *One Hundred Years of Submarine Cables* (London, 1950), 36-38; Kenneth R. Haigh, *Cableships and Submarine Cables* (London and Washington, 1968), 17-25; James Dugan, *The Great Iron Ship* (New York, 1953).

（5） シー・アースについては、Donard de Cogan, "Development of the Distributed Sea Earth in Transatlantic Telegraphy," Institute of Electrical Engineers, *Proceedings* 134 (July 1987), 619-32を参照。その他の発明については、Vary T. Coates and Bernard Finn, *A Retrospective Technology Assessment: Submarine Telegraphy. The Transatlantic Cable of 1866* (San Francisco, 1979), 159とGarratt, 35-38の中で説明されている。

（6） John D. Scott, *Siemens Brothers 1858–1958: An Essay in the History of Industry* (London, 1958), 124; Brown, 51-55; Garratt, 31-36 and 53; Coates and Finn, 157-59.

（7） Halford H. Hoskins, *British Routes to India* (London, 1928), 395-96; Thomas Lenschau, *Das Weltkabelnetz*, 2nd ed. (Frankfurt, 1908), 60-62; Garratt, 29-36; Coates and Finn, 74.

（8） Alvin F. Harlow, *Old Wires and New Waves: The History of the Telegraph, Telephone and Wireless* (New York and London, 1936), 425-28.

（9） 一八六六年以降の北大西洋電信ケーブルに関する優れた経営史はさらに執筆されなければならないが、Bright, "Extension," 420-25; Coates and Finn, Chapter 5; de Cogan, "Sea Earth," 630-32; Garratt, 30; Haigh, 316-21を参照。

（10） イースタン・グループ（現社名ケーブル・アンド・ワイヤレス社）については、［以下の］公認の社史が二冊ある。K. C. Baglehole, *A Century of Service: A Brief History of Cable and Wireless Ltd. 1868-1968* (London, 1969); Hugh Barty-King, *Girdle Round the Earth: The Story of Cable and Wireless and its Predecessors to Mark the Group's Jubilee, 1929-1979* (London, 1979). だが、Robert J. Cain, "Telegraph Cables in the British Empire 1850-1950" (unpublished Ph. D. dissertation, Duke University, 1971) とMargerie, 44-47も参照。

（11） 例えば、George Peel, "The Nerves of Empire," *The Empire and the Century: A Series of Essays on Imperial Problems and Possibilities* (London, 1905).

（12） Margerie, 42-58.

（13） Barty-King, 25.

（14） Jorma Ahvenainen, *The Far Eastern Telegraphs: The History of Telegraphic Communications between the Far East, Europe and America before the First World War* (Helsinki, 1981), 18.

(15) Barty-King, 53-54.

(16) Letter from Treasury to John Pender, 27 July 1882, in "Eastern Telegraph Company Limited 1868-1919, Agreements British Government," no. 1018 in archives of the Cable and Wireless Ltd. (London).

(17) Barty-King, 80.

(18) "Telegraph Communications with India," 1-10, in British Post Office Archives (London) [ポトPOST] 83/56; "Indo-European Telegraph Department," i-iii, in India Office Records L/PWD/7; Henry A. Mallock, *Report on the Indo-European Telegraph Department, being a History of the Department from 1863 to 1888 and a Description of the Country through which the Line Passes*, 2nd ed. (Calcutta, 1890), 3-11; Peel, 256-57.

(19) Ann Moyal, "The History of Telecommunication in Australia: Aspects of the Technological Experience, 1854-1930," in *Scientific Colonialism: A Cross-Cultural Comparison*, ed. Nathan Reingold and Marc Rothenberg (Washington and London, 1987), 35-54.

(20) K. S. Inglis, "The Imperial Connection: Telegraphic Communication between England and Australia, 1872-1902" in *Australia and Britain: Studies in a Changing Relationship*, eds. A. F. Madden and W. H. Morris-Jones (London, 1980), 30.

(21) Inglis, 21-30; Moyal, 36-43; Barty-King, 38-42.

(22) James A. Scrymser, *Personal Reminiscences of James A. Scrymser, in Times of Peace and War* (Easton, Penn., 1915), 67-70; Leslie B. Tribolet, *The International Aspects of Electrical Communications in the Pacific Area* (Baltimore, 1929), 42; Barty-King, 23 and 29.

(23) Baglehole, 6; Barty-King, 30-31; Cain, 113-14.

(24) Ludwell Denny, *America Conquers Britain: A Record of Economic War* (London and New York, 1930), 369-70; Bright, "Extension," 420-21; Tribolet, 42-43.

(25) Scrymser, 67-78; Bright, "Extension," 422-23; Tribolet, 45-46; Denny, 370; Margerie, 23-24; Keith Clark, *International Communications: The American Attitude* (New York, 1931), 151; Harlow, 300-301.

(26) "Projet de loi portant approbation d'une convention relative à l'établissement de câbles télégraphiques sous-marins destinés à desservir les colonies françaises des Antilles et de la Guyane française," *Journal officiel de la République française* 18, no. 118 (13 July 1886), 1444-46.

(27) *The Electrician* (July 23, 1886), 1.

(28) *The Financial News* (July 20, 1886).

(29) "1re délibération sur le projet de loi portant approbation d'une convention relative à l'établissement de câbles télégraphiques sous-marins," *Journal officiel de la République française* (February 13, 1887), 420-38.

(30) Charles Cazalet, "Les câbles sous-marins nationaux," *Revue économique de Bordeaux* 12, no. 71 (March 1900), 41-51; *Journal officiel* (July 19, 1887).

(31) Memorandum, Ministre du Commerce, de l'Industrie et des Colonies to Sous-secrétaire d'Etat aux Colonies, January 12, 1892, in Archives Nationales Section Outre-Mer [以下ANSOM], Affaires Politiques 2554/5; Harry Alis, "Les câbles sous-marins," in *Nos africains* (Paris, 1894), 547; Léon Jacob, "Les intérêts français et les relations télégraphiques internationales," *Bureau des questions diplomatiques et coloniales* 230 (1912), 10-11; Cazalet, 47; Margerie, 180-81.

(32) Charles Lesage, *La rivalité anglo-germanique. Les câbles sous-marins allemands* (Paris, 1915), 94-97; Haussmann, 261-69; Bright, "Extension," 427; J. Depelley, *Les câbles sous-marins et la défense de nos colonies. Conférence faite sous le patronage de l'Union Coloniale Française* (Paris, 1896), 30-31.

(33) Kenneth R. Haigh, *Cableships and Submarine Cables* (London and Washington, 1968), 321.

(34) Robert L. Thompson, *Wiring a Continent: A History of the Telegraph Industry in the United States 1832-1866* (Princeton, N. J., 1947), 371-80; Ahvenainen, 25-30; Cain, 90-91; Clark, 112-15.

(35) Store Nordiske Telegraf-Selskab, *The Great Northern Telegraph Company: An Outline of the Company's History, 1869-1969* (Copenhagen, 1969), 9-11; Ahvenainen, 21-25 and 35-36.

(36) Ahvenainen, 36-37.

(37) Store Nordiske, 11-14; Ahvenainen, 39-46.

(38) Japan, Teishinsho (Department of Communications), *Outline of the History of Telegraphs in Japan* (Tokyo, 1892); *Résumé historique et statistique de la télégraphie et de la téléphonie au Japon* (Tokyo, 1899); Japan, Teishinsho (Department of Communications), *A Short History of the Post and Telegraph Services in Japan* (Tokyo, 1902); Yuzo Takahashi, "Institutional Formation of Electrical Engineering in Japan" in *Histoire de l'électricité, 1880-1980: Un siècle d'électricité dans le monde. Actes du Premier colloque international d'histoire de l' électricité, organisé par l'Association pour l'histoire de l' électricité en France (Paris, 15-17 avril 1986)*, ed. Fabienne Cardot (Paris, 1988); Yuzo Takahashi, "The Beginnings of Telegraph System in Japan" (Paper read at the colloquium on "Télécommunications, espaces et innovations aux XIXe et XXe siècles," Paris, January 5-7, 1989). これらの論文を御教示下さった東京農工大学の高橋教授に感謝する。Ahvenainen, 65-67, 186, and 210を参照。

(39) David Kahn, *The Codebreakers: The Story of Secret Writing* (New York, 1967), 189-90.

(40) Robert Slater, *Telegraphic Code, to Ensure Secrecy in the Transmission of Telegrams*, 7th edition (London, 1923), iii.

(41) Kahn, 836-46.

(42) Hugh Barty-King, *Girdle Round the Earth: The Story of Cable and Wireless and its Predecessors to Mark the Group's Jubilee, 1929-1979* (London, 1979), 147.

(43) George Peel, "The Nerves of Empire," in *The Empire and the*

Century: A Series of Essays on Imperial Problems and Possibilities (London, 1905), 281.

（44） Maxime de Margerie, *Le réseau anglais de câbles sous-marins* (Paris, 1909), 77-79.

（45） コードと万国電信連合については、"Plain language, code and cypher in international telegrams: historical summary and conference decisions from 1858 to 1896," in Post Office Archives (London), POST 83/30; George A. Codding, Jr., *The International Telecommunication Union: An Experiment in International Cooperation* (Leiden, 1952), 65-75; Kahn, 842-43を参照。

（46） 先進的科学技術の文化的普及とその地理的な再配置との相違に関する論考としては、Daniel R. Headrick, *The Tentacles of Progress: Technology Transfer in the Age of Imperialism, 1850-1940* (New York, 1988)（D・R・ヘッドリク著、原田勝正・多田博一・老川慶喜・濱文章訳『進歩の触手　帝国主義時代の技術移転』日本経済評論社、二〇〇五年）を参照。

第4章　一九世紀末における電信と帝国主義

一九世紀末、世界は「新帝国主義」として知られるヨーロッパの膨張と征服という突然の大波を目撃することとなった。この大波は、歴史家のみならず、その当時の人々に対してもかつてない衝撃を与えた。なぜならヨーロッパは、アフリカの大半と太平洋のかなりの範囲を獲得し、また旧来の帝国主義勢力であるイギリス、フランス、ロシア、オランダに、ドイツ、ベルギー、イタリア、アメリカ、日本といった熱心な国家が新たに合流したからであった。

ところで、領土ではなく人口と貿易の観点から考えると、異なった印象を受ける。一九〇〇年における植民地世界の人口の主要部分はインド人であり、そのうえ、彼らの国土は一八五〇年以来イギリスに統治されてきた。また、インドは植民地世界における経済の中心地であり、その貿易取引はイギリスの繁栄と海上覇権の主たる要素であり、イギリスによる南東アフリカ、エジプト、アデン、ビルマ、マラヤなどへの支配拡大の主たる動機でもあった。

「新帝国主義」は、一部の歴史家が指摘するほど新しい事象ではないとしても、これまでの帝国主義と一つの重要な点で大きく異なっていた。一九世紀末、ヨーロッパ人は自然の障害を克服し、現地人の抵抗を打ち負かす新たな技術と装置を身につけ、アフリカやアジアにやって来たのである。それらのうち、新しい情報手段の二つが、蒸気船や鉄道によって運ばれる郵便と電信であった(1)。

帝国は、僻地や海外に派遣された役人との間に安全かつ迅速な情報伝達手段を常に必要としており、これを達成するためにはいかなる方法もいとわなかった。電信の出現によって、中央政府と遠く離れた植民地辺境との情報交換が可能となり、遠く離れた役人をまるで本国の近くにいるかのように容易にコントロールできるという新たな時代が到来したかのように見えた。

帝国主義は、明確な現象でもなければ、一過的な出来事でもなかった。一九世紀当時、すでに帝国主義はいたるところに出現していたものの、程度の差はあれ帝国主義者の活動は活発ではなかったので、北大西洋諸国以外で電信が利用されていた事実を見出すことは難しい。

この章では、ヨーロッパ人がさまざまな強引な方法で非ヨーロッパ世界にいかに電信を持ち込んだのかを明らかにする。

電信はどこにおいても驚くべき衝撃を与えたが、電信の導入とその影響は非ヨーロッパ世界では地域によって大きく三つに分けることができる。第一に、インド、アルジェリア、西インド諸島は、人口が密集しており、事実上ヨーロッパの支配下にあった。第二に、中国、ペルシャ、オスマン帝国は自国の政府を有しており、通商とそれを行う貴重な特権を認めるよう要求するヨーロッパの強力な圧力のもとにあった。第三に、オーストラリア内陸部、北アメリカ、アラビア、アフリカは人口密度が低く、地方政府がある場合とまったく存在しない場合があった。

このような地理的条件の差異が、陸上ケーブルか海底ケーブルのどちらを敷設するのかという選択に影響を及ぼした。いずれの状況でも、ケーブルの敷設時にはさまざまな難問に直面し、それは遭遇した社会、自然環境、ヨーロッパ人による支配の程度という三つの要素によって規定された。インド、インドシナ、中国、フランス領西インド諸島、アフリカにおける、電信と新帝国主義との興味深い関係についての事例を見てみよう。

インドの電信

一八三〇年代末、フーグリ川でのウィリアム・オウショーニシによる実験のおかげで、インドは電信誕生の地の一つとなった。一八四〇年代、イギリス、ヨーロッパ、アメリカでは電信ブームに浮かされ、さまざまな人々が、ロンドンの東インド会社取締役会の関心をインドでの電信利用の有用性に向けさせた。一八四九年九月、取締役会は電信について調査するようダルフージー総督に指示した。

ダルフージーはオウショーニシの実験を思い出し、彼と陸軍工兵隊のフォーブズ大佐に調査を依頼した。一八五〇〜五一年に、オウショーニシとフォーブズは、インド初のケーブルをフーグリ川河口のカルカッタとダイアモンド・ハーバー間に敷設した。ケーブルは花崗岩の支柱に鉄線を吊るすか、屋根瓦の下に埋められた。それは、嵐、動物、破壊者等の脅威に耐えて機能し、カルカッタに住むヨーロッパ人の強い関心事であったイギリス船舶の来航情報を前もって知らせたのである。(2) 激情家で短気のダルフージーはかつて次のように不満を訴えていた。

今日、インドでの商取引を除き、世界中のあらゆるものが以前よりもより速く動いている。数多くの役人やら広報係、指示書、往復書簡、インドの地方政庁やはるか彼方イングランドから送られるさらなる情報、指示書に関するイングランドからの新たな往復書簡やイングランドの責任者との協議など、すべてを同様に処理するよう促してもしばしば邪魔され

遅くなる。(3)

すべてにおいて沈滞気味の東洋の進展速度を速めることに熱心なダルフージーは、電信に飛びついた。彼はインド電信局長に任命したオウショーニシに注目し、カルカッタ、アグラ、ボンベイ、ペシャワル、マドラスを結ぶ五〇〇〇キロの通信網を取締役会に認可するよう説得させるため、一八五二年四月、ロンドンに彼を派遣した。「こんなに重要なことが素早く処理されるなんて、政府の関連部局においてこれまで例がない」とオウショーニシが驚いたように、東インド会社は彼の要求を即座に認可したのである。(4)

許認可を携え、オウショーニシは九〇〇〇キロメートルにも及ぶ鉄線と一一〇〇キロメートルの銅線を購入し、六〇人の「職人」を電信技術者に仕立て上げた。また、彼はイギリスとヨーロッパ大陸の電信システムを視察した。(5) その結果、彼がインドに持ち帰ったのは、高い技術力を結集したイギリスのクック－ホイートストーン方式ではなく、よりシンプルなモールス方式であった。後者は、インド人職人や兵士が修理できる簡素な機器であるため、インドの条件により適合的であったからである。(6)

一八五三年一一月、敷設が開始された。シロアリによる木柱の損壊を避けるため、石柱もしくは五メートルの高さの花崗岩の平板にケーブルは架設された。(7) 銅線は猿に破壊されたり、盗まれる恐れがあったので鉄線が利用された。カルカッタ～アーグラ間の敷設は一八五四年三月に完了し、一八五五年二月には全通信網が一般向けに開設された。ダルフージーは、一八五五年の猛暑期を過ごしたウータカムンドにある避暑地にさえもケーブルを敷設した。一八五六年、インドには約七二〇〇キロのケーブルが敷設され、四六の電信局が存在した。(8)

イギリス本国では電信は民間事業であったのに対して、一八五四年一二月二七日の電信法まで、ダルフージーはインドでの同事業を政府独占所有にした。彼は電信を事業としてではなくイギリスの権力装置として見なしており、一八五四年一二月、友人のジョージ・クーパーに次のように記している。「郵便では（カルカッタ～ボンベイ間は）一〇日かかるが、いまや政府は電信によって一日足らずで通信できる。これ以前はひと月を要しただろう。何と政治的に強化されたことか！」。(9) いかなる場所においても、彼は電信が「東洋での政治的影響力の増大に多大なる影響を及ぼした」と称賛していた。(10)

とはいえ、電信がいかに迅速かつ強力に政治的影響力を行使することができるのか、そしていかなる価値があるのか、その当時のダルフージーが理解したことはわずかでしかなかった。一八五七年、彼がインドを去ると、インド陸軍の兵士であるセポイが大反乱を起こし、彼らの上官を殺害した。インド北部の大部分はすぐさま暴動に巻き込まれ、イギリス帝国は一七七六年以来の最も重大な危機に直面した。反乱軍は大勢で十分に武装されていたが、彼らの通信手段は貧弱であった。イギリス軍は電信を効果的に使用した。パトリック・スチュアート大佐配下の通信兵はイギリス軍総司令官コリン・キャンベル大将に随行した。

その目的は、「コリン閣下がどこに行こうとも彼の手にケーブルのワイヤーを握らすためであり、中継所とワイヤーがあれば、すぐに司令部が設営された。戦場で軍隊の前進に歩調を合わせてケーブルが敷設されたのはこれが初めてであった[11]」。

パンジャーブ地方の行政官ジョン・ローレンスは「電信がインドを救った！[12]」と声を大にして言ったとされている。ただし、救われたのはインドではなく、イギリスだったが……。

インド大反乱の終結後、電信は二つの要因で急速に拡大した。一つは統治者イギリスの軍事的・政治的ニーズであり、もう一つはインド人の個人的および商業的ニーズであった。一八五六年から世紀末にかけて、インド国内の通信網は年五・九％の速度で拡大した（表4－1参照）。インドの通信網を敷設距離で他のヨーロッパ主要国と比較してみよう。電信局が郵政省に合併された一八八三年までに、全主要都市に電信は到達した。電報は、使い走りによって村の郵便局に届けられたのである[13]。

とはいえ、このサービスの質は低すぎた。未熟な電信員は慣れない機器と苦闘し、当初、遅延やミスが生じた。のちにはセキュリティ不足との苦情が出た。歴史家のハルフォード・ホスキンスによれば、「インド市場では政府の電信員によって商業機密が漏らされていることは周知の醜聞であった[14]」。

世界中で最も安価なサービスであったから、インドでは電信員の給料は安かった。一八五五年、一六文字の通信料金は六四〇キロメートル当たり一ルピーであった。おおざっぱに言ってヨーロッパの半額であった。一八六八年、インド内の二地点間の一ルピー当たりの料金は一〇語となった[15]。電信は鉄道とともにインド人の間で日常的なものとなり、広大なインド亜大陸市場の創出に貢献した。当時、大陸の統一はイギリスの為政者と商人にとって利益をもたらしたのである。しかし、後年、インドの統一はイギリスへの不安要因となるのだが……。

インドシナの電信

インドシナは、一八五〇年代から徐々に征服された。フランスは、コーチシナからアンナン、トンキンへと北へ移動しケーブルを敷設した。一八六六年、植民地省はインドシナからヨーロッパへのケーブル敷設計画を策定したものの、あまりにも莫大な費用がかかるためその計画は却下された[16]。その五年後、ペンダーの中国海底電信会社がシンガポールから香港までのケーブル敷設を提案した際、インドシナ代表団がシンガポールの会社代表を訪問し、進行中であったケーブルを中止するよう提案した。会社はこれに同意し、一八七一年七月、インドシナは、サイゴン近くのキャップ・サン・ジャックでケーブルに連結した[17]。一八八〇年代、トンキンを目指して北部へ移動した際、フランス海軍・植民地省は海底ケーブルの必要性を感じた。国土は十分に平定されておらず、地上のケーブルは反乱者に無防備であった。一八八三年一一月、フランス海軍・植民地省はイースタン・エクステンション・オーストラレーシア・中国電信会社（中国海底電信会社の前身）との間でキャップ・サン・ジャックからフエ、ハイフォン、そして香港間に年間二六万五〇〇〇フラン（一万六〇〇〇ポンド）の補助金でケーブルを敷設する契約を交わした。この線は、一八八四年二月に開通した[18]。六年後、ハノイは陸上ケーブルで中国と接続した[19]。

表4-1　インドにおける電信（1856～1900年）

年	敷設距離（km）	電信局数
1856	6,800	46
1868	22,200	
1891-92	61,800	3,246
1900	84,700	4,949

出所：George W. Macgeorge, *Ways and Works in India: Being an Accunt of the Public Works in that Country from the Earliest Times up to the Present Day* (Westminster, 1894), 502; Krishnalal J. Shridharani, *Story of the Indian Telegraphs: A Century of Progress* (New Delhi, 1956), 21 and 58.

表4-2　インドシナにおける電信（1864～1921年）

年	敷設距離（km）	電信局数
1864	400	15
1871	1,200	22
1902	11,951	224
1921	31,155	425

出所：A. Berbin, *Note sur le service postal télégraphique et téléphonique de l'Indochine* (Hanoi-Haiphong, 1923), 6; Camille Guy, *Les colonies françaises*, Vol. 3: *La mise en valeur de notre domaine colonial* (Paris, 1900), 567-68; France, Conseil Supérieur de l'Indochine *Note sur la situation et le foncitionnement du Service des Postes et Telégraphes en 1902* (n. p., n. d.), 8-9; Lucien Cazaux, "Le service des Postes et Télégraphes en Cochinchine depuis 1871 à 1880." *Bulletin de la Société des études indochinoises de Saïgon* (1926), 185-207.

　一八六一年、最初の電信員がインドシナに到着すると、電信網はインド以上に急速に拡張した（表4-2参照）。インドの電信網と同様にインドシナの電信は、ヨーロッパ人のために敷設された。検閲官であったバーベインは次のように述べた。「郵便と電信サービスはゼロからつくられねばならなかった。それらの発展は、巨大な領土を占領した結果であり、経済成長の可能性を促進するためではなく、純粋に戦略的かつ政治的な目的のためであった[20]」。

フランス領西インド諸島のケーブルとニュース

　フランス人はイギリス人のように商業利害を有していなかったかもしれないが、世界中への、とりわけ南アメリカへの文化的な影響の拡大を強く切望していた。フランス人は、文化がケーブルによって運ばれることを知っていたのである。世紀末におけるケーブル・ロビイストであるジャック・ハウスマンは、フランスの電信拡張への動機について次のように記している。「われわれの動機はフランスの商業・産業利害のみならず、全世界へのフランスの影響力、思想、名声の伝播にある」。続けて、彼は中央アメリカのフランス人代理人の悲観に満ちた言葉を引用した。

アメリカから一般的なニュース速報は毎日届き、直ちに現地の新聞社によって紹介されている。紙面は北米共和国とイングランドに関するニュースだけで構成されている。フランスに関する情報がもたらされるのは、ごく稀なことでしかない。そうすると自然の成り行きとして、毎日耳にして、ともに暮らす人々に関心が移って行き、現在の人間関係に飲み込まれて行くのは、ごく当然のことなのである。そして、滅多に耳にしない人々のことは、すぐに忘れしまうのである。(21)

一八七〇年代および一八八〇年代において、カリブのフランス人は、電信の文化的な力に最も敏感であった。一八七一年、マルティニクとグアドループは、他のカリブ海諸島と同様に、西インド・パナマ電信会社と電信業務契約を交わした。マルティニクの交わした契約の第八条は、他の諸島が契約した内容と類似しており、以下のとおりであった。

年間五万フランの補助金をもとに、フランス電信局は、ヨーロッパやアメリカの一般情報や政府・商業情報、そして現在の市場価格、とりわけフランスの四つの主要商業港の情報について、さらに西インド諸島で重要な事件が発生した場合、可能であれば、会社の自由裁量で、単独で発表内容を審査し、公表された情報を追加費用なしで受信するであろう。(22)

フランス領の島々は競争の激しい砂糖ビジネスにおいて、他社との競争に勝ち抜くためにとりわけ小売価格の情報を必要としていた。不満はすぐに生じた。マルティニク島議会は、当初英語ではなくフランス語で書かれた速報を依頼し、また送られてくるニュースの種類の選別にも不平を唱えた。

フランス国民議会は、一一月にいったん開かれたものの一月一一日に延期された。植民地は知る術を持たなかったため、この情報を得るまでかなりの日数を要し、またその理由も知らなかった。彼らは私たちに対して、イングランドのどこぞの王子が病気になった、どこぞの王女が結婚した、馬がレースに勝利したと言うが、われわれはこれらの情報に関心などあろうか？　ない。われわれは、会社の代理人にこの件についていくつかの重要な提案をした[23]。

一八八一年の契約更新の際、マルティニク総督は「フランスのニュースを含む電文は、簡潔すぎて婉曲的であり、さらに不正確で、時には敵対する情報も盛り込まれる」と不平を漏らしている[24]。これに対して、西インド会社総裁アールは、補助金の増額を要求した[25]。

一八八二年一一月初め、リヨンでの暴動や王党派の陰謀に関する情報が届くと、対立はより激しくなった。マルティニク総督は、次のように抗議している。

> ニューヨークで書かれ、ケーブルによって西インドと中央アメリカに伝達された情報に虚偽があると警告する。それらが原因でマルティニクの人々は心配し気をもんでいる。また私は、共和国の同胞をトラブルに巻き込み、外国人はもちろんわれわれの敵対機関を喜ばせてしまった。電文の誤りによって嘆かわしい結果になったと気がついた。たとえ、もしそれらが真実を伝えていたとしても、何がどうしたというのだ[26]。

アールは、次のように答えている。

> 一般のニュース速報を提供する義務を負わされてきたことは、会社にとって嘆かわしい特徴の一つである。貴殿も海底ケーブル会社の役割がそのような情報の提供にあるのではなく、それを伝達する点にあると同意してくれるだろう[27]。

以上のような見解の不一致がありながらも、マルティニク島議会は、隣島が砂糖価格について正確な情報を得ているにもかかわらず、速報に先んじることができないと判断した[28]。

両者は、フランス政府によって書かれた速報とフランスによって敷設されたケーブルでないと満足しなかった。実際、マルティニク総督はまさにそのような提案をしていた。だが、誰が公式なニュース速報を書くのか？　海軍・植民地省は、郵政省や電信局や外務省がするような事務を拒否した。最終的に内務宗教省がそのような作業に従事することとなった[29]。パリ～ニューヨーク間フランス電信会社は、当初速報を無料で送ることに躊躇していたが、結局、週当たり一〇〇語までニューヨークに送信することを認めた。

この速報は、一八八三年五月に開始された。しかし、ニューヨークのフランス領事は、パリにいる外務大臣にウェスタン・ユニオン電信会社のサービスを用いてキー・ウェスト（西インドのケーブル開始点）から速報を送ることはできなかったと書き送っている。速報は箱に入ったままであったからである[30]。結局、彼は船便での郵送を利用し、二カ月後マルティニク総督の手元に速報を届けた。

また、アールは、フランス公報を一般的な急送電文で送ることに同意したが、次のように抗弁している。

私は［植民地省］大臣に、ニュース速報電文に対する検閲権を行使するため、グアドループやマルティニクの総督閣下が直々に出向かれるよう切に要請する。……発生したあらゆる不都合な出来事は、フランス植民地当局が公表以前に電文を事前に検閲していれば避けられていたであろう。この方針により、政府が力を行使するよう対策するならば、攻撃の可能性を事前に除去し、上述の会社が情報を伝えないことが最も望ましい(31)。

このようにして、島々は植民地統治者によって検閲を受けたフランスからの速報を受け取った。

その間、フランスにおける植民地利害はフランス自らが所有するケーブルを求める政治的運動を開始しつつあった。しかし、不運にもすでに地盤を固めていたイギリス企業との競争に際して、フランスの事業計画には多大なる補助金が必要であったが、フランス政府はそれを許可しなかった。ここでまた、フランスは自国文化を伝播するという野望とそれに対する費用負担への抵抗の狭間に陥った。

中国の電信

電信は、いたるところで熱狂を持って迎えられるか、あるいは、ともかくも黙認された。イギリス～ペルシャ間、カナダ～チリ間においては、政府も、企業も、住民も、即座に電信の有用性を理解した。もっぱら変わった倫理観を持つグループのみが政府の統制下に入らず（メソポタミアのアラブの遊牧民やアメリカ西部のインディアン）、新たな機器を攻撃した。

中国は、このような一般論の当てはまらない例外に属した。電信に対する中国人の反応は、とりわけ日本人と比べると、科学技術の魅力の背後に隠された電信の文化的・社会的な裏の意味を暴露しようとする傾向にあった。ヨーロッパ人は電信を人類が自然を征服した道具として捉えたが、中国人は電信を西洋の野蛮な道具として捉え、中国への侵入の楔であると考えた。

まだケーブルが東洋に到達していなかった一八六〇年代を通じて、中国は電信を受け入れるよう要求するヨーロッパの圧力のもとにあった。一八六〇年にイギリスとフランスが中国に勝利すると、拡張主義的なヨーロッパ人は、貿易や鉄道・炭鉱・その他のヨーロッパ流の文明化に向けた投資のために開国を求めた。

ロシアは、シベリアを通じて東方への鉄道路線を建設していたため、一八六二年、在中ロシア大使デュ・バルゼックは、北京までのケーブル延長の許認可を獲得しようとしていた。彼はこの試みに失敗したものの、「外国人に電信建設を認可する場合、ロシアがその最初である」との合意を中国政府との間に取り付けた[32]。一八六四〜六五年に、イギリス、フランス、そしてアメリカの代表が、香港、上海、アモイ、福州と、一八五七〜五八年のアロー戦争以後に開かれた他の開港場とを陸上ケーブルないし海底ケーブルで連結する許認可を要請した。一八六五年、ロシアの電信は中国国境付近まで到達していたため、ロシア政府は改めて北京までのケーブル延長を要請した[33]。

中国の外務省である総理衙門は、地方政府の役人と同じようにこれらの要請のすべてを拒絶した。ヨーロッパ人は、地方役人との間に摩擦を引き起こし、進歩の妨げと考えられる問題に直面すると、自らの手で問題を解決しようとした。一八六四〜六五年、福建省のイギリス人関税局長ミリケンは、福州の罗星塔（Lo-hsing-ta：ルオシンタ）に陸上線を敷設させた。少々のやり取りの後、徐宗幹（Hsü Ching-kan：シュ・チュン・カン）総督は、敷設作業の中止を要請し、ミリケンから設備を買収した。同じ頃、イギリス商人は、支柱を建て上海と呉淞港との間にケーブルを張っていたが、現地の役人がそれらを降ろしてしまった。これに対して、イギリス領事は一八六〇年の条約では電線の架設を禁止していなかったことを理由に、陸上ケーブルの賠償を要求した[34]。

中国人が電信に抵抗を示す理由については、中国側の矛盾した弁解とヨーロッパ側の誤解に基づくいくつもの議論がある。当時、ヨーロッパ人は中国人の電信への抵抗を「迷信」によるものであると考えていた。それは、古来の儒教的価値観と死者の魂への尊重の結果であるとされた。しかし、最近の研究者らは、中国人が費用対効果を考慮して、収益性の悪さに気が付いたためと論じている。中国に近代的な造船を紹介した曽国藩は「もしわれわれが持ち込まれた電信と鉄道を許してしまえば、荷馬車人夫、ラバ追い、宿屋、担ぎ人夫らの生計はなくなってしまう」と断言している[35]。さらに、一八六六年、広東・広西総督は、総理衙門に「広東〜上海間のケーブル敷設要求は先例をつくることを意味している。ひとたび作業が開始されれば、外国人は広東から隣接した省、さらにそこから主要都市へのケーブル敷設への認可を際限なく要求するだろう」と書き送っている[36]。一八六八年、一一カ国の代表は難破船が出た場合の救助活動を迅速に行うために上海から川沙までの六〇キロメートルのケーブル敷設を申請し、「近い将来、これを先例として他に広げることは絶対に求めない」と約束した。これに対し、総理衙門は、以下のように返答している。

あらゆる国が中国でのケーブル敷設に貪欲な視線を向けている。彼らの要求は極めて妥当に聞こえる。だが、彼らが胸に抱く邪悪な目論見は言葉に表されていない。これは、この機会に乗じて付け込みたいという外国大使の要求の誘い水となること、そして、一つの成功事例を通じてさらにその要求を拡大するだろうことは明白である。彼らはこれを先例として他の地域に拡大するわけではないと言うが、それが罠であることは明白である。われわれは彼らの言葉をどれほど信用できるだろうか？[37]

中国の役人にとって、電信とは情報伝達手段というよりは、むしろ中国国内へ外国の影響力を開放する楔にすぎず、彼らの主権に対する脅威であり、ヨーロッパ人との衝突の潜在的な原因にほかならなかった。一八六〇年代において、彼らは電信局がヨーロッパ人事務員を任務に就かせ、モールス信号に変換されたヨーロッパ言語でのみ電報を受け取るという事実に憤慨した。受取人が知る前に外国人がすべての公的な情報を知ることになるからであった。[38]加えて、特定の利権集団の利害関心があった。ヨルマ・アヴェナイネンは、次のように説明する。

外国企業の代表は、多くの事例より北京からの統制を以前よりも受けやすくなるという理由で地方当局者が電信に反対したという印象を強めた。土地所有者は、急速な情報伝達手段によって中央政府の統制がより強固となることを恐れたのであった。[39]

これら中国側の憤りは、押しの強いヨーロッパの異邦人と彼らの機器への一般的な嫌悪感が混ざって醸成された。商人だけが「商業・宣伝効果に対する迅速な伝達手段の利点を見出していた」。[40]一八八〇年代に入ってようやく、中国の役人も電信と他の西欧技術を「自強」や外国の侵略への抵抗手段と見なし始めた。[41]

南北から同時にケーブルが到達したことは中国に強力な圧力を加えた。ジョン・ペンダーは一八六九年に、シンガポールから中国そして日本へのケーブルを管理するために中国海底電信会社を設立した。香港がイギリスの植民地となって以来、陸上ケーブルの敷設許可を得ることに困難はなかった。ただし、上海への延長線を敷設するには中国当局の認可が必要であった。そこで、ペンダーは、中国で商売の経験があるジョン・ジョージ・ダンを中国政府と交渉させるために派遣した。北京において、ダンは英国大使トーマス・ウェードの支援を得たが、総理衙門は彼の認可申請を拒否した。最終的に、一八七〇年五月、ダンと中国側は妥協点に達したが、ケーブルは陸地に達せず、呉淞の外側に投錨した廃船で終わった。メッセージは上海までこぎ舟で運ばれたのである。[42]

その間、グレート・ノーザン電信会社も同様に陸上ケーブルの認可を求めていたが、北京までの陸上ケーブル敷設を目指すロシアの要求を掻き立てるという理由で拒否された。中国政府は、外国人の侵入を恐れ、互いに牽制させることによって彼らを沿岸部に留めておきたかった。

しかし、分割統治戦略は失敗した。なぜなら、電信会社は真の競争をしていなかったからである。通信に対しては強大で変動しない需要が存在するのであるから、企業は顧客を競い合うのではなく、顧客から搾り取ることで利益を稼いでいたのである。中国人に対して彼らは共同戦線を張った。一八七〇年五月、中国領海内に初のケーブルが敷設される以前、もうすでに二社が協定に署名していた。グレート・ノーザン電信会社は、香港〜上海間のケーブルを敷設し、両都市に両社の事務所を設置し、利益を公平に分配した。中国海底電信会社はそのケーブルを上海以北に拡張しないと契約し、他方、グレート・ノーザン電信会社は香港以南では操業しないこととした(43)。

強情だがもろい中国官僚への対策として、ヨーロッパ人は「既成事実」という効果的な戦略をとった。一八七〇年末、グレート・ノーザン電信会社のケーブル敷設船は、上海付近の不毛な岩だらけのギュツラフ島でケーブルを連結させた。そして、ある夜ギュツラフから別のケーブルを上海の外国人居留地に敷設した。しかし、この悪どい違反は中国人に知られることはなかった。一八七一年初頭、同船は別のケーブルを上海から香港に敷設し、四月一八日に開通させた。その直後に中国海底電信会社のケーブル敷設船が訪れ、一八七一年六月に上海〜香港間は南ルートによってヨーロッパに連結された(44)。

この世界ケーブル網との連結は、中国人とヨーロッパ人の間の緊張を激化させ、茶輸出の最重要地である福建省では暴動を引き起こした。暴動は、一八七三年に始まった。それは、グレート・ノーザン電信会社が中国側の認可を得ずに香港〜上海間のケーブルをアモイに連結させたときであった。同年、同社が陸上の新ケーブルを上海から呉淞に架設すると、中国政府は切断を命じた。だが、上海にいたヨーロッパ人領事の抗議に直面し、その指示は強制されなかった。中国は面子を保ったものの、ヨーロッパ人がさらに強気に出ることを助長しただけであった(45)。

その翌年、主要な茶市場である福州のヨーロッパ人商人と領事が、一六キロ離れたパゴダ・アンカレッジへの陸上ケーブルの敷設認可を要求した。彼らは現地役人から認可を得て、一二日後、陸上線を敷いた。ヨーロッパ人は彼らのケーブルをアモイにまで延長させ、海底ケーブルと連結させようとした。これは当然かつ必然的な連結であったが、中国人らがかねてから警戒していた、まさに足がかりをつける戦略にほかならなかった。

一八七四年初頭、地方役人がグレート・ノーザン電信会社に福州〜アモイ間のケーブル敷設を行わせていたとき、ロシア大使ブッツォウは一八六二年の総理衙門での契約事項に気づき、ロシア国境と天津間の陸上ケーブル敷設権を要求した[46]。

その間、日本はその帝国建設以来、初の海外侵略である台湾出兵を一八七四年四月に進めていた。台湾における中国の代表、沈葆楨は、より良い通信手段として政府が所有する台湾～アモイ間のケーブルを急遽必要とした。同時に、彼は福建省総督、李鶴年に、グレート・ノーザン電信会社のアモイ～福州間の陸上ケーブルに抗議する手紙を送った。帝国政府は板挟みにあって新線を廃止するよう要求した。この要求が無視されると、「民衆蜂起」によるケーブルへの攻撃が開始された。これはヨーロッパ大使の抗議を招いた。ついに、一八七五年五月、中国政府はグレート・ノーザン電信会社から陸上線を買収し、その後、全ケーブルを管理下に置くことに同意した[47]。

したがって、一八七六年四月、中国政府が自ら電信を所有することとなった。さらに中国政府がとった処置はヨーロッパ人を驚かせた。まず、住民の抵抗心を鎮めるためケーブルを廃止したのである。そして、沈葆楨の要求に対しては台湾で二名の外国人コンサルタントを招聘し、ケーブルを再建した。かつて信号機を操作できた中国人はわずか五名であったので、グレート・ノーザン電信会社との間に電信学校を開設する契約も結んだ。また、文化の相違を乗り越えるため、中国の電信は上海で一八七五年に作成されたコードを採用した。そのコードは漢字を数字に置き換えたものであり、ヨーロッパの言語に比べより安価に伝達することが可能であった。こうして、中国政府は自らの保護のもとでその必要性に対応するため電信網を管理することを承諾したのであった[48]。

一八六四年から一八七五年までの一一年が経過すると、中国では電信が当たり前の機器として受け入れられた。しかし、政府が電信を有用なものと見なすのにはさらに六年を要した。一八七六年、直隷省総督であり北部諸港の管理者であった李鴻章はデンマーク人技師との間に、天津から北京への敵の接近を防ぐ大沽砲台までの陸上ケーブル敷設の契約を結んだ。二年後、さらなるケーブル敷設の協定をグレート・ノーザン電信会社と締結させるため、彼は事業家であった盛宣懐を派遣した。清王朝が黙認するなかで、盛と李は新たに会社を設立し、これにより帝国電信管理局は中国全土の電信を管理することとなった。彼らは、一八八一年、大運河に沿って天津から上海までのケーブルの敷設を開始し、かくしてケーブルは一八八二年には南京まで、一八八四年には広東・北京・旅順まで延長された。抵抗や意図的な遅延やヨーロッパ各国との個別交渉の月日を経て、ようやく中国の役人は政府の有益な道具として国有の電信網を受け入れた[49]。

帝国電信管理局の性格は、故意に「政府の管理と商人の利益に供するために」というモットーに留め置かれた。しかし、アルベルト・フォイエルヴェルカーが指摘しているように、「一方で経営者と株主が収益性の高い配当を獲得したのに対して、他方で近代的な情報ネットワークを中国にもたらすという点での成功は乏しく、際立った対照をなしていた[50]」。

帝国電信管理局はまた国際的観点からも重要であった。なぜなら同局が中国でヨーロッパ人と応対する初の見識ある代表を送り込んだからである。すでに外国商人と外交官は、中国に近代技術の利益を供与してやっているにすぎないと公言していたのであるから、もはや彼らの意が中国に通じることなどなかった。しかも彼らは、いまや盛宣懐との交渉にあたらなければならなかったのである。

一八八一年、盛はグレート・ノーザン電信会社と協定を結び、外国向けの全電文を同社に手渡すことを認め、他国がノーザン社のケーブルと競合することとなる陸上ケーブルを敷設することを禁じた。その代わり、ノーザン社は中国側に技師を派遣して、学校も開設し、中国政府の電文発信費用を無料とすることを申し出た[51]。

この協定は、イギリスのジョン・ペンダーのみならずドイツ、フランス、ロシア大使の抗議を引き起こした。その後二年間、イースタン・エクステンション社とグレート・ノーザン電信会社は協定について議論と交渉を重ねた。一八八三年、イースタン・エクステンション社は、香港～上海間の新線とカルテルを結び、中国～ヨーロッパ間の電信収益からの取り分のすべてを共同管理することとした。結局、一八八七年、帝国電信管理局、グレート・ノーザン電信会社、イースタン・エクステンション社の三社は、他のあらゆる競争相手を排除することで一致した。いわば「合併企業」として二社の協力が円滑である限り、政府機関としての責務を負わずして帝国電信管理局は中国内のすべての利益を独占することとなった[52]。

電信会社は、彼らの利益獲得の最良の方法は、各社の差異を寄せ集めて統一させ、顧客に対応することだと改めて気づいた。顧客は、開港場にいるヨーロッパのビジネスマンであり、この共謀の犠牲者でもあった。一八七〇年代から電信価格は世界中で下落し始めたものの、一語当たり八・五フランであった中国～ヨーロッパ間の電文は、一八七一年には二〇語で一〇〇フラン、一八七五年でも一語当たりおおよそ一〇フランに留まったのである[53]。そして、先のカルテルは、利用者の抗議を無視するのに十分強力であった。

中国～ロシア間の陸上ケーブルが示すように、通信線は地勢上の問題よりも政治的に敏感である。ロシア線は、一八六三年にイルクーツクに達したが、もし中国政府が許可していれば、一年後、北京に延長されたはずであった。一八七五年、中露国境の町キアクタまでロシア線は届いたが、中国側は改めて延長を拒否した。それ以来、定期的にロシア政府は中国への延長線の敷設認可を求めたが、その圧力は、明らかにさらに他の重要な要求を引き出すきっかけになった。結局、ロシアは別の理由で保護することを望んだグレート・ノーザン線を経由して、ケーブルを敷設できた。ケーブル会社は、中国とヨーロッパ間に新たに直通の陸上ケーブルが敷設されて、低料金で運営されることで自分たちの事業が破滅することを当然恐れていた。潜在的に危険である新たな競争相手に直面した際、彼らは至極当然の対応をした。つまり、彼らは新たなライバルであるロシアを呼び寄せ、顧客に対する共同謀議に招き入れたのである。数年に及ぶ交渉ののち、一八九二年に、ロシアと中国は、彼らの電信網を連結することに合意した。連結は一八九三年に満州のヘランポで、一九〇〇年にはキアクタで進められた。ロシア～中国間の通信状況は大いに改善されたが、ヨーロッパ向けの電文は海底ケーブルと同様の法外な価格を支払わねばならなかった。

一九〇〇年の義和団事件は、ヨーロッパ人に中国の奥地に楔を打ち込むさらなる機会を与えた。イギリスとドイツは、中国側の許可を得ずに、上海～北京近郊の大沽間、芝罘と外国海軍基地のある膠州、威海衛、旅順間にケーブルを敷設し、「中国北方が平和かつ通常の状況に戻るまで」、北京～大沽間の陸上ケーブルを接収した。さらにケーブル会社は、三〇年間にわたり中国における海外（対外）通信に対する独占を拡大する機会を獲得したのである。(54)

過去三〇年間、中国人は電信を単なるヨーロッパ人の侵入の手段と見なして抵抗してきた。外国の侵略から中国を守るための先延ばしは、結果として国力を弱体化させ苦しみが増しただけであった。結局、中国は新技術を受け入れたが、悪徳外国企業と結託して経営する非効率的で費用のかかる私的独占の形態のもとで受け入れたのである。極東全体におけるこうした事情のなかで、日本の事例はこれとは著しく好対照をなしていた。

東アフリカのケーブル

一方でヨーロッパから北アメリカへ、他方でインド以東へと伸びる世界の海底ケーブル網の幹線は、政府の役割が不可欠ではなかったにせよ、政府からも補助的な支援を得つつ、もっぱら商業面の需要に対応して敷設された。北アメリカ、インド、オーストラリアの国内電信網は、海底ケーブルの到達以前からすでに存在しており、それらの商業能力の強化にとって幸先のいい環境があった。それゆえ、これらの地の電信は、ニューヨーク、ボンベイもしくはポートダーウィンの一つの電信局に集中させることが可能であった。

しかし、アフリカは状況がまったく違った。一八六六年以後、海底ケーブルは発達したが、アフリカ（エジプト、アルジェリア、南アフリカを除く）はいまだ電信未開の地であった。さらに商業もしくは私用の需要があまりに少なく、電信事業は採算

図４　アフリカ周辺のケーブル網（1879～1901年）

が取れなかった。結局、アフリカは、海岸の上陸地点を足がかりとして海岸線に沿って、欧米列強に徐々に蚕食され始めた。したがって、ケーブルは、商業的というよりも政治的幹線となり、同時に海岸部の都市を繋ぐネットワークとしても機能しなければならなかった。西アフリカでは、植民地獲得競争により、二つのケーブルが並行して抜きつ抜かれつ敷設された。つまり、こうしたことが、均質的な発展を遂げた地域に比べて、通信費用をより高価にし、さらに有用性を低めてしまった。

東アフリカは西海岸よりも早く連結されたが、それは通商が理由ではなく、イギリス帝国の幹線に近かったからであった。この連結への圧力は白人植民地の南アフリカからもたらされた。一八六七年、ケープ植民地議会はイングランドから南アフリカを経由してオーストラリアに至るケーブル敷設における「協働」をイギリス植民地省に提案したが、この提案は大蔵省に却下された[55]。一八七一〜七三年に、フーパーズ電信会社は、アデンからモーリシャスやナタールに繋がる東海岸へのケーブル敷設を提案したが、十分な民間資本を集められず、イギリスとフランスの政府から補助金も得られなかったので失敗した。植民地大臣カーナーボン卿も政府所有のケーブルに資金提供するよう大蔵省を説得できなかったのである[56]。

貧弱なビジネス展望とイギリス本国の拒否によって失敗したものの、電信をヨーロッパに連結させようとする南アフリカ住民の情熱が削がれることはなかった。一八七七年七月、ケープタウン商業会議所会頭であったトーマス・ワトソンは、ケープ植民地総督バートル・フレールにアフリカを縦断する陸上線敷設を支持すべく、次のように綴っている。

この偉大なる大陸の中央を通過する電信を建設することで、母国との情報伝達が迅速となるのみならず、同時に商業関連の企業に広大な活動範囲が開かれる。さらに、敷設ルートに沿って点在する電信局でのケーブル保守作業は、アフリカ沿岸の巡洋艦隊よりも奴隷貿易の廃止に貢献するであろう。布教拠点は防御され、未開の部族は文明化され、数年のうちに本格的な変革がもたらされることになるであろう[57]。

この見解は、ケープ植民地の電信局長であったJ・シヴェライトによる「オーバーランド・テレグラフ」に関する論文において繰り返され、南アフリカ哲学協会でも紹介された。そして、この論文は、フレールによって植民地大臣マイケル・ヒックス・ビーチに伝達された[58]。ケープ植民地議会は、一八七八年にイギリス・アフリカ電信法を可決し、イギリス本国とケープを結ぶケーブルに対して一五年間にわたり年額一万五〇〇〇ポンドの補助金を交付した（ナタールはさらに五〇〇〇ポンドが増額された[59]）。陸上ケーブルの支持者は、プレトリア（南アフリカ最北の電信基地である）からナイル・ケーブルによってエジプトと連結するハルツームまでの敷設を提案した[60]。彼らは、総敷設費用を海底ケーブルの二分の一ないし三分の一と見積もり、アメリカ、シベリア、オーストラリア、もしくはオスマン帝国を経由するのと同様に容易であると主張した[61]。

さまざまな探検家が、この計画に関して見解を表明している。ヴァーニー・ロベット・キャメロンは熱狂的であり、ヘンリー・モートン・スタンレーも計画を支持した。チャールズ・〝チャイニーズ〟・ゴードンとザンジバルの英国領事ジョン・カークは、より危険な延長を避け、短距離の沿岸ケーブルを提案した。また懐疑論者もいた。サミュエル・ベーカーは「どのような警察の監視によっても、ロンドンからインヴァネスまでの金のワイヤーを守れないのと同様に、私が命名した部族の土地を通る鉄のワイヤーを守ることも不可能であると考える[62]」と言っている。ほかには、アフリカ内陸の病気に対する懸念や、銅を装飾品に用いるアフリカの習慣を指摘する者もいた。実際、ケーブル敷設が想定されている地域は、まだ誰にも十分に探検されておらず、現地の事情を知る者はいなかった。植民地化と言うには及ばなかったが、ヒックス・ビーチが一八七八年一一月にフレールに話したように、ケーブルは安全のためにイギリス領内に敷設されねばならないという論点は、技術的な問題というよりも政治的な問題であった。

その間、ジョン・ペンダーは積極的に陸上線反対のロビイ活動を進め、アデンからザンジバルとモザンビークを経由してダーバンに至るケーブルの許可に関する利権交渉のために、息子のジェイムスを派遣した。しかも、彼は、年額三万五〇〇〇ポンドの補助金を要求していた。

突然の驚くべき事件による急展開がなかったなら、利害団体は長期にわたってケープからカイロに至る電信計画を協議しなかったであろう。一八七八年を通して、フレールは、ズールー族のセチワヨ王との戦争を準備しつつあった。ヒックス・ビーチは、ディズレーリ首相に「私は、電信なしで彼を制御することなどまったくできません。しかし、だからと言って、電信があれば何かができるというわけでもありません[63]」と伝えた。一八七九年一月二二日、ズールー族はイサンドルワナでイギリス軍を破った。ヒックス・ビーチは「ケーブル敷設は商業面のみならず政治・軍事面からも極めて緊急を要する重要課題である」と認識し、ペンダーの提案を受け入れたのである[64]。

この結果、補助金交付の一つの先例ができ上がった。むしろこの場合は、一八五八年の紅海ケーブル案が復活しただけであったが、原則の問題として、イギリス政府は危機的局面を除き、ケーブルに補助金を交付することを拒否していた。だが、イギリス帝国の勢力範囲が世界規模になると、危機はより頻繁に発生し、政治家は年々不安を感じるようになった。ついに、補助金交付は日常茶飯事となった。

西アフリカのケーブル

アフリカの西海岸ではケーブルの連結は当初遅れていたが、一八七三〜七四年における政治事件によって急速に早まった。その事件とは、イギリスとアシャンティ王国の戦いであった。当時、情報線の末端であるカナリア諸島、もしくはマデイラ諸島からケープ・コースト要塞の間のイギリス軍の情報伝達は蒸気船に依存しており、多くの場合、返信を得るまで二カ月も要していた。しかし、植民地省は、それらが補助金を伴うだけでなく、戦争の結果が最初から予期されていたから、ケーブル計画を策定することを拒否していた(65)。

一八八一年の黄金海岸での戦争危機においても、この問題は再燃した。陸軍省と植民地省は、毎年二五〇〇ポンドの支出で、ケーブルが西アフリカの軍事力を縮小させ、九〇万ポンドが費やされたアシャンティ戦争のような消耗的な作戦を防げたかもしれないと認めていた。しかし、ケーブル敷設に要求された補助金額（カーボ・ヴェルデ岬の島々は年額一万ポンド、黄金海岸は一万五〇〇〇ポンド）は、財布の紐が固い大蔵省に求めるにはあまりにも高額すぎた(66)。

たとえアシャンティが大蔵省の財布の紐を緩めることができなくても、他のヨーロッパ国家ならできたであろう。一八六〇年代に、すでにフランスはセネガルにおいて短距離の陸上ケーブルを数本敷設していた（セネガルからはボート［公文書送達用船］によってケーブルがヨーロッパに輸送された）(67)。一八八三年、スペイン国立海底電信会社（インド・ゴム会社の子会社）が、カディスとカナリア諸島を連結させた。その二年後、フランス政府は、年一七〇〇万フラン（六万八〇〇〇ポンド）の補助金でセネガルのサン‐ルイへのケーブル延長契約を結んだ(68)。

これらはすべてマシュー・グレイによる計画の一部であった。インド・ゴム会社の取締役でありジョン・デニソン‐ペンダーのライバルであった彼は、南米からセネガルを経由してケーブルを敷設した。事業拡大の競争は、他の政治的な対抗関係と一致しており、一八八四年に「アフリカ分割」が本格的に開始された。フランス軍部隊は、セネガルからシエラレオネの後背地、黄金海岸、ニジェール北部に沿って移動した。ドイツはトーゴランドの併合を進行中であった。ヨーロッパ列強の代理人は、本国政府の勢力範囲から遠く離れていて、ヨーロッパから西アフリカ沿岸への派兵は一カ月以上を、内陸への進出にはさらに一週間を必要としたので、自らのイニシアティブを現地で行使したのである。このことをきっかけにして、未開拓の辺境におけるのんびりした日常に慣れ親しんできたイギリス植民地省は、突如として極度の不安に駆り立てられることとなった。ヨーロッパ列強の代理人らの誤解は、厄介な外交問題へと難なく転じた。一八八四年四月、植民地省がこのことについて大蔵省に指摘し、同様に陸軍省、海軍省、外務省からの援助も得られた。大蔵省は再び国防の観点から態度を軟化させ、カーボ・ヴェルデ諸島からアクラへのケーブル敷設に対して補助金を認めた。大蔵省は、ペンダーのブラジル海底電信会社とインド・ゴム会社の入札を受けた。「スペイン所有のケーブル会社とあまりに緊密な提携関係にあって、植民地省の考える国防条件に合わなかった」し、また、植民地省は「フランスとスペイン領を公文書が通過することを聞いていなかったから」、大蔵省はインド・ゴム会社を選択することに反対した。それゆえ、いまやイギリス帝国の利害と緊密に関連していたイースタン・グループが西アフリカ海域へと導かれたのであった[69]。

西アフリカの電信において、一八八五年は決定的な年であった。イギリス政府が次の一手を考えあぐねていたところ、民間の起業家によって出し抜かれてしまったのである。ポーランド人の外交官かつ内科医で投機家でもあったタデウシュ・オクシャ－オルゼコウスキ伯爵は、セネガルからポルトガル領ギニア、サントメ、アンゴラ、ケープタウン間のケーブル敷設権をポルトガル政府から獲得した[70]。オクシャは、もちろん彼自らがケーブルを敷設するつもりは一切なく、ほかの誰かにその権利を譲渡することを望んでいた。その誰かとはインド・ゴム会社であり、同社はセネガルと象牙海岸、ダホメー、ガボンをケーブルで連結させる権利をフランス政府からおりしも得たところであった。この目的のため、同社は西アフリカ電信会社を創設し、以上の二つの敷設権を一つにまとめ、沿岸に沿って全フランス領とポルトガル植民地を連結する計画を立案した[71]。

これに刺激されたペンダーは、アフリカ大陸横断電信会社を設立した。一八八六年一月、彼はイギリス政府からの補助金（年額一万九〇〇〇ポンド）の交付によって、西アフリカ沿岸のイギリス領を連結するためにケーブルを敷設する権利を獲得した。彼はインド・ゴム会社からガンビアとカーボ・ヴェルデ諸島（ここでヨーロッパまでのブラジル企業のケーブルと連結する）間のケーブル敷設権を購入した[72]。

一八八六年を通じて、敷設船はケーブルを沿岸に浮かせたり沈めたりと多忙であった。同年末までに、アフリカ大陸横断電信会社がカーボ・ヴェルデ諸島とガンビア、シエラレオネ、黄金海岸、ナイジェリアなど、総じてイギリス領を連結した。西アフリカ会社は、その間、フランス領やポルトガル領を連結させたが、ガンビアと黄金海岸でイギリス領の諸都市との交信許可を停止した。

小さなネットワークは大きなネットワークに連結する傾向がある。なぜならシステム加入者数が二倍になれば、内部連絡の可能性や潜在的な通信量が四倍にもなるからである。さらに、この技術的傾向は、コングロマリットを切望する悪評の高い事業家によってさらに強化された。西アフリカではわずか三年でこうした事態が生じたのである。一八八九年一一月にはすでに、イースタン社とインド・ゴム会社が通信量協定を、言い換えれば、西アフリカでのカルテルをつくり上げたのである。[73]東南アフリカ電信会社がケープタウンからロアンダにケーブルを敷設し、西アフリカのケーブルと連結させると、アフリカ大陸はケーブルによって包摂された。合併を完成させるため、西アフリカ社の取締役会の席上でマシュー・グレイは、ジョン・デニスン‐ペンダーに交替した。[74]西アフリカ電信会社は、いまだフランス領とポルトガル領で営業していたけれども、実際にはイースタングループの一角としてイギリス帝国の柱石となったのである。

植民地時代、ヨーロッパ人は世界中で西アフリカに陸上ケーブルを建設することが最も難しいと学んだ。一八九二年に、セシル・ローズは、彼の夢であったケープからカイロまでを結ぶ連絡線の別の実現手段として、ローデシアからエジプトまで陸上ケーブルを敷設するために、アフリカ大陸縦断電信会社を設立した。彼の目的の一端は海底ケーブルに対抗することであったが、より重要な点は、アフリカ内陸部をヨーロッパによる植民地化のために解放することにあった。とはいえ、この計画が商業的に失敗し頓挫した際、ケーブルはわずかにタンガニーカ湖のウジジまでしか到達していなかった。[75]

同様に、フランスは、一八九七年から一九一二年までに赤道アフリカ内部にてガボンからチャド湖間のケーブル敷設に関していくつかの企てを試みた。経路の一部ではコンゴ川に沿ってベルギーのケーブルを利用し、その他の地では、ウバンギ・シャリのサバンナで電柱と電線の輸送費を節約するために可視的な光通信設備を建設した。この通信方法は完成せず、作動しても不安定であったため、のちに無線に取って代わられた。[76]

アフリカ内部におけるこれらの路線は二つの問題に悩まされていた。一つは砂漠や湿地帯で重量資材を運び、さらに荷物運搬用の動物が眠り病で死んでしまう地域を通過するという大変な難題であった。もう一つは、低い人口密度と貧困であった。つまり、電信会社が自ら投資した費用と比べて、現地での業務から十分な利益が見込めないことを意味していた。アフリカではインドや南米と違って、電信は、ヨーロッパ人がヨーロッパ人と情報交換するための機械であり続け、言い換えれば、現地の内部経済ではなく植民地経済の一部にすぎなかったのである。

ケーブルと植民地統治

これまでわれわれは、ケーブル会社の強い要請を受けて、公的な補助金や奨励を待つことなく、フランスやイギリスの主要植民地に対して世界のケーブル網がいかに迅速に拡張されたかを見てきた。重要度の低い植民地、とくに幹線上に位置しない植民地へケーブルを敷設するためには、会社は補助金を確保せねばならなかった。植民地の役人は、常に彼らの情報手段を改善したがっていたが、小さな植民地はケーブルへの補助金を交付することが不可能であり、本国政府の援助を必要とした。植民地の役人は、本国・植民地の両方において、ケーブルは少数の兵力や艦艇をより効果的に展開できることで費用の削減を望めると主張した。大蔵省の懐疑主義を克服するための最も説得力のある論拠は、軍事的な危機、言うなれば戦争であった。

　これは、黄金海岸における一八七三～七四年のアシャンティ戦争の際、イギリス軍司令官ウォルスレイ大将が試みたことであった。彼は植民地省と陸軍省を説得することはできたが、大蔵省はケーブルの有無にかかわらずイギリスが戦争に勝利すると確信しており、彼の説得に動じなかった。一八七九年、ズールー戦争でイギリス軍に敗北の恐れが出ると、大蔵省も軟化し、南アフリカのケーブルに補助金を交付した。西アフリカは、その七年後ケーブルを手に入れたが、その理由は、イギリスの侵略に対するアフリカ人の抵抗ではなく、イギリスから見ればフランスやドイツの代理人による沿岸部でのより警戒すべき活動に触発されたものであった。

　外交問題における電文利用は、植民地省内にもゆっくりと拡大した。一八六六～六七年に、イギリスの植民地省は電信にわずか一〇〇ポンドしか補助金を交付しなかった。植民地行政に電信が影響を与えるようになったのは一八七四～七八年にかけてであり、植民地大臣カーナーボンの任期二期目の頃であった。植民地省は外務省と同様、夜間に電報を収集し、午前中に専門職員がそれらを検討するために事務員を雇用していた。一八七五～七六年には、南アフリカ、海峡植民地（マラヤ）、バルバドスでの危機によって、植民地省は電信への補助金額を二九五一ポンドに増額した。そして、一八八一～八二年には、費用は九六六〇ポンドにまで増加し、その後、植民地省とその他数多くの植民地政府の電文数は、戦時を除き確実に増加の一途を辿った。その数は、一八九二年には一九九七件であったが、一八九九年には四七四七件、ボーア戦争時の一九〇二年には九〇五八件と最高に達し、その後一九〇三年に六〇六七件へと減少した。政府公式電文は、通常料金の半額であったが（一八九〇年のケープタウンでは八シリング一一ペンスの代わりに四シリング六ペンス）、通常の商用電文よりも長文であったので、それらは依然として高額であった。大蔵省が瞬時に地球規模で情報を伝達することに心を躍らせなかったのも不思議ではなかった[77]。そして、ケーブルを通じてもたらされる情報の洪水は、省庁がそれらを効果的に取り扱う能力をはるかに超えていた。西アフリカについて、ロバート・クビチェクは次のように書いている。

　現地の帝国の手先（総督など）は、自身が受け取るよりも数多くの電信を植民地省に送信した。一八八七年から一八九六年の間に、黄金海岸から植民地省宛の年間平均送信数は七五件であったが、植民地省から前者への送信数は四三件にすぎなかった。ラゴスと植民地省間の電文は前者宛てが四八件、後者宛てが三五件であり、その内容のほとんどは職員に関するもので、責任者の病気や死亡による緊急の人員補充についてであった[78]。

一九世紀最後の数十年間は、新帝国主義とアフリカ分割の時代であり、小規模の危機が世界のいたるところで発生していた。一八七〇年代初頭の植民地大臣キンバリーは「重要な電文のすべて」を即座に自分に届けるよう求めていた[79]。その結果は、ある歴史家の言葉によれば、「急送電文は郵便袋の暗がりのなかで一カ月も読まれずに放置されて、至急の要請効果は失われてしまった[80]」。事務官や補佐官は、これまでの書簡に目を通す時間もないままに、至急の返信の下書きを急かされるか、次々と至急電を読まされることとなった。植民地省は、情報の洪水に押し潰された。歴史家ジョン・セルは、次のように記している。

電信は偉大なる分水嶺であった。この媒介手段によって情報は断片的に伝達され、現実から抜き取られた一部分が、迅速に、不規則に、予想不能なかたちで行き来した。規則性ではなく、気まぐれが帝国の意思決定過程を形成するようになった[81]。

電信は、それ自身が行政上の諸問題を引き起こしたにもかかわらず、帝国の支配者たちが常に切望していた中央政府による巨大帝国の統制力を強めることになった。しかし、この問題について議論してきた歴史家たちは、電信にこうした効果はなかったと主張している。帝国の周辺で定期的に発生する危機的状況に際して、植民地省は総督の都合のいいように処理され続けてきた。ロンドンは、帝国の辺境地で起きている事柄について何ら信頼できる情報源を持っておらず、いずれの場合も事件が起きたのちに事後的に追認していたのであるから、現地の人間は、主導権を握ることを切望することになった。かくして一八七三年、海峡植民地総督アンドリュー・クラークは、新たに敷設された電信ケーブルがあったにもかかわらず、ロンドンに面倒な相談をする手間を省き、イギリス人知事をマラヤのペラク州に送り込んだ。植民地大臣キンバリーは、のちに、彼に次のように書き送っている。「私はいまや貴殿の計画の詳細について意見を述べる立場にはないが、私が辞職する前に貴殿からの急送伝文を受け取っていれば、貴殿がとった行動を認めていたであろうと思う[82]」。同様に、一八八三年にクイーンズランドがニューギニアを併合した際、この事実はロンドンに事後通告されたのであった(83)。

南アフリカでは、ボーア戦争の数週間前に事態を統制しようとした植民地大臣チェンバレンの試みは、イギリスの高等弁務官アルフレッド・ミルナーが戦争を熱望したため水泡に帰した。ロバート・クビチェクによると「明らかに、電信が植民地省による南アフリカでの事態の把握や情報統制の可能性を拡大することはなかった。実際には、電信の機能は官庁の受動的な性格や現地行政官たちの行動主義的傾向を助長したのであった(84)」。電信によって植民地省は戦争を抑止したり、統制することができなかったが、オーストラリア植民地に対して派兵部隊の準備を説得するのには成功した。チェンバレンの植民地総督宛ての電文や愛国的な報道が熱烈な愛国主義者であるオーストラリア人を刺激したからであった。ヴィクトリア州総督ブラッシー卿は、電信を「偉大なる帝国結集力」と呼んだ。そして、五～七週間後に『マンチェスター・ガーディアン』紙が届いて、オーストラリア人は、ようやく南アフリカ戦争に反対する見解の存在を知ることができたのである(85)。

中央集権的伝統にもかかわらず、フランス政府でさえも植民地の統制が十分であるとは感じていなかった。かくして、われわれは、逓信局総裁が一八九四年に植民地省に嘆願したことを知る。「一般的には、本国の決定に反しているかどうかはっきりするまでは、植民地の電信局の役人たちは、何も決定しないことが決定的に重要であった(86)」。

とはいえ、植民地の支配関係に対する電信の影響力は曖昧であった。電信の拡大と新帝国主義は、同時に起こったために、帝国の国境の不安定さ、帝国の野心ある代理人、情報の欠如、そして抗しがたい中央行政機関は、これらの結合が本国政府を無視することで現地にいる者の権力強化に一役買ったのである。しかし、これは戦争と領土拡張局面に連動して生じた一時的現象にすぎなかった。地域が鎮静化するとすぐに、官僚主義的な統制が辺境時代の自由奔放な代理人に取って代わった。ゆえに、必然的に支配はケーブルと海底ケーブルを通じて行われた。世紀転換期以降には、気ままな植民地総督について耳にすることはもはやなくなった。その代わりに、植民地官僚は植民地権力間の抗争、そして、それにもましてナショナリズムの高揚について悩み始めたのである。

結論

帝国主義は、かつての世界の大国の複雑な諸関係に、新たな関係を持ち込んだ。ヨーロッパによる支配を非ヨーロッパの人々に強要することで、理屈のうえでは、二つの新たな政治的関係をつくり出した。一つは、ヨーロッパ人入植者と現住民との関係であり、もう一つは、本国と植民地の代理人との関係である。これらの関係は、闘争を伴って表面化した。ヨーロッパの支配に対するアフリカやアジアの人々の凶暴化した抵抗のみならず、植民地におけるヨーロッパ人と彼らの本国との権力闘争であった。こうした闘争関係の唯一の例というわけではないが、南アフリカはその最も劇的な事例であった。

さらに、問題を複雑にしたのは、ヨーロッパ諸国家がしばしば本国および海外において対抗関係にあったことであった。拡大する植民地帝国間の不明瞭な辺境において、現地の代理人や植民地入植者の間で衝突が生じたが、彼らの関係は、建前上彼らを代表する政府間の公式な関係と常に一致していたわけではなかった。いくつかの事例では、現地の人間が本国政府を厄介で潜在的には敵対関係へと繋がる状況に引きずり込んだ。世紀転換期に帝国主義国家が地球上に残された「支配権が確立されていない」地域を支配するにつれて、植民地争奪戦が既存の緊張関係を悪化させ、さらに大戦前夜の雰囲気を醸成することとなった。迅速な通信は、これらの緊張の即時性をさらに高め、緊張を緩和させることをより困難にしただけであった。

注

（1）技術とヨーロッパ帝国主義との関係については、D・R・ヘッドリク著、原田勝正・多田博一・老川慶喜訳『帝国の手先――ヨーロッパ膨張と技術――』日本経済評論社、一九八九年（Daniel R. Headrick, *The Tools of Empire: Technology and European Imperialism in the Nineteenth Century*, New York, 1981）、同著、原田勝正・多田博一・老川慶喜・濱文章訳『進歩の触手――帝国主義時代の技術移転――』日本経済評論社、二〇〇五年（Daniel R. Headrick, *The Tentacles of Progress: Technology Transfer in the Age of Imperialism*, New York, 1988）を参照。

（2）Manindra Nath Das, *Studies in the Economic and Social Development of Modern India: 1848-56* (Calcutta, 1959), 115-18; Krishnalal J. Shridharani, *Story of the Indian Telegraphs: A Century of Progress* (New Delhi, 1956), 4-8 and 25-26; Mel Gorman, "Sir William O'Shaughnessy, Lord Dalhousie and the Establishment of the Telegraph System in India," *Technology and Culture* 12 (1971), 584-85; Sir William Brooke O'Shaughnessy, *The Electric Telegraph in British India: A Manual of Instructions for the Subordinate Officers, Artificers, and Signallers Employed in the Department* (London, 1853), iv.

（3）Minute of April 14, 1852, quoted in O'Shaughnessy, *The Electric Telegraph*, xi-xii.

（4）O'Shaughnessy, *The Electric Telegraph*, v.

（5）Ibid., v-vi.

（6）Deepak Kumar, "Patterns of Colonial Science in India," *Indian Journal of History of Science* 15, no. 1 (May 1980), 109; Gorman, 591-93.

（7）Dalhousie letter of February 1856, cited in Das, 156.

（8）Das, 137-50; Shridharanai, 21.

（9）Quoted in Gorman, 597.

(10) Quoted in Shridharanai, 21.

(11) "Stewart, Patrick (1832–1865)," in *Dictionary of National Biography*, Supplement, 22: 1230–31.

(12) Gorman, 598–99.

(13) Shridharanai, 55–56.

(14) Hoskins, 386–87.

(15) India, Telegraph Department, *Summary of the Principal Measures Carried out in the Government Telegraph Department during the Administration of Sir John Lawrence, Bart., G. C. B., G. M. S. I., and D. C. L., Viceroy and Governor General of India, 1864–68* (Calcutta, 1869); Das, 148; Shridharani, 27.

(16) "Câble du Tonkin" in Archives Nationales Section Outre-Mer (Paris) [henceforth ANSOM], Colonies Séries Modernes 313 Indochine W30 (1).

(17) Letter of agreement of July 9, 1871 between the French Ministry of the Navy and the Colonies and the China Submarine Telegraph Company Ltd. in ANSOM, Colonies Séries Modernes 313 Indochine W31 (1); Lucien Cazaux, "Le service des Postes et Télégraphes en Cochinchine depuis 1871 à 1880," *Bulletin de la Société des études indochinoises de Saigon* (1926), 206.

(18) Agreement of 29 November 1883 between the French Ministry of Navy and Colonies and the Eastern Extension, Australasia and China Telegraph Company, in the archives of the Cable and Wireless Company [henceforth Cable and Wireless] D/370; "Câble du Tonkin" in ANSOM Colonies Séries Modernes 313 Indochine W31 (1) and (4).

(19) Jorma Ahvenainen, *The Far Eastern Telegraphs: The History of Telegraphic Communications between the Far East, Europe and America before the First World War* (Helsinki, 1981), 64.

(20) A. Berbain, *Note sur le service postal, télégraphique et téléphonique de l'Indochine* (Hanoi-Haiphong, 1923), 2.

(21) Jacques Haussmann, "La question des câbles," *Revue de Paris* 7, no. 6 (March 15, 1900), 274–76.

(22) Contract between Martinique and the West India and Panama Telegraph Company Ltd., June 23, 1871, in Cable and Wireless B2/675: "Martinique and Guadeloupe, 1868–1871."

(23) *Gazette officielle de la Guadeloupe* (December 1874), in Cable and Wireless B2/675.

(24) Letter from the Minister of the Navy and Colonies to C. D. Earle, President of the West India and Panama Telegraph Company, October 21, 1881, in "Communications périodiques télégraphiques avec les Antilles, 1882–84," ANSOM, Affaires politiques 2554/3.

(25) Memorandum from C. D. Earle to the Ministry of the Navy and Colonies, November 2, 1881, in Cable and Wireless B2/675. カリブ海のサンゴ礁では、しばしばケーブルが損壊し、また不況期には砂糖諸島の需要が低い状況が続き、西インド・パナマ電信会社はイギリスのケーブル会社で最も収益性の低い企業であったからである（一八九九年まで配当は一％に満たず、その後の配当はなかった)。Maxime de *Margerie, Le réseau anglais de câbles sous-marins* (Paris, 1909), 60-61 を参照。

(26) Letter from Governor of Martinique to the Minister of the Navy and Colonies, November 9, 1882, in Cable and Wireless, B2/675.

(27) Letter from Earle to the Director of Colonies, February 26, 1883, ibid.

(28) Minutes of the meeting of the General Council of Martinique, December 17, 1882, ibid.

(29) Letter from the Ministry of the Interior to the Ministry of the Navy and Colonies, April 28, 1883, in ANSOM, Affaires politiques 2554/3.

(30) Letter from the Consul General of France in New York to Minister of Foreign Affaires Challemel Lacour, May 18, 1883, ibid.

(31) Letter from Earle to the Director of Colonies, July 25, 1884, ibid.

(32) Zhong Zhang, "The Transfer of Networks Technology to China, 1860-1898" (Ph. D. dissertation, University of Pennsylvania, 1989), Chap. 1: "The Destruction of the Woosung Railroad and the Foochow Telegraph."

この論文の引用を認めてくれたジョン・ジャン氏に謝意を表する。

(33) Saundra P. Sturdevant, "A Question of Sovereignty: Railways and Telegraphs in China 1861-1878" (Ph. D. dissertation, University of Chicago, 1975), 18-21 and 150-51; Ahvenainen, 31-32; Zhong Zhang, Chap. 1.

(34) Sturdevant, 20 and 25-26.

(35) Zhong Zhang, Chap. 1.

(36) Ibid., 4.

(37) Ibid., 10.

(38) Zhong Zhang, private communication, January 1990.

(39) Ahvenainen, 59.

(40) Ibid., 60.

(41) Sturdevant, 22-24, 152-154, 102-203, and 215-18; Zhong Zhang, Chap. 1.

(42) Zhong Zhang, Chaps. 1 and 3: "Harnessing the Telegraph Network: The Chinese Management of its Introduction."

(43) "Agreement between the China Submarine Telegraph Company Ltd. and the Great Northern Telegraph of China and Japan Extension Company of Copenhagen" (May 13, 1870) in Cable & Wireless, D/248.

(44) Albert Feuerwerker, *China's Early Industrialization: Sheng Hsuan-huai* (*1844-1916*) and Mandarin Enterprise (Cambridge, Mass., 1958), 192; Hugh Barty-King, *Girdle Round the Earth: the Story of Cable and Wireless and its Predecessors to Mark the Group's Jubilee, 1929-1979* (London, 1979), 28 and 39; Robert J. Cain, "Telegraph Cables in the British Empire 1850-1900" (unpublished Ph. D. dissertation, Duke University, 1971), 138; Ahvenainen, 17-19 and 32-52; Sturdevant, 157-62.

(45) Sturdevant, 163-68; Store Nordiske, 14; Ahvenainen, 48-54.

(46) Ahvenainen, 48; Sturdevant, 178-86 and 208.

(47) Ahvenainen, 55-57; Feuerwerker, 192; Sturdevant, 186-94; Zhong Zhang, Chap. 1.

(48) S. A. Viguier, *Mémoire sur l'établissement de lignes télégraphiques en Chine* (Shanghai, 1875); Ahvenainen, 60; Sturdevant, 199-206; Zhong Zhang, Chap. 1 and private communication, January 1990.

(49) Zhong Zhang, Chap. 3.

(50) Feuerwerker, 206. 電信管理については Ahvenainen, 60-62, and Feuerwerker, 190-207 を参照。

(51) Ahvenainen, 68-69, Store Nordiske, 17.

(52) Ahvenainen, 70-99, 106-107, 113, and 209.

(53) Ibid., 41-42, 51-52, and 113.

(54) Ibid., 143-45; Leslie B. Tribolet, *The International Aspects of Electrical Communications in the Pacific Area* (Baltimore, 1929), 77-81.

(55) Cain, 151.

(56) Ibid., 152-58.

(57) Colonial Office, "Correspondence Respecting the Projected Telegraphs to South Africa" (1879) in Public Record Office (Kew) [henceforth PRO], C. O. 879/15/194.

(58) Lois Alward Raphael, *The Cape-to-Cairo Dream: A Study in British Imperialism* (New York, 1936), 49-62.

(59) Leo Weinthal, "The Trans-African Telegraph Line," in *The Story of the Cape to Cairo Railway and River Route from 1887 to 1922*, ed. Leo Weinthal, 5 vols. (London, 1923-26), 1: 211-12.

(60) Richard Hill, *Egypt in the Sudan 1820-1881* (London, 1959), 131.

(61) Cain, 163; Weinthal, 1: 212.

(62) Weinthal, 1: 214-15.

(63) Cain, 165-66.

(64) George Peel, "The Nerves of Empire," in *The Empire and the Century: A Series of Essays on Imperial Problems and Possibilities* (London, 1905), 264; Cain, 166-69.

(65) Brian L. Blakely, *The Colonial Office, 1868-1898* (Durham, N. C., 1972), 65.

(66) Cain, 150 and 171-74.

(67) Decree organizing the telegraph service in Senegal, February 28, 1868; dispatch from the governor of Senegal to the minister of the navy and colonies, March 2, 1868, in ANSOM, Affaires Politiques, 2554/1.

(68) Law of July 9, 1883, in West African Telegraph Co. Ltd. Guard Book, in Cable & Wireless 924/139; Charles Bright, "The Extension of Submarine Telegraphy in a Quarter-Century," *Engineering Magazine* (December 1898), 423.

(69) Cain, 176-81.

(70) Boleslaw Orlowski, "The Person who Stood Firm against the Might of England," in Cable and Wireless archives. この論文の引用を認めてくれたオルロウスキ氏に謝意を表する。

(71) "Copy of the Report of the Budget committee to the French Chamber of Deputies on the Convention between the French government and Matthew Gray of the West African Telegraph Company Limited, 10 July 1885" in Cable and Wireless 924/139; "Agreement of 22 April 1886 between Eastern TCL, Brazilian Submarine TCL, African Direct TCL and India Rubber, Gutta Percha, and Telegraph Works CL and West African TCL" in Cable and Wireless 728/10.

(72) African Direct Telegraph Co. Ltd., West African Cables, 1886, in Cable and Wireless, 1980; Eastern and South African TCL, "Correspondence relating to West Coast of Africa cables no. 4, 1886 & 1889," ibid., 2195.

(73) "Africa Agreements," Cable and Wireless, 728.

(74) "Correspondence relating to West coast of Africa cables no. 4 (ex. 334), 1886 and 1889," Cable and Wireless, 2195.

(75) "Prospectus of the African Transcontinental Telegraph Company Limited," Cable and Wireless, 1741; Barty-King, 86-90; Weinthal, 1: 215-17.

(76) "Télégraphes 1888-98," ANSOM, Série géographique, Gabon-Congo, XII, dossier 22; "Câble de Loango à Libreville," ibid., dossiers 23a and 24b; and "Ligne télégraphique de Loango à Brazzaville" (1899), ibid., dossier 24b; Captain P. Lancrenon "Les travaux de la mission télégraphique du Tchad (1910-1913)," *l'Afrique française: Bulletin du Comité de l'Afrique française* (January 1914), 34-40, and (February 1914), 55-69; Martial Merlin, "L'oeuvre des récentes missions en Afrique équatoriale française," *Bulletin de la Société de géographie commercial de Paris* 36 (1914), 249-67; Daniel R. Headrick, "Les télécommunications en Afrique Equatoriale Française, 1886-1913," *Recherches sur l'historie des télécommunications* 2 (December 1988), 73-86.

(77) Robert V. Kubicek, *The Administration of Imperialism: Joseph Chamberlain at the Colonial Office* (Durham, N. C., 1969), 30-32; Cain, 188-192; Blakely, 65-66.

(78) Robert Kubicek, private communication, December 1989. より の情報を教えてくれたクビチェク氏に謝意を表する。

(79) Blakely, 66.

(80) Cornelius W. de Kiewiet, *The Imperial Factor in South Africa: A Study in Politics and Economics* (Cambridge, 1937), 293.

(81) John W. Cell, *British Colonial Administration in the Mid-19th Century: The Policy Making Process* (New Haven, Conn., 1970), 43.

(82) C. D. Cowan, *Nineteenth-Century Malaya: The Origins of British Control* (London, 1961), 266; Sir Andrew Clarke, *Life of Lieut.-General the Hon. Sir Andrew Clarke, G. C. M. G., C. B., C. I. E.*, ed. R. H. Vetch (New York, 1905), 155-56; Cain, 193-94.

(83) Blakely, 67.

(84) Kubicek, 109；同様の見解については，P. M. Kennedy, "Imperial Cable Communications and Strategy, 1870-1914," *English*

Historical Review 86 (1971), 751 を参照。

(85) K. S. Inglis, "The Imperial Connection: Telegraphic Communication between England and Australia, 1872-1902," in *Australia and Britain: Studies in a Changing Relationship*, ed. A. F. Madden and W. H. Morris-Jones (London, 1980), 21-38.

(86) Letter of March 24, 1894, in ANSOM, Affaires Politiques, 2554/4.

第5章　世紀転換期の危機（一八九五～一九〇一年）

海底ケーブルが登場したばかりの頃、何千キロも離れた地へ数時間でメッセージを送ることは奇跡のように思われた。教会での説教や演壇での演説、はたまた編集者の短評では、電信が「時間と空間を消滅させた」との絶賛の声で満ち溢れていた。しかし、海底ケーブルがすべての大陸に到達した一八八〇年代以後、電信は、もはや奇跡としては見なされず、通商が世界規模で拡大する時代において、商業や政府の日用必需品の一つにすぎなくなった。

ヨーロッパとアメリカでは、一八七一年から一八九八年は平和な時期であった。たしかに熱帯地域では、ヨーロッパ人は迅速かつ容易に帝国内の隅々までを征服した。しかし、当時の世界はいまだ広大で、いたるところに奪取できる土地が眠っていたため、外交官は諸列強間で生じる不和をまだ解消できていた。一方、一九世紀も終わりに近づくと、ヨーロッパ人は、自らが生み出した新技術を称賛し、自然に対する自らの力の増大を感じ取るようになったが、最後には新技術がこれらの技術を持つ者に対する持たざる者への権力上の優位性を与えたという点を見逃していた。

この天真爛漫な幸福感は、長くは続かなかった。一八九〇年代、優位に立つヨーロッパ諸帝国が熱帯地域に残された未征服地帯を飲み込むと、本国から遠く離れたアフリカの内陸部や太平洋地域における帝国支配の代理人同士らの衝突は、ヨーロッパとアメリカに反響し、新聞界を刺激し、大使館を動揺させた。全人類の奇跡であった電信は、政治権力を行使する手段として、そして仮想敵国の手に渡れば危険な兵器となったのである。

電信と外交

外交機関と電信の関係には二面性があった。外交はしばしば予想もしないところから電信によって影響を受けた。神聖かつ伝統的格式を有していた各国外務省は、気後れしながらも、こうした影響を及ぼす迅速な情報伝達の時代へと突入することとなった。一八五九年までは、イギリス外務省は、通常の業務時間中に電信局にて電文の送受信をしていた。しかし同年、勤務時間外の電文受信業務のために二人の事務員が採用されている。一方、アメリカ国務省が情報伝達の近代化に着手したのはかなり後になってからであった。一八六八年になって、国務省から一三ブロック先のウェスタン・ユニオン電信会社の事務所でやっと一人の通信員を採用したのである。(1)

電信は、徐々に外交官の関心を集めるようになった。一八七〇年代までに、ロンドンの外務省と植民地省は直通の電信線を有することとなり、さらに外務大臣グランヴィル、植民地大臣ダービーのような政府高官らは、彼らの自宅や田園地帯の彼らの領地にも直通の電信線を敷設した。

国際情勢がさらに複雑になるにつれて、各国の外務省の電信利用は拡大した。ベアリ・コーツとバーナード・フィンは、国務省の電信利用量に関する統計を収集している。国務省は一九一〇年まで毎月一〇〇〇件程度の電文を処理していたが、一九三〇年代になると、一日二〇〇件にまで増加した。国務省と在ロンドンアメリカ大使館間の電信のやり取りは、一八六六～一九一〇年で年平均二〇〇件、一九一〇～一九一四年で年平均五五二件、一九一四～一九一九年で年平均一万五〇〇〇件、しかし、それが一九二〇年代には年平均五〇〇から九〇〇件、一九三〇年代初頭には年平均七〇〇から一二〇〇件へと推移している。(2)

一九世紀において、ほとんどの電文は純粋に国内向けかつ事務的な用途のものであり、旅行計画や個人的な事柄、その他の情報の取得などのために用いられていた。電信もまた、領事館に関連する諸問題や犯罪者の逮捕や引き渡し、伝染病その他自然災害のような外交問題とはなりにくい事項のために多用された。(3) このことから電信による恩恵に与ったのは、明らかに大衆であったが、外交官の中にこうした電信時代の到来を嘆く者もいた。ウィーンのイギリス大使のホレス・ランボルド曰く、「自らの自由意思に基づいて職務を果たさねばならなかったかつての人々は電信によって堕落し、いまや電線の末端にいるだけで満足している」。(4)

重要な出来事に対する電信の影響については、議論の余地がある。一八五四～一八七三年の外務事務次官エドモンド・ハモンドは、電信が与える影響について、「あらゆる人々から時間的余裕を奪う。このような状況が日々の仕事において望ましいことなのか私にはわからない」、またこうした状況のために、職員らが「もっとよく考えるべき問題に対しても即座に答えを要求される」傾向にあると述べている。(5) フランスの歴史学者シャルル・マザドは、電信に即応せずに外交官が慎重な判断を下していれば普仏戦争は避けることができたと、一八七五年に記している。(6) 電信は性急な対応を求めるのみならず、その情報内容があまりに簡潔すぎた。重要な詳細情報が省略されていたうえ、(機械の調子が悪いときは) 場違いなときに受信されることも多々あった。イギリスとアメリカの間で「アラバマ」問題が起きた際、外務大臣グランヴィルは首相グラッドストーンに

「この電信の作動状況は絶望的です。混乱に陥らなければ幸運と言えます」(7)との書簡を送っている。

他の人々は、より楽天的であった。ジョン・ペンダーは、一八九四年七月二〇日にロンドンのインペリアル・インスティチュートでの晩餐会で電信を礼賛し、以下のように語っている。電信は「外交の断絶やそれによってもたらされる戦争という結果を回避し、平和と幸福を増進させる装置であり、これによって反感が醸成されることもなくなり、また不平不満への対応に追われることはなくなった。電信は誤解によって戦争へとわれわれを誘う害悪の芽を摘み取るのだ(8)」。

外交官は、好むと好まざるとにかかわらず、たやすく電信を無視することはできなかったし、伝統的な慣習である決定の先延ばしを続けることもできなかった。なぜなら新聞社もまた電信で外交情報を入手し、世論も政府の外交政策に対して即時の対応を要求したからであり、その対応は新聞によって関係国政府に中継された。外交は、大衆の世論に振り回されるよりも、電信によって行われるほうがよほどましだった。

海底ケーブルに関する著名な専門家チャールズ・ブライトは、国際関係に対して電信の及ぼした影響について、次のようにまとめている。

> 人々がお互いに連絡を取りやすくなればよいのと同様に、統治者や政治家の間にもより緊密な連携関係を構築できれば、これほどよいことはない。電信とケーブルは、二国間の外交関係を改善するまったく新しい方法として用いられたのである。いまやこの電信設備によって、容易かつ迅速に行動する政府が通信によってやり取りされた他国の「思惑」を知ることができるのであり、電信は、ここ数十年間、しばしば外交の断絶やその帰結としての戦争を回避する手段となってきた。当初は、それとは逆の結果がもたらされるとの予想が存在したかもしれない。だが、全体として、経験は明らかに電信の平和利用の方を選んだのである。
>
> もちろん、外交情報を迅速に通信できることで、「もう少し考えるべき時間」があれば避けられた決裂を生み出してしまう場合があることは否定できない（いや、いまだにその可能性はある(9)）。

ブライトは、長らく続いた平和な時代の末期とも言える一八九八年にこれを公表した。手放しで信じることはできなかったにせよ、彼がおぼろげに感じたことは、権力者の意向に従って、電信は合理的な平和を追求する手段にも、戦争をもたらす緊張を助長する手段にもなりうるということであった。

一八九八年までのイギリスのケーブル戦略

一九世紀におけるイギリスの海底ケーブル政策は、ケーブル網の拡大を促進し、そして保護することを狙いとしていた。まず求められたことは、ケーブル会社に対してイギリス本土にケーブルを敷設させることであったが、その目標とするところは大西洋におけるイギリスの有する諸島の地理的条件によって促進された。

イギリスは、他のあらゆる国と同様に、沿岸部でのケーブル敷設に対して許認可権を保有していた。ほとんどの国々は、この権利を行使してケーブル会社に許認可を与える代わりに、公式電文をより低い価格で利用できるよう要求した。だが、イギリスは、一切の制限なくケーブル敷設権を許可したのである。このような自由化政策は、ケーブル会社によるイギリス国内での電信敷設を奨励することとなった。技術的には大陸からイギリスを介さず直接敷設することが可能であったにもかかわらず、フランスとアメリカを結ぶ大西洋横断ケーブルでさえもイギリスを経由したのである。結果として、これは世界の情報センターとしてのイギリスの優位性保持に貢献することとなった。マキシム・デュ・マルゲリーは、次のように説明した。

> アントワープ、ハンブルクが驚異的な成長を遂げたにもかかわらず、ロンドンが巨大な国際市場としての地位を維持しているとしたら、それは海外からの情報が、最初にロンドンに到達するからである。ロンドン市場の価格が各国市場で共有されている唯一の価格であり、この価格はロンドンを情報発信源としてケーブルによって伝達される唯一無二の相場である。[10]

さらに、トーマス・レンシャウは、次のように付け加える。

> 商業および政治に関するあらゆる重要な情報は、イングランドでは大陸より二、三時間早く得られている。国際貿易におけるイングランド企業の競争相手に対する計り知れない優位を理解するためには、この一つの事実を指摘するだけでこと足りる。[11]

大西洋の外では、イギリスの主要な関心は帝国との通行の安全性であった。幾度となく取り上げられた問題は、戦時のケーブル防衛であった。一八五八年、大西洋横断海底ケーブル開通の祝賀電報をヴィクトリア女王に送った際、ブキャナン大統領は、次のように宣言した。

> 天の祝福のもと、大西洋横断電信が血縁関係にある国々の

間に恒久の平和と友愛を保証し、神の摂理によってこの電信機器が宗教、自由、法を世界中に普及することとなりましょう。とはいえ、大西洋横断電信は常に中立であり、それが敵地のまさに真っただ中であったとしても、その通信は不可侵であるべきであるという宣言に基づき、キリスト教世界観を有する国々が、自発的に一体化への道を歩むということにはならないのではないでしょうか。[12]

ケーブルは政治的に中立であるべきという考えは、一八六五年のパリ会議でフランスによって提示されたが、その場では何らの結論も生じなかった。一八七一年、サイラス・フィールドとサミュエル・モールスは、アメリカの国民感情を繰り返し主張し、ローマ会議にてケーブルの中立化を請願した。本会議は、この提案を権限外にあるとしたが、利害関係のある政府に対してこの提案を打診することには同意した。[13] さらに、一八八四年、パリで開催された海底ケーブル保護に関する会議は、トロール漁船と船舶用錨からケーブルを保護するためのルールづくりに成功した。しかし、より解決困難な戦時のケーブル切断問題に関して、イギリスは「この協定の条文は、決して交戦国の行動の自由に影響を及ぼさないとの理解のもとで効力を有する」という一文を挿入することに固執した。この会議に派遣された使節の在仏イギリス大使ライアンズは、次のように説明した。

すなわち「わが政府は、第一五条に調印加盟した交戦国も、戦時においては海底ケーブルに関する協定がないかのごとく一五条に制約されず行動しうると解釈する」。[14] 大英帝国は、断然多くのケーブルとケーブル敷設船を保有しており、世界で最も強力な海軍を擁しているので、このイギリスの要求には重みがあった。

第一五条は、戦時におけるケーブルの取り扱いについて明確に同法の適用外と規定していたが、この点に関する法律上の論争は、ドイツとフランスの法律家を虜にし、多くの学術論文を執筆させることとなった。[15] この戦時ケーブル問題の裏にはイギリスの国際的地位とそれに対するフランスとドイツの懸念があったが、それらははるか後になって明らかになった。

海底ケーブル時代の創生期、イギリス政府はインドとの通信に不安を抱えていた。その通信は、一八五八年の紅海におけるケーブル事故のような信頼性の低い技術に起因する事故だけでなく、ケーブルが敷設された諸国の管理に左右されやすかった。例えばインド・ヨーロッパ電信会社については、プロシア、ロシア、ペルシャが、トルコ通信線については、ヨーロッパの半分とオスマン帝国が、そしてインドへの初のケーブルについては、ポルトガルとエジプトが関与してきた。イギリスがすべてを保有するインド・ルートの願望は、当時はまったくなかったので、多数の経路を利用することが最善の方法であった。これは一八六六年のイギリス下院に設置された電信に関する特別委員会の提案によるものであった[16]。

その後、複合通信線とイギリス単独通信線の両方が好ましい手段として維持・継続されたのは、情報通信の安全を確保するためであった。ケーブル費用が高価であったために、イギリス海軍の大規模な基地で使用されていた大方の戦略的なケーブルは、主要な通商ルートに沿っており、ケーブル運営のための補助金が不必要であった。一八八〇年までに、ケープタウン、シンガポール、香港、ハリファックス、ジブラルタル、マルタ、アレキサンドリア、アデンは、イギリス本国と通信が可能となった。モーリシャス、バーミューダのような例外地域との通信に関しては、戦略上多くの不安が付きまとった[17]。

一九世紀のイギリスの世界戦略の立案において、ロシアとの戦争の危機ほど大きい懸案事項はなかった。一八七八年の露土戦争問題では、カーナーボンを議長とする「イギリス領土と植民地の防衛に関する王立特別委員会」が設置される結果となった。一八八一年に提出された報告書は、改めて帝国の通商と防衛のために用いられるケーブルの重要性を強調した。

一八八五年に再び生じた危機によって、いくつかの狼狽した決定がなされた。例えば、海軍省は上海から朝鮮へのケーブル敷設費用に八万五〇〇〇ポンドを費やしたことである。のちにこれは役に立たないことが判明し、ジョン・ペンダーに一万五〇〇〇ポンドで払い下げられてしまったが。しかし、その危機は、またより影響力のある成果をもたらした。植民地省の要請で、内閣は海軍省、植民地省、外務省、インド省、陸軍省の代表者によって構成される常設の植民地防衛委員会が設置されたのである[18]。

委員会は、海底ケーブルは海では発見されにくく、揚陸地点では沿岸の火砲によって防衛されているため、イギリスの通信は基本的には安全であると考えていた[19]。ただし、二カ所の地域が懸念の対象となっていた。一つはバーミューダであり、イギリスの大海軍基地がありながら、いまだ本国との間に電信が連結されていない唯一の地であった。もう一カ所は、西インド諸島、とくにジャマイカであり、キューバやアメリカを経由してのみイギリスと通信可能であった。早くも一八七七年、海軍省はハリファックスからバーミューダを通じ、さらに西インド諸島に至る海底ケーブルの敷設を提案していた。この提案は一八八〇年においてカーナーボン委員会で再度取り上げられ、さらには、一八八二年には海軍省、陸軍省、植民地省によって取り上げられたものの、商業上の価値は低く、投じた費用に見合った対価が得られないため、こうした財政面の観点によりいずれも却下された[20]。しかし、植民地防衛委員会の勧告によって、一八八九年、内閣はついにハリファックスとバーミューダ間のケーブル敷設に対する補助金（年額八一〇〇ポンド）を交付する契約に署名した。[21]

二年後、植民地防衛委員会は、ケーブルに関する問題を専門的に調査するため、ユラン・ダンバーズを議長とする臨時小委員会を設置した。同委員会の構成員七名は帝国防衛に関与する五つの省の代表者であり、一八九一年初頭に六回ほど会議を重ねた。一八九一年三月一九日、同委員会は「戦時におけるインドとの通信問題に関する調査委員会報告書」をまとめた。[22] この報告書は、まず以下のような基本原則を明示した。

2. 世界の電信システムは密接に相互連結しているため、本委員会は帝国全体の要求を斟酌することなしに、インドとの通信問題を取り扱うことは難しいと考える。

3. 戦争の際の理想的な電信の在り方は、指定の商業ルートに沿った、仮想敵国の海軍基地の近くを通過していないイギリス領域にのみ敷設されたケーブルによって達成できる。

個々のケーブルをそれぞれ別のものとして考えるのではなく、委員会はそれらをフランスとロシアという当時の仮想敵国との戦闘時における帝国の重要な拠点間の通信手段として見なしていた。イギリスが制海権を失わない限り、（その可能性ははるかに低かったが）、委員会は敵国がイギリスのケーブルを切断することはできないと考えていた。いくつかのケーブルが切断されても、イギリス帝国は、世界中で三六隻あるケーブル敷設船のうち二八隻を保有していたから、断線が長期にわたる影響を及ぼすことはないと考えていた。

また、委員会は、ポルトガルが「非友好的な中立国」となり、リスボンのイースタン社の通信局を通じた通信が危険に晒される可能性について憂慮していた。イギリスにとって最も重要なケーブルの数本は、ポルトガルないしその領土である大西洋の島々（マデイラ、カーボ・ヴェルデ、アゾレス）に敷設されており、イギリス政府は決して「最も古い同盟国」に対する信頼が揺らぐことはないと考えていた。[23] 概して、報告書では理想的なケーブル網にかかる費用はあまりにも高額であり、すでにイギリスが保有している通信網でも、予測しうるいくつかの戦争に対して十分に安全であると結論づけた。とはいえ、既存のケーブル・ネットワークの仕上げとして、二つの戦略ケーブルの建設を要請していた。この二つの新たなケーブルのうちの一つは、インドとオーストラリアへのケーブルであり、アフリカを迂回するかもしくは太平洋を横断するものであった。もう一つは、東アフリカからセイシェルやモーリシャスへと向かうケーブルであった。前者の建設は中心的な計画であったが、ボーア戦争まで実行されることはなかった。一方、後者の建設は実現可能であり、かつ緊急を要した。

モーリシャスは、南アフリカとインドを結ぶシーレーン上に位置する重要な砂糖キビ生産諸島であった。同島の植民地政府は、世界のほかの国と電信を通じて通信することを熱望しており、その目的を達成するためフランス領マダガスカルとレユニオンを経由してモーリシャスをザンジバルに連結するケーブルに協同出資する件でフランスに接近した。この計画は、商業上は理に適っていたが、イギリスの戦略立案担当者たちにショックを与えることとなった。陸軍諜報部長ブラッケンベリーによって書かれた以下のような極秘メモが、陸軍大臣エドワード・スタンホープによって閣議に出された。

フランスと戦争になった場合、われわれの通商活動はスエズ運河を経由せずにケープ経由を余儀なくされる。モーリシャスは、突如としてインドの海軍前哨基地となり、セイシェルも、ディエゴ・スアレズやマダガスカルのフランスの兵站基地に対抗する陸海軍の遠征時の基地となる。

もし、直ちにこのケーブルを敷設する手段を講じなければ、マダガスカルとレユニオンを経由しザンジバルとモーリシャスを結ぶケーブルに関してフランス政府、モーリシャス植民地、イースタン電信会社の三者間で協定が結ばれてしまう。戦時において、このようなケーブルはわれわれにとって何の役にも立たない……。(24)

その直後に、陸軍省は会議を開き、メロドラマ調の声明を出した。

わが省は、植民地を防衛する義務を負っているのみならず、モーリシャスのような植民地がわれわれを危険に陥れるような、そして結果的に自身も戦争に巻き込むような契約を外国と結ばせないようにする拒否権を発動させるいかなる力も、道義的な権利も、持ち合わせていないのだろうか。……フランスとの偶発的戦争を考慮に入れるなら、この問題は、本国イングランドの利害と同様、植民地の利害を考慮に入れて検討されるべきではないのか。従属国も帝国に属するものとして、本国と同様の戦略的思考を心に留めておかなくてはならないのではないだろうか。(25)

彼らの批判を受け入れ、二年後、東南アフリカ電信会社はザンジバルからセイシェルとモーリシャスに直通ケーブルを敷設した。モーリシャスが七〇〇〇ポンド、セイシェルが一〇〇〇ポンド、イギリス本国とインドが一万ポンドをそれぞれ負担した。(26)一八九六年にイギリスとアメリカが英領ギアナ（ガイアナ）とベネズエラ間の国境紛争に巻き込まれた際、イギリス政府は、西インドとのすべての通信がアメリカの陸上線とキー・ウェスト～ハバナ間を結ぶケーブルを経由していることに気がついた。

そのため、イギリス政府は急遽年額八〇〇〇ポンドの費用でハリファックス～バーミューダ間のケーブルをジャマイカまで延長した[27]。

電信の遅延とフランス帝国主義

一九〇五年、イギリスのケーブル通信会社のスポークスマンであったジョージ・ピールは、次のように記している。

一八七〇年から今日に至るまで、ドイツ、スペイン、ポルトガル、モロッコ、チュニス、フランス、イタリア、オーストリア、ギリシャ、トリポリ、クレタ、キプロス、トルコ、そしてロシアの各国は、われわれ市民の国際的な見識と公平な対応への絶大なる信頼を置いて、イギリスの資本と企業に対して、両者のシステムを結合することを容認した[28]。

このようなピールの発言にもかかわらず、イギリスのケーブルに対しては一八九八年の戦争危機以前ですら不満の声があり、さらにその後、徐々に非難の調子は強まった。その不満は、次の三つに分類できる。まず、彼らが送信するニュースの中身、次にイギリスが世界ケーブルを支配することから得られるイギリスの政治的優位、そして不公平な商慣習である。

フランス領アンティルの場合には、植民地政府とケーブル会社の間に争いが生じていた。フランス政府は、その意に反してこの件に引きずり込まれたが、一方、イギリス政府はまったく関与することはなかった。しかし、この地域では、帝国はいまだ拡大しつつあり、とりわけ重要な事件が起きた際の軍事行動中に、迅速かつ時宜を得たニュースの獲得が重要であった。こうした局面では、各帝国政府は、もうすでに事件に巻き込まれているのであり、わずかな対応の遅れが国際的非礼行為に繋がることもあり得たのである。

一八八〇年代中ごろ、フランスは、アフリカと極東における帝国領土の国境地帯において積極的な軍事活動を行い、イギリスとの一時的な不和を招いたが、それらはすべてのちに解決した。政治家やジャーナリストは、イギリスによるケーブルの独占とときどき発生する情報伝達の遅延に気づいていたものの、これに対する抗議は控えめであった。一八九八年を過ぎてようやく、一〇年、二〇年前に起きた出来事について、遅ればせながら一斉に憤りが沸き起こった。

ここで問題となっている出来事のうち、最初の事例は一八八五年三月、フランスと中国の間に起きた宣戦布告を欠いた戦争（清仏戦争）のさなかに起きた。このとき、海軍大将クールベは、トンキン～中国国境のランソンにて敗北を喫した。この事件の情報は、イースタン・エクステンション社とイースタン・グループのケーブルによって送信されたが、イギリス外務省はこの情報を先に入手し、この情報がフランス政府の耳に入る前にパリのイギリス大使に転送した(29)。

二年後、フランス下院にてフランス領アンティルのケーブル敷設法案に関する議論が行われていた最中、郵政大臣グラネーは不平を漏らしていた。

トンキンのケーブル敷設をイギリスケーブル企業に委任するという下院での議決の後、フランス政府のもとには一度ならず数度にわたって遅れて電報が届いた。イギリスのケーブル企業は、ニュースや投機的事項に関する電報を選択して優先順位を決め、ロンドンに送っていた。フランス政府は、最も深刻な事件の事実を後になって知らされたのである(30)。

続いての出来事は一八九三年のシャム危機の最中に起こった。その当時、フランスはたとえ国土のすべてが無理であってもカンボジアの領土の一部を奪い取るため、シャムに対して東方から圧力をかけていた。一方、イギリスはいつものことながらインド帝国の発展に気をもんでおり、ビルマ防衛の緩衝材としてシャムの独立を維持することを望んでいた。一八九三年五月、幾度かの国境紛争の末、フランスはバンコクに二隻の砲艦を派遣したが、シャムはこれに対して迎撃を加えた。フランス政府は海軍大将フーマンにシャムへの最後通牒を突きつける権限を授与し、シャムの国土の大部分とさまざまな特権を要求した。この権限授与を含む電文は、イギリスの内閣によって内容を確認されるまでイースタン・テレグラフ社によって差し止められていた(31)。結局、イギリスはマラヤにあるいくつかのシャムの属州が欲しかったのでフランスの行動を黙認した。一八九六年、シャムの独立は保たれたが、国土は以前と比べはるかに縮小することで、イギリスはフランスとの合意に達した。

翌年、フランスとイギリスによる勢力争いが活発であった地域で別の事件が勃発した。モロッコのスルタンが一八九四年六月一一日に死去すると、タンジールのイギリス領事は外務省と通信するためにモロッコ唯一のケーブルを丸一日徴用した。六月一三日、マドリッドからの電文で、フランスのニュース・エージェント、アヴァス通信社は、次のように報告している。

われわれはイギリスのケーブルに苦情を申し立てている。同国のケーブルはスペインのケーブルが断線した後、タンジール～ヨーロッパ間にて唯一稼働しているケーブルであるが、昨夜はずっとイギリス公使が外務省と通信するために占有していた。もしすべての情報を掌握しているイギリスが、自国以外の通信を好きなように差し止めることができるとしたら、新聞社や他の国家の権益の保護はどうなってしまうのかという疑問を感じている(32)。

さらに翌年、別の事件が起きた。こちらはマダガスカルでの出来事である。フランスが同地を狙っていたが、イギリスはすでに同地で通商と宗教上の権益を得ていた。一八九五年九月三〇日、フランス軍は首都タナナリブを攻撃し陥落させた。その事件の情報はイースタン電信会社を通じて送られ、フランスへの通知はロンドンで三日間留め置かれた[33]。

こうした事例では、パリへの情報伝達の遅延によって、フランス帝国の拡大に影響が及ぶことはなかった。ただこの事例によって、イギリスが他国の情報を握っていること、イギリス人は自身の行動を「公明正大」かつ「公平な対応」と信じているが、他国はジョージ・ピールの言う「全面的な信頼」をしていないという事実が明らかになっただけであった。

ドイツとアゾレス事件

一九世紀の植民地をめぐる帝国主義的争奪戦において、ケーブル関連の事件はみな、フランスを巻き込んだものであった。一方、ドイツは、植民地拡張とケーブル事業の両面において、はるかに遅れていた。一八八二年に至るまで、ドイツ〜アメリカ間の通信は北海の海底ケーブルで進み、アングロ・アメリカ電信会社の大西洋横断ケーブルに対してイギリスの郵政省の陸上線でイギリスと接していた。一八八二年、ドイツ合同電信会社は、アイルランドのヴァレンシア島を通じてイギリスのケーブルと直接連結していた。頻繁な断線と貧弱なサービスにもかかわらず、一八九〇年代に入るまでドイツは自らの手で大西洋横断ケーブルの敷設を計画することはなかった。ドイツのケーブルにはいまだ北大西洋横断通信への需要はなく、またイギリスを仲介者とする通信に対する不満もほとんどなかったからである。一八九六年一月、皇帝ヴィルヘルム２世がトランスヴァール共和国のクリューガー大統領宛てに送った祝賀電文に関する件が唯一の重大な不満であった。ある記者によれば、この祝電はロンドンの新聞に漏洩され、プレトリアに電文が到達する前に新聞に掲載されてしまった。この事例以外に、ドイツの著述家が一九世紀における通信関連のイギリスの悪業についてその主張を裏付けたいときは、彼らはフランスが受けた被害事例を選択せねばならなかった[34]。

ところが、イギリスの通信妨害に対してドイツの野望が急速に台頭する契機となったある事例が存在した。それは、一八九〇年代から一九〇〇年代初頭における英独関係の展開のことであり、当時は通商問題として理解されたが、振り返ってみると、険険な政治色を帯びたものであったと言える。そのような英独関係を示す事例として、ドイツの大西洋ケーブル敷設および同一ケーブルのイングランドとアゾレス諸島への揚陸計画が挙げられる。

一八八〇年代から九〇年代において、ドイツと北アメリカ間の貿易は拡大し、同様に電信量も増加した。情報伝達の主要通信線はドイツが保有していたヴァレンシア向けのケーブルであり、それは同地でアングロ・アメリカ通信会社のアメリカ向けのケーブルと連結していた。一八九〇年代初頭までに、この経路を利用する通信量は膨大なものとなり、ドイツの電文はアングロ・アメリカ社によってその送受信の優先順位を下げられているとの訴えが同国の利用者より発せられていた。それゆえ、一八九一年、ドイツ政府はドイツと北アメリカ間の新しいケーブル敷設について大筋で合意していた。とはいえ、このような広大な距離を直接連結することは技術的に不可能であったので、通信を中継することが可能な陸上中継地点を検索していた。その最良の場所となるのは大西洋のなかほど三分の一に位置するアゾレス諸島と、イースタン社のケーブルが揚陸するコーンウォールの西端にあるポースカーノであると考えられていた。

この計画は、すぐさま多くの利害関係者を巻き込むこととなった。ポルトガルはかねてよりアゾレス諸島へのケーブル敷設を切望しており、一八九二年二月には電信建設維持会社（TC&M）に対して、このようなケーブルに関する敷設権を与えていた。フランス政府はヨーロッパから西インド諸島に繋がるケーブル敷設の第一歩になると期待し、この敷設権をフランス海底電信会社になんとかして移譲させようとしたものの、フランス下院はこのケーブルへの補助金交付を却下し、一八九三年四月にはこの敷設権は失効した。その後、TC&M社はイースタン電信会社の新たな子会社となったヨーロッパ・アゾレス諸島電信会社向けに、改めてこの敷設権を得てケーブルを敷設したのである。(35)

イースタン電信会社はドイツの計画を好意的に見ていた。ポースカーノへのドイツのケーブルは、同社に対してイギリス郵政省を迂回してドイツと中央ヨーロッパへ直接アクセスすることを可能にした。さらにアゾレス諸島へのケーブル揚陸により、既存の大西洋横断ケーブル企業を介することなく、イースタン電信会社の勢力範囲である南アメリカ、アフリカ、アジアと北大西洋との間に直通連絡経路を構築することができたのである。したがって、イースタン電信会社は、アゾレス諸島での利権をドイツと共同で行使することに同意した。

一八九四年の八月一七日に、ドイツ政府はケーブル製造会社であるフェルテン・ギョーム社との間に新大西洋ケーブルの敷設と管理を委託する契約を締結した。そして、何よりも必要とされたことは、イギリスへのケーブル揚陸許可であり、ドイツ逓信省は八月二〇日公式に要請した。アングロ・アメリカ電信会社および同社とカルテル協定を結んでいたダイレクト・ユナイテッド・ステイツ電信会社とウェスタン・ユニオン電信会社は、新聞社を通じた世論喚起により、この計画に反対する運動を展開した。一〇月四日、イギリスの郵政省長官は、英独間の全ケーブルは両国政府により共同で所有かつ運営されるという一八八八年の協定に基づき、ドイツ帝国逓信省に上記ケーブル揚陸許可の要請を拒絶する旨を通知した(36)。

この拒絶通知はフランスのケーブル専門家シャルル・ルサージュの言葉によれば、「通信分野における大事件」であった(37)。公式に発表された却下理由は明らかに偽りであり、それは計画されたケーブルが英独間の通信用ではなかったことからも明らかである。また、その目的は、苦境にあえぐアングロ・アメリカ電信会社と同社とカルテル協定を結んでいる二社を保護するためでもなかった。真の理由は、郵政省長官が植民地省大臣キンバリーに宛てた一八九四年一〇月二六日付の覚書の中に見出せる。つまり、上記ケーブルの揚陸許可を与えることにより、まず第一点としてアゾレス諸島に新たな通信センターが開設されることとなり、続いてイギリス郵政省の貴重な通信費収入の減少にも繋がるためであった(38)。

このように、イギリス政府の対応からして、同国がその統制外で情報伝達を行う敵対的ケーブルの連結点が東西半球の間に出現することへの妨害を目論んでいたことは疑いない(39)。ただ、もしイギリスがこのような思惑を有していたとしても、それは思い違いであった。なぜなら、六年後、ドイツはアゾレス諸島に向けてイギリス政府が通信内容の把握や中継を行うことができないケーブルを直接敷設したからである。一九〇一年、イギリスは、商用ケーブル会社にノヴァ・スコシアからアゾレス諸島を経由しアイルランドへとケーブルを敷設する許可を与えた。アゾレスを中継点として利用することを妨害するためには、もはや大西洋ケーブルが役に立たないことは明らかであった。しかし、当時のドイツ人は、一八九四年のイギリスによるケーブル揚陸許可への拒絶を通信政策に基づく対応としてではなく、ドイツへの侮辱として解釈していた(40)。

米西戦争

ここまで詳細に述べてきた出来事は、みな、それらが起きた時点では重要視されず、電信産業や経済誌で、そして政治ジャーナリストたちだけによって時折言及された程度であった。とはいえ、振り返ってみると、これらの事件がはるかに危機的な対決の前兆であったかのように見える。しかし、一八九八～一九〇二年の出来事は、報道関係者と政治家の認識を一変させた。すなわち、ケーブルの支配が、情報へのアクセスを意味すること、さらに、情報を支配することが政治・軍事力を体現するための別の形態であることを世界は学んだのである。この学習効果は、米西戦争、ファショダ事件、ボーア戦争の以上三つの出来事の結果であった。では、これらの事件を通信の視点から見てみよう。

四〇年間にわたり、多くの法律家や政治家は電信ケーブルが戦時において中立であると宣言されるものと信じていたが、彼らの見解は、イギリス政府によって打ち砕かることとなった。しかし、この論点は、それまで実戦において問題となったことはなく、戦時に交戦国がケーブルに危害を加えないかどうかという問題は、幾分物好きの関心事にすぎなかった。疑問はいくつかの点に分かれていた。まず、交戦国は公海にてケーブルを切断するのか、それとも敵国の海域でのみ切断するのかという点である、次に、交戦国のケーブルが中立国に接続されている場合はどうなるのかという点、さらに、そのケーブルが中立国所有であった場合にはどのように処分されるのかという点、最後に、ケーブルが中立の二国間を結んでいながら敵国に有用な情報を伝達している場合にはどうなるのかという点である。そして米西戦争はこれらの疑問点に対する解答となった。

一八九八年以前、多くのケーブルはキューバで世界の他の地域と連結していた。ウェスタン・ユニオン社の二本のケーブルは、ハバナでキー・ウェスト、そしてアメリカと連結し、西インド・パナマ電信会社はサンチャゴからジャマイカへのケーブルを保有し、さらにジャマイカから一本のケーブルがバーミューダ、ハリファックス、そしてイギリスへと延びていた。フランス海底電信会社は、グァンタナモからハイチ、そして南アメリカへと延びるケーブルを保有していた。最後に、キューバ海底電信会社はバタバノからサンチャゴを結ぶキューバの南海岸に沿ったケーブルを運営していた。

米西戦争開戦時、アメリカには二つの目標があった。まず、自軍との通信を絶やさないようにすることであり、逆にスペインによるこうした行動への妨害工作を行うことであった。ハバナを封鎖していた艦隊と通信するため、海軍はキー・ウェストとハバナを結ぶケーブルの一つを取り上げた。戦争の終盤において、アメリカ陸軍がサンチャゴ近くのキューバに侵攻した際、イギリスは中立を理由に、アメリカ人に自身のケーブルの使用許可を出さなかった。そのため、アメリカ政府はフランスが所有していたニューヨーク～ハイチ間のケーブルを接収せねばならなかった。そして、フランスはケーブル揚陸権問題の発生を避けるため、偽装のために設立したアメリカ企業に、アメリカ合衆国・ハイチ電信会社という名称をわざわざつけたのである。(41)

アメリカ軍との通信を開通させることは、敵のケーブルを切断するよりも容易く達成できるとわかった。開戦とともにアメリカ陸軍通信隊のグリーリー将軍は、戦時における各種ケーブルに対する個別措置に関して詳細なリストを作成した。まず、敵国領土にある二地点を結ぶケーブルは合法的に切断ないし遮断できる。次に、敵国と中立国間のケーブルは敵国領海内でのみ切断できる。また、敵国領土の近辺にある中立国のケーブルは敵国の通信を伝達しているかもしれず（例えば、ニューヨーク～ハイチ間）、軍による検閲のもとに置かれるべきである。最後に大西洋を横断するような距離を結ぶケーブルへの検閲は、「高い地位にある者は、自身の属する企業に対して利害関係を有しており、その利害を守るためには誠実さを持って対応する」との理念に則り、ケーブル会社の責任者に委任する。類別するのは幾分困難であったが、アメリカのこうした政策の背後にある基本的な原則は至って単純であった。アメリカ陸軍通信隊スクワイアー大尉の言葉によれば、「雑多な論点が絡み合うなかで、的確な国際法が欠如している現状では、アメリカ合衆国はこうした状況から一歩抜きん出て、合衆国の利益のためにこの強力な軍事的装置の使用を余儀なくされた」[42]。

多様な意見はあったものの、実際に起きたことはグリーリーが予想したものとは若干異なっていた。合衆国がスペインに宣戦布告する前日の一八九八年四月二三日、グリーリーはキー・ウェストのケーブル基地局に検閲を命令した。数日後、キューバのスペイン軍も自軍のケーブルの終点側で検閲を開始した。このケーブルは戦争を通じて私的通信および商業用電信に利用され続けていた。他の場所では、検閲政策は惨憺たる失敗に終わった。スペインは合衆国に関する情報をカナダとメキシコ経由で得ており、この情報の多くはアメリカのジャーナリストの書いたものであった。一方、アメリカ海軍は、マドリードのAP通信員がスペインの新聞から得た情報から、スペイン海軍の計画を知ったのである[43]。検閲はもはや半世紀前のクリミア戦争のときのように効果的ではなくなっていた。

キューバをスペインから孤立させるため、合衆国は五本のケーブルを切断する計画を有していた。海軍はシエンフエーゴス近くの沿岸ケーブル切断に成功したが、ジャマイカとハイチ方面のケーブルを見つけることはできなかった。ハバナのブランコ総司令官とキューバ島の反対側に位置したサンチャゴのセルベーラ大将との間の通信は妨害されたが遮断されることはなかった。キューバは、アメリカ軍がサンチャゴを占領するまでスペインとの通信を遮断されることはなかったのである。

こうした失敗の理由は明らかであった。イギリスの報告によれば「ケーブルの切断に失敗したのは、公海における中立国の施設への配慮からというよりも、深海での切断作業に適した機材が欠けていたことによる」ものであった[44]。先述したスクワイアー大尉は、「戦時の公海にて、ケーブルの正確な位置がわかる海図なくして、深海にあるケーブルを探すことは難しく、その作業の成功は非常に疑わしい」と付け加え、将来、アメリカ軍はケーブル巡洋艦を獲得すべきであると主張している[45]。

一方、フィリピンでの状況はいたって楽観的であった。本島が外界と唯一連結していたのは、戦争の数カ月前、スペイン政府から独占的に許可を得たイースタン・エクステンション社によって敷設された香港～マニラ間のケーブルだけであった。五月一日、デューイ海軍大将は、プリモ・デ・リヴェーラ総司令官に対して、ケーブルは中立であり、両国が互いに使用すべきであると提案していた。プリモ・デ・リヴェーラがこの提案を拒絶すると、デューイはマニラ湾のケーブルの切断を命じ、その線を香港との通信に使用しようとした。しかしながら、香港へのケーブルを切断する代わりに、海軍はカビテへの支線を切断していた。アメリカ政府はスペインがいまだにフィリピンとの通信が可能であると知って(アメリカは通信ができなかった)、イギリスに抗議すると、イギリスはイースタン・エクステンション社に対してケーブルの最終点である香港への通信を封鎖するよう指示した。かくして、両国ともに通信を利用できなくなった(46)。

アメリカ本土と通信するため、デューイは香港に通報艦を派遣せねばならなかった。それは電文を香港からアメリカに送信するためである。戦時中、イギリスの中立を維持するため、イースタン・エクステンション社は巡洋艦からではなくアメリカ領事からの電文のみ受信することを許可され、「軍事作戦への指示、もしくはそれに影響を及ぼす通信」と「ニュースのような一般公開用の過去の戦闘記録」を区別せねばならなかった(47)。結局、同社は戦争終結の一〇日後の八月二二日に、マニラへの通信業務を再開した。

以上で説明したケーブルの切断と検閲の結果とは何であったのか? 短期的視点から言えば、おそらく何もなかったと言える。なぜなら、そもそも戦局は一方的だった。わずかに重要であったのは、スペイン海軍大臣ベルメホからマルティニクにいたセルベーラ大将に送られた二通の電文であった。それは彼に近日中に石炭供給があることを伝えるものであり、もう一つは彼のスペイン本国への帰還を許可する文面であった。しかし、セルベーラ大将がこれらの通信を手にすることはなかった。先述したスクワイアー大尉の言葉によれば、「こうした不慮に起きた電文の未受領により、米西戦争全史が大きく変わったことは疑いない」、なぜなら、もしセルベーラが電文を受け取っていれば、彼はスペイン艦隊を温存したかもしれなかったからである(48)。

長期的視点からは、電信問題を取り扱った著述家だけでなく、イギリス陸軍省によっても、米西戦争について言及された。この戦争が戦時におけるケーブルの運命を左右したからである。敵の通信を遮断させるためには、国家は海域の支配とケーブル切断方法を知る必要があるとわかったのである。それが可能である国は、イギリスだけであった。

ファショダ事件

一八九八年、情報通信の威力をより一層明らかにする別の事件が起きた。これはナイル川上流での、マルシャン大尉率いる探検隊とキッチナー将軍のイギリス軍との間の対立であった。それは決して戦争のように派手な展開ではなかったが、潜在的にはもっと深刻な事実を有していた。米西戦争は、結局、大国が自らより劣る勢力を打ち負かしたにすぎず、その結果はわかりきったことであったが、他方、ファショダでは二大国が戦争寸前まで行き、そして撤退したのであった[49]。

マルシャンは、二年前よりガボンから探検を開始し、エチオピアを目指した。単に探検が使命であったのではなく、彼の遠征の目的は、大西洋のダカールから紅海のジブチまでの北アフリカを横切る帯状の地域をフランス領であると主張することであった。彼は、一八九八年七月にナイル川沿いにあるスーダン人の村ファショダに到着した。その頃、キッチナー将軍のもと、イギリスとエジプトの連合軍はスーダン軍と交戦中であり、九月七日、ハルツーム付近のオムドゥルマンでスーダン軍を破ったところであった。イギリスもまたアフリカに野心を抱いており、東アフリカ全域からケープそしてカイロに至るまでを獲得しようとしたセシル・ローズのような熱烈な帝国主義者ほどではないが、エジプトの安全を確保するため少なくともナイル川流域全体の支配を目論んでいた。

両者の野心は、ともに誇大妄想であったが、それを実行する手段は決して同じではなかった。キッチナーはナイル川でヨーロッパ人の噂を耳にすると、四隻の蒸気船で川を遡り、九月一九日にファショダに到着した。英仏両軍は、ともに同地が自国の領土であると主張したが、銃火を交えるつもりはなく、互いに本国政府の指示を仰ぐことを選んだ。しかし、その手段はあったのだろうか。キッチナーはオムドゥルマンにて、電文をエジプトまで鉄道で運び、同地からケーブルによってイングランドへ伝送した。そしてエジプトからイングランドまでのケーブルによって通信を行うことができた。かくして、彼は九月二四日にロンドン宛の電報を送ることが可能だったのであり、同日にそれが到達すると、さらに長文の報告書を要約した電文がカイロから二九日に送信された。彼はマルシャンの探検隊について、以下のごとく絶望的な窮状にあると記した。

彼は、弾薬と物資の不足に陥っており、内陸からは遮断されたうえ、水の補給もまったく不十分である。当地において彼への増援部隊はまったくないために、もしわれわれがカリフ軍を粉砕するのに二週間遅かったなら、彼と彼らの探検隊一行はデルビッシュ（イスラム）軍によって全滅させられていたであろう。マルシャンはそれまでの努力が事実上水泡に帰したことを悟り、われわれが何とか脱出をさせたいという強い思いを持っているのと同じくらい、彼もまた帰還したいという強い思いを持っているのである[50]。

しかし、これは誇張であり、実際はマルシャンの部隊は大きく、食糧は行き渡り、イギリス軍と同程度の武装規模を有していた。ただし、マルシャン側には砲艦がなかった。さらに、マルシャンは、フランス本国との間にわずか二つの通信方法しか有していなかった。一つは、大西洋岸に通信部隊を送り返すことであったが、これには九カ月ないしそれ以上が必要であった。もう一つは、イギリス側に対しその電信を使用する許可を求めることであった。その間、マルシャン関連のニュースはもっぱらイギリス経由でパリにもたらされていた。上記のキッチナーからの電文を受け取るとすぐに、イギリスのソールズベリー首相はフランス外相デルカッセにそれを読ませるよう、在仏イギリス大使に対し指示した。二七日に外相はイギリスの設備を利用してファショダと通信する便宜を図るよう要請した。

しかし、イギリスはマルシャンにオムドゥルマンでの軍用電信の使用許可を与えなかった。とはいえ、マルシャンの随行員の一人に対してカイロまで移動した後、そこから通信することを許した。それゆえ、一〇月二二日にようやくフランス政府はマルシャンの報告を受け取ったのである。丸々一カ月間、フランス政府は、マルシャンが窮状に陥っていることを伝えるキッチナーのつくり話を信じており、この情報をもとに譲歩(撤退)を決定したのである。一〇月二五日、マルシャン本人がカイロを訪れると、その職務を明らかに放棄したと見なせるような「信じられない、許しがたい過ち」を犯したとして、デルカッセ外相から叱責を受ける羽目になった。

デルカッセがフランスの名誉を保ちながら戦争を避ける道を模索していた間、イギリス政府は軍事的圧力を増加させていった。本国艦隊を集結させ、地中海艦隊には戦闘態勢への移行を伝える命令が伝達され、海峡艦隊をジブラルタルへ送った。これと同時に、南大西洋におけるフランスの主要海軍基地であるダカールへのケーブル通信が突如として遮断した。セネガル総督は、最悪の事態を恐れ、現地人部隊を動員し、港を見下ろす高台に大砲を備え付けた。五日後、ケーブルは修理された。はたして、この件は、マキシム・デ・マルゲリーが皮肉を込めて尋ねたように「単なる偶然の一致だったのだろうか」[51]。

フランス政府は選択の余地がないと感じていた。マルシャンはファショダに戻るよう命令され、一二月一一日、彼の探検隊はエチオピア、そしてジブチを目指して出発し、ジブチから一八九九年五月にフランスへと戻った。

これらの出来事では、英仏の遠征隊の兵力差は問題とならなかった。最終的に物を言ったのはイギリスの海軍力であった。より端的に言えば、唯一スーダンと通信が可能であったイギリスは、フランスを欺くために情報を操作することができたことにより、この外交的対立に勝利し得たのである。

イギリスの戦略的ケーブルに関する報告書（一八九八年）

ファショダ事件は深刻な対立ではあったが短期間で終結した。しかし、さらに深刻な危機がこれに続いた。南アフリカでは、イギリスとアフリカーナー（オランダ系白人）の関係は年々悪化の一途を辿り、一触即発の状況にあることが明白であった。この危機に直面したイギリスは国際的孤立感を深めていた。ロシアとの関係は常に緊張しており、ファショダ事件後のフランスとの関係も同様な状況にあった。さらに、ドイツが初めてイギリスに対して敵対的な面を見せた。アメリカは控えめに見て中立であった。イギリスの政府と戦略立案者たちは、諸列強に対してたった一国で戦うことになる危険性に直面せねばならなかったのである。

イギリス外交の「光栄ある孤立」への不安は、政界はもちろん新聞各紙においても見られた。例えば一八九六年、有力誌『コンテンポラリー・レビュー』は「わが国の電信孤立」と銘打った記事を連載した。その記者であるパーシー・ハードは、イギリスのケーブル網は「最も条件の良いときに機能する程度のシステム」であると酷評した。しかし、言うまでもなく、戦時にイギリスの通信がポルトガル領、アメリカ、もしくは地中海や紅海で切断されることを恐れた。その証拠に、イギリスとオランダ系白人の関係がとりわけ不安定となっていたジェイムソン蜂起直後、彼が指摘したように一八九五年一二月三〇日から一八九六年一月四日にかけて、南アフリカ植民地の東西両海岸のケーブル通信に対する同時妨害が発生した。これは不吉の前兆に思われた。ハードの解決策は、後年何度も繰り返されたが、イギリスの領海のみを通過する新たなケーブルをオーストラリアと西インド諸島向けに敷設するというものであった。[52]

一八九八年秋、内閣は「戦時における海底ケーブル通信の管理について」の調査を目的とする委員会を任命した。この委員会には、海軍省、陸軍省、植民地省、郵政省の代表者のみならず、イースタン・グループのデニソン‐ペンダーも含まれていた。一八九八年一〇月二二日の報告書では、一八九一年の報告書と同じトピックについて触れていたが、内容は長文となっており、より毅然とした論調であった。[53] 同委員会の報告は、詳細にケーブル敷設船の配置、新ケーブルの敷設、地上線の防衛、その他戦争準備のために何をすべきか述べていた。また、同報告は、一八九一年の委員会と同様に、ジブラルタルから南アフリカ、南アフリカからオーストラリア、ジャマイカから英領ギアナといった長距離間におけるイギリス領のみを通過する戦略ケーブル数本を敷設することを勧告した。しかし、一八九一年報告とは異なり、この委員会はそのニーズを強調しすぎたあまり全体のコストを無視してしまった。この点について、委員会のメンバーではなかったが、大蔵大臣マイケル・ヒックス・

ビーチが、「電気通信管理委員会のような組織から戦時に提案されることになるかもしれない要求がどの程度のものか想像もつかない」[54]と漏らし、異議を唱えた。

委員会は、フランス、ロシア、日本、もしくはアメリカといった国々のなかでも、とりわけフランスとの戦時におけるあらゆる不測の事態への対応を計画した。ドイツとの戦争の可能性ははるかに少なく、考慮すらされなかった。同委員会は一八八六年の植民地防衛委員会によって主張されていたケーブル中立化の可能性について信頼を置いていなかった。

当委員会は、戦時のケーブルの中立化について何らかの進展があったことをまったく知らない。スペインとアメリカの間で起きた最近の戦争から得た教訓は、軍事的な優位を期待できるならば、たとえ中立列強国の支配下に属していたとしても、国家はケーブルを切断することに躊躇しないということだ。わが国が取り得るような公明正大で自制的な方針を敵国が見習うかどうかは疑わしい[55]。

委員会は、敵国がイギリスのケーブルを切断するだろうと確信していた。だが、以前の委員会と同様に、当委員会はイギリスの最善の防衛策は、イギリスの圧倒的な海軍力に保護された大量のケーブル数とそれらの保守管理能力にあると考えた。公明正大で自制的な態度を保持する必要性から解き放たれて、委員会は次のように提案した。

海軍および陸軍の事情から、とくにフランスとの戦争において、孤立させることが望ましい場所があるということから、またイギリスがこの類の攻撃を遂行する際に卓越した資力を保有していることを念頭に置いて、委員会は十分な議論の末、戦略的理由で必要であれば敵国のケーブルをどこにおいても切断すべきであるとの結論に至った[56]。

フランスとロシア、日本、もしくはアメリカ合衆国との戦争に備え、切断すべき外国ケーブルや、通信を遮断すべきイギリスのケーブルの膨大なリストが作成された。ただし、委員会は中立国のケーブルに危害を加えることは主張しなかった。

世界の主要なケーブル通信をイギリス企業の手に留め置くことがイギリスにとってはきわめて重要であるが、それによって中立国の電文のみならず、戦時における敵国民の個人的な通信にさえ干渉することは最小限にすることが望ましいのである[57]。

しかし、委員会はイギリス領を通過する電文の検閲のみならず、中立地域でイギリスが所有する電信局を通過する電文への目立たないかたちの検閲さえ認めた。

このような政策は、スペインのような国にはふさわしいかもしれないが、アングロ・サクソン精神に反する行いである。しかしながら、インドやエジプト、原住民が外国人から構成されている植民地に関しては事情が異なる。これらの国々においては、主に民間機関の裁量によって実施される検閲が制度化されるべきである。(58)

これらの提案はすべて理に適っているように見えるし、後世の基準からすると寛大ですらあるが、委員会報告は二〇世紀を生きる人々にとっては驚きとなる論点を含んでいる。すなわち、「暗号解読の専門家」を配下に置く検閲局長の任命を勧告していたのである。現在私たちが知っていること、つまり、来るべき二度の世界大戦の勃発において、イギリスの運命は暗号解読者の力量に頼ることになるということを予期できないという理由で上記委員会を批判することはもちろん馬鹿げている。しかし、他のヨーロッパ列強、とりわけフランスやロシアが互いのコードとサイファーを解読する秘密情報機関を苦心してつくり上げた頃、イギリスがいまだに暗号解読者を保有していなかったことは驚くべき点であった。一九一四年以前は、暗号解読は疑いなく「アングロ・サクソンの精神に反する行為」であると考えられていたからであった。

ボーア戦争

一八九九年九月までに、南アフリカでは戦争の火蓋が切って落とされようとしていた。当時、二本のケーブルが南アフリカとヨーロッパの間にあり、一本はダーバンからデラゴア湾、モザンビーク、ザンジバル、そしてアデンまでを通じて東海岸を北上しており、他の一本はケープタウンからモサメデス、ロアンダ、サオトメを通じてアフリカ西海岸に上陸していた。一〇月三日、アフリカーナー（オランダ系白人）と彼らを支持するヨーロッパ諸国との間の通信を遮断するために、イギリス陸軍省は、一方でケープ〜ナタール間の、他方でトランスヴァール〜オレンジ自由国間の電信に対する検閲を課した。アフリカーナーは、まだポルトガルの植民地経由で通信が可能であったので、これは間に合わせの方策にすぎなかった。一〇月一四日、戦争開始から二日後、陸軍省はケープタウンとダーバンのみならず、ザンジバルとアデンにも検閲を課し、外国政府がアフリカに有する自国の領事との間で通信を行う場合を除いて、コードとサイファーによる電文を一切禁止した。五日後、イギリスの郵政大臣は、政府電文にもこの禁止措置（命令）を拡大し、ベルンの国際電信管理局にその旨を公式に通知した[59]。

この行為は、まったく合法的であった。なぜなら、一八七五年のサンクト・ペテルブルク会議での合意に基づき、「この協定を批准した他の政府に通知することを条件として」、あらゆる国家は自国領土を通過する電文を一時停止する権利を有していたからである。一〇月二五日、ドイツ政府からの異議に応えて、政府による暗号電文の禁止は撤回された。その後、一一月一七日、イギリス政府は再度あらゆる暗号電文の禁止を国際電信管理局に通告した。イギリス政府は、ポルトガルおよびアメリカ政府には暗号電文による通信を秘密裏に認めていたが、他国政府の通信にはあからさまな猜疑心を抱いていた。

他の諸列強は、すぐにこれに対して異議を申し立てた。フランスとドイツはこうしたイギリスの行動によって、南アフリカにおける両国の合法的な通商利害が損なわれると不満を露にした。イギリスは、ドイツ大使の要求を受け入れ、自ら定めたルールに例外を設け、ドイツ政府とドイツ領東アフリカ総督間の暗号電文による通信を認めたが、この対応がドイツを優遇したと見なされてフランスから敵対視されないようにするため、この一連の決定は秘密裏に実行された[60]。

また、イギリス政府は、さらなる行動を取った。一九〇〇年一月六日、内務大臣は郵政省に以下のような認可を与えた。

それは、次の指示があるまで、南アフリカ共和国とオレンジ自由国を助成、扇動、援助する目的を有すると考えられる場合、ロンドンの中央電信局を通過するあらゆる電文を、陸軍省諜報部の情報として作成する認可である[61]。

また、イギリス政府は、ジブチにあるフランスの軍事基地からの送受信の精査やシエラレオネでの電文の検閲も行った。

結局、一月二六日、イギリス政府はフランスとドイツの圧力に屈し、重要暗号表二冊をアデンの電信局に預けるならば、商業暗号（電文）の利用を認めると通知した。これにより、電文を解読する法外な手数料支払いに憤っていた外国商人らの不平は緩和された[62]。そして、ドイツ～南西アフリカ間における政府の暗号電文の禁止が一九〇〇年六月に解除されたのに続いて、フランス～ザンジバルおよびマダガスカル間は一一月、レユニオンでも一二月に解除された。しかし、それ以外の検閲は講和条約後も継続され、一九〇二年七月にようやく解除された。

では、検閲の成果とはどのようなものだったのか？　陸軍省諜報部の秘密報告は、独りよがりにも次のように指摘している。

全体として、敵国とヨーロッパもしくは他の地域に潜伏する彼らのスパイや情報員との秘密情報のやり取りは、ほとんどなかったと思われる。これは、通信を遮断するという検閲の重要な性質によって導き出されたと言うよりも、むしろ検閲が存在したという単なる事実によって得られた成果であった。[63]

その証拠に、報告は一八九九年一二月、ボーア人に販売する缶詰食品のデラゴア湾への輸送が停止すると、その後ボーア人は生鮮食品しか食べられなくなってしまったと指摘した。

しかし、検閲は近視眼的思考を有する情報将校が予想もしなかった副次的結果を生んだ。驚くべきことに、そうした結果は、一九〇〇年一一月の外務省覚書で以下のように明らかにされている。イギリスは、フランス、ドイツ、ポルトガルと海外領有地との通信を妨げただけでなく、自国の有利になるように世界のケーブルを完全支配することを意図していたことが立証されたのである。公正さと慎みは、もはや一九世紀の大半を通じて支配的であったヨーロッパ諸国間の関係を示す言葉の重要部分を成さなくなっていた。これは、二〇世紀的な倫理観についての初の教訓となった。

注

（1） Robert J. Cain, "Telegraph Cables in the British Empire 1850-1900" (Ph. D. dissertation, Duke University, 1971), 189; Vary T. Coates and Bernard Finn, *A Retrospective Technology Assessment: Submarine Telegraphy. The Transatlantic Cable of 1886* (San Francisco, 1979), 89. R. A. Jones, *The British Diplomatic Service, 1815-1914* (London, 1983).

（2） Coates and Finn, 89.

（3） Ibid., 83.

（4） Sir Horace Rumbold, *Recollections of a Diplomatist* (London, 1902), 2: 111-12, cited in Stephen Kern, *The Culture of Time and Space 1880-1918* (Cambridge, Mass., 1983), 274.

（5） Cain, 188.

（6） Charles Mazade, *La guerre en France 1870-1871* (Paris, 1875), 1: 37, cited in Kern, 274.

（7） Cain, 188.

（8） Hugh Barty-King, *Girdle Round the Earth: The Story of Cable and Wireless and its Predecessors to Mark the Group's Jubilee, 1929-1979* (London, 1979), 101.

（9） Charles Bright, *Submarine Telegraphs, Their History, Construction and Working* (London, 1898), 171.

（10） Maxime de Margerie, *Le réseau anglais de câbles sous-marins* (Paris, 1909), 105-6.

（11） Thomas Lenschau, *Das Weltkabelnetz*, Angewandte Geographie. I. Serie. 1. Heft. 2. Auflage (Frankfrut, 1908), 9.

（12） P. M. Kennedy, "Imperial Cable Communications and Strategy, 1870-1914," *English Historical Review* 86 (1971), 730.

（13） Keith Clarke, *International Communications: The American Attitude* (New York, 1931), 126; George A. Codding, Jr., *The*

International Telecommunication Union: An Experiment in International Cooperation (Leiden, 1952; repr. New York, 1972), 27.

(14) Captain George Owen Squier (U. S. Army Signal Corps), "The Influence of Submarine Cables upon Military and Naval Supremacy," *National Geographic Magazine* 12, No. 1 (January 1901), 8; George Grafton Wilson, *Submarine Telegraphic Cables in their International Relations. Lectures Delivered at the Naval War College, August 1901* (Washington, D. C., 1901), 12–13; Clarke, 156–61.

(15) For example: J. Depelley, "Les câbles télégraphiques en temps de guerre," *Revue des deux mondes* (1 January 1900), 181; R. Hennig, "Die Seekabel im Kriege," Zeitschrift für internationales Privat-und öffentliches Recht 14, Nos. 3–4 (1904); Pierre Jouhannaud, *Les câbles sous-marins, leur protection en temps de paix et en temps de guerre* (*Thèse pour le doctorat*) (Paris, 1904); Kraemer, *Die Unterseeischen Telegraphenkabel in Kriegszeiten* (Leipzig, 1903); Ludwig Schuster, *Landtelegraphen und unterseeische Kabel im Krieg. Inaugural-Dissertation der juristischen Fakultät der Friedrich-Alexanders-Universität zu Erlangen* (Bamberg, 1915); Hugo Thurn, "Das Recht der Seekabel in Kriegszeiten," *Militär-Wochenblatt*, 135–37 (1903).

(16) "Report of the Select Committee appointed to Inquire into the Practical Working of the Present System of Telegraphic and Postal Communications between this Country and India," *Parliamentary Papers* 1866 (428), IX.

(17) Vice-Admiral Arthur R. Hezlet, *The Electron and Sea Power* (London, 1975), 9–10.

(18) Cain, 207–11 and 228.

(19) "Protection of Telegraph Cables in Time of War," memorandum by G. S. Clarke, secretary of the Colonial Defence Committee, August 5, 1885, in Public Record Office (Kew) [hereafter PRO], CAB 8/1, No. 12M. また、以下も参照。Sir James Anderson, *Cables in Time of War* (London, 1886), 9. アンダーソンはイースタン電信会社の取締役の一人である。

(20) Memorandum of May 12, 1885, on the Bermuda cable in PRO Cab 8/1, No. 4M; Cain, 212–13.

(21) Charles Bright, "The Extension of Submarine Telegraphy in a Quarter-Century," *Engineering Magazine* (December 1898), 426; Cain, 213.

(22) PRO, Cab 18/16/2.

(23) Donard de Cogan, "British Cable Communications (1851–1930): The Azores Connection," *Arquipélago* (Ponte Delgada, Azores), numero especial 1988: *Relaçoes Açores-Gra-Bretanha*, 165–93.

(24) Confidential memorandum from H. Brackenbury, Director of Military Intelligence, March 18, 1891, in PRO, Cab 37/29, No. 20.

(25) War Office to Cabinet, April 1, 1891, in PRO, Cab 37/29, No. 21.

（26）　Margerie, 85; Cain, 214.

（27）　De Cogan, "Azores Connection," 178; Cain, 220-21.

（28）　George Peel, "The Nerves of Empire," in *The Empire and the Century: A Series of Essays on Imperial Problems and Possibilities* (London, 1905), 259.

（29）　Charles Cazalet, "Les câbles sous-marins nationaux," *Revue économique de Bordeaux* 12 (March 1900), 43; Charles Lemire, *La défense nationale. La France et les câbles sous-marins avec nos possessions et les pays étrangers* (Paris, 1900), 8; Margerie, 37.

（30）　*Journal officiel de la République française* (July 12, 1887), 1689.

（31）　Jacques Haussmann, "La question des câbles," *Revue de Paris* 7, No. 6 (March 15, 1900), 252-53.

（32）　Harry Alis (pseudonym for Henri Percher), article in *Journal des débats* (July 8, 1894), 2；また、以下も参照。Léon Jacob, "Les intérêst français et les relations télégraphiques internationales," *Bureau des questions diplomatiques et coloniales* (1912), 3-4; Haussmann, 252-53; Margerie, 37.

（33）　Cazalet, 43; Margerie, 37-38.

（34）　Artur Kunert, *Geschichte der deutschen Fernmeldekabel. II. Telegraphen-Seekabel* (Cologne-Mülheim, 1962), 205-209; R. Hennig, "Die deutsche Seekabelpolitik zur Befreiung vom englischen Weltmonopol," *Meereskunde* 6, No. 4 (1912), 7-8; Lenschau, 45-50; Charles Lesage, *La rivalité anglo-germanique. Les câbles sous-marins allemands* (Paris, 1915), 7-14; de Cogan, "Azores Connection," 182.

（35）　Lesage, 94-97; Haussmann, 261-69.

（36）　"Post Office Correspondence and Memorandum Relating to a Scheme for a Cable from Germany via the Azores to America (1894-1899)," British Post Office archives, POST 83/55; and "Correspondence with Government Departments and German Administration on scheme for laying a cable from Germany via the Azores to North America, 1899," POST 83/58; "Concession granted to Messrs. Felten & Guilleaume (Cologne), 17th August, 1894, by the Imeprial German Government for Laying and Working a Submarine Telegraph Cable between Germany and North America via Great Britain and the Azores," Cable and Wireless archives, 1554/1. 以下も参照。F. S. Weston, "Os cabos submarinos no Fayal," *Boletim do Nucleo Cultural da Horta* 3 (1963), 215-30, Kunert, 209-16; Margerie, 108-9; and Lesage, 42, 53-60, and 94-96.

（37）　Leasge, 46-47.

（38）　Memorandum of 26 October 1894 from G. P. O. to Lord Kimberley in POST 83/58 (1894), iii.

（39）　POST 83/58, x-vii; Margerie, 109.

（40）　以上は、ドイツには友好的ではないフランスの専門家シャルル・ルサージュによる見解である（op. cit., 46-47）。またドイツの電信に関する歴史家であるアルツール・クーネルトも同様の指摘をしている（Kunert, 216-17）。

(41) James A. Scrymser, *Personal Reminiscences of James A. Scrymser, in Times of Peace and War* (Easton, Penn., 1915), 92–97.

(42) Squier, 10；以下も参照。Wilson, 23–25.

(43) "Submarine cable communications in times of war: incidents during the Spanish-American War," report from the General Post Office to the War Office, April 1899, in PRO, WO 106/291, 30–34; Coates and Finn, 81.

(44) PRO, WO 106/291, 23–24.

(45) Squier, 11.

(46) Leslie B. Tribolet, *The International Aspects of Electrical Communications in the Pacific Area* (Baltimore, 1929; repr. New York, 1972), 105 and 244–51; Scrymser, 98; Wilson, 17 and 26; Clark, 162. この点でスクリムザーと他の論者との間にいくつかの不一致があるが、スクリムザー本人が一連の事件に関与していたことから、私は彼の主張を支持する。

(47) PRO, WO 106/291, 6.

(48) Squier, 1.

(49) ファショダ事件の詳細については以下を参照。George N. Sanderson, *England, Europe and the Upper Nile, 1882–1899: A Study in the Partition of Africa* (Edinburgh, 1965), 332–62；スーダンの電信については、以下を参照。Edward W. C. Sandes, *The Royal Engineers in Egypt and the Sudan* (Chatham, 1937), 279–87 and 415–16.

(50) Sanderson, 337.

(51) Margerie, 37–38; Haussmann, 253.

(52) Percy A. Hurd, "Our Telegraphic Isolation," *Contemporary Review* 69 (1896), 899–908.

(53) "Report of Committee Appointed to Consider the Control of Communications by Submarine Telegraph in Time of War (October 22, 1898)," PRO, Cab 18/16/4；この報告書は、植民地省で一カ月後に用いるためにリプリントされたものである。PRO, Cab 17/92/32を参照。一八九一年の二三ページ足らずのレポートと比べ、一一二ページに及ぶ非常に詳細な添付資料を含む。また、以下も参照。Kennedy, 728–52, and Cain, 221–225.

(54) Memorandum from Hicks Beach to Cabinet, May 6, 1899, in PRO, Cab 37/49/31.

(55) PRO, Cab 18/16/4 (1898), 13, No. 2.

(56) Ibid., No. 3.

(57) Ibid., 5–6.

(58) Ibid., 28–29.

(59) 以下の二つの史料コレクションは、ボーア戦争中の検閲を扱っている。Great Britain, War Office, Intelligence Department, "Telegraphic Censorship during the South African War, 1899–1902. Secret" (June 1903), preface by W. G. Nicholson, D. G. M. I., in PRO, WO 33/280; and "Memorandum on the Censorship of Telegrams to and from South Africa on the Outbreak of Hostilities with the Transvaal and Orange Free State (November 1900)" in PRO, FO 83/2196, 108ff. See also Lieutenant Colonel Thomas G. Fergusson, *British Military Intelligence, 1870–*

1914: The Development of a Modern Intelligence Organization (London and Frederick, MD, 1984), 215-23.

(60) "Memorandum," 7-8.

(61) "Telegraphic Censorship," 11.

(62) A、B、Cのような一般的な商業暗号（電文）は、通常六つの言葉を意味していた。特定の企業向けに翻訳された民間用の暗号電文表の比率は、二八対一程度であり、言い換えれば、暗号はケーブルの高コストの代償であった。"Inter-Departmental Committee on Cable Communications. Second Report (March 26, 1902)," PRO, Cab 18/16/5, 39-40.

(63) "Telegraphic Censorship," 26.

第6章　諸列強と電信ケーブル危機（一九〇〇～一九一三年）

世紀転換期に生じた危機的状況を経て、通信に対する列強の態度は大きく変化した。もはやどの列強も、他国の便宜によって得られる通信には信頼を置くことができなくなっていたのである。すべての列強は、自らが重要な権益を持つ世界の諸地域との間に、他の列強から独立した独自の通信網を欲したのである。表6-1が示すように、一部の列強は他の列強よりもこうした通信網を構築するという点において成功を収めていた。

イギリス太平洋ケーブルと「オール・レッド」ルート

それでは、二〇世紀の最初の一〇年間に起こったケーブル敷設ブームの主要当事国であるイギリス、アメリカ、フランス、ドイツの事例を検討しよう。いつものように、口火を切ったのはイギリスであった。世紀転換期におけるさまざまな衝撃的経験ののち、イギリス人が最初に検討したのは、自らのケーブル通信網を他国からの攻撃に耐えうる国際通信システムへと変化させることであった。この試みは、自国の戦略的通信網を完成させることと、そして戦時に備えて不測の事態への対応を万全なものにすることという、二つのかたちをとっていた。

一九〇〇年の時点で、イギリスから拡がる国際的電信網には、一つの明らかな切れ目が存在した。それは太平洋である。太平洋ケーブル敷設計画は、戦略的問題に関心を抱く植民地防衛委員会ではなく、イギリス帝国の周縁で孤立感を感じているオーストラリア人やカナダ人にその起源を有していた。しかし、この問題について彼らはイギリス本国の助けなしには何もすることができなかったのである(1)。

太平洋ケーブル構想が最初に提案されたのは、一八七〇年代のケーブル敷設ブームのときであった。しかし、その当時、太平洋ケーブルの敷設を現実問題として検討する民間企業は、おそらく存在しなかっただろう。カナダの鉄道経営者であるサンフォード・フレミングによって、この構想が再び提起されたのは、一八八七年に開催された植民地会議においてであった。また、郵政省、連合王国商業会議所連合協会、帝国連邦同盟、そしてカンタベリ選出の下院議員であり、議会における帝国ケーブル敷設の主唱者でもあったJ・ヘニカー・ヒートンらは、その構想について儀礼的に支持を述べていたにすぎなかった(2)。そ

表6-1　各国のケーブル通信網（1892～1908年）＊

	1892（a）		1908（b）		1892年から1908年の延長分とその割合	
国	km	%	km	%	km	%
イギリス	163,619	66.3	265,971	56.2	102,352	45.2
アメリカ	38,986	15.8	92,434	19.5	53,448	23.6
フランス	21,859	8.9	44,543	9.4	22,684	10.0
デンマーク	13,201	5.3	17,768	3.8	4,567	2.0
ドイツ・オランダ	4,583	1.9	33,984	7.2	29,401	13.0
その他	4,628	1.9	18,408	3.9	13,780	6.1
総　計	246,876	100.0	473,108	100.0	226,232	100.0

注：＊）1908年におけるドイツ・オランダのケーブル網の総延長2万9,401kmのうち、5,328kmは、太平洋での両国の合弁会社が所有していた。

a）U. S. Hydrographic Office, Bureau of Navigation, Navy Department, *Submarine Cables* (Washington, D. C., 1892), 41-59.

b）Maxime de Margerie, *Le résuau anglais de câbles sous-marins* (Paris, 1909), 34-35.

の後、一八九一年に当時独立王国だったハワイが、北米へのケーブル敷設の一部に対する助成金援助を申し出た。しかし、イギリスの植民地省や大蔵省は、財政的見地からこの考えを拒絶したのである。

その二年後に、イギリス本国から最も遠い場所に位置するクイーンズランド、ニュー・サウス・ウェールズ両植民地政府は、フランス海底電信会社にクイーンズランド沿岸の都市であるバンダバーグからニューカレドニアのフランス植民地までの海底ケーブル敷設権を与えた。その発起人たち、とくにオーストラリアでのケーブル敷設に関してロビイ活動を展開したオードリー・クートは、このケーブル敷設を単なるイースタン社の通信網へと繋がる短い支線としてではなく、オーストラリアからフィジー、サモア、ハワイ、そしてサンフランシスコへと連結するケーブルの起点になると考えていた[3]。しかし、これはヴィクトリア植民地政府や、カナダに連なるケーブルはすべてイギリス領を経由すべきであると主張する植民地大臣リポンの反対を呼び起こした[4]。つまり、太平洋ケーブルは、当時の世界地図上でイギリス帝国を描く際に用いられる色にちなんだ「オール・レッド」ルートの一部となるべきだったのである。

こうしたイギリスによる国家的威信を守ろうとする愛国主義的観点から生じた反対の背後には、それとは別のより商業的な関心が存在していた。一八九四年一月三日付の植民地省の覚書

図5　太平洋と東アジアのケーブル通信網（1905年頃）

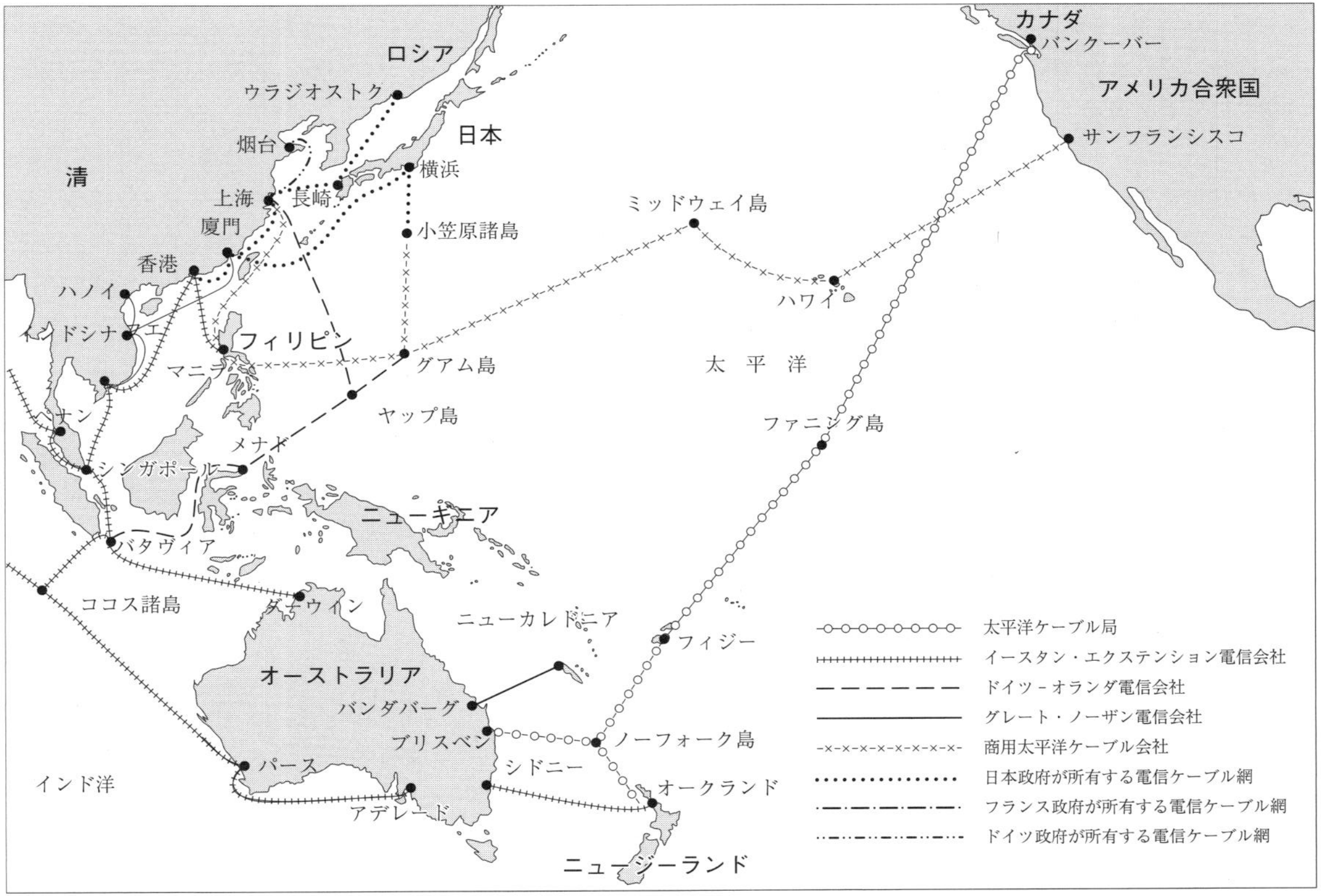

において、ジョン・ペンダーは、ニューカレドニア海底ケーブル敷設を助成することによって、クイーンズランドとニュー・サウス・ウェールズ両政府が、オーストラレーシア植民地への太平洋ケーブル敷設をフランスの保護と管理のもとに委ねようとしていると抗議していた(5)。この点について、クートは異なる考えを示した。

このフランス企業への助成の目的は、過去一九年間続いたケーブル通信業界における巨大かつ狭量な独占を破壊することです。今までのところ、われわれはフランス企業にケーブル敷設の認可を与えることによって成功を収めているため、イースタン・エクステンション電信会社との間で秘密裏に協力関係を築いている人々は、太平洋ケーブル事業が成功しないよう新聞で批判を展開し、オーストラリア各地の人々の心を煽動しているのです。彼らがそのような行動に出ているのは、その太平洋ケーブルがフランス領のニュー・カレドニアを通るからではなく、イースタン・エクステンション電信会社の利益に反するからです(6)。

イースタン社は、フランス企業によるケーブル敷設計画の代わりに全線イギリス領経由の太平洋ケーブルを敷設することではなく、自社にとって利益を見込めるオーストラレーシアでのケーブル通信独占を破壊することになる太平洋ケーブルの敷設を何としても妨害することに関心を寄せていた。この愛国主義的見解と商業主義的見解の衝突によって、太平洋ケーブル敷設計画は一〇年間先延ばしにされたのである。

この太平洋ケーブル敷設の問題は、イギリス帝国内におけるイースタン・グループの不安定な立ち位置を顕在化させることとなった。イースタン・グループは、イギリス植民地やイギリスが権益を持つ地域にしばしば助成金を受けることなくケーブルを敷設することによって、イギリスのために尽力していた。そのようなイースタン・グループに対する政府の見解は、一八九七年二月三日に大蔵省から植民地省に発せられた覚書において以下のように表明されている。

［イースタン社は］、真にイギリス利害を代表しており、帝国政府から大きな評価を受けるに値するといえます。彼らは、帝国の最遠隔地とのケーブル通信事業を推し進めた先駆者であり、彼らの経営手腕のおかげでこれらのケーブル通信網は確立されたのです。

有事の際、イースタン社はいつも彼らがなし得るあらゆる貢献を政府に対して提供する備えをしていましたし、彼らとの協力関係からわれわれが得てきた利益は、多くの場合、他の企業から、ないしはほかの方法では得ることができなかったものでしょう。

ゆえに、政府がイースタン社と良好な関係を維持し続けることには、少なからぬ意義が存在するのです。(7)

この政府とイースタン・グループとの良好な関係は、一八九二年に植民地省の事務次官であったR・G・W・ハーバートが退職後にイースタン社の系列会社である電信建設維持会社の社長に就任したという事例や、またイースタン社の社長であったジョン・デニソン－ペンダーが、一八九八年と一九一一年の二度にわたってケーブル委員会に任命されたことからも明らかであろう。(8)

しかし、イギリス政府がイースタン社を高く評価していたとしても、オーストラリアの人々はそうではなかった。一八九五年まで、オーストラリア・ヨーロッパ間における電信料金は、一語当たり九シリング四ペンスであった。その料金は極めて高額であったので、オーストラリアの新聞社すべてを合わせても一日数百語しか送信することができなかったし、オーストラリア人の多くは、イギリス本国に電信を送る経済的余裕などまったくなかったのである。四つのオーストラリア植民地政府は、新たな太平洋横断電信ケーブル敷設に資金を投じるどころか、イースタン社に電信料金を一語当たり四シリング九ペンスへと下げさせるための買収費用として、一八九九年まで年間三万二四〇〇ポンドの助成金を同グループに付与しなくてはならなかったのである。(9) オーストラリアの新聞社の社主でもあったヘニカー・ヒートンは、彼がイギリス下院において太平洋ケーブル法案を提出したとき、多くのオーストラリア人の感情を以下のように表明している。

私は、イースタン電信会社とその六、七社の小会社によって構成される企業連合体ほど通商に害を与える独占体を知りません。……私は、かつてジョン・ペンダー社［イースタン社］を、あらゆる方面に触手を持ち、帝国から生気を吸い取る蛸と評しました。……私は、現在議会に提出されている法案を世界史上最大の独占体の一つを解体すると同時に、帝国を統合へと向かわせる大きな一歩と位置づけています。(10)

このように、太平洋ケーブル敷設計画が先延ばしになっている間も、その支持者たちは計画を議論の場に引き出そうとする試みを決して諦めることはなかった。一八九四年にオタワで開催された植民地会議において、この計画は熱烈に支持された。サンフォード・フレミングは、ハワイ諸島の西端に位置する小島であるネッカー島にイギリス国旗の掲揚を試みた。その島は、バンクーバー島と英領ファニング島との間にある手頃なケーブル通信局の設置場所として役立つと考えられていたからである。しかし、植民地大臣のリポン伯は、フレミングにネッカー島領有計画を撤回させたため、それに代わってアメリカに独占的なケーブル敷設権を与えてきたハワイ政府が、即座にその島を併合すべく艦船を派遣したのである(11)。

一八九五年になると、太平洋ケーブル敷設構想は、新植民地大臣ジョゼフ・チェンバレンという有力な支持者を得ることとなった。彼は、「諸外国の寛容にすがることなく、帝国内の各地が互いに交流するために」、太平洋ケーブル敷設を支持したのである(12)。一八九六年に彼は、カナダ、ニュー・サウス・ウェールズ、ヴィクトリア植民地の代表からなる太平洋ケーブル委員会を任命し、同委員会によって国営の太平洋ケーブル敷設が勧告されたのである。この勧告に従って、ニュー・サウス・ウェールズ、クイーンズランド、ヴィクトリア、およびニュージーランドの各植民地は、それぞれケーブル敷設費用の九分の一を、またカナダは一八分の五を、そしてイギリスは残りの一八分の五を支払うことに合意した。これに対して、イースタン社はこの計画を妨害すべく、イギリスがいかなる競合的事業に対しても助成を差し控えることを条件に、すべてイギリス領を経由して南アフリカおよびオーストラリアに至る二本の電信ケーブル敷設を申し出た(13)。チェンバレンは、大蔵大臣であるヒックス・ビーチやイースタン社の抵抗を退けるために、一八九九年二月に開かれた閣議にこの問題を提起した。ここでヒックス・ビーチは、太平洋ケーブルの敷設がボーア戦争へのオーストラレーシアやカナダの軍事的貢献に匹敵するという主張を受け入れたのである。このようにして、一九〇一年八月に議会は太平洋ケーブル法を可決したのである(14)。

この太平洋ケーブル敷設に対して、たとえ助成金を得たとしてもイースタン社は協力しないことが予想されたため、この事業はイギリス、カナダ、オーストラリアの各植民地、ニュージーランドの代表から構成される太平洋ケーブル局という新組織に委託された。同局は、一九〇〇年一二月にTC&M社とケーブル敷設の契約を結んだが、その事業は困難を極めた。まず、今まで測深が行われていなかった場所にて調査が行われなければならなかった。また、バンクーバー島からファニング島までの距離六五六〇キロは、単一のケーブルとしては地球上で最も長いケーブルを必要とする区間であり、その長さゆえにケーブル敷設のために新たな船コロニア号を建造しなくてはならなかった。このケーブルは、ファニング島からフィジーやノーフォーク島へと続き、そこから二手に分かれ、ニュージーランドとクイーンズランドに延びていた。このケーブル敷設は一九〇二年一〇月に完了し、一二月八日には一般利用が開始されたのである(15)。

このようにして、イギリスは最終的に太平洋ケーブルの敷設を認めることとなった。それは、世紀転換期のイギリスが直面していた国際危機が、財政面や通商面での考慮すべき事柄よりも優先して注目されるようになったからであった。ただ皮肉にも、太平洋ケーブルは高収益をもたらす事業であることがわかった。その第一の結果は、イースタン社によるイングランド～オーストラリア間の電信料金を一九〇〇年五月の一語四シリング九ペンスから一九〇二年一月の三シリングに引き下げさせたことであり、それはオーストラリア人を非常に満足させるものであった。また太平洋ケーブルの通信速度は非常に高速であり、従来一日かかっていった電信が、一時間で送信できるようになったのである。長期的に見ると、太平洋ケーブルは十分な量の情報を送受信し、一九二一年から一九二二年において電信ケーブルの複線化が当然視されるほどに利益を上げたのである。[16]ところで、この太平洋ケーブルは、すべてイギリス領を通過していたのであろうか。たしかに太平洋と大西洋上に関しては、イギリス領を経由してケーブルは敷設されていた。またカナダに関しても、アメリカ合衆国のメイン州を通過する迂回路である二七〇マイルを除いて、ケーブルはカナダ太平洋鉄道の路線に沿って敷設されていた。[17]ただこの二七〇マイルは、イギリスの通信ケーブル網全体から見れば些細なものである。

太平洋ケーブルは、ボーア戦争直後の時期に敷設された唯一の戦略的電信ケーブルではなかった。実際のところ、軍部や植民地防衛委員会は、P・M・ケネディが「オール・レッド」ケーブルに対する「ほとんど病的な執着」と呼んだ考えを展開させていた。[18]そのため、太平洋ケーブル敷設と同時期に、二つの電信ケーブルが敷設された。その一つが、一九〇〇年初頭に敷設されたケープタウンからカーボ・ヴェルデ諸島のセント・ヘレナや、アセンション島、セント・ヴィンセント島に至る新ケーブルである。カーボ・ヴェルデ諸島はポルトガル領であったため、このケーブルは正確には「オール・レッド」ではないが、厳しい自然環境に晒されることで故障が頻発し、外国の通信妨害に対しても無防備であるアフリカの海岸線に沿って敷設された三本の電信よりも安全と見なされたのである。さらに一年後には、もう一本別の電信ケーブルがアセンション島からシエラレオネに敷設されたのである。[19]

これに加えて、新たなケーブルが数本、一九〇一年および一九〇二年にインド洋に敷設された。それは、ダーバン～モーリシャス間、モーリシャス～セーシェル諸島およびセイロン間、モーリシャス～パース間（ロドリゲス、ココス諸島経由）、そしてココス諸島～シンガポール間におけるケーブルの敷設であった。これらの新たなケーブルは、既存のケーブルを複線化する一方、イギリスが地中海の制海権を喪失した際に、インド、極東、そしてオーストラレーシアへの代替通信ルートを提供するものであった。[20]最終的に、海軍省の要請で一九〇一年に中国北部において義和団を鎮圧するための軍事作戦を支援すべく、威海衛から大沽まで電信ケーブルが敷設されることとなったのである。[21]

イギリスのケーブル通信戦略（一九〇二～一九一四年）

一九〇二年までに、イギリスは世界の主要な商業用ケーブル網だけでなく、重要な植民地や海軍基地との通信を盤石なものとする、他国からの攻撃に耐えうる一連の戦略的ケーブルを所有していた。

しかし、イギリスにとってケーブルを所有しているというだけでは十分ではなかった。戦争へと向かいつつある世界において、戦略家たちはますます入念に有事への対応策を講じ、ケーブルの防衛および攻撃時の作戦行動を極めて詳細な点まで考慮していた。ボーア戦争以後に存在したケーブル通信関連の委員会のうち、第一に挙げられるのがケーブル通信に関する省庁間委員会である。この委員会が一九〇一年八月八日付けで提出した最初の報告書は、イギリス～インド間の通信費についての問題を扱っていた。[22]また一九〇二年三月二六日に提出された第二報告書では、ケーブル通信に関するその他すべての問題が検討され、イギリスのケーブル通信政策の背後にある基本原則が、以下のようにもう一度表明された。

われわれは、すべての重要な植民地や海軍基地が、イギリス領ないしは友好的な中立国の領土のみを通ってわが国へと接続されるようなケーブルを所有することが望ましいと考える。これが達成されたのちに、できる限り多くの代替ケーブルが敷設されるべきである。しかし、これらの代替ケーブルは、商業を発展させたいという動機から推奨される標準的な経路に沿って敷設されるべきである。[23]

この報告書もまた、過去のケーブル委員会でなされた多くの勧告を繰り返すものであった。つまりそれは、インド洋におけるイギリスのケーブル通信網を完成させることの重要性、イースタン・グループが有する帝国の安全保障に対する貢献度、そしてケーブル通信業者の利益を維持することの必要性といったものである。そして本質的には、この委員会はイギリスのケーブル通信の安全性に満足していたのである。

他方、戦略家たちはいまや他国のケーブル通信網に対する攻撃作戦にも目を向けることができるようになっていた。一九〇四年八月に海軍省は、『イギリス海底ケーブルの保護および敵国通信ケーブルの破壊工作に関する覚書』を発行し、ロシアによるフランス支援の有無、それぞれの場合における対フランス戦争の可能性についての検討を行った。[24]また一九〇四年に陸軍省は、『戦時の海底ケーブル通信における検閲』と題する文書を用意していた。この文書において、陸軍省はサンクト・ペテルブルクで開催された国際電信会議における「ケーブル通信サービスが停止される際には、いかなる場合も事前に他国政府に対して通告がなされるべきである。『ただし、その通告によって国家の安全保障が危険に晒される可能性が存在する場合は除く』」という取り決めを引き合いに出し、「この条項のもとで、関係通信局に対してケーブル通信サービスの停止を通告する場合、国家の安全保障は常に危険に晒されるものと考えられる。ゆえに、この種の通告は行われるべきではない」という見解を示したのである[25]。言い換えるならば、国家の安全保障に対するイギリスの姿勢は、ロシアやドイツのそれへと徐々に近づいていったのである。

一九〇八年には、「国家危急時におけるある特定の海外通信局での秘匿検閲実施に向けた指示計画策定を任とする省庁間委員会の報告」をもって、イギリスは戦時の対応に向けた、平時からの脱却にさらにもう一歩踏み出した[26]。

間近に迫っているわけではないにしても、いつ何時戦争が起こるかもしれないというような外国との緊張関係にあるこの時期に、陸海軍の軍事行動に関する情報の漏洩を避けるための対策が海外の特定のケーブル通信局において必要となるかもしれない。しかし、このような状況において、戦時において効果が表れるように目論まれた公開検閲制度を開始すれば、国際対立を先鋭化させる恐れがある。ゆえに、何らかのかたちでの秘匿検閲制度を構築する必要があるのである。

同時期のイギリスのケーブル通信戦略に関する最後の重要な報告書は、一九一一年一二月一一日に帝国防衛委員会常任小委員会によって刊行された『戦時海底ケーブル通信に関する報告』である。この報告書は、他国からの攻撃に対するケーブル網の防衛問題に関して、イギリスはいまやすべてイギリス帝国領内のみを経由するケーブル網を持つに至ったことを以下のように満足げに表明した。すなわち、「電信を送信する際に、イギリスが他国の領土にある通信局に依存しなければならないという状況は、おおかた排除された」のである[27]。他方、他国によるケーブルに対する攻撃について、報告書は初めてドイツの脅威を認め、オランダやアメリカのような潜在的な中立国のケーブル網に危害を加えることなく、ドイツのケーブル網を寸断する方法について詳細な指示を与えた。その任務は、フランスのケーブル網寸断よりもはるかに容易であり、「一般的に言って、もしフランスとロシアがドイツと同盟関係にあるにしても、ヨーロッパ外でアゾレス、テネリフェやヴィゴに至るケーブル、そしてヤップ島上を通る三本のケーブルを切断することによって、ドイツをほぼ世界全体から孤立させることが可能となる」と考えられたのである[28]。この報告書は、当時の最新技術である無線電信に関しても触れており、他国からの攻撃に対して脆弱

な地域において、ケーブル通信を補完するための無線通信局の建設をも勧告している。(29)

イギリスは、最終的に通信戦略における究極的な目標を達成した。その目標とは、自国が保有するケーブル網に対し、他国の攻撃や干渉に対する抵抗力とともに、敵国の情報を探りつつ敵国を世界の他地域から孤立させる能力を持たせることであった。これは、来たるべき世界大戦における重要な武器となったのである。

アメリカのケーブル網

太平洋ケーブルの敷設は、オーストラリア人やカナダ人と同様にアメリカ人にとっても切実な問題であった。一八七〇年代初頭に、大西洋ケーブルの後援者であるサイラス・フィールドは、日本とロシアへのケーブル敷設を提案した。しかし、この計画は技術的・政治的困難により断念されなければならなかった。アメリカ連邦議会は、一八七〇年代に数回にわたってこの提案について議論したが、資金を提供することはなかったのである。これに対して、太平洋ケーブルの敷設に大きな関心を抱いていたのが、ハワイ政府であった。ハワイ政府は、サイラス・フィールドに、またのちにはオードリー・クートに対してケーブル敷設の独占権付与を約束した。ただ、その権利は行使される前に失効してしまったのである。

しかし一八八〇年代になると、合衆国大統領グローヴァー・クリーヴランドは、太平洋ケーブル構想を支持し、一八九〇年代初頭には、アメリカの実業家たちに牛耳られたハワイの立法議会も、ハートウェル大将にケーブル敷設の独占権と年額二万五〇〇〇ドルの助成金の付与を認めた。しかし、太平洋ケーブルへの助成金に関連する諸法案は、上院は通過したが、下院において否決されてしまった。(30)

他方で、一八九五年までに太平洋貿易が増加したことを受けて、太平洋ケーブル構想はさまざまな資本家たちの注目を集めるようになった。そのような資本家の中の一人であったのが、ハワイやアメリカ、ヨーロッパに利害を持つ実業家のゼファニア・S・スポルディングである。また、このスポルディングを秘密裏に支援していたのは、「オール・レッド」太平洋ケーブルに激しく抵抗していたジョン・ペンダーにほかならない。ハワイ共和国の大統領であるサンフォード・B・ドールは、アメリカ政府もスポルディングに助成金を提供することを条件に、ケーブル敷設に関する二〇年間の独占権と年額四万ドルの助成金を彼に与えた。その後スポルディングは、ニュージャージー太平洋ケーブル会社を設立し、ケーブルの敷設や運営の点でイースタン・エクステンション電信会社やグレート・ノーザン電信会社との間に協力関係を構築した。これに対して翌一八九六年に、ウェスタン・ユニオン電信会社はJ・ピアポント・モルガンや、メキシコ電信会社と中南米電信会社の取締役であるジェームズ・A・スクリムザーの二人を介して太平洋ケーブル事業に関与するようになった。モルガンとスクリムザーの二人は、ニュージャージー太平洋ケーブル会社に競合すべくニューヨーク太平洋ケーブル会社というライバル会社を設立し、ニュージャージー太平洋ケーブル会社がイースタン社からの支援を後ろ盾にしているとしてスポルディングの会社を攻撃した。両者は、助成金をめぐって議会へのロビイ活動を展開したが、両者による批判合戦は手詰まりを招いただけだった。(31) というのは、太平洋と極東にはいまだアメリカの政治家の関心がほとんど向けられていなかったからである。

その後、米西戦争とハワイ併合が起こると、アメリカは広大な太平洋にまたがる帝国をまったく思いもよらないかたちで手に入れることになった。すると、突然ケーブルが戦略上不可欠なものとなったのである。一八九九年一二月一〇日に議会に提出された特別教書において、大統領マッキンレーは以下のように述べている。

合衆国本土と太平洋上のわれわれが領有する島々との間に高速通信網を設けることは、喫緊の課題となっています。そのような通信網は、平時であれ戦時であれ、完全にわが国の管理下に置かれるものとして設立されるべきです。現在、フィリピンへは外国の領土を多数通過するケーブルによってのみ連絡を取ることが可能となっています。またハワイ諸島やグアムへは、蒸気船航路によってしか連絡手段がなく、各々の事例において少なくとも一週間は情報伝達の遅れが生じています。このような現在の状況は、止むをえない事情がない限り、これ以上に長引かせるべきではありません。(32)

マッキンレーは、一八九九年一二月五日と一九〇〇年一二月三日の議会への年次教書においてもこの持論を繰り返した。また彼が暗殺されたのち、彼の後継者であるセオドア・ルーズベルトも同様の見解を支持していた。

私は、ハワイやフィリピンへ、そしてフィリピンからアジアのさまざまな拠点へと繋がるケーブルが早急に必要であるということに注目するよう強く訴えます。われわれは、そのようなケーブルの敷設をこれ以上一日たりとも先延ばしにすべきではありません。このケーブルは、商業的観点のためのみならず、政治的・軍事的観点からも必要とされているのです。(33)

一八九九年一月から一九〇一年一二月の間に、太平洋ケーブルに関する一八の法案がアメリカ連邦議会に上程された。その法案は、政府によるケーブル敷設、所有、運営を要求するものもあれば、政府が助成金を与えて民間企業にケーブル敷設を委託するというものもあった。この政府主導によるケーブル敷設を主唱したのは、ブラッドフォード少将と信号通信隊のスクワイアー大佐である。他方で、ケーブル事業関係者のなかで民間企業によるケーブル所有を議会に訴えたのが、ニューヨーク太平洋ケーブル会社のスクリムザーとE・L・ベイリーズであった。[34]しかし、両者の努力はすべて徒労に終わった。というのは、議会は政府主導のケーブル敷設案と民間主導のケーブル敷設案をめぐって膠着状態に陥るとともに、アメリカが太平洋に有することとなった広大な領土がその維持費に見合うかいまだに確信が持てなかったため、すべての法案を否決したからである。[35]

しかし、二五年もの間徹底的に論じられてきた太平洋ケーブルに関する問題は、一九〇一年八月二二日に突然解決することとなった。ウェスタン・ユニオン社のライバルである商用ケーブル会社と郵便電信会社の社長であるジョン・W・マッケイが、政府からの財政的援助なしでフィリピンへのケーブル敷設を申し出たのである。それだけでなく、彼はイースタン社が課しているサンフランシスコ~極東間における一単語当たり二・三五ドルという通信料金を一ドルへと下げることを約束した。そして彼は、商用太平洋ケーブル会社を設立して、イングランドのインド・ゴム会社からケーブルを購入し、それを太平洋へと送ったのである。ケーブルの敷設にあたって、彼は敷設の認可を要求する代わりに、一八六六年電信法のもとで作業を進めた。この一八六六年電信法とは、「いかなる州法のもとで設立された、法的条件を遵守するいかなる電信会社に対しても、合衆国の領土、さらには合衆国領内の船舶航行河川・海域の水面上、ないしは水面下を通過、ないしはこれらを横断する電信ケーブルを敷設し、その操業を行う権利を与える」というものであった。[36]いまや、ハワイやグアム、フィリピンはアメリカの領土となったのだから、太平洋は「合衆国が所有する船舶航行海域」となっていた。このマッケイの行動は、賢明であった。なぜなら、政府と議会はともに、ケーブル敷設権を認可するための手順をいまだ確立していなかったからである。商用太平洋ケーブル会社のケーブルは、一九〇三年七月四日にマニラに達し、一九〇六年には日本と中国にも連結されたのである。[37]

このような動きに対して、マッケイの敵対者たちは彼がイースタンを中心とするコングロマリットと密約を結んでいると非難した。彼はこれを強く否定したが、二〇年後にケーブル敷設ライセンス聴聞会において、ジョン・W・マッケイの息子であるクラレンス・マッケイは、商用太平洋ケーブル会社の株式について商用ケーブル会社が二五%、グレート・ノーザン電信会社が二五%、そしてイースタン電信会社とイースタン・エクステンション電信会社が残りの五〇％を所有していたことを認めた。つまり、彼の父親は嘘をついていたのである。[38] 一九〇四年六月二六日には、イースタン・グループ、グレート・ノーザン社、商用ケーブル会社、商用太平洋ケーブル会社、ドイツ－オランダ電信会社、インド－ヨーロッパ電信会社および中国とロシアの電信管理当局の間で一七の協定が締結された。これらの企業は、太平洋におけるすべての電信送受信量の分割・割当を行うとともに、中国～ヨーロッパ間のケーブル通信料金を太平洋・アメリカ経由よりも、ロシアないしはインド経由にしたほうが安価になるように巨大カルテルを形成したのである。[39] これらの協定締結は秘密裏に行われたため、関与するどの企業の報告書にも表れることはなかったのである。

この協定締結の理由は、イースタン・エクステンション電信会社とグレート・ノーザン電信会社が、中国と日本におけるケーブル敷設の独占権を有していたからである。そしてイースタン・エクステンション電信会社は、スペインは認めていたがアメリカが承認していない独占権に基づいて、フィリピンにおけるケーブル敷設権の独占をも主張していたということもまた協定締結の理由であった。[40] 彼らの認可がなければ、原則的にはアメリカから極東までケーブルを敷設することは不可能だった。しかし、イースタン社とグレート・ノーザン電信会社にとっても、もし自らの利権に固執して、アメリカから激しい抗議を受けることがあっては困るので、あえてそのような危険を冒すことはなかった。こうした懸念に対する解決策となったのは、アメリカ企業への支援であった。しかし、それはアメリカだけでなく、イギリスの感情を害しないよう秘密裏に行われなければならなかった。というのは、長年にわたってイギリスによるケーブル敷設を妨害してきた後でイースタン社がアメリカの太平洋ケーブルを支援するのは、いかにも一貫性に欠けた行動と見なされると考えたからである。イースタン社とグレート・ノーザン電信会社は資本の大部分と、こちらのほうがより重要だったのだが、イギリスでしか入手不可能だった電信ケーブルを提供する見返りに、通信費の決定権を得ることができたのである。それによって、彼らは極東における通信の完全な支配と自らの利益の確保を図ったのである。政府が比較的平和を好み、協力的であった一九世紀には、民間通信業者はもっぱら一国内で、もしくはせいぜい二国内でのみ事業を行っていたにすぎなかったが、二〇世紀においては、人々や政治家が執拗かつ好戦的なナショナリズムの時代に突入するにつれ、皮肉にも民間通信業者はそれまで以上の国際的な感覚を持たされるに至ったのである。しかし、彼らは国際的なケーブル網の拡大について、むしろ慎重とならなければならなかったのである。

太平洋と同様に、大西洋でもアメリカ政府はケーブル通信事業には消極的であり、民間企業に任せっきりであった。その結果として生じたのが、イギリスのケーブル通信利権を食いものにしてのアメリカ企業によるケーブル網の驚異的拡大であった。一九〇九年時に、すでに電話事業における独占企業であったＡＴ＆Ｔは、ウェスタン・ユニオン社の主要株主であったグールド家の所有する株式を買収した。ＡＴ＆Ｔ社の社長であったセオドア・ベイルは、アメリカの電話および電信網を一つの巨大ネットワークに統合することを望んでいたのである。ウェスタン・ユニオン社がいくつかの大西洋ケーブルを所有するようになって以降、アメリカ政府は大西洋ケーブルのカルテルがシャーマン反トラスト法に違反しているという理由で訴訟を起こすと、ウェスタン・ユニオン社に対して警告を発していた。すると訴訟を避けるために、ベイルはウェスタン・ユニオン社をカルテルから離脱させたのである。また一九一一年には、カルテルを構成するイギリス企業であったアングロ－アメリカ電信社とダイレクト・ユナイテッド・ステイツ電信会社の両社が、突然ウェスタン・ユニオン社が所有するアメリカ国内の地上電信線や通信局といった全国規模のネットワークから排除され、アメリカにおけるすべての利権を失おうとしていた。彼らは倒産を避けるために、自社の大西洋ケーブル通信網をウェスタン・ユニオン社に貸与せざるをえなかったのである。その三年後に、ＡＴ＆Ｔ社は保有するウェスタン・ユニオン社の株式を売却したのである。このようにして皮肉にも、アメリカ政府の行使した法律による圧力は、それまで以上の独占状況を生み出しただけであった。[41]

このウェスタン・ユニオン社による大西洋ケーブル網の独占は、国際的観点からすると非常に不明瞭な帰結をもたらした。つまり、大西洋ケーブルはイギリスが所有していたが、運営はイギリス人ケーブル局員を雇用するアメリカの企業によってなされることとなったのである。あるイギリスのケーブル専門家で、技師でもあったチャールズ・ブライトは、イギリスがもはや一つの大西洋ケーブルをも支配していないということに危機感を覚えていた。

イギリス帝国の通信を妨害することに関心を抱くアメリカ、ないしはその他の国との紛争の結果、戦略的ケーブル通信網として頼ることができる真のオール・ブリティッシュ大西洋ケーブルは、一つも存在しなかった。[42]

しかし、イギリス政府は、そのような状況を憂慮してはいなかった。もしウェスタン・ユニオン社の代わりに、ドイツやフランスの企業が大西洋ケーブルの貸与を受けていたならば、イギリス政府は間違いなくそれを阻止すべく介入したことだろう。しかし、前出の一九一一年一二月の「戦時の海底ケーブル通信」において、イギリスは対米戦争の可能性について検討さえしていなかった。戦略的観点から重要であったのは、ケーブルを所有することでも運営することでもなく、どこにケーブルが敷設されていたのかであった。イギリスの企業から貸与されたすべてのケーブルは、イギリス領を通過していたために、イギリス政府はケーブルがイギリスの管理下にあるのと変わりなく通信を検閲し、精査することができたのである。結局のところ、イギリスとアメリカのケーブル利害は、対立関係にはなく、むしろ戦略上一致していたのである。

フランスとケーブル危機

一八九八年のアメリカは、ようやく北米大陸の外側へとその帝国主義的野心を拡げ始めたばかりであり、アメリカの政治家はこうした国際競争へ関与していくことの危険性について、いまだ理解に乏しかった。ゆえに、アメリカの太平洋ケーブル事業は、政治的動機よりも財政的動機によって突き動かされていた。それとは対照的に、フランスはすでに海外征服の長い歴史があり、ヨーロッパにおけるパワー・ポリティクスに関しての長期に渡る経験を持ち合わせていたのである。かくして、フランス人は他国に比して世界における自らの位置づけに極めて敏感だったのであり、世紀転換期におけるさまざまな出来事はフランスに直接影響を与えると同時に、こうした出来事へフランスは政治的に対応していくこととなった。

フランスは、いくつかの側面において、国際通信の問題に関して有利な地位にあった。フランスは、大西洋と地中海に面し、すべての大陸において通信に対する需要と、ケーブル敷設に適した中継点を提供する植民地を持っていたのである。さらにフランスは、多額の資本を海外に投資することができる富裕な国でもあった。しかしながら他面において、フランスはイギリスと比べて非常に不利な立場にあった。フランスの植民地はイギリスの植民地に比して経済的に豊かではなく、アルジェリアを除いてどの植民地にも白人移民定住者が存在しなかった。またフランスは、イギリスよりも工業面で遅れをとっており、海外貿易も少なかった。さらにフランスの政治家たちは、ドイツの脅威に怯え、一部の例外を除いて海外の問題にはほとんど目を向けることはなかった。同様に、貿易業者たちもアルジェリア以外のフランス植民地とほとんど交易を行っていなかったのである。フランスの民衆が自国の所有する海外帝国に誇りを持ち始めたのは、ようやく一八九〇年代に入ってからのことであった。しかし、なかでもフランスにとって最悪だったのは、第一次ケーブル敷設ブームに遅れを取ったことで、イギリスに収益性の高い電信ルートをすべて抑えられてしまったことであった。

その結果は、フランスのケーブル通信企業の運命に如実に現れていた。フランスにおける最初のケーブル通信業者であるフランス大西洋ケーブル会社（別名エランジェ社）は、四年間の操業ののち、一八七三年にアングロ-アメリカ電信会社によって吸収合併された。続く第二のケーブル企業であるパリ〜ニューヨーク間フランス電信会社（ＰＱ社）は、一八七九年から一八九五年にかけて経営状態が不安定であった。またこれらの二社はともに大西洋間ケーブルをもっぱら運営していたのに対して、第三のケーブル企業であるフランス海底ケーブル通信会社は、西インド諸島圏内、そしてオーストラリア〜ニューカレドニア間で、政府からの助成を受けて短距離のケーブル通信業務を行っていた。しかし、ＰＱ社が一八九五年に倒産すると、フランス政府は同社とフランス海底電信会社の合併を強行し、フランス電信ケーブル会社（ＣＦＣＴ社）を創設したのである。フランスのケーブル通信会社は、イギリスのそれが政府を貴重な顧客、そしてときには協力相手として扱っていたのとは対照的に、政府に経済的に大きく依存し、詰まるところ政府の一機関であるかのように厳しく統制されていたのである。この政府によるケーブル会社の主導こそが、フランスのケーブル政策を推し進める手段となっていたのである(43)。

一八九八年以前は、フランス国内でケーブルの増設を望む声はほとんど聞かれなかった。事実、一八八六年、そして一八八九年にフランス下院議会は、ケーブル敷設への助成金付与を否決していた。そのようななかで、植民地のロビイ団体と同一視されていたフランス本国のケーブル敷設擁護団体は、一八九四年から九五年にかけて再度議会に対して助成金を要求した。植民地連盟の会長であるジャーナリスト、アリー・アリは一八九四年七月にフランスの日刊紙『ジュルナル・デ・デバ』に続けざまに論文を寄稿し、フランスのケーブル通信に関する以下のような事実に対して注意を喚起した。彼が訴えた事実とは、第一にすべてのフランス植民地の港にイギリスのケーブル会社によって雇われたイギリスの「情報員」が存在し、フランス船舶を監視しているということである。第二に、イギリス人はタンジール事件の場合のように、重要な情報を他国に流さないようその通信統制力を利用していたということである。最後に、フランスが自国のケーブル網を敷設する代わりに、年額二三三万七〇〇〇フラン（九万三四八〇ポンド）をイギリス企業によるケーブル敷設に対する助成金として支出しているということである(44)。植民地におけるケーブル敷設を訴えるロビイ団体である植民地・沿岸調査協会は、陸軍省・海軍省・植民地省の三大臣の支持を受けて、下院に以下の決議案を上程した。

フランスのような大国にとって、その植民地との間に他国からの影響を受けない国家的なケーブル通信網を保有することが必要である。それは、一方ではトンキン湾やダホメへの遠征、そしてシャムでの紛争のときに認識されたような深刻な問題が再燃するのを避けるためであり、他方ではこれまで特権的地位を築いてきた外国の競争相手に比肩するほどの利益をわが国の海外貿易に対して保証するためである。このような要請から鑑みて、植民地・沿岸調査協会は、すでに敷設されているか今後敷設されるかにかかわらず、仏領植民地と本国を繋ぐことを目的としたフランスのケーブル通信網に対し、助成金ないしは利子保証として十分な予算が割かれることを要請する。(45)

同時に、フランス電信・ケーブル会社の社長であるＪ・デプレは、植民地連盟において「海底ケーブルと仏領植民地の防衛」と題した演説を行った。

イングランドはわが国と植民地利害で頻繁に対立しており、戦争へと発展する可能性もある。よって、われわれの通信手段を彼らの手に委ねることは、軽率といえるのではないだろうか。こうした通信の依存体質は、すでに商業的・政治的観点から見てフランスが劣っていることの証左であり、もしわが国が自国の植民地を防衛する必要に迫られた場合、危機的状況に陥ることになるだろう。(46)

しかし、彼らの努力は徒労に終わった。下院議会が費用を出し渋り、かつ対独防衛に専念しすぎたために、こうした自国通信網の危機的状況を訴える議論によっても、その見解を改めることはなかったためである。

そのような状況を一変させたのは、ファショダ事件とボーア戦争である。一八九九年一一月二七日に、エンリケ下院議員に率いられた議員団は、議会に初めてケーブル敷設計画を上程した。同年一二月には、植民地大臣のドゥクレと商務大臣のミルランが議会に対して、閣議での議論の結果、いまやフランスのケーブル・ネットワークの必要性を確信するに至ったと発表した。また一九〇〇年一月三〇日に政府は、「特定の仏領植民地とフランス本国を繋ぎ、仏領西アフリカ圏内における地上電信網の拡充を目的とする海底電信ネットワークの構築」に関する法案を上程した。その法案では、まずインドシナ～香港間、マダガスカル～レユニオン島間、マルセイユ～北アフリカおよびセネガル間の海底ケーブル、そしてセネガル～西アフリカ植民地間の地上電信線の敷設を求めるとともに、そののちにはフランス～セネガル間、ガボン～マダガスカル間のケーブル敷設をも要求したのである。この法案は、植民地情勢の関連委員会や、多くの有力議員の賛同を得たのである。(47)

この議会内でのケーブル通信関連の議論と密接に結びついていたのが、ケーブルや植民地に利害を持つロビイストたちによって大々的に行われたケーブル敷設を後押しする宣伝活動である。植民地報道連盟や、対外通商委員会の植民地利害グループ、そしてマルセイユやボルドーの実業家集団は、ケーブルに関するさまざまな声明を発表した。またイギリスのケーブル会社を非難する書籍や論文が、出版物の中に見られるようになった。そしてそのような著述のなかで、イギリスとの戦時にフランスのケーブル通信がいかに脆弱であるかが指摘され、フランス所有によるケーブル網の創設が要求されたのである。(48)

最終的に議会は、一九〇一年七月に二つの法案を可決した。その一つ目は、「海底ケーブル通信ネットワークの創設に向けての費用支出を認可」するものであり、政府は南アメリカ電信会社を買収するために、その予算を秘密裏に用いた。もう一つは、セネガルからガボンまで西アフリカの海岸に沿って敷設されている「西アフリカ会社のケーブルの買収を認可」するものであった。さらに二年後、議会はブレスト〜ダカール間、マダガスカル〜レユニオン島〜モーリシャス間、インドシナ〜ボルネオ間のケーブル敷設を認可したのである。(49)

結果として、一九世紀にフランスは二つの大西洋横断ケーブルおよびフランス〜アルジェリア〜チュニジア間のケーブルを数本獲得し、そして一八九六年以降には、ニューヨークへと連結された西インド領内の小規模なケーブル網や、マダガスカルやニューカレドニアをそれぞれイギリスのケーブル通信網へと繋ぐ短距離の電信線を獲得していた。この時期、フランス人は自国の通信経路を二つの方法で拡張しようとしていた。つまりそれは、いかなる場所においてもできる限りケーブルを買収し、敷設するよう努めること、それができない場所では、イギリス以外の国と協力することで代替ルートの形成に努めることであり、この二つの方法によってフランスはケーブル網の拡張を図ったのである。

その際、フランスがまずケーブル敷設を望んだのは、通商的・政治的利権を有していた南米であった。一九〇一年にフランス政府は、一八九二年以降ダカール〜ペルナンブコ間のケーブルを運営しながら、一度も配当を出したことがなかった南アメリカ電信会社の株式を取得するために、インド・ゴム会社に対して三六万五〇〇〇ポンドを支払った。この買収は、ブラジルのプライドを傷つけないよう秘密裏に行われた。というのは、ブラジルは自国の沿岸地域において外国の政府機関が通信業務を行うことを許容しないと思われたからである。一方、この買収により、異例の事態が引き起こされることとなる。それは、一つの企業をイギリスとフランス、そして国家と民間企業で共同経営するというものである。また、この買収は商業的にも誤りであった。というのは、ペルナンブコが僻地であったこと、そしてブラジルがイースタン社の支社であるウェスタン電信会社に対し、海岸線に沿ってリオとその先までケーブルを敷設する独占権を与えていたからである。ゆえに、フランスの南米ケーブル通信網は、以前と同様イギリスの影響下に置かれていたのである。結局一九一四年には、その会社は南アメリカケーブル会社へと社名を変更し、本社をパリへと移転している[50]。

さらに、一九〇二年二月に、フランス政府は二度目の大型買収を行った。フランス政府は、ダカールとコナクリ（ギニア）、そしてグラン・バッサム（象牙海岸）とコトヌー（ダホメ）、リーブルヴィル（ガボン）を繋ぐケーブル通信網を西アフリカ電信会社から一四万四〇〇〇ポンドで買収したのである。この買収によって、仏領以外の諸港をケーブル通信網の中継点として開拓することに成功したのである。またコナクリからグラン・バッサムへのケーブル通信網は、内陸を通る地上線によって補完されていた。この三年後に、フランスはブレストからダカールへの直通ケーブルを敷設することとなった。この後、フランスは外国からの影響を受けることなく、西アフリカの仏領植民地へと通信可能な全仏ケーブル網を持つに至ったのであり、それは一九一二年から一三年にコナクリ～グラン・バッサム間のケーブル、そして、リーブルヴィルと仏領コンゴのポワン・ノワール間の延伸線を追加敷設することによって完成を見たのである[51]。

他方で、より遠方にある仏領植民地は、十分な通信設備を備えていなかった。フランスにとって最も豊かな資源を提供する植民地であるインドシナが、イースタン社のケーブル網を通じてしか本国と通信を行うことができないという状況は、フランスの植民地主義者たちの苛立ちを誘っていた。ゆえに、一九〇一年にトゥーランというインドシナの街と中国の厦門の間に、グレート・ノーザン電信会社のケーブルと連結するケーブルが敷設されたのである。このケーブルを敷設したフランソワ・アラゴ号の船長であるレオン・マスカールは、それを「フランス産業の成熟を示す輝かしい証拠」と考え、以下のように宣言した。「イギリス当局の管理下に置かれることなく、インドシナからパリまで電信を送ること、……それはイギリスによる検閲からの解放であり、……この新たなケーブルのおかげでインドシナは、全路線が仏領経由でないにしても、少なくとも友好国、中立国を経由するケーブル通信網を得たのである[52]」。

また五年後には、サイゴンとボルネオのポンティアナックとの間に、もう一本ケーブルが敷設された。そのケーブルは、グアムのアメリカ太平洋ケーブルへと繋がるオランダやドイツの電信線にポンティアナックの地で連結したのである。いまやフランスは、イギリス領を介さずにインドシナと通信を行う手段を二つ手に入れたのである。さらに、ジャワ島～レユニオン島間や、アフリカを迂回するか、何らかの方法でタンガニーカやベルギー領コンゴを通過するかたちで、マダガスカル～仏領コンゴ間にケーブルを敷設する計画さえも存在した[53]。これらの壮大な計画は、莫大な助成金や多くの諸外国の協力を必要とするので、まったくもって非現実的なものであった。また現実的には、経営上の問題も存在した。イギリス領を経由しないでインドシナに至る上記二つの経路は、ともにイースタン社よりも高い通信費を課さなければならなかったのである。ゆえに、ビジネスに関するすべてのケーブル通信ではイースタン社が利用され続けたため、フランスのケーブルは絶えず赤字だったのである。数年後にフランスのケーブルが故障した際、それらは修理に値しないと判断され、廃棄された。

では、一九〇〇年以降、ケーブル通信に関してフランスが抱いていた目論見から得られた帰結とはいかなるものであったのか。まず、利益を上げたのはフランス～北米間、そしてフランス～北アフリカ間のケーブルのみであり、それ以外のケーブル通信網は経営的には失敗であった。概算すると、一九〇〇年から一九一四年の間に、フランス政府はケーブル通信事業に年間六〇〇〇万フランから八〇〇〇万フラン（二四万ポンド～三二万ポンド）を支出していた。[54] しかしもちろん、それらのケーブル網は商業的理由から敷設されたものではない。それらのケーブル敷設の表面上の目的は、戦略的なものであり、より明確に言うならば、対英戦争の危機に備えたものであった。戦争の脅威は、一九〇四年に英仏協商が締結されることで消え去ったが、ケーブル通信が生み出した既得権益と、ケーブル・ロビイ団体の継続的な活動によって駆り立てられたケーブル敷設の勢いはその後も継続した。[55] これは、ケーブル敷設が必ずしも戦略的目的ではなかったということを暗に意味している。というのは、もし対英戦争が勃発していたならば、それらのケーブルは切断されてしまっていただろうからである。これらのケーブル網がその敷設目的——つまり国際通信の領域においてフランスの地位を列強と同程度に保つこと——に適うのは、平時においてのみであった。

ドイツとケーブル危機

フランスの背後には、大国となることを熱望するドイツが控えていた。他国に比して遅れて国民国家の仲間入りを果たしたドイツは、帝国主義的世界分割競争という饗宴に参入した際には時すでに遅く、領土拡大を目指した国家的野心には到底似つかわしくない残り物の小植民地で満足しなければならなかった。通信の観点から見ても、それらの植民地は遠く離れた場所に偏在していたので、ケーブル・ネットワークの中継点として有用ではなかった。またそれらの植民地は、経済的にも非常に価値が低かったので、商業的投資に見合うものではなかったのである。ドイツが直通ケーブルを敷設する価値を認めるほどの十分な商業的利権を持つ大西洋でさえ、同国が置かれていた地理的環境によりケーブル通信網の敷設計画は長期にわたって阻まれてきた。ゆえに、一八九三年から一八九四年のケーブル敷設競争ののち、ドイツがついに独自の電信網の建設を決定したとき、ドイツは他国と比べて非常に不利な状況に置かれていたのである。

ドイツの海底ケーブル網は、三つのグループが共同事業により生み出した産物だった。そのグループの一つ目は、ワイヤーロープおよび電信ケーブルの製造業者であるフェルテン・ギヨーム・カールスヴェルク・A・G社、より正確に言うならば、同社の経営者であるエミル、マックス、テオドールのギヨーム三兄弟である。第二のグループは、帝国逓信省であり、とくに逓信省内の電信部における幹部を一九〇一年まで務めたフォン・シュテファン博士と彼の後を継いだシドー博士である。そして第三のグループは、ケルンのシャーフハウゼン銀行である。一八九六年にフェルテン・ギヨーム社は、ドイツ海底電信会社を設立した。この会社は、スペインのヴィゴに至るケーブルを運営し、そのケーブルはヴィゴにてイースタン社のネットワークに接続した[56]。また三年後に、同社はケーブル製造を行う子会社として、北ドイツ海底ケーブル会社を設立し、三隻のケーブル敷設船を購入した。彼らにとって、ケーブル技術の獲得は困難ではなかった。というのは、一八九〇年代までにドイツは電気産業の面で世界で最も洗練され、そして最も発展していたからである。ベルリンのジーメンス・ハルスケ社、ロンドンのジーメンス兄弟社といった企業は、長い間技術面で協力関係にあり、またドイツにおけるケーブル通信の専門家――なかでもヴィルヘルム・ジーメンスやオイゲン・オバッハは、イギリスでの実務経験を有していた。さらに一八九〇年代までに、ドイツ造船業の生産力は、イギリスのそれに迫りつつあった。そのため、ケーブルの需要が生じたときには、すでにドイツ産業はケーブル供給への備えを整えていたのである。

フェルテン・ギヨーム社は、その後数年間で北米向けケーブルを運営するためのドイツ‐大西洋電信会社（DAT社）を創設し、さらにアフリカ、南米向けケーブル通信に関してはドイツ‐南アメリカ電信会社を、また東ヨーロッパ向けケーブル通信を担当させるべく東ヨーロッパ電信会社を、そして太平洋向けケーブルの運営を任せるためにドイツ‐オランダ電信会社をそれぞれ創設した[57]。このようにして、フェルテン・ギヨーム社は、一九〇〇年に突然ドイツで沸き起こったケーブル敷設ブームから利益を得るのに好都合な位置につけていたのである。

ドイツにおけるケーブル敷設ブームの契機となったのは、経済的需要と政治的義憤が入り交じったものであった。経済的需要の発生は、表6‐2で示されるようにドイツ経済とその海外貿易の成長に起因している。このドイツ海外貿易の多くは大西洋貿易であり、同時期に米独間で送受信された電信の数も、一八八〇年の三万件から一九〇一年には三四万三二九二件、そして一九一〇年には七一万三七六件へと増加した[58]。このように、たとえ政治的要因が存在しなかったとしても、ドイツの海外貿

表6－2　ドイツの海外貿易と海上輸送（1889～1913年）

年	ヨーロッパ外への輸出入	海外貿易に従事する船舶数	船舶の総トン数
1882	499,715,000マルク	458隻	251,648トン
1894	1,944,500,000マルク	1,016隻	823,702トン
1913	7,277,000,000マルク	2,098隻	2,655,000トン

出典：Charles Lesage, *La rivalité anglo-germanique, Les câbles sous-marins allemands* (Paris, 1915), 27–29.

易の増加はドイツから北米へ、そして南米に向けてのケーブル敷設さえも十分に正当化しえたことだろう。他方、フランスと同様にドイツにおいても、政治的要因によって引き起こされたのはケーブルに対する投資をドイツの通商利害が限定的でしかないアフリカや太平洋といった、経済的価値が低い経路へと迂回させたことである。

またフランスにおいてと同様に、ドイツ政府を刺激し、同国のケーブル政策を本格化させる引き金となったのは、ボーア戦争におけるイギリスの検閲である。一八九九年一一月にドイツ政府は、帝国議会にケーブル・ネットワーク構築に向けた費用拠出を要求した。これを受けての初の支出となった年額一四〇万マルク（六万七〇〇〇ポンド）の助成金が、同年初頭にフェルテン・ギヨーム社によって大西洋ケーブル敷設のために設立されたドイツ－大西洋電信会社とシャーフハウゼン銀行に付与されたのである。[59]

しかしフランスとは異なり、ドイツではケーブル・ネットワーク構築の政治的決定がなされたのちになって初めて、新たなケーブル政策を正当化するような書籍や論文が現れ始めた。[60]そのような印刷物は、ドイツ海軍の膨張や、帝国的野心の高まりとともにイギリスとの関係が悪化するにつれて、ますますその論調を先鋭化させていったのである。またドイツにおいては、英仏とは対照的に世論の形成よりも先に政策決定者たちの間でケーブルに対する関心が高まりを見せた。その他多くの問題と同じく、ケーブル問題においても当時のドイツの思想は、被差別意識と自己主張の感情が入り交じったものによって構成されていた。通信問題に精通する著述家であるリヒャルト・ヘニッヒは、以下のような不満を述べている。

一八九〇年代において、純真無垢な世界に対し突然ファンファーレを奏で、国家的・政治的な諸目的を達成するために、電信ケーブルに関してその絶対的とも言える支配力をヨーロッパの他国民が大きな苦痛を感じるようなやり方で繰り返し行使していたのは、イングランドであった。……もし一八九〇年代に、イングランドとその他のヨーロッパ植民地保有国の間で戦争が起こっていたならば、……それは猫と鼠の間での陰惨な戦いとなっていたことだろう。[61]

またトマス・レンシャウも、「ドイツも自前の堅固なケーブル通信ネットワークを保持する国家の一団に加わったということは、われわれにとってなお一層のこと重要であった」と語っていた。(62)

そのようなドイツにとっての最初の目標は、大西洋横断ケーブルを敷設することであった。この目標に向けてフェルテン・ギヨーム社は、商用ケーブル会社と以下のような契約を締結した。その内容は、同社がアメリカでのケーブル敷設権と、郵便電信会社がアメリカ国内で所有するケーブル通信ネットワークへのアクセスを得る代わりに、同社の子会社であるドイツ－大西洋電信会社は、商用ケーブル会社との間でドイツ～アメリカ間通信から得られる利益を分け合うというものであった。これは、両社共通のライバルであったアングロ－アメリカ電信社やウェスタン・ユニオン社を排除しようとする協定であった。またドイツ大西洋電信会社は、ボルクムとアゾレス諸島のオルタとの間、そしてオルタからニューヨークのコニー・アイランドの間にドイツ－大西洋電信会社のケーブルを敷設するというTC&M社に対する契約と引き替えに、ヨーロッパ・アゾレス諸島電信会社からアゾレス諸島におけるケーブル敷設権を獲得した。このようにドイツのケーブル会社は、ライバルであるアメリカとイギリスのケーブル会社によって形成されたカルテル同士によって繰り広げられる熾烈な競争を自分たちに都合よく利用したのである。一九〇〇年九月一日に完成したこのドイツによる大西洋横断ケーブルは、大きな成功を収め、莫大な量の通信がなされるようになったため、二年後には複線化されねばならなかった。そして一九〇二年に敷設されたドイツの大西洋ケーブルは、北ドイツ海底ケーブル会社によって製造、敷設された最初のケーブルとなったのである。(63)

ドイツは、北大西洋にてポルトガルやイースタン・グループからの便宜により恩恵を受けていた。そのためドイツは、この点でケーブル通信におけるイギリスのヘゲモニーから厳密には解放されたわけではなかった。またドイツは、世界の他の地域、とくに中東、西太平洋、南大西洋においてイギリスのケーブル通信網による支配から逃れるために、協力国を必要としていたのである。

こうしたドイツの新たなケーブル通信政策のもとで最初の目標となったのは、ドイツが権益を拡大させていたオスマン帝国である。トルコとのケーブル通信は、オデッサまでロシアの地上線を用い、そこからイギリスのケーブルを利用してコンスタンチノープルへと至るルート、ないしはオーストリア、セルビア、ブルガリアを通るルートという二つのルートのうちのどちらか一方に頼っていた。しかし、上記のどちらのルートも非効率的で安全性も低かったため、一八九九年七月にフェルテン・

ギヨーム社は、東ヨーロッパ電信会社を設立し、すぐさまハンガリーとルーマニア領内を通る地上線の敷設権を得た。同社は、続く五年間にルーマニアのコンスタンツァからコンスタンチノープルまでの敷設権を要求した。しかし、同地域はイギリスのケーブル会社がドイツの干渉を望まない地域であったために、この計画はトルコによる敷設権認可手続きの引き延ばしやイギリスによる妨害工作に直面することとなった。フェルテン・ギヨーム社は、一九〇五年にドイツを通るインド－ヨーロッパ電信会社の電信線を遮断するとの警告を発することによって、ようやく長年欲していたケーブル敷設権を得ることができたのである。(64)

しかし、識者たちが認識していたように、これは最初の一歩にすぎなかった。ドイツは、一八九〇年代にコンスタンチノープルからアンカラ、そしてバグダッドに至る鉄道敷設権を得ることによって、イギリスやロシアに大きな衝撃を与えた。またドイツが、鉄道沿いにペルシャ湾にまで電信ケーブルを走らせようと意図していたことが明らかとなった。このことは、一九〇三年にトマス・レンシャウが書いた以下のような文章にも表れている。「おそらく、バグダッド鉄道完成ののちにペルシャ湾にまで電信線の接続を延長することで、インドへの最短経路を得る機会が生じることでしょう」(65)。

ドイツは、一九〇八年にペルシャ湾のバスラからゴア、そしてスマトラへと至る電信ケーブルの敷設を計画したが、ポルトガルとトルコのどちらからも必要となるケーブルの敷設権は認められなかった。両国が敷設権付与を拒絶したのは、部分的にはイギリスの不満を回避するためだったので、ドイツ政府は一九一三年にイギリスの外務大臣であったエドワード・グレイ卿に接触し、「イギリス政府は原則的に当該地域、つまりペルシャ湾でのケーブル敷設に反対しないだろう」という旨の宣言を発することを要求した。しかしながら、この申し出に対するイギリスの返答は、「ドイツには、説明されたようなケーブルを敷設する大きな商業上の必要性は存在しないとの忠告をグレイ卿は受けた。したがってグレイ卿は、ドイツによる要求には政治的な目的が絡んでいるとの結論に至った」というものであった。かくしてドイツは、通信政策においてもインド洋から締め出されることとなったのである(66)。

他方でドイツは、極東や太平洋地域においては、進出の時期こそ遅かったものの他地域においてよりも大きな成果を上げた。一八九八年にドイツは、中国の青島と膠州湾を獲得し、一八九九年にはカロリン諸島、そしてパラオをスペインから購入した。また一九〇〇年には、サモアの一部を領土としたのである。しかしながら、中国領内に敷設された地上線を通じての青島～上海間におけるケーブルの接続は、ケーブル敷設を行うには絶好の時期だったにもかかわらず、一九〇〇年に勃発した義和団事件により妨害され、不十分な結果となった。ゆえにドイツ政府は、青島から芝罘や上海に至るケーブル通信網を、中国の認可を受けることなくグレート・ノーザン電信会社に敷設させたのである[67]。この時期、ドイツだけでなくフランス、イギリス、ロシア、そして日本は、中国に対してこれと同様、ないしはより理不尽な行為を行っていたのである。

新たに敷設されたケーブルは、当時ほかに手段がなかったので、やむなくイギリスないしはロシアのどちらかのケーブル通信網を経由することで青島をドイツへと接続した[68]。しかし太平洋において、ドイツはアメリカとオランダのケーブル通信企業に救いの手を求めた。一九世紀を通じて、オランダは不安を感じながらイギリスの統制のもとで活動していた。ケーブル通信史家のヨルマ・アヴェナイネンによると、「ケーブル送信の安全性に対する不安は、オランダ政府関係者の間で感じられており、ボーア戦争時にイギリスによって実施された検閲は、オランダを非常に不安な状態へと陥れたのである[69]」。このように、オランダはフランスやドイツと同様、自らの主要な植民地であるオランダ領東インドとの通信を、イギリスに依存しているという状況に対して明らかに苛立ちを感じていた。それゆえに、エミル・ギヨームが、一九〇〇年にオランダ電信管理局に対して太平洋でのケーブル敷設に関する共同プロジェクトを打診すると歓迎を受け、そのような歓迎は一九〇一年七月二四日にベルリンで調印された条約をもって最高潮に達したのである。この計画の目的は、オランダ領東インドと太平洋上のドイツ植民地を最終的にはアメリカの太平洋ケーブルへと連結することを企図するものであった。

そのため、一九〇三年七月にアメリカのケーブルがマニラに達したときには、オランダとドイツのケーブル会社は敷設の準備を整えていた。同年七月一九日に、フェルテン・ギヨーム社は、新たな子会社であるドイツ‐オランダ電信会社を設立しており、また翌年には、同社のケーブル製造専門の子会社であった北ドイツ海底ケーブル会社が、ドイツ領ヤップ島から三本のケーブルを敷設した。一つ目のケーブルは、セレベス諸島のメナドに至り、そこでオランダの東インドケーブルへと接続した。二つ目のケーブルはグアムまで引かれ、その地にてアメリカ太平洋ケーブルと接続した。そして三つ目のケーブルは上海まで引かれ、そこで別のケーブルによって膠州に連結されたのである。

このようにして、いまやドイツとオランダは、領有する東アジア植民地との間において、イギリスのケーブル網を利用することなく接続されることとなった。しかし、これは彼らを安心させる費用としては非常に高くついた。というのは、この事業のためにドイツ政府は、年間一五二万五〇〇〇マルク（七万六二五〇ポンド）を、オランダ政府は一万八七五〇ポンドを拠出することとなったからである。それにもかかわらず、一九〇四年七月二六日にイースタン・エクステンション電信会社、グレート・ノーザン電信会社、そして商用太平洋ケーブル会社の三社の間で結ばれた協定によって、アメリカ経由での電信をインド、ロシア経由よりも高い料金にすると規定された。このケーブル網は、決して採算に見合うものではなかった。ゆえに、世界の長距離ケーブル通信の九〇%を構成する商業電信が、ドイツおよびオランダ両国によって新たに敷設されたケーブルを必然的に回避するのは確実であった。しかしそれは、リヒャルト・ヘニッヒが説明するように、大した問題ではなかった。「この新ケーブルは、商業目的、平和維持目的のいずれかの目的にも合致するものではない。このケーブル敷設の目的は、多くが戦略的なものであり、イギリスのケーブル通信政策に対する唯一の挑戦であった」(70)。

第一次世界大戦以前にドイツが関心を抱いていたもう一つの地域は、南米である。このときまでに、数千人のドイツ人がブラジル、ウルグアイ、パラグアイ、そしてアルゼンチンに移民し、一五億マルクがそれらの地域に投資されていた。さらに、毎年数百隻の船舶がドイツ~南米間を行き来することで、ドイツにとって南米はヨーロッパ、北米に次ぐ第三の貿易相手となっていたのである。それゆえに、南米地域への直通ケーブルの敷設は、商業的理由に基づいて正当化されることが可能だった。

ただ不幸にも、ブラジルおよび南米に至る途中にあるすべてのポルトガル領の島々で、すでにウェスタン電信会社と南アメリカ電信会社に対してケーブル敷設の独占権が認可されていた。しかし、スペインはカナリア諸島内のテネリフェや、リベリアの首都モンロビアへのケーブル敷設権を喜んでドイツに認めたのであった。そして残ったのは、ブラジルである。西アフリカからブラジルまでのケーブル敷設権は、南アメリカ電信会社、言い換えるならばフランス政府に帰属していた。そのため、フェルテン・ギヨーム社が一九〇八年に設立した系列会社であるドイツ‐南アメリカ電信会社は、南アメリカ電信会社にモンロビア~ペルナンブコ間のケーブル敷設の許可を要請した。その結果、フランスとドイツは、一九一〇年二月四日と三月二五日に、南大西洋ケーブルに関する複数の協定を締結した。そして翌一九一一年に、北ドイツ海底ケーブル会社は、リベリア~ブラジル間、一九一三年にはリベリア~カメルーン間にケーブルを敷設したのである(71)。

ドイツが南米へのケーブル敷設を求めるようになった動機は、十分に論理的な理由に基づいたものであった。ドイツの南米貿易が増加するにつれて、南米との通信の必要性も同様に高まっていたからである。これに加えて、ブラジルやアルゼンチンへのドイツ人移民の増加に関連する政治的動機も存在していた。パリの政治学院の教授であり、フランスにおけるドイツのケーブル産業に関する研究の第一人者であったシャルル・ルサージュは、次のように発言している。「ドイツ帝国主義が今日に至るまで行ってきた示威行為は一貫したものであり、今回の海底ケーブル網構築政策を実行することは、過去二〇年にわたって続いてきた世界支配をめぐる独英間のさまざまな争いにおける一エピソードにすぎない[72]」。そして、ドイツにとってこの目標を達成するための唯一の方法となったのが、フランスとの協定締結だったのである。

しかし、なぜフランスはドイツとの協定を受け入れたのであろうか。一面において、それは間違いなく商業的理由によるものであった。北ドイツ海底ケーブル会社は、ケーブル敷設権を得るのと引き替えに、五〇万フランという破格値でコナクリ～グラン・バッサム間のフランス領西アフリカ社のケーブル・ネットワークを完成させた[73]。しかし、この協定は政治的な取引でもあった。というのは、この計画にはエムデン～ブレスト間の直通ケーブルによって、独仏間を繋ぐという協定が付随していたからである。フランスの民衆がこのケーブル協定について知った一九一一年一〇月は、まさに第二次モロッコ事件の真っただ中の時期であり、そのときにはドイツのケーブル敷設船がエムデンから続くケーブルの末端を積んで、ブレストに向けて航行していたのである。ゆえにこの協定は、新聞だけでなく専門家によってさえも誤って理解されていた。シャルル・ルサージュは、以下のような消極的な意味で協定締結に対するフランスの動機を解釈していた。彼は、「ドイツがイングランドのケーブル通信支配に対する戦いのなかで、時折フランスを支援している」ことは明らかだった[74]。彼は、この解釈の論拠としてドイツのナショナリストであるマックス・ロッシャーが書いた「その新たな通信は、ケーブル問題における独仏間の友好関係を公に示すものである。……海底ケーブルの問題に関しては、ドイツの利害はフランスの利害と一致しているのである」という文章を引用している[75]。さらに、独仏関係はその他の点では対立していたので、ルサージュは「当時のフランス政府は、ドイツ外務省とフランス外務省の間で苦労して維持されてきた外交関係よりも、ドイツのケーブル通信利害との間に生じたより友好的な関係を受け入れたのである」と結論づけている[76]。彼が考えるところによると、このような状況はフランスの政治システムにおける欠点に起因していた。

このフランス外交の基本原則とケーブル通信政策が辿った道筋との間に長期間にわたって不一致が生じた理由は、私が思うに、この国において各省庁が独自の外交政策を有しているという事実に由来している。外務省は自らの外交政策を、財務省は別の外交政策を、そして郵便電信省もまたその都度異なる外交政策を有していた。そのために過去数年間、フランスはイングランドに対して完全に敵対することはないが、ドイツへも強い愛着を示すという一貫性のない政策が生じたのである。[77]

ルサージュの見解では、ドイツがイギリスと戦ううえでフランスの電信行政の寛大さに甘えているというのは、非常に憂慮すべき状況であった。しかし、この寛大さによってドイツ帝国の宰相フォン・ビューローや、外務大臣ベートマン＝ホルヴェークの心には致命的な誤解が生じることとなり、「フランスの対英関係の本質はドイツに誤って理解されることとなった。つまり、彼らは英仏協商にそれほど重要性がないと信じるようドイツを煽り立てたのである」。[78]

事実、このケーブル敷設に関する協定は、フランスの郵便・電信行政の視点において見当違いの政策だったのではなく、不安定なモロッコ情勢から生じた副産物であった。一九〇五年から一九〇六年の間に、フランスとドイツの帝国主義者の野望は、モロッコで激しく衝突していた。ドイツが一九〇九年に赤道アフリカの一部を得るのと引き替えに、モロッコ支配の断念を了承したことは、イギリスに対抗するという共通の利害を反映した一九一〇年のケーブル協定への道を切り開くものであった。[79]そして一年後、独仏両国がモロッコをめぐって再び対立を見せたという事実は、これらのケーブル協定の結果には何ら影響を与えることはなかったのである。

結論

ボーア戦争から第一次世界大戦までの間に、世界は第二次ケーブル敷設ブームを迎えた。それは、規模の点で一八七〇年代のブームと同じくらいではあったが、第二次ケーブル敷設ブームにはさまざまな動機や多様なケーブル支持者たちが関わっていた。当該期におけるケーブル網の拡大は、国際貿易の急増と軌を一にしており、この時期に敷設されたケーブルの多く、とくにドイツの大西洋ケーブルや、アメリカやイギリスの太平洋ケーブルは利益が見込める商業的事業であった。しかし、通信に関する商業的動機に加えて、すべての列強は国家の安全保障のために独自の電信網が必要であると感じていたのである。イギリスは、今なおそのような列強の中核にあったが、もはや自国だけではケーブル通信を思いのままに支配することができず、アメリカ、フランス、ドイツからの競争に直面せねばならなかったのである。

本章で見てきたように、ケーブル敷設をめぐる競争は一八八〇年代に始まり、一八九〇年代に入るとその対立に拍車がかかった。この時期、国際貿易の増加は、それだけでも新たなケーブルの敷設を加速させたのかもしれない。しかし、世紀転換期における危機、とくにボーア戦争に際して各国政府は、独自のケーブル通信網を早急に持つべきであると確信したのである。ケーブル通信は、もはやビジネスや一公共事業といったものではなく、国家の安全保障における柱の一つとなっていたのである。しかし、フランスやドイツは、簡単にはイギリスのそれに匹敵する独自のケーブル通信網を構築することができなかった。というのは、両国はケーブル通信網構築に必要となる敷設権を持ち合わせていなかったからであり、それらの権利ははるか昔に独占権に基づいてイギリスによって獲得されていたのである。このようにケーブル通信における競争は、政治的・経済的競争の一結果というだけでなく、世紀転換期に高まり始めていた国際的な緊張や誤解といった風潮もその一因となっていたのである。

この時期以降、通信技術は急速な進化を遂げることとなった。しかし、通信技術が国家の安全保障に果たす役割は、世界が不安定な状況であるがゆえに、決して小さくなることはなかったのである。

注

（1） 太平洋ケーブルに関して、George Johnson, ed., *The All-Red Line: The Annals and Aims of the Pacific Cable Project*（Ottawa, 1903）参照。

（2） J. Henniker Heaton, "The Postal and Telegraphic Communications of the Empire," *Proceedings of the Royal Colonial Institute* 19（1887–1888）, 171–221, and "Imperial Telegraph System: Cabling to India and Australia," *Contemporary Review* 63（1893）, 537–49. また以下も参照。Robert J. Cain, "Telegraph Cables in the British Empire 1850–1900,"（Ph. D. dissertation, Duke University, 1971）, 232–40.

（3） Letter from French Consul General Biard in Sydney to Minister of Foreign Affairs Develle, November 22, 1893, and note to Secrétaire d'Etat des Colonies, December 13, 1893, in Archives Nationales Section Outre-Mer（Paris）[henceforth ANSOM] Affaires Politiques 1554 dossier 10: "Création du câble transpacifique, 1892–94."

（4） French chargé d'affaires in London to Foreign Minister Develle, October 23, 1893, and Develle to Colonial Minister Boulanger, April 3, 1894, ibid.

（5） Quoted in Hugh Barty-King, *Girdle Round the Earth: The Story of Cable and Wireless and its Predecessors to Mark the Group's Jubilee, 1929–1979*（London, 1979）, 93.

（6） Audley Coote to Colonial Office, May 13, 1893, ibid.

（7） Memorandum from Treasury to Colonial Office, February 3, 1897, in Public Record Office（Kew）[henceforth PRO], CO 42/850, cited in Cain, 257–58.

（8） Cain, 255–56.

（9） Cain, 235; Barty-King, 95; K. S. Inglis, "The Imperial Connection: Telegraphic Communication between England and Australia, 1872–1902," in *Australia and Britain: Studies in a Changing Relationship*, eds., A. F. Madden and W. H. Morris-Jones (London, 1980), 21–38.

(10) Barty-King, 137–38.

(11) Leslie B. Tribolet, *The International Aspects of Electrical Communications in the Pacific Area* (Baltimore, 1929), 161; W. D. Alexander, "The Story of the Trans-Pacific Cable," *Hawaii Historical Journal* 18 (January 1911), 57–60.

(12) Memorandum from Chamberlain to Cabinet, February 1899, in PRO, Cab 37/49/15.

(13) Barty-King, 116; Cain, 253–64.

(14) Memorandum from Hicks Beach, March 3 and 30, 1899, in PRO Cab 37/49, Nos. 15 and 23; Cain, 267; P. M. Kennedy, "Imperial Cable Communications and Strategy, 1870–1914," *English Historical Review* 86 (1971), 735; Barty-King, 133–38; Robert Kubicek, personal communication, December 1989.

(15) G. L. Lawford and R. L. Nicholson, *The Telcon Story, 1850, 1950* (London, 1950), 84; Cain, 227–28 and 270; Barty-King, 138; Maxime de Margerie, *Le réseau anglais de câbles sous-marins* (Paris, 1909), 159.

(16) Tribolet, 165; Barty-King, 141–42.

(17) Barty-King, 195.

(18) Kennedy, 733.

(19) "Telegraphic Censorship," 1–3 in PRO, WO 33/280; Memoranda from George Goschen, First Lord of the Admiralty, to Cabinet, June 7, 1899, in PRO, Cab 37/50/37, and March 12, 1900, in PRO, Cab 37/52/35; Margerie, 88.

(20) "Telegraphic Censorship," 1–3; George Peel, "The Nerves of Empire," in *The Empire and the Century: A Series of Essays on Imperial Problems and Possibilities* (London, 1905), 270.

(21) Memoranda on cables in China, 1899–1901, in PRO, Cab 37/52 and 37/53.

(22) この両報告書に関しては，PRO, Cab 18/16/5. また検閲済みの版に関しては，*Parliamentary Papers* (1902), XI [Cd. 1056] を参照。

(23) Ibid., Second Report, 16.

(24) Draft sent to the Foreign Office August 9, 1904, in PRO, FO 83/2196, Nos. 294ff.

(25) "Censorship of Submarine Cables in Time of War. Action to be Taken by Her Majesty's Government and by Different Government Departments concerned. Prepared by the General Staff, War Office," in PRO, FO 83/2196, Nos. 387–427. また同様の文書に関しては，Cab 17/92 を参照。

(26) In PRO, Cab 17/92.

(27) In PRO, Cab, 16/14, p. 2.

(28) Ibid., p. 14.

(29) 無線通信に関しては，以下の章で検討する。

(30) Jorma Ahvenainen, *The Far Eastern Telegraphs: The History of Telegraphic Communications between the Far East, Europe and America before the First World War* (Helsinki, 1981),

158–59; Tribolet, 156–58 and 168–69; Alexander, 50–57.

（31）　Ahvenainen, 160–65; Tribolet, 168–79.

（32）　Quoted in "An American Pacific Cable. A paper presented at the one hundred and thirty-eighth meeting of the American Institute of Electrical Engineers, New York, December 27, 1899, by George Owen Squier," in U. S. Senate, 56th Congress, 1st Session, Document No. 88 [hereafter Squier (1899)].

（33）　Quoted in Alexander, 68, and Tribolet, 180.

（34）　以下の文書を参照。The Committee on Naval Affairs (January 19, 1900), Nos. 85–89, in U. S. Senate, 56th Congress, 1st Session. とくに、Squier, "A United States Government Pacific Cable" (Document No. 89) [hereafter Squier (1900)].

（35）　Ahvenainen, 166–70; Alexander, 68–80; Tribolet, 181.

（36）　Alexander, 69–71.

（37）　Alvin F. Harlow, *Old Wires and New Waves: The History of the Telegraph, Telephone and Wireless* (New York and London, 1936), 429–30; Ahvenainen, 172–73 and 187–89; Tribolet, 182–91 and 242; "Pacific Cable," pamphlet in Cable and Wireless archives (London), 1558/6.

（38）　U. S. Congress, Senate, Committee on Interstate Commerce, *Cable-Landing Licenses: Hearings* (December 15, 1920–January 11, 1921); U. S. Congress, House, Committee on Interstate and Foreign Commerce, *Cable-Landing Licenses: Hearings* (May 11–13, 1921); "Memorandum on ownership of Commercial Pacific Cable Company, October 1, 1904," Cable and Wireless, D/137; Tribolet, 83–84.

（39）　一九〇四年六月二六日の協定の内容は、以下の史料の中に見られる。The Cable and Wireless, 921, D97, D98, D101, D126, and D130. Ahvenainen, 178–83, and Artur Kunert, *Geschichte der deutschen Fernmeldekabel. II. Telegraphen-Seekabel* (Cologne-Mülheim, 1962), 318–25. この時期は、もちろんカルテル全盛期であり、船舶業者の団体、砂糖やオイルのトラスト、その他の独占企業は、世界の大半の地域に自らの要求を主張するのに忙殺されていた。

（40）　Tribolet, 190–91.

（41）　Ivan S. Coggeshall, "Annotated History of Submarine Cables and Overseas Radiotelegraphs 1851 to 1934. With Special Reference to the Western Union Company and with an Introduction dated 1984," manuscript written 1934, cited with permission of the author. イヴァン・コッグシェル氏は、一九二七年から一九三六年までウェスタン・ユニオン電信会社の通信量管理の統括責任者であり、一九三六年から一九五九年までは副社長代理を務めた。

（42）　Charles Bright, "Imperial Telegraph," *United Empire* 2 (August 1911): 551. また彼の以下の論考も参照。"Inter-Imperial Telegraphy," *Quarterly Review* 220 (1914): 134–51.

（43）　Margerie, 179–81 and 189–95.

（44）　Harry Alis (pseudonym for Henri Percher), *Journal des débats*, July 8, 14, 16, and 23, 1894.

（45）　"Société des Etudes Coloniales et Maritimes, Résolution"

(1894), in ANSOM, Affaires Politiques 2554: Services Publics, Comunications, dossier 4: "Organisation des liaisons télégraphies des colonies, 1890/97."

(46) J. Depelley, *Les câbles sous-marins et la défense de nos colonies. Conférence faite sous le patronage de l'Union coloniale française* (Paris, 1896), 5. 一八九八年以前に刊行された同様の見解に関して、Henri Bousquet, *La question des câbles sous-marins en France* (Paris, 1895) や、Lazare Weiller, "La suppression des distances," *Revue des deux mondes* 148 (July 15, 1898), 396–423 を参照。

(47) Minister of Posts and Telegraphs A. Millerand, "Rapport du ler mai 1900 au Président de la République française," *Journal officiel* (May 12, 1900), 2984–3013." 以下も参照。"Rapport 1900" in France, archives of the Ministry of Posts and Telecommunications (Paris), No. 2996; Charles Lesage, *La rivalité anglo-germanique. Les câbles sous-marins allemands* (Paris, 1915), 134–36; Margerie, 38–39; Camille Guy, *Les colonies française*, Vol. 3: *La mise en valeur de notre domaine colonial* (Paris 1900), 559.

(48) その他に関しては、H. Casevitz, "La télégraphie sous-marine en France," Société des ingénieurs civils de France, *Mémoires et comptes-rendus des travaux* 53, No. 7 (April 1900), 365–82; Charles Cazalet, "Les câbles sous-marins nationaux," *Revue économique de Bordeaux* 12, No. 71 (March 1900), 41–51; J. Depelley, "Les câbles télégraphiques en temps de guerre," *Revue des deux mondes* (January 1, 1900), 181–95; Guy, op. cit.; Jacques Haussmann, "La question des câbles," *Revue de Paris* 7, No. 6 (March 15, 1900), 251–77; Charles Lemire, *La défense nationale. La France et les câbles sous-marins avec nos possessions et les pays étrangers* (Paris, 1900).

(49) Pierre Jouhannaud, *Les câbles sous-marins, leur protection en temps de paix et en temps de guerre* (Paris, 1904), 302; Margerie, 38–39.

(50) Lesage, 122–54.

(51) "The West African Telegraph Company Ltd., Agreements No. 2," Cable and Wireless, 1096; "Arrangement Relating to the Sale to the French Government of the Cables Serving the Stations of Conakry, Grand Basaam, Kotonou and Libreville" (February 10, 1902), ibid., 924/243; C. Bouerat, "Les débuts du Service des Postes et Telégraphes en Côte d'Ivoire (1880–1905)," *Bulletin de la Société internationale d'histoire postale* 19/20 (1972), 11–93; *Les postes et télégraphes en Afrique occidentale* (Corbeil, 1907), 99–100; Lesage, 86–87, 136–42, and 224–26.

(52) Léon Mascart, "Le câble sous-marin Tourane-Amoy," *Revue générale des sciences* 13, No. 1 (January 15, 1902), 27–35; Conseil supérieur de l'Indochine, "Note sur la situation et le fonctionnement du service des Postes et Telégraphes en 1902," No. PB332, and "Câbles en Indochine," No. FO90 bis 4460, in archives of the Ministry of Posts and Telecommunications, PB332; A. Berbain (inspecteur des Postes et Télégraphes), *Note sur le service postal, télégraphique et téléphoniqie de*

l'Indochine (Hanoi-Haiphong, 1923), 6; Lesage, 184-85 and 213-15.

(53) Lesage, 199-202, 228, and 235; Thomas Lenschau, *Das Weltkabelnetz*, Angewandte Geographie. I. Serie. 1. Heft. 2. Auflage (Frankfurt, 1908), 64-66.

(54) Philippe Bata, "Les câbles sous-marins des origines à 1929," *Télécommunications: Revue française des télécommunications* 45 (October 1982), 62-69.

(55) 例えば、以下を参照。Alfred Gay, *Les câbles sous-marins*, 2 vols. (Paris, 1902-1903); Jouhannaud (1904); Margerie (1909); "Câbles sous-marins et défense nationale," *Revue de Paris* (December 15, 1910), 877-903; Léon Jacob, "Les intérêts français et les relations télégraphiques internationales," *Bureau des questions diplomatiques et coloniales* (1912); and Lesage (1915).

(56) Kunert, 206 and 224.

(57) Lesage, 32-39, 75, and 244-45; Kunert 203-206 and 224.

(58) Lesage, 27-29 and 81; also private communication from Donard de Cogan.

(59) Margerie, 38-39; Lesage, 75; Kunert, 246.

(60) このような出版物の事例に関して、Lenschau, *Weltkabelnetz*, 1st edition, (Halle, 1903); Hugo Thurn, *Die Seekabel unter besonderer Berücksichtigung der deutschen Seekabeltelegraphie. In technicher, handelswirtschaftlicher, verkehrspolitischer und strategischer Beziehung dargestellt* (Leipzig, 1909); August Röper, *Die Unterseekabel* (Leipzig, 1910); R. Hennig, "Die deutsche Seekabelpolitik zur Befreiung vom englischen Weltmonopol," *Meereskunde* 6, No. 4 (1912); Max Roscher, "Der Staat und die Seekabel," *Jahrbuch für Gesetzgebung* 36 (1912), 1741-65.

(61) Hennig, 5-6.

(62) Lenschau, 72.

(63) Kenneth R. Haigh, *Cableships and Submarine Cables* (London and Washington, 1968), 328-9; Lesage, 63-78; Kunert, 228-53; Lenschau, 19-20 and 50-52.

(64) Kunert, 292-301; Lesage, 237-39.

(65) Lenschau, 13-14.

(66) "Germany: Telegraphic Communication with China, 1912-1913," in PRO, Cab 17/75; "History of telegraphic communications with India (1858-1872) and an account of Joint Purse from 1874" (1897), British Post Office archives (London), POST 83/56.

(67) Kunert, 306-13.

(68) 太平洋におけるドイツやオランダのケーブルに関して、Ahvenainen, 175-84; R. Hennig, "Die deutsche-niederländische Telegraphenallianz im Fernen Osten," *Grenzboten* 65 (April-June 1906), 289-93; Kunert, 319-36; Lenschau, 12-13 and 64-65; Lesage, 193-205; Günther Meyer, "German Interests and Policy in the Netherlands East Indies and Malaya, 1870-1914," in *Germany in the Pacific and Far East, 1870-1914*, eds. John A. Moses and Paul M. Kennedy (St. Lucia, Queensland, 1977),

45; and Peel, 278-79.

（69） Ahvenainen, 1975.

（70） Hennig, "Telegraphenallianz," 291-92.

（71） Kunert, 261-74; Lesage, 101-22 and 155-60.

（72） Lesage, 247-50.

（73） Kunert, 270-71 and 345.

（74） Lesage, xi.

（75） Max Roscher, *Deutsche Erde*（1912）, 6-7, quoted in Lesage, 86-88.

（76） Lesage, 84-85.

（77） Ibid., 257-58.

（78） Ibid., xi-xv.

（79） Jean-Claude Allain, *Agadir 1911: Une crise impérialiste en Europe pour la conquête du Maroc*（Paris, 1976）, 133-35 and *Joseph Caillaux et la Seconde Crise Marocaine*（Lille, 1975）, 2: 1246-48. 一九一〇年の仏独間ケーブル通信協定をめぐる諸問題の解明に関して、アラン教授に感謝したい。

第7章　無線時代の始まり（一八九五〜一九一四年）

ケーブル通信は、平和な時代に登場したがゆえに、生来平和的な産物であると長い間考えられてきた。たしかにケーブル通信は、国家同士がさまざまな理由のために反目しあうようになった世紀転換期まで、紛争の対象となることはなかった。これとは対照的に、無線通信は神経質なジンゴイズムの世界に生を受け、列強の商業的・軍事的競争における武器の一つとしてその生涯を歩み始めたのである。このようにして、人類は自らがつくり出す機械に対し、美徳と悪徳をそのときどきの都合に応じて投影するのである。

無線通信――それは当時ワイヤレスとして知られていたが――の二つの特徴は、それが開発された当初から明らかであった。無線通信は、ケーブル通信の時代には連絡手段を取ることができなかった航行中の船舶や、その他の乗り物との交信を可能にした。また無線は、ケーブルよりも安全性は低いが、全方位にメッセージを発し、何の障害もなく国境線を越えて通信を行うことができたのである。

長い間、無線通信はケーブル通信の潜在的なライバルと理解されてきたが、ケーブル通信よりも通信速度が遅く、信頼性は低かった。しかし、無線通信が劣っていたのは、ただ単にそれが発明されて日にちが浅かったからである。事実、その誕生から三〇年も経ずに、無線通信はケーブル並の通信速度と信頼性を得たのであり、通信費も非常に安価になった。またそれは、一九一五年に行われた実験を通じ、海を越えて音声を転送できる可能性をも提示したのであり、これはケーブルでは一九五六年まで行うことができなかったことである。無線通信は、軍事・非軍事の両面において、国家の野望を推し進め、他国を打ち砕く手段として考えられていた。しかしそれだけでなく、無線は国境を侵す危険な存在としても考えられていたのである。

このように無線通信は、単なるケーブル通信の代替物としてではなく、経済面での損益の分析や軍事面でのリスクや機会分析といった複雑な計算に基づき、ケーブル通信網と組み合わせて利用されるようになった。ゆえに、その歴史は、電信機器や発明家、製造業者等の観点からのみ語られるべきではなく、政治的権力や情報の歴史と重ね合わせて検討されねばならないのである。

マルコーニと無線通信の誕生（一八九五～一八九九年）

グリエルモ・マルコーニは、独力で無線通信のすべてを発明したわけではなかった。彼の貢献は、他の人物が発明した部品――ヘルツのスパーク、ブランリーのコヒーラ、ポポフのアンテナ、ロッジの同調回路――を組み合わせたという点にあった。これによって、電磁波を送受信するだけでなく、モールス信号で情報を伝えるためにも電磁波を用いたのである。加えて、マルコーニは富裕な家庭と頭脳明晰な協力者によって支えられた、高度な技術を持つ、精力的な企業家であった(1)。この点において、彼は多くの無線通信技術に関する発明家のなかで異彩を放っていた。

イタリア人の父とイギリス系アイルランド人の母の間に生まれたマルコーニは、イタリアで成長し、その地にて自身最初となる無線通信に関する実験を行った。そして、マルコーニは自らが開発した装置に関する実演の準備が整うや否や、すぐにイタリア郵便電信省に接触した。しかし、彼の申し出は丁重に断られてしまった。その後、マルコーニと彼の母親アニーは、ロンドンへの移住を決意したのである。ヨット遊びに熱心であったグリエルモは、海上通信に無線が使用される可能性を認識しており、イギリスで容易に無線機の有望な顧客を見つけることができるであろうと楽観視していた。さらに、高級ウイスキーの生産者であったジェイムソン家の娘であった母アニー・マルコーニは、イギリスにおいて新たな事業を始める際に、自分の息子が必要な援助を受けられるだろうとの確信を持っていたのである。

一八九六年初頭にイギリスに到着するとすぐに、マルコーニは郵政省の主任技師であり、イギリスにおけるケーブル通信研究の権威の一人であったウィリアム・プリースを紹介された。プリースは、電磁誘導を用いた無線通信の研究に数年間取り組んでいたが、彼の実験は行き詰まりを見せていた。そのため、プリースはマルコーニが必要としていた実験の公表場所を喜んで提供した。一八九六年九月と一八九九年三月に、マルコーニはソールズベリー平原で実験を行い、彼の開発した装置がまさしく最初の無線通信機であると、実験を目撃した人々に確信させたのである。

しかし、この成果に対する人々の反応はさまざまであった。プリースは、マルコーニが自らの実験を支援してきた郵政省に発明の成果を与えず、無線電信信号会社（のちのマルコーニ無線電信会社）を設立したことに激怒した。それ以後の数年間、郵政省はマルコーニに対する主要な競争相手となり、マルコーニ社製無線機の購入を拒否したのである。

しかし、ソールズベリー平原での実験時に、マルコーニは友人も得ていた。プリマスにあるイギリス海軍の魚雷学校の司令官であったヘンリー・ジャクソン大佐は、ヘルツ波について実験を重ねていたが、三マイルの距離しか電波を送信できない自らの無線機が、四マイル半の距離に電波を送信できるマルコーニの無線機に劣っていることを認めていた。ジャクソンは、一九一六年には第一海軍卿にまで上りつめる輝かしい経歴を通じて、常にマルコーニと友好関係を維持していた。そして何にもまして重要なのは、彼が海軍省をマルコーニにとって最初で最良の顧客にしたことである。

さらにマルコーニは、ソールズベリー平原での実験が成功した直後に、技術面だけでなく宣伝面においても才能に恵まれていたことを示した。一八九八年の夏に、彼はダブリンの日刊紙『デイリー・エクスプレス』の依頼でキングスタウン・ヨットレースに関する記事を寄稿した。また彼は、そのレースに参加する王室のヨットに無線機を設置して、ヴィクトリア女王がヨットに乗る皇太子エドワードと連絡が取れるようにした。加えて、マルコーニはイタリアとフランスの海軍に対しても無線機の実演を行った。フランス海軍は契約に関して曖昧な返答しかしなかったが、イタリア海軍は即座にマルコーニの無線機を発注したのである(2)。このことは、一八九九年に行われた軍事演習へ参加予定だった艦船にマルコーニの無線機を設置するようイギリス海軍に対して促すこととなった。そして演習における無線の成果は、非常に素晴らしいものだったので、海軍大臣であるジョージ・ゴッシェンはマルコーニに対し、無線機をここまでの完成度に至るまでに発展させたことに満足の意を表明したのである(3)。

ただマルコーニの第一の顧客は、実は当時ボーア戦争を遂行したイギリス陸軍省であった。陸軍省はマルコーニ社の熟練した通信士とともに無線機五台を船で南アフリカへと移送した。しかし、南アフリカでは嵐によって空電妨害が多発し、アンテナは破壊されてしまった。そのため陸軍は、最終的にデラゴア湾に停泊する海軍の艦隊に無線機を譲渡したが、その地にてマルコーニ社製の無線機は大変有効に機能したのである。この経験により、海軍省は無線の価値を認識することとなった。一九〇〇年七月に海軍省は、ジャクソン大佐が無線の導入に反対する大蔵省や郵政省を相手にマルコーニを擁護すべく行った困難な交渉を経て、マルコーニ社から沿岸用無線機六台と艦船用無線機二六台を一台につき三二〇〇ポンドで購入し、さらに三二〇〇ポンドの年間使用料を支払うという条件でマルコーニ社と契約した。その一年後に、海軍省はイギリス本国、地中海、そして中国の基地に配備されているすべての戦艦と巡洋艦に設置するために、さらに五〇台の無線機を追加発注したのであり、マルコーニ社を一九〇三年以後の一一年間、唯一の無線機提供先に指名したのである(4)。

このようにして、マルコーニは、イギリス海軍とイタリア海軍という二つの優良顧客を獲得していった。こうした先例に、イギリスの主たるライバルであるフランスとドイツが続かなかったことは偶然ではない。フランス海軍は、フランス版のマルコーニが登場するのを待っていたために、マルコーニ社の無線機導入に躊躇していた。他方、この問題に関し、ドイツ海軍はより精力的な対応を見せていた。かつてプリースの賓客としてソールズベリー平原でのマルコーニの実演を目撃していた、ベルリン近郊にあるシャルロッテンブルク工科大学教授アドルフ・スラビーは、独自の無線機の開発実験を行うためにドイツに帰国した。スラビーとアルコ伯爵は、巨大企業である総合電機会社の支援を受けて、マルコーニ社の特許を侵害しない競合機を開発した。また同時期に、ストラスブール大学のブラウン教授は、スパークとアンテナ回路を分離した別な形式の無線機を作製し、一八九九年にクックスハーフェンにてドイツ海軍に実演して見せた。このブラウン教授の実験を支援していたのは、電信・電気機器製造業を営むジーメンス－ハルスケ社であった。このようなドイツにおける無線への積極性と、電信建設維持会社やエディスワン社といったイギリスの電子機器業者の怠惰や無線への反感の相違は顕著であった。ドイツの無線機開発は、まさにその黎明期から国家の支援を受け、主要企業によって採用されていったのである。(5)

マルコーニによる初期の成功と失敗の繰り返しは、必然的に世紀転換期における列強間の協調関係を反映していた。しかしながら、潜在的な顧客の一つであるアメリカ合衆国の態度は、いまだ不確かであった。キングスタウン・ヨットレースの後、『ニューヨーク・ヘラルド』紙は、アメリカズ・カップの取材をマルコーニに依頼した。彼は、一八九九年九月にニューヨークに向けて出発し、そこで個人的に親交のあるジョージ・スクワイアー大佐の歓迎を受けた。またマルコーニは、アメリカ海軍の装備局に属する四人の将校にも彼の無線機を見せた結果、彼らが戦艦「マサチューセッツ」と巡洋艦「ニューヨーク」の艦上においてマルコーニの無線機の試験を行うことを不承不承ではあったが許可した。アメリカ海軍は、この試験の際に複数の無線機による同時送信の実施を行うことを望んでいた。しかしマルコーニは、それらの無線機は彼がまだ特許を取得していない同調回路を欠いていたため、互いに干渉し合うだろうという事実に気づいていた。ゆえにマルコーニは、自らがアメリカに持参した機器は不完全なものであると将校たちに警告したのである。にもかかわらず、技術局の長官であるブラッドフォード少将は、アメリカ海軍はマルコーニ社製の無線機を購入すべきだと推薦した。だが、海軍は最終的に購入を見送った。その理由は、先に触れた電波干渉の問題のみならず、二万ドルに加えて、年額一万ドルの使用料を支払っても無線機二〇台しか販売しないというマルコーニが提示した厳しい条件にあった。

しかし、このアメリカ海軍によるマルコーニ社製無線機発注の拒否には、そのほかにも理由が存在した。それは、当時のアメリカ海軍が年配の将校たちによって牛耳られており、彼らは自分たちに突きつけられた急速な技術変化に反発していたからである。彼らは、こうした技術変化をもたらす発明家たちが自分たちの秩序の安定を脅かすと考えていたし、それにもまして外国人が自分たちにとって害悪であると見なしていた。加えて、一八九九年六月にグリーリー大将は、通信隊が一二マイルの範囲における電波の送信を達成したと報告しており、アメリカが独自の無線通信システムを手にするのは時間の問題と考えられていた。ゆえに、無線システムの獲得をわずかに遅らせるというこの選択には、一定の合理性があったのである。このアメリカにおける無線導入の遅れは、のちの無線通信の未来、そしてマルコーニ社の運命にとって決定的な意味を有していた(6)。

マルコーニの独占と諸列強の対応（一九〇〇～一九〇六年）

野心家であったマルコーニは、電磁スペクトルの独占的使用権を主張し、さらに無線通信の分野でケーブル通信におけるイースタン・グループに匹敵する企業の創設を望んでいた。この目的を達成するために、マルコーニは他者への販売を目的とした無線機製造以外に別の事業を行わなければならないと認識していた。つまり、マルコーニ社には通信事業への参入が求められていたのである。たしかにマルコーニは、イギリスの国内通信における郵政省の独占によって、イギリス国内では無線通信のサービスが提供できなかった。しかしながら、イギリス国外での通信市場は民間企業に開かれていた。一九〇〇年四月、マルコーニは自社の無線機と技師を採用している船舶・沿岸中継局を運営するために、マルコーニ国際海洋通信会社を設立した。同社は、すぐにキュナード、P&O、ホワイト・スター、ハンブルグ・アメリカ、ノース・ジャーマン・ロイド、大西洋横断会社、そしてカナディアン・ビーヴァーの各船会社を含む重要な顧客を獲得した。このなかでも最も重要だったのは、ロイズの海上保険のコングロマリットが、マルコーニ国際海洋通信会社から無線機と技師の貸与を受けたことである。無線機の所有者であるマルコーニは、同社に対して、他社の無線機との相互通信を禁止する方針を打ち出した。これによって、ロイズの世界的海運情報網やマルコーニ社の無線機を搭載した船舶・中継局と通信を図りたいと望むいかなる船舶――これらは多数派ではあったが――も、マルコーニ社の提示する条件に同意しなければならなかった。これが、マルコーニが考える独占計画の基盤であった(7)。

言うまでもなく、すべての人々がそのようなマルコーニの方針を歓迎していたわけではない。イギリス国内では、郵政大臣のソールズベリー侯、海軍大臣のセルボーン卿、そして商務大臣のG・W・バルフォアが、国家による国際無線通信の独占構想について議論していた。なかでも、セルボーン卿は内閣に対してマルコーニ社を無線機製造業者に留めておく一方で、郵政省とロイズが国際無線事業・海上無線事業をそれぞれ引き継ぐべきであるとさえ提案したのである。しかし、セルボーン卿の提案に対して具体的な策が講じられることはなかった(8)。

他方、イギリス以外の国は、マルコーニの方針に対してより断固たる姿勢を取っていた。一九〇二年初頭に、ドイツは皇帝ヴィルヘルム2世の弟であるハインリッヒ王子がマルコーニ社製の無線を備え付けた戦艦「皇太子ヴィルヘルム」に乗艦してアメリカへ旅行した際、マルコーニによる独占の影響を身を以て知ることとなった。戦艦「ドイッチェラント」に乗船して帰路に着いた際、その艦艇はスラビー－アルコ社の無線機を搭載していたがゆえに、ニューヨーク沿岸、ないしはイギリス海峡にあるいかなるマルコーニ社の無線局とも交信することができなかったのである。マルコーニの伝記作家であるW・P・ジョリーによると、「マルコーニは、もし『ドイッチェラント』との交信を要請されていたならば、それに応えるつもりだったと主張した。ドイツ人にとって、上記のような出来事はドイツ皇帝の弟に対して故意に無礼を働いたと見なしうるものであった(9)」。これに対して、マルコーニ社の公式社史編纂者であるW・J・ベーカーは、以下のようなより率直な説明を行っている。

これらの(マルコーニ社の)中継局は、艦船の一隻に乗艦している人物が重要人物であるために、これらドイツ船舶からのいかなる無線通信にも応答するよう特別な指示を受けていた。……遠い昔の話であるので、事の真相を立証するのは不可能ではあるが、疑いなく言えるのは、このときドイツの無線機が問題なく動作していたかはわからないということと、「ドイッチェラント」の無線が技術的欠陥のために一部、ないしは完全な動作不良を起こしていた可能性もあるということである(10)。

マルコーニの中継局が、王族の旅行時に通信制限に関する特例を設けていたのかを問うのは、たしかに見当違いであった。なぜなら、この出来事は通信相手を選択できるというマルコーニの力をあらゆる人々に知らしめるものだったからである。

さらにこの出来事は、即座に政治的な反響を巻き起こした。ドイツ政府は、ドイツの無線中継局にスラビー－アルコ社製の無線機のみを用いるよう通達した。またドイツ政府は、一九〇三年五月にドイツの無線機製造に関する競合二社であるスラビー－アルコ・総合電気会社とブラウン－ジーメンス－ハルスケ社を合併することで、のちにテレフンケン社としてよく知られるようになる無線電信会社を設立するよう促した。そして同年の夏には、イギリス、フランス、スペイン、オーストリア、ロシア、イタリア、アメリカの代表を招待し、八月四日から一三日にかけて第一回国際無線電信会議を開催した。その会議にてドイツ政府が提案したのは、「船舶からの、また船舶への無線通信は、用いられる無線システムの供給先に関係なく送受信されるべきである」という点であった。マルコーニ無線電信会社は、この会議をドイツによるイギリス産業への攻撃として描くプレス・キャンペーンによってこれに対抗した。しかし、イギリスとイタリア以外のすべての参加国は、マルコーニ社の相互通信禁止政策を非難したのである。ただ最終的に会議は、無線技術は極めて新しいものなので、これに対する規制はなされるべきではないと決議しただけで、条約の草案作成までには至らず閉幕した。イギリスは、これらの決議をただ黙殺したのである。[11]

このように、第一回国際無線電信会議がマルコーニ社にとっての明確な勝利であったにもかかわらず、実のところイギリス政府はこの問題についての対応を決めかねていた。これは例のごとく、郵政省が筆頭となって抱いていたマルコーニ社への敵意から生じたものであった。一九〇四年三月に郵政大臣であるスタンレー伯は、政府がすべての無線中継局に認可を与え、無線通信に関する他国政府との密接な協力関係の中にイギリスを参入させるべきであると内閣に提案した。[12] この計画の一部は、一九〇五年一月一日に施行された無線通信法に結実し、この法律によって郵政省は、すべての無線局に免許を認可する権限を付与されることとなった。そして郵政省は、マルコーニ社の沿岸無線局に八年間の免許を与え、その後、一九〇九年にはそれらの無線局の買収を行うことになったのである。[13]

しかしながら、これは相互通信禁止政策の問題を解決するものではなかった。一九〇六年末に、ドイツは第一回の会議と同様の議題に関して討議すべく、第二回の国際無線電信会議を招集した。その会議にて、イギリスが再びマルコーニの政策を支持する一方で、アメリカはマルコーニの政策に対する反対論の先頭に立った。三〇の参加国のうち二七カ国が、会議の結果を踏まえた条約の草案に署名し、そのうちの二一カ国が海上における無線通信の自由化に支持の票を投じた。これに対して、イギリスやイタリア、日本、メキシコ、ポルトガル、ペルシャは条約に反対したのである。

またこの会議では、もう一つの重要な問題が討議された。それは、ヨーロッパ地域においてとくに過密状態になっていた周波数帯域の割当に関する問題である。その当時には、多くの送信機が同時に用いられていたので、同調回路があるにもかかわらず送信機が互いに干渉してしまうということがあった。そのため、電波の混乱を避けることを目的とした国際的な協力が急務とされていたのである。その際ドイツはアメリカの支援を受けて、波長が六〇〇メートルから一六〇〇メートルの長波を政治的・軍事的利用のために確保しておくことを提案し、マルコーニ社のような企業が長距離通信が不可能な波長三〇〇メートルから六〇〇メートルの短波しか使用できないようにしようとした。

しかし、技術面や国際貿易における必要性から、すべての会議参加国は何らかの妥協をせざるをえなかった。イギリスは、商業相互通信禁止に関する諸権利を放棄するのと引き替えに、商業目的での長波の利用を確保した。一九〇六年一一月三日に無線通信規制協定は署名され、一九〇八年七月一日から施行されるに至った。(14)

この協定は、批准を受けるために一九〇七年初頭にイギリス下院にて取り上げられた。郵政大臣シドニー・バクストンと海軍大臣トウィードマウス卿は、無線電信に関する協定について調査した下院の特別委員会と同様に、協定の批准を支持した。これに対して、特別委員会の一員であるアーサー・リーによって作成されたもう一つの報告書は、この協定をより近代的な連続波送信機の登場によってその地位を脅かされていたスパーク方式を保護するものと見なし、反対の意を述べている。同様に、報道機関においても協定への反対意見があった。例えば、当時影響力が強かった『エジンバラ・レビュー』紙は、マルコーニの新聞での宣伝活動や、下院に提起される虚言に対して異議を唱える長文の記事を掲載した。(15)一九〇七年七月に議会は、業務の損失補填として三年間マルコーニ無線電信会社に助成金を付与することに同意したのちに、やっとこの協定を一票差で批准したのである。(16)

また国際無線電信会議に参加したアメリカの代表団は、断固として会議におけるイギリスの姿勢に反対していたが、自国内では十分な支持を受けることができなかった。アメリカの民衆や連邦議会は、無線事業を驚くほど自由な業態として見なしており、あらゆる規制に反対の意を表していた。そのためアメリカ連邦議会は、一九一〇年に乗員五〇名以上のすべての船舶への無線機の設置を義務づけ、無線機の需要の大幅な増加を喚起した。しかし、上院は一九一二年までこの協定を批准しなかったのである。(17)

技術的変革と通商面での競争関係（一九〇〇〜一九〇七年）

市場独占からの後退にもかかわらず、マルコーニ無線電信会社は、二つの市場のおかげで無線通信における支配的な地位を築いていた。その二つの市場とは、イギリス海軍、そして大西洋と北米東海岸における商業用海上無線サービスである。しかし、マルコーニはより大きな目標を持っていた。それは、大西洋を越えて無線通信を行い、ケーブル会社と競合することであった。しかし彼は、この目標を長い間達成することができずにいた。

のちにマルコーニは、当時は非現実的であると思われていた事業を実現することで世界を驚かせることとなった。一九〇〇年に、彼は無線によって大西洋間通信を行うことを約束しており、この目標に向けて、コーンウォールのポールデューに土地を取得し、三六六メートルの波長で電波を送信する出力二五キロワットの無線機を設置した。その後彼は、ニューファンドランドのセントジョンズに渡り、一九〇一年一二月にその地にて受信した雑音の中から「S」の文字（モールス信号におけるドット三つ）を識別したと主張した。その場に証人はいなかったが、もし彼の報告が真実ならば、これは特筆すべき技術的偉業であった。しかし、この技術的偉業も商業的に利益を上げるという点からはいまだ程遠いものであった。

大西洋間の無線通信を目指すマルコーニに対する意見は、これまでと同様に敵味方に別かれていた。新聞各社は、彼を「天才」としてもてはやすか、立証不可能な主張をしているとして彼を中傷するかのどちらかで見解が割れていた。海軍省は、緊急事態が起こった際に、北大西洋にいるすべての船舶に一斉に指令を送信することを可能にするシステムに関心を抱いていた。その一方で、これまで無線通信は利用されなくなるだろうと期待し、無線を無視し続けてきたケーブル各社は激しく反発した。例えば、アングロ－アメリカ電信会社は、ニューファンドランドとの通信における独占を主張し、それを侵害するマルコーニ無線電信会社を訴えると脅迫した。これを受けて、マルコーニは通信設備をノヴァ・スコシア州のグレイス・ベイへ移転したのである(18)。

それでもなおマルコーニは、一九〇一年から一九〇四年にかけてアンテナの位置や形状、波長や無線機自体の部品を変更しながら、大西洋を越えて電波を送信する実験を繰り返した。これらの実験によって明らかにされたのは、その当時の無線電波に関する知識から勘案すると、信頼に足る大西洋間定期無線通信サービスを行うには、より長い波長、そしてより大きな出力が必要であるということであった。一九〇五年に彼は、アイルランドのクリフデンに巨大な無線局の建設を始める一方、グレイス・ベイに設置した通信設備の大幅な拡張を命じた。このような経緯から、商業用無線通信サービスは、最終的に一九〇七年一〇月に開始された。その通信費は、ケーブルの半額ではあったが、とくに日中の間は電気的干渉や送信電波の弱さによって通信状態は不安定だった(19)。いまだ欠点だらけの大西洋間無線通信ではあったが、マルコーニ社は大洋を越えて航海する船舶に対し、無線サービスの提供を開始したのである。

また、マルコーニは、大西洋間の無線通信に対する異常なまでの執着をもって、スパーク式送信の技術を極限にまで発展させたが、その過程で彼は、無線技術の発展に関する他の二つの可能性、つまり連続波と短波を軽視することになった。マルコーニより以前に電磁波について研究していたヘルツやリーギ、ロッジのような科学者たちは、波長の屈折・反射の可能性を発見することに関心を抱くことで、電波と光の波長は同一現象の変種であることを証明していた。しかしこのことは、より短い波長に関してのみ当てはまることであった。これに対して、物理よりも通信に関心を持っていたマルコーニは、試行錯誤の結果、より長い波長のほうが遠くまで到達するということを発見した。その発見から、メートル単位の波長は軌道にある物体によって反射、屈折、消滅する一方、キロメートル単位の長波は障害物に沿って、そして地球の湾曲にさえも沿って進むことが明らかとなった。マルコーニの目標は、当初から長距離間での通信を行うことであり、そのためには今まで以上に長い波長をつくり出す必要性があった。同時に、彼の目標を成し遂げるには、大出力のアンテナと巨大な電力も必要であった。一般的なマルコーニの長距離無線の通信中継所は、建設に六万ポンドの費用がかかり、そのうちの三万二〇〇〇ポンドが高さ一〇〇メートルのアンテナ塔三〇基の建設のために費やされたのである。言うなれば、彼は二〇年以上の歳月と莫大な費用をかけて無線を長距離通信の方向へと導いたのである。一九二七年に、アマチュア無線家たちが、低出力の装置を使って電離層に反射した短波が大洋や大陸を越えて受信されることを証明した後、マルコーニは自らの生涯の業績を振り返り、こう言った。「私は、長距離通信を行うに際して長波の採用を主張したことに関し、自らに責任があることを自覚しています。短波を使用する場合よりも数百倍も強力な出力を持つ中継局を、あらゆる人が私の意見に従って建設したのです。いまや私は、自らの誤りを認めざるを得ません……」[20]。

一九〇〇年以降にマルコーニが編み出した長距離無線通信手法は、革新的なものではなかったが、実践的かつ広範な実験に基づくものではあった。前述のように、彼は自社の受信機に関し、世紀転換期の不安定な検波器をより感度のよい磁気検波器へと変更し、最終的には、フレミングが発明した真空管へと変更した。また送信機に関して、彼は大気の空電の音と間違えやすい音波を放つ初期のスパーク送信機に代わり、ドットやダッシュに分類される甲高い笛のような音を放つスパーク放電円盤によってつくられた可聴周波数へと関心を移していった。その音楽的な音色は、マルコーニに特有なものではなかったが、マルコーニ社製のすべての送信機において用いられ、前述のようにそれらの無線機間での相互通信を可能にしたのである。さらに、これを用いることの利点としては、イヤホンを通して受信することを可能とした点であり、有線電信における紙テープの使用よりも高速な処理を行うことができるようになったのである。

また、一九〇〇〜一九〇七年は、マルコーニの無線支配に対抗する強力な競争相手が出現した時期でもあった。最初の相手は、ドイツの無線業者であった。彼らには、通商のみならず国家的観点から、イギリスが支配するあらゆるものに挑戦しようとする理由が存在した。すでに見たように、一九〇三年五月、ドイツ政府はテレフンケン社の設立を強行し、同社に対して軍からの発注や特許の保護に至るまであらゆる支援を与えた。テレフンケン社は、設立直後から自社の技術発展と外国の顧客獲得を追求した。同社は、スパークさせ送信電波を楽音状の音調にした瞬滅火花式送信機、最初の受信機向け電解検波器、そして正確な連続波をつくり出す交流発電機を導入した。また、テレフンケン社は、真空管の開発をめぐってアメリカのド・フォレスト社や、イギリスのフレミング社と競合していた。これに関して、テレフンケン社は、一九一一年にフォン・リーベン社の受信機用真空管に関する特許を獲得し、その二年後には最初の送信機用真空管の開発に成功したと公表したのである[21]。

マルコーニと同様に、テレフンケン社もまた長距離通信の記録を塗り替えることに情熱を燃やしていた。ドイツ政府は、海外におけるケーブル網が有事の際にイギリスによる通信妨害に対して脆弱であり、アメリカやドイツのアフリカ植民地との通信は無線通信に依存することになるとの認識を有していた。テレフンケン社は、電波が遠くへ届くように、一九〇六年にベルリン近郊のナウエンに巨大な無線局の建設を始めた[22]。その無線局は、軍事目的で利用される携帯型無線機との通信に特化していたのであり、そうした軍事用無線機は一九〇四年のドイツによるヘレロ戦争や、一九〇四〜一九〇五年の日露戦争時すでに用いられたのである。最終的に、テレフンケン社は、アメリカやラテン・アメリカ、オランダ領東インドのような海外市場への進出を目指し、それらの地域においてマルコーニ社に取って代わる一通信業者としてドイツ工業製品の品質と同様、高く評価されることとなった[23]。しかし、テレフンケン社は、マルコーニ社の得意分野である海上通信の分野においては、マルコーニ社と同程度の成功を収めることができなかった。それは、テレフンケン社の無線機自体に欠陥があったわけではなく、運命のいたずらによるものであった。というのは、日露戦争において、日本海軍がマルコーニ社製の無線機を使ったのに対して、ロシア海軍がテレフンケン社製の無線機を使っていたからである。一九〇五年五月二七〜二八日にかけての対馬海戦において、日本海軍はロシア海軍よりも巧みに無線を用いたため、このことから海軍関係者の間でマルコーニの名声は確固たるものとなったのである[24]。

一方、フランスは無線通信の点でイギリス、ドイツ、そしてアメリカの後塵を拝していたが、長い時間をかけてその遅れを取り戻しつつあった。科学関連用品製造業者であるユージン・デュクレテは、一八九七年にラ・スペツィアでマルコーニ社がイタリア海軍に対して無線機の実演を行ったと聞きつけて、送信機と受信機を製造し、それらを用いて四〇〇メートル以上の距離からの通信を行った。一年後には、彼はエッフェル塔から四キロ離れたパンテオンまでメッセージを送信するのに成功したのである。このことは、民衆の大きな関心を引き起こしたが、無線研究の促進へと繋がる制度的枠組みは当時のフランスには存在しなかった。第一次世界大戦前、フランスには多くの小規模な電信・電話機器会社があったが、自社で研究開発費を融通できるほどの大きな業者は一つもなかった。またフランスでは、ドイツのような産学連携や産官連携などは存在しなかったのである。例外的に、フランス最大の製造業者である電話事業会社は、発明家たちがやってきて自らの発明品を実演することができる小規模な研究所を持っていた。このシステムは、ケーブル通信の時代には十分に役立ったものの、ケーブル通信よりも複雑かつ費用のかかる無線通信の領域では十分な成果を上げることはできなかった[25]。

このような状況にもかかわらず、フランス人はいくつかの興味深い実験も行っていた。一九〇一年に植民地省は、セネガルの高温乾燥気候や、ガボンや仏領コンゴの高温多湿気候のなかで無線の実験を行うために、郵便・電信に関する調査員であるL・マーニュをアフリカに派遣した。とくにガボンでの通信実験は、困難な挑戦であった。なぜならガボンでは、スパーク送信によるメッセージの受信を妨害する雷雨が絶え間なく発生したからである。そのため、マーニュは無線にて三五キロの範囲でしか送受信を行うことができなかったのである。翌年になると、緊急事態の発生によってマーニュと軍の技術者ギュスターヴ・フェリー大尉は、カリブ海へ派遣された。マルティニーク島の活火山ペレ山が噴火し、島のケーブルがすべて切断されたのである。混乱の最中にあって、フェリーはマルティニーク島から最も近いケーブルの敷設地点であるグアドループ島にいるマーニュとの間で、無線通信を確立することができたのである[26]。これは、フランス国内の植民地関係者の間で非常に大きな関心を集めていた熱帯地域における無線通信に関する調査の端緒となったのである。

一九〇八年に至るまでのアメリカ海軍と無線通信

ほかの多くの分野においてと同様、無線通信においてもアメリカは二〇世紀最初の一〇年間で急速に技術革新の中心地、そして無線産業の中心地となりつつあった。しかし、発明家、産業界、政府が連携を見せていたドイツとは対照的に、アメリカの無線通信における初期の歴史は、発明家と企業、そして海軍の間で生じた論争と対立の歴史であった[27]。

一八九〇年代後半以降、アメリカの発明家の多くが無線に関心を寄せていた。レジナルト・フェッセンデンとエルンスト・アレクサンダーソンは、連続波を発生させる送信機を設計した最初の人物である。またリー・ド・フォレストは、真空管の原型となるオーディオンを発明した。さらにシリル・エルウェルは、アメリカ西海岸や太平洋における海上通信を支配していた連邦電信会社のために、アーク送信機を製作していた。その他の企業も、アメリカでの無線通信における地歩を得ていた。ユナイテッド・フルーツ社の子会社である熱帯無線通信会社は、カリブ海や中央アメリカにおける海上無線業務を行い、合同無線会社は、一九〇六年から一九一一年にかけて船舶と沿岸無線局との間の通信を行っていた。そして最後の事例を挙げるならば、アメリカにおける特許を利用するため、アメリカン・マルコーニ社がマルコーニによって一九〇二年に設立されたのである。

アメリカ海軍は、アメリカの初期無線史において重要だが曖昧な役割を担っていた。一部の士官は、無線を艦隊行動における重要な手段と見なしただけでなく、海軍の役割を新たな領域へと拡げるものとして理解していた。しかし、海軍の指導者層は、無線通信に関わることを躊躇していた。

一九〇八年以前、海上無線通信に大きな関心を抱いていたのは、バーバー中佐とブラッドフォード少将であった。退役後にヨーロッパで生活していたバーバーは、フランスのロシェフォール社やデュクレテ社、ドイツのスラビー－アルコ社やブラウン－ジーメンス－ハルスケ社、そしてマルコーニ社といったさまざまな無線システムを調査していた。なかでも、彼が嫌悪していたのは、相互通信禁止政策を採っていたマルコーニ社であった。一九〇一年一二月、バーバーはブラッドフォードに以下のように言っている。「このような独占は、全ヨーロッパが不満を述べていたイギリスによる海底ケーブル独占よりも大きな害悪となるでしょう。そして私は、アメリカの海軍省がその網に絡め取られないことを望んでいるのです[28]」。

一九〇二年にアメリカ海軍は、デュクレテ社、ロシェフォール社、スラビー－アルコ社、ブラウン社、ド・フォレスト社から各二台ずつの無線機を購入した。また翌年にも、海軍はスラビー－アルコ社から無線機をさらに二〇台購入した。このようにして、たしかに数隻の艦船に無線が備え付けられたが、これらが用いられることはほとんどなかった。というのは、士官たちが自らの艦船運航法を頑なに維持したからである。一九〇七年まで、洋上にあるアメリカ艦艇は、艦隊としてよりもむしろ、商船隊襲撃艇として単独で行動していたため、士官たちは無線を自分たちの行動の自由を脅かすものと見なしたのである。海軍無線について研究するある歴史家は、以下のように説明している。

もし米海軍省航海局やその他の部局から、士官に対して命令を下すことができるようになるならば、陸地が見えなくなるとすぐに自分が最善と考えるように振る舞うという、海軍士官の間で支配的な伝統的権力は完全に一掃されるだろう。彼らが無線通信室へしばしば出す指示は、無線の回線を閉じ、沿岸からの呼び出しに一切応じないようにすることであった。(29)

ただ、たとえ艦船を指揮するために無線を用いなかったからといって、海軍が無線という新技術を独占しようとしなかったわけではない。ブラッドフォードやバーバーのような海軍士官たちは、ヨーロッパの陸軍軍人と同じ見解を共有しており、民間セクターの利害よりも軍や政府の利害を優先していた。一九〇四年六月、アメリカ大統領セオドア・ルーズベルトは、アメリカ海軍と気象局、そして通信隊の間でなされた無線をめぐる論争に大いに驚き、各省間無線通信委員会を任命した。この委員会は、海軍が海岸沿いに設置されたすべての無線局を管理し、船舶と海岸無線局の間での無制限な商業用無線サービスを提供すべきであると勧告したのである。これは、民間企業、つまりアメリカン・マルコーニ社の海上通信ネットワークだけでなく、当時アメリカで事業を展開していたその他多くの無線業者に対する露骨な攻撃であった。その後の新聞での抗議によって、海軍による無線通信の独占は頓挫することとなった。しかし、海軍、アメリカン・マルコーニ社、そしてそれ以外の民間企業の三社における無線通信をめぐる戦線は、このときすでに開かれていたのである。(30)

連続波（一九〇八～一九一四年）

無線通信をめぐって対立する国々や企業の間で、利害調整がなされる機会は数多く存在したが、それらはさまざまな技術革新によってたびたび頓挫することとなった。一九一四年以前において、このような技術革新のうちで最も重要だったのは連続波である。稲妻と同様に、スパーク送信機はさまざまな周波数や強度の電磁波を一種類ではなく複数生みだし、それによって受信機では大きなノイズが発生したのである。マルコーニ社のスパーク放電円盤やテレフンケン社の瞬滅火花式送信機といった先進的な機器でさえも、非常に短い間隔で連続するスパークの連鎖を生み出すだけであり、前述のように甲高い笛のような音を発したのである。さらに、これらの装置には二つの欠点があった。一つは、これらの装置が電磁波の大部分を吸収してしまい、中継局の数が増えるにつれて非常に問題が多くなっていったことである。もう一つは、それらの装置が短点と長点を送信することができるのみであり、声や音の送信を行うことができなかったことである。

そのようななかで、正確な周波数で純粋な連続波を発生させることができる送信機を構想したおそらく最初の人物は、かつて気象局に勤め、その後自ら国立電気信号会社を興したレジナルト・フェッセンデンである。多くの実験ののちに、彼は以下に述べる電磁波を発生させる三つの装置のうちの一つ、高速交流発電機を開発した。長距離通信のための長い波長を生み出すには、前例のない速さで回転する交流発電機を必要としていた。六〇〇〇メートルの波長を生み出すためには、交流発電機を一秒間に五〇〇〇回転させなければならなかったのである。そのような機械を一九一一年以前につくることができたのは、発電機製造業者であるゼネラル・エレクトリック社（ＧＥ）のみであり、それはもっぱらエルンスト・アレクサンダーソンの工学技術上の才覚に負うものであった。フェッセンデンはこの装置の唯一の顧客であり、ゼネラル・エレクトリック社は唯一の供給業者であったのである[31]。

しかしながら、上記の事実はそれ以外の交流発電機が存在しなかったことを意味するものではなかった。たしかに、さまざまなヨーロッパの発明家、とくにフォン・アルコ、ゴールドシュミット、ラトゥール、そしてベトゥノは、アレクサンダーソンの装置よりも低速回転ではあるが、周波数を増大させることができる交流発電機をつくり上げていた[32]。それらは、すべてアレクサンダーソンがつくる交流発電機よりも劣ってはいたが、一九一〇年まで無線通信分野において支配的であったスパーク送信機よりも一歩進んだ技術を有するものだったのである。

連続波を生み出す第二の方法は、アーク放電であり、それは公共の場所で用いられていた強力なアーク灯と同類のものであった。この技術に関する最初の特許は、デーン・ヴァルデマール・ポールセンが持っていた。しかし、一九〇九年にスタンフォード大学で研究を行っていたオーストリア人シリル・エルウエルは、アメリカとその領土・属領に関するアーク使用の諸権利を購入し、一九一一年にはカリフォルニアからフィリピンまで連なる無線中継局を設立すべく、連邦電信会社を創設した。そして彼は、一九一四年までにサンフランシスコとホノルルに出力一〇〇キロワットの巨大送信機を設置し、はるか彼方まで昼夜の別なく通信サービスを提供することに成功したのである[33]。

連続波を発生させる第三の方法は、真空管を用いることであった。真空管は、リー・ド・フォレストが開発したオーディオンの後継的発明であり、補助電極や高圧の真空によって改善が施されたものであった。しかし、これらの技術発展や、その無線電波発生への利用は、第一次大戦中におけるさらなる研究を待たなければならなかった[34]。

しかし、連続波を用いた無線送信機が、すでに時代遅れとなりつつあったスパーク送信機に取って代わるのは、第一次世界大戦以降であった。これは、旧来のスパーク送信の技術に多額の投資がなされていたためである。また、連続波を用いての無線送信は、フェッセンデンのもう一つの発明であった、二つの周波数を合成するヘテロダイン回路を用いて受信されなければならなかったのもその一因である。これにもましてスパーク送信機が使われ続けた理由として重要だったのは、スパーク送信で大きな成功を収めていたマルコーニ無線電信会社が、一九一三年まで連続波に関心を示さなかったことである。そして、この後すぐに第一次世界大戦が勃発したことによって、マルコーニ社は長距離無線送信に関する研究調査から軍用無線機の製造へと、社の方針を転換せざるをえなくなったのである。[35]

このように、マルコーニ社は無線技術の分野における先駆的存在ではなくなったが、無線事業における影響力を通じてその目標を達成し、第一次世界大戦中、そして大戦後における無線通信分野の支配権を握ることになる巨大企業の先駆けとなった。マルコーニ社は、一九一一年までオリヴァー・ロッジが一八九七年に取得した同調回路の特許に対して、特許侵害に関する訴訟を起こすことを差し控えていた。これは、この特許に関する同社の法的立場がいくらか心許ないものであったことが原因であった。しかしながら、一九一〇年に金融の専門家であり、法律に関しても造詣が深いゴドフリー・アイザックスがマルコーニ無線電信会社の常務取締役となると、その翌年から彼はライバル会社に対する攻撃を開始した。彼は、マルコーニ社に信頼に足る法的根拠を与えるべくロッジの所有する特許を獲得した。その後、アメリカン・マルコーニ社は、合同無線通信会社に対して特許侵害の訴訟を起こし、それに勝訴することによって七〇の沿岸無線局と、数百の船舶用無線機を含む合同無線通信会社の資産を獲得したのである。それから同社は、国立電気信号会社に狙いを定め、同社を廃業へと追い込んだ。このようにして、一九一二年から一九一七年にかけてアメリカン・マルコーニ社は、アメリカの無線通信においてほぼ完全な支配権を得ると同時に、国際的な報道用無線や商業用無線事業の大半を扱うこととなったのである。マルコーニ社の数少ないライバルであったのは、西海岸における連邦電信会社、カリブ海における熱帯無線通信会社、そしてヨーロッパとの通信目的で東海岸に建設された二つの無線局、つまりニューヨークのセービルに建設されたテレフンケン社の無線局と、ドイツ企業がフランスの国際無線電信電話会社のためにニュージャージー州のタッカートンに建設した無線局くらいであった。[36] 通商的観点から見ると、このときアメリカン・マルコーニ社が達成したことは、同社がかつてイギリスで成し遂げたこと、ないしはアメリカにおいてアメリカ無線通信会社がのちに実現することと相違なかった。しかし、もし相違があるとすれば、それは国粋的なアメリカ海軍の士官たちがアメリカン・マルコーニ社を外国企業でありイギリス帝国主義の代理人、敵と見なしたことであった。

一九一二年までアメリカ海軍は、他分野の技術に関してさまざまな込み入った要求を行う一方で、艦船での無線使用に対しては、ほとんど関心を示していなかった。しかし一九一二年以降、海軍長官であったジョセファス・ダニエルスは、アメリカにおいて海軍による無線の完全独占を確立すべく苦闘し、そしてそれをほぼ達成することとなった。具体的には、一九一二年に制定された無線法（Radio Act of 1912）により、海軍の無線通信活動の拡大と、一〇〇マイル以内に商業無線局がない場合に艦船との交信を要求する旨の規定がなされた。また連邦議会も、ヴァージニア州アーリントンに高出力の無線局を設置するための資金の拠出を承認したのであり、その無線局は海上の全アメリカ艦艇との通信を維持すべく、海軍省によって計画された通信網の先駆けとなるものであった。この無線局は、レジナルト・フェッセンデンによって設計された回転スパーク送信機を設置していたが、海軍はこの地にてエルウェルが出力三〇キロワットのアーク放電送信機の実験を行うことにも許可を与えたのである。その実験結果は極めて上々だったので、海軍は連邦電信会社にパナマ運河地帯のダリエン、フィリピンのカビテ、真珠湾、サンディエゴ、プエルトリコのエル・カイエイ、グアム、サモアの各地に設置するためのアーク放電送信機を発注したのである。このようにして、アメリカ海軍は無線通信への進出に一〇年の遅れを取ったものの、急速に無線時代へと突入していったのである。ヒュー・エイトケンは、その事情について以下のように指摘している。

このアメリカの無線通信網は、その通信範囲の点でイギリスやその他の政府が所有可能なものを凌駕していた。それは、アメリカ海軍が連続波の実用化に対して早い時期から明確に関与してきたために、技術的効率性の点でマルコーニやその他の民間無線企業による通信網よりも極めて良好に機能したのである。(37)

また海軍は、スタンフォード・C・フーパー少佐の尽力で、無線を艦隊の行動や戦術に取り入れ始めていた。一九一二年、フーパーは海軍における最初の無線担当将校となり、戦術的な暗号コードを開発した。また彼は、通信業務を任されていた下士官に代わって、有能な海軍少尉を艦隊付の無線将校として訓練した。そして一九一三年に行われたアメリカ海軍の演習において、艦船では手旗よりも無線を用いるほうが信号を効率的に伝えられることが証明された。その結果、無線はやがてイギリス、ドイツ、日本の各海軍において、その後よく知られるようになる方法で用いられることとなった。(38)

反面、技術面での創意工夫や、偉大な発明家を国家の誇りとして讃えるアメリカにおいて、無線技術に関する先駆者たちが非常に貧しい生活を送っていたことは驚きである。フェッセンデンは、一九一一年にマルコーニ社との競争に破れ、無線事業から完全に撤退した。エルウェル社は海軍によって買収され、彼自身はイギリスへ移住した。また多くの発明家と同様、ド・フォレストは度重なる研究の失敗と訴訟に悩まされていた。一九一〇年になると、アメリカは企業による技術開発の時代に入っていたが、そのような技術の多くは実直な研究調査を通してというよりも、むしろ訴訟や詭弁を通して獲得されたものであった。そうしたなか、フェッセンデンは自身の発明品のうちの一つである電解検波器が海軍向けに生産を行う他の企業に複製されていることを知った。こうした企業は、他社に特許使用料を支払うことで販売価格を高くするよりも、他社の特許を尊重するという道徳的義務を否定したのである[39]。また一九一三年初頭、ド・フォレストは、AT&T社の代理人として働いていた弁護士を通してオーディオンに関する諸権利を売却したのである[40]。

国際的観点から見ると、一九一一〜一四年の期間は、無線通信分野においてアメリカがイギリスやドイツの本格的な競争相手として台頭してきた時期と特徴づけられる。こうした状況において、無線通信業におけるマルコーニ社の支配的地位が永続することはなかった。というのは、一九一四年までにアメリカ海軍と民間企業（連邦電信会社やゼネラル・エレクトリック社、AT&T社）が、すでにアメリカ国内からマルコーニ社を締め出す準備を開始していたからである。

フランス植民地における無線通信（一九〇八〜一九一四年）

一九〇八年までに、フランスは無線技術の点で英独に大きく水を開けられていた。フランスでは、一九〇七年までユージン・デュクレテのような無線機器業者が、軍やアマチュア無線愛好家に向けた無線機の部品を作っていた[41]。しかし、この年政府は、無線技術開発の対応策を検討すべく、無線通信に関する技術委員会を設置した。またフェリー大尉の提案で、小規模な無線機部品製造業者三社が合併し、無線通信総合会社を設立した。海軍や商船がマルコーニ社の無線機を設置するのに対して、同社は陸軍に無線機を供給したのである[42]。

この時期、フランスの無線機器業者の間では、さまざまな実験が繰り返し行われていた。陸軍大臣であるド・フレーシネは、かつてはマルコーニの業績に関心を抱いていたが、無線に関する実験をフェリーに委任した。これにより、フェリーは、一九〇七年のモロッコにおけるフランスの軍事作戦の際、パリのエッフェル塔から二〇〇〇キロ離れたカサブランカに向けて無線送信の実験を行っている[43]。しかし、これはマルコーニ社の大西洋間の商業用無線業務と比べると、成果としては僅かなものであった。

フランスでは、軍関係者以外に無線技術への関心が持たれることはほとんどなかった。その理由は、フランスの通信事業は国家に独占されており、優れたケーブル通信網が張りめぐらされているだけでなく、保守的な郵便・電信行政が存在したからである。しかし以前より、フランスが保有する植民地帝国、とくにケーブル通信の普及が不十分であったインドシナや赤道アフリカにおける通信状況の改善は急を要しており、フランスの無線通信が発展したのは、まさにこれらの地においてであった。

まずインドシナでは、無線事業拡大に関して興味深い機会が提供された。巨大な人口や重要な通商権益、そして植民地の外縁にて頻発する戦闘により、同地では通信分野において沿岸地域でのケーブルや脆弱な地上線では満たすことができない差し迫った必要性が生じていた。一九〇四年、軍事用電信の責任者であったペリ大佐は、出力一キロワットの無線機三台を製造し、ハノイ、北部国境地帯のキエン・アン、サイゴン近郊のキャップ・サン・ジャックに設置した。五年後、これら三つの無線中継局は郵便電信局によって接収されることとなった[44]。

一方、赤道アフリカにおいて、一九〇一年に視察官マーニュが行った初期の無線実験は、惨憺たる結果に終わった。なぜなら、一般的な五〇ヘルツの交流によって生み出されるスパークは、湿気の多い熱帯気候においてほぼ絶え間なく起こる激しい雷雨によって放出される電子で、あまりにも簡単に混乱をきたしてしまったからである。しかしながら、一九〇九年までに四〇〇ヘルツから一〇〇〇ヘルツの周波数帯の電波を発する可聴周波数送信機が上記のような熱帯の空電による通信妨害問題を解決することとなった。また同年、元陸軍将校のエミール・ジロドーがコンゴの河川航行会社の社長を務めるA・フォンデレと会談し、ブラザビル〜ポワン・ノワール間の電信線がしばしば故障することに不満を漏らした。その際、ジロドーはフォンデレを介して、仏領コンゴの総督であるマルシャル・メルランを紹介され、メルランから二都市間での無線通信樹立に関する契約を得たのである。この契約の獲得を機に、ジロドーはフランス無線通信会社を設立した。同社は、出力一〇キロワットの可聴周波数送信施設を二局設置し、一九一〇年にそれらをコンゴ領内に設置した。これは、アフリカにおけるこの種の無線局設置の最初の事例となった。これらの無線局は地上線に取って代わることとなり、仏領赤道アフリカだけでなく、ベルギー領コンゴにとっても同様に有益なものとなった。この成果に基づき、フランス無線電信会社はベルギー領コンゴや仏領アフリカに対して複数の無線機を追加で設置する契約を得たのである[45]。

他の植民地においても、一九一四年までに無線機の設置が行われていた。無線局は北アフリカ、西アフリカ、そしてマダガスカルの沿岸に設置され、それらは通過する船舶とだけでなく、非効率的であるにもかかわらず隣接する無線局との通信をも行ったのである[46]。

たしかに一九一〇年に至るまで、仏領植民地における無線局設置計画は総じて地域的かつ小規模なものでしかなかった。しかし、同年大規模な計画が一挙に多数立ち上げられることとなった。植民地大臣のアドルフェ・メッシミーは、カリブ海、アフリカ、極東における高出力の無線機一〇台と、全植民地に小型無線機を多数設置することで構築される帝国無線通信計画に関して閣議で原則的に承認を得た。また一九一二年四月のタイタニック号沈没により、民衆の無線通信に対する注目が喚起されると[47]、メッシミーは自らの計画を実行に移すべく宣伝活動を開始した。彼の計画推進への動機は、二つあった。一つは、イギリス、ドイツ、ベルギー、イタリアがすべて自国の植民地との通信用に大型無線送信所を建設済み、ないしは建設途中であるため、フランスも遅れを取るべきではないという考えによるものであった。二つ目は、無線通信網はフランスの影響力を拡大するために必要であるというものであった。「北太平洋を除いて、われわれフランスは自国の無線通信の中核を世界中につくることが可能なのだから、こうした地にわれわれの経済活動だけでなく、思想を普及させることも同様に可能である。われわれは、国際社会において頭角を現すためのこの好機を見逃すべきではない[48]」。このような点から、一九一三年初頭にフランス下院議会は、マダガスカル、インドシナ、太平洋、そして南米をフランス本国と繋ぐ三つの無線通信網を建設するための法案について議論したが、下院議会はその建設費用を承認しなかった[49]。

いつものごとく、フランスにとっての悩みの種は、その将来計画に対して少ない財源をいかに割り当てるかということであった。一九一一年、新任の仏領インドシナ総督アルベール・サローは、独自のやり方で無線網の整備計画を進めていくことを決意した。第一に、彼はしばしば不通となることがあった香港やサイゴンへと至るケーブルを補完するため、ハノイに中規模無線送信局の建設を命じた。また一年後に、彼はフランスと直接無線通信を行うことができるよう、サイゴンに出力三〇〇キロワットの巨大な無線局を設置することを提案した。その無線局は、それまでに無線通信によって試みられた最長の送信距離を中継局を介さずにカバーし、インドシナを外国のケーブル通信への依存から解放するものであった。しかし、この計画を聞きつけた本国植民地省のインドシナ部局は、「無線局設置に際して、いかなる手段が採用されるべきかという点に関するあらゆる研究が不足している。とくに無線局設置を進めるうえでのあらゆる指揮系統が欠如している」とサローに抗議した。そのためサローは、自身の計画する無線局建設に関して、フランス本国からの財政援助を受けられず、植民地予算による費用の完全負担に同意しなければならなかった[50]。このような経緯から、一九一三年にペリはフランス無線通信会社へ必要な部品を発注するためにフランスへと向かった。その翌年、無線機は完成し、インドシナへと運ぶためにマルセイユで船積みされたが、まさにこのときに第一次大戦が勃発したのである。サローは、即座に上記の無線機をフランス政府に供出し、政府はその無線機をリヨンへと移送したのである。このサローが供出した無線機は、戦時中にロシアやアメリカと交信を行うのに役立ったのである[51]。

ドイツの長距離無線通信と植民地の無線通信（一九〇六～一九一四年）

ドイツは、その産業的・科学的優位にもかかわらず長距離無線通信の分野において遅れをとっていた。ドイツから最短距離にある植民地は、自国から五〇〇〇キロ離れた西アフリカのトーゴであり、南西アフリカはトーゴからさらに三〇〇〇キロの距離にあった。そして、それ以外のドイツ植民地は、地球の反対側のアジアや太平洋にあった。他方で、ドイツはイギリスにとってのアイルランドやノヴァ・スコシアに匹敵する無線通信局建設に適した領土を大西洋に有していなかった[52]。

これに対してドイツ政府やテレフンケン社は、この最新技術への多額の投資を通じ、これらの障壁を克服しようと努めた。彼らは、とくにアメリカのようなドイツの貿易相手国との通信が唯一収益をもたらすものであることを認識していた一方、植民地との無線通信が政治的に必要なものであることに気が付いていた[53]。そのため、彼らの目標は三つの方向に向けられていた。その一つは、大西洋横断無線通信の実現、二つ目はアフリカへと至る無線ルートの確立、そして三つ目は西部太平洋地域における無線通信網の構築であった。

上記のうち最初の二つの計画を達成するためには、アメリカとトーゴの両方に無線を到達させることが可能なほどの高出力の無線局をドイツに建設することが必要だった。一九〇六年に、テレフンケン社はナウエンに自社の無線局の建設を開始した。テレフンケン社は、フランスやイギリスの無線通信業者と違って逓信省の支援を受けていたが、ドイツの国際無線通信網構築の功労者である逓信省の役人、フォン・ブレドウが無線に関する担当長官に就任した一九〇八年以降、より強力な支援を受けるようになった。そして一九一〇年以降、新技術である連続波の登場により、テレフンケン社の目的達成が可能となった。また一九一一～一九一二年の時期、同社はナウエンに二平方キロメートルもの大きさのアンテナを建て、出力一〇〇キロワットのフォン・アルコ社製交流発電機を設置した。この直後に、その交流機は出力二〇〇キロワットの交流機に交換されたのである。このナウエンの施設は、当時世界で最大の出力を擁する無線送信施設であり、当然のことながら、ドイツ国民はそれを誇りに思っていた。一九一四年七月末、マルコーニ社内で高い技能を持った技術者たちが、視察のためナウエンやテレフンケン社の工場、および研究所を訪問したが、彼らが帰路に着くや否やドイツ軍は戦争準備のためにこの無線施設を接収したのである。(54)

一九一四年、テレフンケン社は、ドイツのケーブル網を補完し、必要ならばそれに取って代わるべく計画された無線局ネットワーク建設に忙殺されていた。ニューヨーク近郊のセービルの無線局は、一九一四年八月までに稼働していたが、商業用通信に対してはいまだ開放されていなかった。またトーゴにあるカミナの無線局は、一九一四年七月にナウエンとの通信を開始し、そこから通信文がカメルーンのドゥアラ、南西アフリカのウィントフック、タンガニーカのダルエスサラームの小規模無線局へと中継されていくこととなった。このようにして、戦争の勃発時までに、ドイツはアメリカやアフリカとの無線通信を可能にしたのである。(55)ケーブル通信の専門家であるリヒャルト・ヘニッヒは、一九一二年の時点で、「われわれは、イギリスによるケーブル通信の独占はいまや過去のものとなったと確信をもって言える」と語っていた。(56)彼の予測は正しかったが、それはほんの数週の間においてのみ的を射ていたにすぎなかったのである。

他方、ドイツは太平洋上の植民地と直接通信を行うことに対して、何らの欲求も有していなかった。太平洋においてドイツが無線に期待した役割は、自国のケーブル通信網を補完し、それをケーブル通信が確立されていない小規模な領土と連結することであった。テレフンケン社とドイツ‐オランダ電信会社は、一九一二年にドイツ政府の助成金を受けて合弁の系列会社であるドイツ南洋諸島無線電信会社を設立した。そして同社は、中国の青島、カロリナ諸島のヤップ島、サモアのアピア、ビスマルク群島のラバウル、マーシャル諸島のナウルに無線局を建設した。最終的に、この無線通信網は一九一四年初頭に完成を見たのである。(57)

イギリスの帝国無線通信網（一九一一～一九一四年）

一九一〇年、マルコーニ無線電信会社は、これまで以上に遠距離に向けて長波送信を行うシステムをいまだに追求していた。マルコーニは、クリフデンに強力な新型送信機を設置した後、その送信範囲を測定するために南方へと出航し、調査を行った。彼はこの調査によって、日中は六四〇〇キロ、夜間は一万九〇〇〇キロ離れた地点で電波の受信が可能であることを確認した。また翌年に、イタリアのコルタノに建設されたもう一つの巨大な無線局は、エリトリアやノヴァ・スコシアへの無線通信を可能にしたのである。さらにその二年後に、マルコーニ社は、ウェールズのカーナーボンとニュージャージー州のニューブランズウィックに同社最大の送信施設を建設し、アメリカ～イギリス間での無線通信を終日可能にしたのである。(58)

その当時、マルコーニ社による事業規模の拡大は著しいものがあった。同社は、イギリス帝国、アメリカ、そしてラテン・アメリカのいたるところで沿岸無線局を運営していた。また同社は、ヨーロッパ市場にも進出していた。ヨーロッパ市場において、マルコーニ社はイタリア国内の無線通信を支配し、フランス無線電信総合会社や、ベルギー無線電信会社（のちの国際無線電信会社）の株式の大部分を保有していた。ただ、海上無線に関しては、一九〇六〜一九〇七年の時期に、マルコーニ社とテレフンケン社は英独両国によって批准された条約があったにもかかわらず、相互の交信拒否に固執していたため、イギリス海峡の航行やドイツ諸港への接岸において困難が生じていたのである。これらの不和は、両社が共同でドイツ無線電信運営会社を設立した一九一〇〜一九一一年になって解決されることとなった[59]。この問題は、最終的に一九一二年にロンドンで開催された国際無線電信会議によって決着がつけられた。その会議において、イギリスでさえもタイタニック号沈没の大惨事を踏まえて態度を軟化させ、船舶と沿岸無線局、そして海上における船舶同士による相互通信原則の義務を受け入れたのである[60]。

しかしマルコーニは、世界規模の長距離無線局ネットワーク、つまりイースタン社のケーブル帝国に匹敵する無線帝国の建設を望んでいた。そのため、彼はイギリス政府の支持を必要としていた。一九〇六年、マルコーニは帝国のいたるところに一〇〇〇マイルの間隔で無線局を連続配置するよう植民地省に提案した。しかし、その考えはあまりにも急進的すぎるとして却下された。また一九一〇年三月には、彼は一無線局当たり六万ポンドの建設費と二八年間にわたる年間一〇％の使用料支払いという条件で、一八の無線局を建設するという新たな案を提起した[61]。この帝国無線通信網の問題は、一九一一年春の帝国会議において議論された。この会議にて郵政省は、「帝国無線通信局の建設計画」を提案し、これを政府によって担われるべきものとした。これに対して、ケーブル敷設権委員会は、六つの無線局をイングランド、キプロスないしはエジプト、アデン、インド、マラヤ、オーストラリアに建設すべきという対案を提示した[62]。またニュージーランドの首相であるジョゼフ・ワード卿は、無線通信網の建設をマルコーニ社に任せる一方で、その運営については郵政省に委ねるべきとする計画を支持する動議を提出した。最終的に、帝国議会は「社会的、商業的、防衛的目的での重要性を鑑みるに、イギリスの国有無線通信網が帝国内に構築されることが望ましい」という決議を全会一致で可決したが、その詳細について明確に説明されることはなかった[63]。

一九一二年三月、マルコーニ社は新たな計画を提案した。それは、マルコーニ社がエジプト、アデン、インド、南アフリカに無線局を建設し、それらを郵政省が運営するというものであった。その後のさらなる交渉の結果、一カ月後には郵政省と帝国防衛委員会はこの計画を承認したのである。[64]七月には、郵政大臣のハーバート・サミュエルは、議会の承認を条件にマルコーニ社との詳細な契約に署名したのである。[65]

しかしながら、この計画が議会に提出される前に、あるスキャンダルが発覚した。それは、マルコーニ社の常務取締役であるゴドフリー・アイザックスが売却したアメリカン・マルコーニ社の株式に絡むインサイダー取引事件であり、その売却相手は、彼の兄弟であり、法務次官であったルーファス・アイザックスや大蔵大臣デイヴィッド・ロイド・ジョージ、自由党の院内幹事長のミュレー卿、そしてハーバート・サミュエルであった。これらの株式はその後再び売却され、彼らに対して大きな利益をもたらしたとされている。保守党の政治家や新聞は、汚職や市場の不正操作のかどで自由党を激しく批難した。たしかに、一九一二年一〇月から一九一三年一月にかけて開かれた無線電信諮問委員会は、「帝国無線通信網の構築はもはや喫緊の課題である」と勧告を行った。[66]しかし、このスキャンダルは、その違法性が立証されることはなかったものの、計画に対する議会の承認を一年間遅らせることとなったのである。[67]

最終的には一九一三年七月三一日、郵政省とマルコーニ社の間でイングランド、エジプト、東アフリカ、南アフリカ、インド、そしてマラヤないしはシンガポールの六カ所における無線局設置を規定した契約が結ばれ、オーストラリアは独力で無線局を設置することとなった。[68]この六カ所のうち、カイロ近郊のアブザーバルに建設された出力一一〇キロワットの無線局のみが第一次大戦以前から建設が行われており、それはオックスフォード近くのリーフィールドにある郵政省の無線局と交信を行う予定であった。[69]

カリブ海や太平洋におけるアメリカの無線通信網構築と比べて、イギリスは自国の無線通信網建設において大きな遅れを取ることになったのであり、かつてケーブル通信ネットワークにおいて保持していたのと同様の優位を回復させることはできなかった。これに関しては、前述のスキャンダルや自由党と保守党の間の論争にある程度の責任があるとは言える。しかし、より根本的な原因となっていたのは、イギリスの政界に蔓延していた無線に対する関心の低さであった。

戦争が差し迫り、その緊迫状態がすでに明白となっていた一九一四年六月二九日、帝国防衛委員会内において帝国の無線通信について議論することを目的に、帝国無線分科委員会が開催された。[70]この会議に出席したのは、商務省、郵政省、大蔵省、外務省、植民地省、インド省、陸軍省、そして海軍省の代表たちである。しかし、無線通信の専門家であったのは、郵政省のフランク・J・ブラウンの一人のみであった。この分科会において、一九一四年二月一九日付けで海軍省の将校から帝国防衛委員会に提出された覚書についての言及がなされた。この覚書は、以下のように遺憾の念をもって述べている。

かつてイギリスは、世界のケーブル通信産業において圧倒的優位を保持していた。しかし、現在の無線通信に関してイギリスがケーブル産業におけるほどの優位性を得ていることを示す事実はほとんど存在しない。このような不満の残る状況を生み出してきた理由は、主に二つある。

（1）無線通信が政府の独占事業であること、

（2）外国企業との競争が激しいこと。

ケーブル通信での失地を回復しようとする諸外国は、無線通信にその活路を見出してきた。この方針に則り、ドイツはとくに積極的な活動を展開してきたのである。

しかしながら、戦時に敵国の無線施設を破壊するという提案をする者はいなかった。また陸軍省と海軍省のいずれも、ドイツの無線局の防衛策について何の情報も得ていなかった。むしろ、彼らの議論はイギリスの無線局の防衛に集中していた。しかし、その議論の内容は、不心得者や不法襲撃グループが防護フェンスをよじ登って、無線局を破壊するのを阻止する方法や、政府ないしは無線局所有者のどちらが防護フェンスの設置費用を支払うべきかといった、まったく取るに足らないものだった。そして七月六日に開催された次の会議において、陸軍省と海軍省は、バーミューダ、アセンション島、カナダ・ニューブランズウィック州のバサースト、ニューファンドランドのケープ・レース、ジャマイカ、そしてトリニダードへの無線局設置に関する海軍省の要求について議論した。この要求に関して明らかになっている事実は、海軍省がバサーストにおける無線局の建設は、フランスからの攻撃を受ける危険性が高いにもかかわらず、シエラレオネにおける無線局の建設よりも有益であるだろうと認めていたということである。つまり、この時期にはあらゆる人々が対仏戦争ではなく、対独戦争を想定していたのである。

このような点からも、一九一四年の帝国無線通信に関する小委員会と、一八九一年、一八九八年、一九〇一年、一九〇四年、一九〇八年、一九一一年に開催されてきた戦略的ケーブル通信関連委員会の対応は極めて対照的であり、その違いには驚くばかりである。これらのケーブル通信関連委員会は、イギリスのケーブル通信強化の方法や、あらゆる仮想敵国のケーブル網を破壊する方法について非常に詳細に議論していたが、帝国無線通信小委員会は、最初から議論する内容を間違えていたように思われるのである。

結論

一九一四年六月、帝国無線通信委員会よって調査された文書の中に、海軍省の将校により編纂された各国の長距離無線通信局のリストがある。[71]このリストに記載された各国の無線局数は、フランスが四局、ドイツが九局、アメリカが一一局、ベルギーが二局、イタリアが四局、スペインが四局、そしてその他の国によって所有されるものが全部で三局であった。このことは、イギリス人がケーブル通信の全盛期に慣れ親しんだ「かつての栄光」を無線通信において喪失したという反駁しがたい証拠になったと考えられている。しかし、これははたして本当なのだろうか。

フランスやドイツにとって、無線通信は国家的な通信手段、つまりこれら二国が所有していないケーブル通信網に対する代替物の提供を約束するものだった。しかし、実際のところ両国は真の意味での国際的通信網を所有していたのではなく、外国、しばしばイギリスのケーブルによって連結された、世界中に偏在する複数の地域的通信網を有していたにすぎなかった。イギリス以外の国で、その植民地帝国やすべての艦艇との無線通信を行っていたのは、唯一アメリカのみであった。

このような無線通信網の構築をめぐる競争において、イギリスは圧倒的優勢な状況ではないにしても、少なくともまだ主導的な地位を占めていた。一九一四年までに、海軍省と船舶会社は太平洋以外のすべての地域でその所有船舶との通信を行うことが可能だった。ただし、シンガポールと香港においては、イギリスはいまだ無線局を開設していなかった。[72]しかし、より重要だったのは、イギリスにとっての無線通信がケーブルの代替物ではなく補完物であったことであり、統合的な通信システムの一部でしかなかったということである。この事実により、イギリスの海軍省や船舶会社の利害関係者がマルコーニ社の無線を採用する際に見せた熱意と、大西洋横断無線通信や帝国無線通信に関する計画に対してマルコーニが直面した抵抗との対照性が理解できる。

特定の技術的観点からではなく、こうした見方からすると、イギリスには他国が持ちえなかったある優位性が存在していた。それは、選択肢である。イギリスは、本土とその海外領土の間で通信文を送受信する際、信頼性が高く安全で、安価な通信を提供する複数のケーブル通信の経路を選ぶことが可能であった。イギリスは、機密保持が必要とされる場合には、海底ケーブルを用いて故障したケーブルや信頼性の低い中立国の中継所を回避し、他国や気象条件の影響を受けることなく通信を行ったのである。このような通信分野におけるイギリスの優位性は、帝国無線分科委員会がその悲観的な見解を発表してからわずか五週間後に勃発した第一次世界大戦によって立証されたのであった。

注

（1）　若年期のマルコーニの経歴に関して，以下を参照。Rowland F. Pocock, *The Early British Radio Industry* (Manchester, 1988); W. P. Jolly, *Marconi* (New York, 1972), 32–49; W. J. Baker, *A History of the Marconi Company* (London, 1970), 25–28; Hugh G. J. Aitken, *Syntony and Spark: The Origins of Radio* (Princeton, N. J., 1985), 218–227 and 286.

（2）　Rowland F. Pocock and G. R. M. Garratt, *The Origins of Maritime Radio* (London, 1972), 44; Pocock, 173.

（3）　Vice-Admiral Arthur R. Hezlet, *The Electron and Sea Power* (London, 1975), 28–31; Aitken, *Syntony and Spark*, 290; Jolly, 52–71; Baker, 28–43; Pocock, 154.

（4）　G. E. C. Wedlake, *SOS: The Story of Radio Communication* (Newton Abbot, 1973), 89–94; Hugh Barty-King, *Girdle Round the Earth: The Story of Cable and Wireless and its Predecessors to Mark the Group's Jubilee, 1929–1979* (London, 1979), 127–28; Baker, 50–51 and 97; Hezlet, 34–37; Jolly, 85–91; Aitken, *Syntony and Spark*, 232; Pocock, 154–72; Pocock and Garratt, 34.

（5）　"Telefunken-Chronik," *Telefunken-Zeitung* 26, No. 100 (May 1953): *Festschrift zum 50 jährigen jubiläum der Telefunken Gesellschaft für drahtlose Telegraphie m. b. H., gleichzeitig als 100. Ausgabe der Telefunken-Zeitung*, 149; Zenneck, ibid., 154; Hugo Thurn, *Die Funkentelegraphie*, 5th ed. (Leipzig and Berlin, 1918), 25–26; Pocock, 123 and 140.

（6）　Susan J. Douglas, *Inventing American Broadcasting, 1899–1922* (Baltimore, 1987), 110–12; Captain Linwood S. Howeth, *History of Communications-Electronics in the United States Navy* (Washington, 1963), 25–35; Aitken, *Syntony and Spark*, 247; Baker, 48–50; Jolly, 67–82.

（7）　Aitken, *Syntony and Spark*, 233–38; Pocock, 150–51; Jolly, 92–93; Baker, 59.

（8）　Memoranda of June 4 and 6, 1901, in Public Record Office [hereafter PRO], Cab 37/57, Nos. 55 and 56; Memoranda and proposals of December 10, 1901, in Cab 37/59, No. 129.

（9）　Jolly, 124.

（10）　Baker, 95–96.

（11）　John D. Tomlinson, *The International Control of Radiocommunications* (Geneva, 1938), 14–17; Leslie B. Tribolet, *The International Aspects of Electrical Communication in the Pacific Area* (Baltimore, 1929), 21; Keith Clark, *International Communications: The American Attitude* (New York, 1931), 170–71; Irwin Stewart, "The International Regulation of Radio in Time of Peace," *Annals of the American Academy of Political and Social Science* 142 suppl. (March, 1929), 78; Douglas, *Inventing American Broadcasting*, 120–21; Howeth, 71; Baker, 96.

（12）　Memoranda of March 7 and 8, 1904, in PRO, Cab 37/69, No. 39.

（13）　Jolly, 139; Barty-King, 154–55.

（14）　Tomlinson, 19–27; Stewart, 78–80.

(15) "The Politics of Radio Telegraphy," *Edinburgh Review* 424 (April 1908), 465-86.

(16) PRO, Cab 37/85, No. 93 (December 4, 1906); Cab 37/89, No. 68 (June 13, 1907) and 72 (July 11, 1907); Douglas, 141; Baker, 115.

(17) Tomlinson, 28; Howeth, 118 and 158-59; Clark, 171-73 and 219-25.

(18) Jolly, 103-108; Baker, 61-73.

(19) Jolly, 128-61; Baker, 117-24.

(20) Speech to the Institute of Radio Engineers, quoted in Aitken, *Syntony and Spark*, 272.

(21) Alfred Ristow, *Die Funkentelegraphie, ihre internationale Entwicklung und Bedeutung* (Berlin, 1926), 23-24; Zenneck, 155-57. ヒュー・エイトケンは、この主張に異議を唱えている (private communication, June 1989)。

(22) Johannes Zacharias and Hermann Heinicke, *Praktisches Handbuch der drahtlosen Telegraphie und Telephonie* (Vienna and Leipzig, 1908), 109-18.

(23) Richard Hennig, "Die deutsche-niederländische Telegraphenallianz im Fernen Osten," *Grenzboten* 65 (April-June 1906), 292.

(24) Eugen Nesper, *Die drahtlose Telegraphie und ihr Einfluss auf den Wissenschaftsverkehr unter besonderer Berücksichtigung des Systems "Telefunken." Mit einem Vergleichnis der Patente und Literaturaufgaben über drahtlose Telegraphie* (Berlin, 1905), 25 and 88-89; Thomas Lenschau, *Das Weltkabelnetz*, 2nd ed. (Frankfurt, 1908), 68-69; Peter Lertes, *Die drahtlose Telegraphie und Telephonie*, 2nd ed. (Dresden and Leipzig, 1923), 2-3; Mario de Arcangelis, *Electronic Warfare: From the Battle of Tsushima to the Falklands and Lebanon Conflicts* (Poole, Dorset, 1985), 11-18; "Telefunken-Chronik," 149; Baker, 103; Hezlet, 43-49; Tomlinson, 17.

(25) Catherine Bertho, "La recherche publique en télécommunication, 1880-1941," *Télécommunications: Revue française des télécommunications* (October 1983), 2; René Duval, *Histoire de la radio en France* (Paris, 1980), 19-21.

(26) L. Magne, "Télégraphie sans fil. Notes sur les expériences faites au Congo français et sur une installation de postes aux Antilles," *Revue coloniale* n. s. 11 (March-April 1903), 502-42 and 12 (May-June 1903), 654-93; Daniel R. Headrick, "Les télécommunications en Afrique équatoriale français, 1886-1913," *Recherches sur l'histoire des télécommunications* 2 (December 1988), 73-86.

(27) 一九三二年以前のアメリカの無線通信に関しては、二つの優れた研究がある。技術的、通商的側面に関しては、Hugh G. J. Aitken, *The Continuous Wave: Technology and American Radio, 1900-1932* (Princeton, N. J., 1985) 参照。また文化的、軍事的、通商的側面に関しては、Susan J. Douglas, *Inventing American Broadcasting, 1899-1922* (Baltimore, 1987) 参照。加えて、アメリカ海軍と無線機開発の先駆者たちの特別な、そ

してしばしば複雑な関係については、ダグラスの以下の論文で分析されている。“Technological Innovation and Organizational Change: The Navy's Adoption of Radio, 1899–1919,” in *Military Enterprise and Technological Change: Perspectives on the American Experience*, ed. Merritt Roe Smith (Cambridge, Mass., 1985), 117–73；また、アメリカ海軍の視点を提供する研究として、Howeth, 133–51 and 193–203.

(28) Quoted in Douglas, *Inventing American Broadcasting*, 112.

(29) George H. Clark, “Radio in the U. S. Navy,” Clark Collection, quoted in Douglas, *Inventing American Broadcasting*, 134–35.

(30) 一九〇六年までのアメリカ海軍と無線通信に関して Douglas, *Inventing American Broadcasting*, Chap. 4.

(31) Aitken, *Continuous Wave*, 85; Douglas, *Inventing American Broadcasting*, 252; Hezlet, 68.

(32) Aitken, *Continuous Wave*, 251; Alexander Meissner, “Die Zeit der Machinensender,” *Telefunken-Zeitung* 26, No. 100 (May 1953), 159–63.

(33) Aitken, *Continuous Wave*, 122–51.

(34) Douglas, *Inventing American Broadcasting*, 241–46.

(35) Douglas, *Inventing American Broadcasting*, 254–55; Aitken, *Continuous Wave*, 138–40.

(36) Aitken, *Continuous Wave*, 193–94 and 282–83; Jolly, 190–91.

(37) Aitken, *Continuous Wave*, 94–95；また Douglas, *Inventing American Broadcasting*, 254–59. 参照。

(38) Douglas, *Inventing American Broadcasting*, 260–66.

(39) Douglas, *Inventing American Broadcasting*, 128–30.

(40) Ibid., 241–44.

(41) Emile Girardeau, *Souvenirs de longue vie* (Paris, 1968), 52; Bertho, “La recherche publique.”

(42) Andrew Butrica, “The Militarization of Technology in France: The Case of Electrotechnics, 1845–1914” (paper read at the annual meeting of the American Historical Association, Cincinnati, December 1988). この報告原稿の引用を許諾してくれたブトリカ氏に感謝したい。

(43) Maurice Guierre, *Les ondes et les hommes, histoire de la radio* (Paris, 1951), 55–57.

(44) André Touzet, “Le réseau radiotélégraphique indochinois,” *Revue indochinoise* (Hanoi, 1918), 245/150; Lieutenant Colonel Cluzan, “Les télegraphistes coloniaux, pionniers des télécommunications Outre-Mer,” *Tropiques* 393 (March 1957), 3–8; Indochine, Gouvernement général, *La télégraphie sans fil en Indochine* (Hanoi-Haiphong, 1921), 4.

(45) Girardeau, 58–61; Duval, 25; Société Française Radioélectrique, *Vinqt-cinq années de TSF* (Paris 1935), 9–10 and 40; Guierre, 87–91; “L'appropriation de la colonie,” *Afrique française* 23 (February 1913), 59; “Rapport de M. Tixier, Inspecteur Adjoint de la Colonie” (April 23, 1914), in Archives Nationales Section Outre-Mer, Travaux Publics 152, dossier 15; Headrick, “Télécommunications.”

(46) “Le réseau intercolonial de télégraphie sans fil,” *Afrique fran-*

çaise 23 (February 1913), 59; *Les postes et télégraphes en Afrique occidentale* (Corbeil, 1907), 100-101; Major Jean d'Arbaumont, *Historique des télégraphistes coloniaux* (Paris, 1955), 159; Léon Jacob, *Les intérêts français et les relations télégraphiques internationales* (Paris, 1912), 3-4; Cluzan, 4-5.

(47) タイタニック号沈没の大惨事における無線の役割に関して、Baker, 138-40.

(48) Adolphe Messimy, "Le réseau mondial française de télégraphie sans fil," *Revue de Paris* 19 (July 1, 1912), 34-44.

(49) "Reseau intercolonial," 59.

(50) "Note sur le réseau 'impérial de T. S. F.'" (December 27, 1911) and memorandum from Service du Secrétariat et du Contreseing to Service de l'Indochine (January 10, 1912), in Archives Nationales Section Outre-Mer, Colonies Série Moderne, Indochine NF 890.

(51) Touzet, 3-6; *Télégraphie sans fil en Indochine*, 3-6; Girardeau, 76; *Vinqt-cinq années*, 40.

(52) より小さな植民地保有国も、同様の問題を抱えていた。イタリアやポルトガルは、マルコーニ社の無線局に依存していた。ベルギーは、コンゴ植民地における小規模無線局の設立をフランス無線電信会社に依頼し、またブリュッセル近郊のラーケンに巨大無線局を設立した。この無線局は、完成直後に勃発した第一次世界大戦におけるドイツの侵攻に直面して破壊されなければならなかった。Robert Goldschmidt, "Les relations télégraphiques entre la Belgique et le Congo," in *Notes sur la question des transports en Afrique précédées d'un rapport au Roi,* ed. Count R. de Briey (Paris, 1918), 559-77; Leo Weinthal, *The Story of the Cape to Cairo Railway and River Route from 1887 to 1922*, 5 vols. (London, 1923-1926), 3: 422.

(53) Meissner, 159.

(54) Baker, 158.

(55) Ibid., 161; Lertes, 5; Telefunken-Chronik, 149; Hezlet, 77.

(56) R. Hennig, "Die deutsche Seekabelpolitik zur Befreiung vom englischen Weltmonopol," *Meereskunde* 6 (1912), 32-33.

(57) Artur Kunert, *Geschichte der deutschen Fernmeldekabel. II. Telegraphen-Seekabel* (Cologne-Mülheim, 1962), 339-40; Charles Lesage, *La rivalité anglo-germanique. Les câbles sous-marins allemands* (Paris, 1915), 210-211.

(58) Jolly, 173 and 217; Hezlet, 76-77; Baker, 154-55.

(59) Helmuth Giessler, *Die Marine-Nachrichten-und-Ortungsdienst. Techniche Entwicklung und Kriegserfahrungen* (Munich, 1971), 17-19; Baker, 130-35; Jolly, 190-91; Aitken, *Continuous Wave*, 355; Ristow, 17. ドイツの対英・仏関係が悪化しているまさに同時期に、英独間の無線通信協定と仏独ケーブル通信協定(第6章参照)が締結されているのは非常に興味深い。

(60) Ristow, 28-30; Tomlinson, 28-29 and 43; Stewart, 80-81.

(61) Jolly, 172; Baker, 116; Barty-King, 156.

(62) General Post Office, "Scheme for Imperial Wireless Stations" (May 26, 1911), in PRO, Cab 37/107, No. 63.

(63) Imperial Conference, 1911, "Minutes of Proceedings of the

Imperial Conference, 1911," in Great Britain, *Parliamentary Papers* 1911 (Cd. 5745), Vol. 54: 307–15.

(64) Committee of Imperial Defence, "Establishment of a Chain of Wireless Telegraph Stations throughout the Empire. Action Taken by the Post Office" (April 2, 1912), PRO, Cab 38/20/4.

(65) "Copy of Agreement between Marconi's Wireless Telegraph Company, Limited, Commendatore Guglielmo Marconi, and the Postmaster General, with regard to the Establishment of a Chain of Imperial Wireless Stations; together with a Copy of the Treasury Minute thereon," in Post Office Archive (London), POST 88/33–34. また以下も参照。General Post Office, "Draft Specification of Imperial Wireless Installation. Copy of Draft Specification, Submitted by the Marconi Company, Descriptive of the Wireless Telegraph Installation under the Contract for Imperial Wireless Stations" and "Imperial Wireless Installation. Copies of Correspondence Relation to the Contract for Imperial Wireless Stations," in *Parliamentary Papers* 1912–13 (Cd. 6318 and Cd. 6357), Vol. 68.

(66) Advisory Committee on Wireless Telegraphy (Lord Parker of Waddington, chair), "Report of the Committee appointed by the Postmaster General to consider and report on the merits of the existing systems of long distance wireless telegraphy, and in particular as to their capacity for continuous communication over the distances required by the Imperial Chain," *Parliamentary Papers* 1913 (Cd. 6781), Vol. 33: 725.

(67) Frances Donaldson, *The Marconi Scandal* (London, 1962); Jolly, 192–210; Baker, 143–45; Wedlake, 81–83.

(68) "Copy of agreement between Marconi's Wireless Telegraph Company, Limited, Commendatore Guglielmo Marconi, and the Postmaster General, with regard to the Establishment of a Chain of Imperial Wireless Stations; together with a Copy of the Treasury Minute thereon and other Papers," (July 31, 1913), in Cable and Wireless archives (London), B2/1106; "Copy of Agreement" in POST 88/33–34, also in *Parliamentary Papers*, 1912–13 (265), Vol. 49: 465.

(69) Baker, 160.

(70) Committee of Imperial Defence, "C. I. D. Sub-Committee on Empire Wireless Telegraph Communications 1914" (June 29, July 6, and July 22, 1914), in PRO Cab 16/32.

(71) "Memorandum no. WT3: List of Long-Distance Radio-Telegraph Stations in Foreign Countries which connect them to their Colonies and Dependencies or to other Countries. Prepared by Admiralty War Staff. June 17, 1914," in PRO Cab 16/32.

(72) Wedlake, 84.

第8章　第一次世界大戦時における有線および無線電信

戦争の勝敗が情報によって決定づけられるとき、通信連絡網は艦隊や地上軍と同様にその重要性を増してくる。二〇世紀の重大な産物である総力戦においては、情報の一つ一つが危険性と同時に好機をも孕んでいたといえる。平時にはニュースとなるようなことも、戦時においては秘匿され、プロパガンダの道具にされる。商取引は不法取引へと姿を変える。私的な手紙のやり取りはスパイ活動への関与を疑われる。そして、遠距離電気通信は、重要な情報を迅速に伝えるその能力が進行中の戦争の勝敗を左右するほどになったため、一種の兵器の性格を帯びるようになった。

総力戦は、一九一四年八月に一挙に始まったわけではない。何年にもわたる計画の立案にもかかわらず、交戦国はどのような情報が使えるのか、その情報をどうやって扱うのか、そしてどのように敵国に対して用いるのか、それらについて学習するのに相当の時間を要することになった。そのなかで、いくつかの国は他国よりもこれらの学習をより良いかたちで行うことができた。戦争の初期には、政府は情報をさながら軍需物資のように扱った。こうした状況下で最初に行われたのは、敵国の情報網を遮断するために電信ケーブルを切断し、無線通信機を破壊することだった。自国の情報が敵国の手に落ちるのを防ぐために、暗号コードが開発され、解読できぬように入念に内容を練り上げていた（と暗号開発者は信じていた）。また、情報の国外流出を避けるため、郵便検閲制度や無線機の押収などの措置を取った。スパイ活動に対して恐れをなすあまり、疑心暗鬼になった官僚たちのとった最初の行動は以上のようなものであった。

しかし、開戦数カ月にして交戦国は、最も重要な情報はスパイが盗もうとするものではなく、双方がタダでくれていたものだった、ということに気づいた。無線の発達以前は、情報伝達経路は手紙や金属線のような物理的なものを使用していたため、情報の漏洩を防ぐことは簡単だった。一方で、無線電信はこうした物理的な制約から情報を開放し、大気中にそれらを四散させた。つまり、敵の通信を傍受して情報を抽出することは重要だが、それと同時に自らの通信をも敵に傍受される危険性を意味したのである。秘密通信の傍受および暗号解読作業が軍工廠で製造される一般的な意味の兵器に加わり、新兵器「通信諜報」が開発された。最近になってようやく明白になってきたことだが、この通信諜報が、それ以前に戦争の勝敗を大きく左右すると強調されてきた戦術・戦略と同程度に、第一次世界大戦の結果を決定づけたといえるのである。この分野では、大英帝国が紛れもない勝者といえるであろう。同国の優位性は、両大戦において変わらず発揮された。

一九一四年七月の緊張

第一次世界大戦は、それまでに戦われた戦争のなかで最も凄惨なものというだけでなく、人間の無能を体現した典型例でもあった。西部戦線では、将軍たちは何百万もの兵士を無駄に死地へ送り込んだ。これは、将軍たちが敵の機関銃の銃火をどうにかして克服する手段を考えだす想像力を持たなかったばかりか、こうした無謀な突撃を試み続けることを止めようとする知恵も持たなかったためである。一方で、世界随一の力を持つ艦隊は、海軍司令部の混乱と小心のために軍港内で足止めを食らっていた。一九一七年になると、彼らは防御と攻撃のアンバランスに修正を加え始めた。

非常に少数の人間によって導かれた大戦争が誤った判断と優柔不断によって開始されたというのは、もっともなことであろう。一九一四年七月の歴史的事件も多くの人間をその渦に巻き込んでしまった数々の出来事の一つであるが、この人間の中には、一般市民だけではなく、統治者や、この瞬間に備えて何年もの間に作戦を練り上げてきた戦略家たちも含まれていた。この事件のショックは大きく、電信が各国間の関係に影響を与える以前の通信暗黒時代に生まれ育った政治家たちは何ら対応の準備をしていなかったため、事態の展開はこうした混乱によって影響されることになった。シュテファン・ケルンはその著書『時間と空間の文化　一八八〇～一九一八年』の一部で、このときの電信の混乱を以下のように非難した。

第一次世界大戦の原因の一つが外交の失敗にあったこと、そしてもう一つの原因が、外交官たちが電気通信の情報量の多さとそのスピードに対処できなかった点にあることは、多くの証拠から明らかである。一九一四年の外交団を構成したほとんどの貴族・紳士に関しては、その考え方はあらゆる点で時代遅れのものであった。彼らは斬新な兵器や戦略に慎重論を唱える将軍たちと同様、新鋭の技術に対して懐疑的であった。こうした外交官たちは、電信による迅速な通信が事件の収拾に効果的であることを理解できず、事態への対応の遅れを招くことになった(1)。

シュテファンは二つの例を提示している。一つは、宣戦布告に先立つ一連の最後通牒提出である。議論が続き、一カ月近くも結論を先延ばししたのち、オーストリアはセルビアに対して七月二三日に最後通牒を提出、四八時間以内の返答を求めた。セルビアの外務大臣パクーがオーストリア大使ギースルに対し、何人かの大臣が首都を留守にしていることを告げると、ギースルは「鉄道、電信、電話が発達したこの時代、貴国の領土程度の広さなら、大臣の首都への帰還にかかる時間など、ものの数時間ですむはずです」と返答した(2)。オーストリアは数日後にセルビアに宣戦を布告するが、この宣戦布告は史上初めて電報によって行われた。一方、このときの最後通牒への回答期限は、のちに行われたものに比較すると時間的余裕があった。七月三一日のドイツによるフランスへの最後通牒は、回答期限までの時間は一八時間しかなく、同日夕刻のロシアへの最後通牒に至っては、一二時間の猶予しか与えられなかった。そして八月四日にイギリスがドイツに対して提出した最後通牒の回答期間は五時間であった。いまだに政治家たちの重い腰は上がらず、事態収拾の構えだけを見せていたが、彼らが正式な手続きを省略して本格的に対処せざるをえないほどの深刻な事態が刻一刻と迫っていた。

迅速な回答を求められた最後通牒により、意思決定プロセスの崩壊状態は覆い隠されることになった。このことをこの上なく見事に描写しているのは、ヴィルヘルム皇帝が急に考えを変えて事態を収拾しようと無駄な試みを始めたことである。セルビアへの強硬姿勢をとるようオーストリアを煽っておきながら、ヴィルヘルムは突然怖気づいて事態のこれ以上の拡大を避けようとしたが、そのときにはオーストリアは論理的結論に基づいて政策を決定し、七月二八日の宣戦布告が行われた。彼は国務大臣ヤゴーに、セルビアはオーストリアの最後通牒の条件をすべて呑んでいるのだから「戦争を仕掛ける理由はない」と言った。しかし、緊急の電報だったために回線がふさがってしまい、このメッセージがオーストリアに届くことはなかった(3)。

開戦の日が近づいていることを感じ取ったヴィルヘルムは、従兄弟であり、同じ皇帝の位を持つロシアのツァー・ニコライを頼った。七月二九日、「ウィリー」と「ニッキー」は電信史上最も無益なものの一つに数えられる一連のメッセージをやり取りした。午前一時、ツァーはカイザーに対し、オーストリアが「過激な行為」に出る前に彼らを抑えるように要請し、またロシア国内での圧力が、自分に対し「戦争という最後の手段」をとるよう要求していることを告げた。返答としてヴィルヘルムはニコライに対し、フランツ・フェルディナンド皇太子の「卑劣なる暗殺」事件が今回の一連の事件の発端になっていることに触れ、今後も起こりうるさまざまな問題を解決するために力を貸すように要請した。その夕刻にニコライはヴィルヘルムに対し、問題の解決はハーグ会談において話し合われるべきだとし、ヴィルヘルムはオーストリア・セルビア紛争において ロシアは中立を保つことを提案した。翌日、ニコライがロシアの軍事介入の正当化を図ろうとしたのち、ヴィルヘルムは以下のように返答した。「すべての決定権はいまや閣下の双肩に委ねられている。平和を維持するか、戦争へと突き進むかは閣下の決定次第である」。七月三一日、ニコライはヴィルヘルムに対し、以下のように告げた。「オーストリアの動員令発令により、わが国も軍事動員体制をとることを余儀なくされそうである」。翌日、ニコライはヴィルヘルムに「動員令の発令が戦争を意味しない」ということを保障してくれるように要求した。そして、最後の電報においてヴィルヘルムは、ドイツ帝国軍に動員令をかけたことをニコライに告げたのだった。(4)

こうして、独裁君主として君臨し、支配権を握っていると考えていた国の命運を思いどおりに動かそうとしたヴィルヘルム2世とニコライ2世の試みは無駄に終わったのだった。『時間と空間の文化　一八八〇~一九一八年』の著者ケルンは、以下のように指摘している。

ツァーとカイザーの間で交わされた電報は、一連の外交交渉の間に送られた数百の電文中の一部分にすぎない。これら電報は、拮抗する二つの帝国の君主同士で取り交わされたため、電信の利点とともに弱点までもが浮かび上がってしまった。……この外交交渉に対して、電信は混線、遅滞、突発事件、予測不能な時間調整を引き起こしてしまったのである。誰もが順応できる唯一の新しくより早い速度ではなく、大衆には供給を過剰とし、外交官を混乱させ、そして将軍たちを苛つかせた多くの新しく気まぐれな速度が存在していた。(5)

ドイツ通信網に対する連合国側の攻撃

錯綜し混乱した一連の電報のやり取りが、言葉によって話し合われた最後の戦争回避の試みであった。避けられない最悪の事態が近づいてくるにつれ、より険悪な雰囲気を感じさせるようなメッセージが見られるようになる。七月三〇日にイギリス海軍司令部はその保有軍艦のすべてを軍事基地に集結させた。数日後、ナウエンより発せられたラジオ放送により、すべてのドイツ商船は付近の中立国の港に向かうよう指示された。八月四日にドイツ軍がベルギーへ侵入すると、イギリスは最後通牒を発し、海軍司令部は王立海軍に対し開戦の報に備えるように命令を行った。グリニッジ標準時で午前一一時(ドイツは深夜)、以下の放送が行われた。「ドイツへ宣戦を布告する」。

イギリスがドイツとの交戦状態に突入したのちに、最初にとった軍事行動の一つが、ドイツの外部との通信網を絶つことであった。八月四日深夜、最後通牒の回答期限が過ぎるとドイツの通信線との連絡は絶たれ、その機能は完全に停止した。数時間後、一九一二年の帝国防衛委員会の決定に基づいて[6]、イギリスのケーブル敷設船「テルコニア」は、ドイツと外界を結びつけている海底ケーブル五本を切断した。この五本のケーブルはそれぞれアゾレス諸島、北アメリカ、ヴィゴ、テネリフェ、そしてブレストに繋がっていた[7]。この翌日、フランスの南アメリカケーブル会社は、中央ヨーロッパと南アメリカとの通信を完全に停止した[8]。

ロシアはそれほど効率的に敵の通信妨害をなしえたわけではなかった。ドイツ海軍フランツ・リンテレン大佐は、ドイツ極東艦隊司令官フォン・シュペー大将に金塊を供給するために東京駐在のドイツ海軍武官に二〇〇万円を送金する試みをしていたと語っている。早くも八月二日、エムデンの電信所より、ロンドンからは何らの返答もないことを知らされた。数日後、ドイツとロシアはすでに交戦状態にあったが、リンテレンは何とかデンマーク銀行を通じ、シベリアを通るグレート・ノーザン電信会社のケーブル経由で送金を行うことができることになった[9]。このルートが切断されたとき、中央政府と海外勢力圏とのすべてのケーブル通信は途絶えたのである。

ドイツの無線局やケーブルはまだ世界中に散在してはいたが、それも一つまた一つと攻撃されるか無力化されていった。八月初め、イギリスの軍艦がダルエスサラームとヤップのドイツ無線局を破壊した。その後、英仏連合軍がカミナとトーゴに近づいてくると、ドイツ軍は自ら無線局を破壊した。八月の末、ニュージーランド軍がサモアを占領する一方で、イギリス船は芝罘と上海、青島に接続しているドイツのケーブル通信線を切断した。

九月、太平洋のラバウルとナウルのドイツ無線局が破壊され、イギリス軍はカメルーンのドゥアラを占領、ポルトガル政府はアゾレス〜ニューヨーク間のケーブルの機能を停止し、リベリアはドイツから南アメリカへの無線の中継を行っていたモンロヴィア〜ペルナンブコ間のケーブルを停止した。一九一四年九月五日、大統領命令によってアメリカ合衆国海軍はタッカートン電信所を引き継ぎ、ドイツのアイルフェスとの平易な文章での通信を行えるようにした。またアメリカはセービルの無線局を閉鎖したが、その後ナウエンとの商業目的の連絡のため、一九一五年七月に通信を再開した[10]。

一九一四年一一月、日本軍は青島を占領、そしてフランスはテネリフェとモンロヴィアの通信線を破壊した。ドイツ領南西アフリカのウィンドホークが一九一五年五月一二日に南アフリカ軍の手に落ちると、同年一一月にフランス海軍はモンロヴィア〜ペルナンブコ間の通信線を切断した[11]。これにより、ドイツの海外通信網は完全に海外勢力の手に落ちた。

ドイツの連合国通信網への攻撃

ドイツも連合国側の通信網を破壊しようとしたが、これは容易なことではなかった。大英帝国、フランスだけではなく、ロシアも世界の隅々にまで渡る通信網を持っており、そのうえ、通信網に対する攻撃を阻止するのは、ドイツに比べ、連合国側のほうが有利であり、破壊された通信網の修復も同様であった。

ロシアとトルコを経由したイギリスのインドへの地上ケーブルは最初の餌食となり、切断するのにはとくに軍事行動など必要ではなかった。一九一四年九月、ドイツはフランス、イギリス、ロシアを接続しているグレート・ノーザン電信会社のバルト海ケーブルを破壊した。これまで陸路で行われてきたインドおよび極東とのすべての交信は、いまやイースタン社のケーブルを使わなければならなくなり、深刻な遅延を引き起こした(12)。一一月にオスマン帝国が同盟国側に立って参戦すると、黒海ケーブルも切断され、ロシアとの交信は減少した。こうした結果を予測して、イギリスとロシアは戦前に無線通信を用意しており、また、ケーブル切断のダメージはイギリスが一九一五年一月にピーターヘッド〜アレクサンドロフスク間に新たなケーブルを敷設したことで修復された(13)。

通信の観点からすればそれほど重要なことではないが、特筆すべきものに、遠方のケーブル基地に対する三回にわたるドイツ側の攻撃がある。南西アフリカで、ドイツ軍は東南アフリカ電信会社の電信所を占拠し、職員をほぼ一年近くにわたり捕虜にした。ただ、イギリスの電信会社はどちらにせよこの電信所と交信することはできなかったため、この軍事行動に意味はなかった(14)。

九月七日、フォン・シュペー大将率いるドイツ極東艦隊所属の巡洋艦「ニュルンベルク」は、中部太平洋のファンニング島に到着し、通信機材を破壊する兵士団を上陸させ、太平洋ケーブルによる通信を妨害した。しかし、一〇月半ばまでには電信所とケーブルは修復され、その機能は回復した(15)。

第三の攻撃は、ココス諸島キーリング島の電信所に対して行われたものである。ドイツ巡洋艦「エムデン」は、インド洋で数隻を撃沈し、マドラスを爆撃した後、一九一四年一一月九日夜明けにココス諸島に姿を現した。午前六時、電信所はシンガポールに対し以下のように通信文を送った。「ココスにやってきた『エムデン』が武装兵士の一団を上陸させた」。その後通信は途絶えたが、午後九時一五分にわずかな通信がシンガポールに届いた。「すべて破壊された。通信機材は夜明けには復旧する。問題はない。エムデンにはイギリス巡洋艦が迎撃に向かった。戦況はわからない。上陸部隊はスクーナー船アエシャ号を奪って逃走。以上!」。数時間の間に、ドイツ軍はいくつかの機材と囮のケーブルを破壊したが、肝心のシンガポールに繋がるメインケーブルを切断し損ねたのだった。最初の通信文で迎撃に向かわされたオーストラリア軽巡洋艦「シドニー」がココス諸島に現れ、「エムデン」を撃破した。一方、スクーナー船で逃走した上陸部隊はアラビアまで向かい、そこから陸路でドイツへ帰還した。この活劇はほとんど犠牲を伴わなかったうえ、多くの英雄を生んだので、塹壕戦の暗くじめじめしたこの戦争のイメージに一つの花を添えたと言ってもいい[16]。しかし、この攻撃もイギリスの通信網に打撃を与えるにはまったく至らなかった。というのも、この攻撃による損傷は、ドイツ軍が去った後一二時間以内に修復されてしまったからである。

ドイツは、一九一四年秋に自国の商船攻撃船団が崩壊すると、潜水艦作戦に打って出た。潜水艦のほうが巡洋艦で行うよりもより高い効果が期待できた。潜水艦は沿岸の基地を砲撃したり海兵隊を上陸させたりするなどの任務には小さすぎ、また、海底ケーブルをデッキから引っ掛けるのは適当な装備を施したケーブル船に比較するとかなり難しいことだった。しかし、北海ではこうした任務に数多く成功し、大西洋でもいくつかの成功例がある。一九一七年二月一〇～一二日に、U-155はリスボン沖で三本のケーブルの切断に成功し、九月一九～二〇日にはカンソー～ニューヨーク間のケーブルをハリファックス沖で切断した[17]。さらに一九一八年五月、六月の二回にわたり、U-151はそれぞれサンディフックとニュージャージー沖でケーブルの切断に成功したと言われている[18]。

戦時中の連合国の通信状況

一九一五年までに、友好的な中立国から時折秘密裏に入手できた情報を除けば、ドイツの海外通信網は、ナウエン～アイルフェス間とセービル～トゥケルトン間の無線通信に限定されていたが、この通信はアメリカの好意によって実現していたものである。一方で連合国側の通信網は、生き残っていたというだけに留まらず、むしろ著しく増加していた。その理由としては、切断した元ドイツのケーブルを有効利用できたからである。ボルクム島～アゾレス諸島間の通信ケーブルは切断後にペンザンスに繋がれ、イギリスとアゾレスを結びつけるのに一役買った。ドイツとニューヨークとの通信も、一九一七年にアメリカが対独宣戦を行うとイギリスによって切断されてハリファックスに接続され、イギリス政府の所有する最初の大西洋横断ケーブルとなった。もう一つのドイツの大西洋ケーブルは、切断後に一方の端はブレストに繋がれ、もう一方の端はニューヨークのコニーアイランドにあるフランスの電信所に接続されたが、このケーブルが通信を開始するのは一九一九年の三月であった。一九一五年にはテネリフェ～モンロヴィア間のドイツ通信ケーブルは二つのフランスの通信ケーブルへと姿を変えた。一つはダンケルク～シェルブール間、もう一つはブレスト～カサブランカおよびダカール間である。トーゴのロメとのドイツ通信線は、イギリスによってアクラとの連絡に用いられた。ヨーロッパの海域にあるドイツの海底ケーブルは、イギリスとフランスとの連絡に用いられ、一方、極東では日本がドイツ植民地の青島とヤップを占領しており、ヤップ、グアムおよびメナド間のケーブルを確保していたが、ヤップ〜上海間のケーブルを沖縄と上海の通信に、また青島〜上海間ケーブルを上海と佐世保の通信に利用することとした[19]。このようにして連合国側の三国は、そのケーブル通信網を著しく拡大したのだが、これが戦後の対立を現出することになるのである。

新しく敷設されたケーブルに加え、連合国は無線通信を充実させた。マルコーニと契約して建設予定だった大英帝国の無線通信網の中核となる六つの無線局のうち、大戦勃発時に通信可能だったのはオックスフォード近くのリーフィールド無線局のみであった。二つ目の無線電信所となったカイロ近郊のアブザバール無線局は、急ぎ完成された。残りの無線局の完成のためにマルコーニが契約金額の増額を要求すると、イギリス政府は契約を取り消し、その代償としてマルコーニに六〇万ポンドを支払った[20]。カーナーボンにあったマルコーニの無線局は海軍司令部に引き継がれた。クリフデン〜グレイス・ベイ間の回線は、通商目的の通信を続けていたが、一九一七年にアメリカからの要求によって交信を停止した。一方で、マルコーニ社は軍事目的の無線設備の建設にも力を入れた。その中には一九一四年一一月のコロネルでの敗北後に、海軍司令部からの注文で建設された一三の無線電信所も含まれている[21]。

フランスも同様に無線通信網を対戦中に構築している。サイゴンとの通信のため、一九一四年九月にリヨン・ラ・ドゥアに設置された強力な無線通信機は、ロシアとの連絡にも使用された。アフリカ、マダガスカル、タヒチでは小規模の無線局の設置が次々に行われ、植民地同士の通信の核となった。一九一八年の終わりには、フランスはアメリカ海軍の高性能な無線局をボルドーに設置した。こうして大戦の終結時には、フランスの国際通信能力は一九一四年のそれと比較して飛躍的に高まったのであった[22]。

アメリカ合衆国は一九一七年四月に連合国側に立って参戦するが、それ以前の二年半に渡る中立国としての立場を利用して、アメリカ海軍は最新式かつ大規模なかたちでの無線通信網を世界各地に張りめぐらせていた。それは、西大西洋、カリブ海、太平洋全域を網羅する高出力の無線局として建設されていた。これら通信網構築の第一歩は、一九一二年一二月にアーリントンとヴァージニアに設置された連邦電信会社のアーク無線通信機であり、次に一九一五年六月にダリエン（運河地帯）にも無線局が設置される。その後、アメリカ海軍は二〇〇〜五〇〇キロワットのアーク無線通信機を次々に購入し、一九一七年にサンディエゴ、真珠湾、カビテ（フィリピン）、アナポリス（メリーランド）へそれぞれ設置した。また、海軍通信局は沿岸無線局の通信網および陸軍の管轄のものを除いたすべての政府所有の無線局に関する管理運営を行っていた[23]。

さらに、海軍は民間の無線局を管轄下においていた。その口実というのは、一九一四年八月五日のウィルソン大統領による中立宣言により、「非中立的」通信の交信・伝達が禁止され、加えて戦争状態の継続中に、中立を損なうような情報提供等の行為はいかなる交戦国に対しても禁止する、とされていたことであった[24]。大統領命令により、一九一四年九月九日、海軍はしばらく前に完成したトゥケルトン無線局の管轄権を引き継いだ。また、非中立的な通信を行ったとして、一九一四年九月二四日にアメリカン・マルコーニ社所有のシアスコンセット無線局を接収し、一九一五年一月一七日まで運営再開を認めなかった。同様にテレフンケン社所属のセービル無線局も、交流機とアンテナを新規に設置したために、ライセンスなしに通信を行っているとされて一九一五年の七月九日に接収された。その後、この無線局は海軍により、ドイツのナウエンとの通商目的の交信に利用された[25]。こうしたアメリカ海軍の政策により、アメリカン・マルコーニ社は打撃を受けたが、一方でドイツの損害もイギリスに比較してかなりのものであった。ドイツはこれに対して、イギリスはいまだ健在なケーブルを保持し、暗号電文を検閲や妨害なしに送ることができていると抗議した。「中立期」のアメリカは、中立であるというより、日和見主義だったといえる。

一九一七年四月六日、アメリカ合衆国がドイツに対して宣戦布告すると、アメリカ海軍は即座に陸軍所管以外のすべての無線通信局を管轄下に置いた。この中には、商業目的の無線局五三局が含まれており、そのほとんどがアメリカン・マルコーニ社か連邦電信会社のものであった。また、外国資産管理局により二年間に渡って管理下に置かれてきたドイツ無線局の管理権を譲り受けた。次の狙いは艦船用無線通信装置の充実であった。マルコーニ社の工場ではこの突然の需要に見合うだけの生産量は確保できなかったので、海軍は同様の製品を生産可能なあらゆる業者に対して注文を発し、同時に今後予想される通信妨害に対しての責任を引き受けることを約した。この結果、多くの会社が無線事業に新規参入し、その中にはゼネラル・エレクトリック社、ウェスティング・ハウス社、ウェスタン電気会社などの大会社も含まれていた[26]。

タッカートンとセービルの両無線局の管理権を保有し、さらにマルコーニ社のニュー・ブランズウィック無線局をも支配下に置いていたにもかかわらず、海軍はアメリカの大西洋横断通信に関し、まだ満足していなかった。大西洋横断通信においては、ケーブルにかかる通信の負担はかなり大きく、かつケーブルそのものも脆弱で、現存する無線局は信頼性に乏しく、さらにアメリカ軍がヨーロッパに派兵される事態になったら、通信量が急激に増大することは疑いなかった。陸海軍合同会議は、さらなる無線通信網の拡充を行うことを決定した。ニュー・ブランズウィックに新しく設置されたアレクサンダーソンの五〇キロワット交流発電機に強い関心を持った海軍は、ゼネラル・エレクトリック社に急ぎ二〇〇キロワット交流発電機を開発させることにした。一九一八年九月にニュー・ブランズウィックでこの新式交流発電機の利用が開始されると、史上初めて、二四時間継続した信頼性の高い大西洋横断通信が実現し、その後二年間、大西洋横断通信のほとんどが同無線局で取り扱われたのであった(27)。

このように、アメリカ海軍は戦局を有利に運ぶために必要とされるあらゆる通信手段を保有していた。しかし、海軍省長官ジョゼフス・ダニエルスはそれとは異なる意見を持っていた。彼は一九一七年、その手記に「理論的には、通信手段は無線・運河・電報・電話に関わらず、すべてが政府に属する機能であり、政府がそれを所有しなければならない(28)」と記している。彼は戦時中のみではなく平時にも、海軍がすべての無線通信網を管理下におくことを望んでいたのであった。アメリカン・マルコーニ社が、連邦電信会社をその貴重なアーク無線通信機の特許もろとも買収するのを阻止するため、一九一八年五月、海軍はテレグラフ社を一六〇万ドルで買収した。一〇月にはマルコーニ社が保有する三三〇の海上無線局を買収しようとするが、同じマルコーニ社の四五の沿岸無線局も含める必要に迫られ、結局買収額は一四〇万ドルとなった。戦争終結時には、海軍はアメリカの保有する無線局のほぼすべてを買収することに成功していたが、これは議会の承認を得てはいなかった。しかし、一方で一つの懸念が残っていた。それは、戦争終結後にアメリカン・マルコーニ社（同社は外国人が経営権を握っている）が、以前保有していた無線局、とりわけＧＥ社の最新鋭交流発電機を有するニュー・ブランズウィック無線局の運営権を再び取り戻し、それに伴いアメリカが大戦以前のようなイギリスに対する通信従属国に逆戻りするのではないか、という恐れであった。独断的な国家至上主義と軍事社会主義がダニエル長官の意識のなかで密接に融合していたのである(29)。

検閲制度

敵国の通信網を切断することに加えて交戦国が積極的に試みようとしたのは、情報の海外流出を徹底的に取り締まることによって敵国に有益な情報を与えないようにすることであった。この目的達成のために二つの方法が用いられた。その一つは、民間のあらゆる情報通信手段を管理することであり、もう一つは民間メディアの検閲を行うことであった。

一九〇三年にはすでに、イギリス政府は民間の無線通信機の持つ危険性について懸念を抱いていた[30]。大戦初期には、議会は国土防衛法を可決し、以上のような条文を盛り込んだ。「何人も、郵政大臣の書面による許可を得ることなく、無線電信による通信の送受信を目的とした機器、ならびに上記目的に用いる機器の部品となる機器の所持を禁ずる」。イギリス中の警官が、民間の無線通信機を没収もしくは封印するために奔走した。八月の終わりには、免許のある二五〇〇台と無許可の七五〇〇台の無線機が使用停止となった[31]。警察の取り締まり方法がまだ洗練されていなかった当時は、こうした規制策に伴ういくつかの滑稽な事件が起きている。G・E・C・ウェドレイクはこう回想している。

著者の知り合いの一人の少年は、「受信装置」なるものを持っていた。この「受信装置」は短い木の柱にぶら下がっているアンテナに繋いだ天然水晶でできた受信機のついているもので、この少年は、これが無線の受信機器であると公然と認めた。すると、数日後に陸軍の士官からその受信機器を調べたいとの連絡があった。士官は受信機器を引き出しに入れて、封印するように指示した。事件はこれに留まらなかった。その後一年以上に渡り、士官は月に一度連絡をよこし、封印が変わらずきちんと施されているか確認したのであった。やがて、こうした一連の対応は人的資源の無駄使いであると見なされるに至り、ある日この水晶製の受信機器は監視のためにある防犯施設に持ち去られ、その後その存在は確認されていない[32]。

また、バジル・トムソン卿は、不運な無線通信監視員の話を語っている。

政府が東部諸州に派遣した、マルコーニ社製の無線機器を装備した車両に乗りこんだ二人の熟練通信士の話である。彼らは北海を横断すると見られるあらゆる不正な通信を傍受する任務を帯びていた。彼らは正午にロンドンを出立し、三時にはエセックスで監視行動に入っていた。しばらく通信のやり取りを行った後、任務から解放されたが、午後七時になって彼らに別の地の警察署から救援を請う電報が入った。勤務は終了しており、彼らは国防軍の士官による護衛なしには移動することを拒否した。しかし、翌日の朝、他州の警察は、彼らを逮捕し、「完全な無線装置を積んだ車に乗っていた三人のドイツ人スパイを逮捕。一人はイギリス将校の制服を着用」と電報を送った[33]。

諜報マニアはイギリスに限らず世界中で流行ったが、無線で敵に連絡してしまったケースは一切なかった。これには理由があり、当時は最も小型の通信機でも、海外と連絡を取り合うのには四馬力のエンジンが必要で、それに伴い大きな音が外に漏れたからである。イギリス政府が予測していなかったのは、無線機の没収に反対するアマチュア無線家が、ドイツに対し機密を漏洩するのではなく、ドイツが軍事作戦行動中に漏らした大量の機密を傍受するのに一役買ったことだった。このような通信の一側面は、多くの人々にとっては大きな驚きであった。

政府にとってさらに重要だったのは、イギリスと他国を結び付ける公共通信網であり、これにはまさに国家の命運がかかっていたのである。防衛の観点から、イギリスは戦時中の他国同様、複雑な検閲用の機器を設置した。この機器設置のもともとの目的は、一般の通商に関わる通信や個人的な連絡に見せかけた重要な情報が敵国の手に渡るのを阻止することであった。しかし、その後まもなくして、その本当の狙いが表れた。イギリス政府は同盟国に対し経済封鎖を行っていたので、ドイツ経済に有益となるスウェーデン、デンマーク、そしてオランダとの通商上の通信を検閲によってストップしようとしたのであった(34)。

検閲制度はイギリスが戦争状態に突入する以前の一九一四年八月二日、軍諜報部の一部局であったMＩ8の長アーサー・チャーチル大佐が、ロンドンのイースタン電信連合会社の本社権限を引き継ぐことですでに始まっていた。また、二日後にポースカーノ無線局にも検閲官が配置された。ウェスタン・ユニオン社は、海軍情報部士官に送受信用のケーブルを引き渡したのだが、翌日に返還された。このケーブルが開通していたかどうかについては、のちにウェスタン・ユニオン社社長が上院委員会で証言した内容からすると、疑問が残る(35)。海軍情報局は無線通信管理についても権限があり、ダグラス・ブラウンリッグ准将が無線通信に関する主任検閲官となった。軍関係者は、通商・金融・保険の専門家の力を借りて不審な電報の傍受を行った(36)。

その後数カ月に渡り、検閲官はその他イギリスの所有する世界中の無線局に配置され、戦争前に改訂された計画に則って任務を遂行した(37)。公式発表によると、以下のとおり説明されている。

このように検閲制度を例外なく採用する理由としては、敵国による不測の軍事行動に備えることもさることながら、世界中に張りめぐらされたケーブル網が、敵国の軍事行動地点からの迂回ルートを使うように情報を提供できる唯一の分野だからである(38)。

この情報伝達力こそが、何年にも渡り他国を畏怖させ、また憤慨させたイギリスの力であった。しかしながら、イギリスの所有する通信線がアメリカ合衆国とラテン・アメリカ諸国間の通信線など外国所有の通信線と競合関係にあった場合には、イギリスは例外規定を設けていた。こうした場合には、公然とした検閲制度の代わりに、慎重な監視体制をとることとした。この監視体制を通し、「イギリス政府はその所有する無線局を通過するか、あらゆる電報から情報を入手した。このような譲歩をしなければ、[それらの諸国は] イギリスの勢力圏から離脱してしまったであろう[39]」。

検閲は、いくつかの方法を用いて行われた。まず初めに、英語とフランス語以外のすべての言語の使用が禁じられた。だが、この規定は徐々に緩和されていった。一九一五年一月、スペインとラテン・アメリカ間の通信に限り、スペイン語の使用が容認された。また、七月にはイタリアとの通信において、送受信ともにイタリア語が使用できることになった。そして一九一六年六月には、ポルトガルとその植民地との間の通信でポルトガル語の使用が認められた。次に、イギリス政府とその外交官代表との通信を除くすべての通信で暗号の使用が禁じられた。しかし、商業団体からの検閲官への抗議により、商務省との共有のもとに商業用の暗号を用いることが容認された[40]。

検閲制度の持つもう一つの武器は、情報の伝達を遅延させることであった。検閲官は、ヨーロッパへの商業関係の電報を一八時間から四八時間かけてゆっくりと伝達したので、フランス、イタリア、そしてイギリスの国民から抗議の声が上がった。大規模な軍事行動が行われる前には、遅延は一週間になった。この情報伝達を遅らせる方策は、検閲官の目を逃れて送信されたスパイの通信が、敵の手に届く頃にはすでに役に立たない情報になっているように仕向けるための戦略であった[41]。

検閲制度の導入によって、他国の目から見れば明確であったが、イギリス政府には明白に予測されていなかった有益な事実が明らかにされた。それは、諜報機関の重要性である。この理解には少し時間がかかった。一九一五年五月以前には、陸軍所属のケーブル通信検閲官は、海軍情報局との情報交換を何ら行っていなかった。その結果、アメリカにあるドイツの海軍駐在武官から発せられた一七五通の電報が、解読されることなくイギリスやヨーロッパの中立国を通過してドイツ本国まで送信されていた。その後、これらの電報にはドイツの巡洋艦と艦船の海外派遣に関する情報が含まれていたことがわかった[42]。しかし、検閲制度が官僚機構として組織化されるにつれ、傍受された通信文の複製がますます出回るようになってきた。最終的に、二一二にも及ぶ省、部局、委員会、支局、課などの政府所属の機関が連絡リストに載せられ、二一〇万通もの電報がタイプライターで一〇〇〇万通に複製されてこれらの機関に配信された[43]。

検閲制度に関わる話のほとんどが戦争遂行に関係するものである一方、アメリカ国務省はイギリス商務省に送られた商業関係の電報が最終的にはイギリスの会社の手に渡った旨の報告を受けている[44]。

イギリスは検閲制度を使い、国際貿易に関わる自己の影響力を強化しようと目論んだ。海上輸送に関わる中立政策は、イギリスの戦争遂行にとって補助的な役割を果たした。これは、敵に利用されると思われる貨物、いわゆる「戦時禁制品」を積んでいるあらゆる船に対し、案内・保険・燃料の補給などの行為を一切行わないといったごく単純な方法で実効性を上げることができた。ここから、世界に対する影響力が増進されていく。敵国と通商関係にある銀行や会社は、国際ケーブルネットワークの網の中から切り捨てられることになる。イギリスはその権威を用いて、他国に対して自己の思惑に従うように強制したのである。ドイツがオランダを経由して西部戦線に砂や砂利を輸送するのを妨害するため、イギリスはオランダとその植民地とのケーブル通信を一九一七年一〇月二日に禁止した。禁輸措置は、一九一八年一一月九日にオランダが自国を経由する商取引を禁じてのち、ようやく解除された[45]。

イギリスの通信検閲制度はどのような効果を発揮したのだろうか。公式報告によれば、その効果に関してはやや控えめなものになっている。MI5（イギリスの情報機関）のアンソン少佐が、主任通信検閲官のアーサー・ブラウン大佐に書き送った手紙によれば、「貴課によって行われている通信検閲が十分に実効性を持つに至るにつれ、敵の諜報員の使用する暗号電文の有用性が著しく低下し、それに呼応してあぶり出しインクの使用とその技術の発達が見られるようになった[46]」。しかし、現代世界においては、紙を用いた手紙に限定され、また郵便の検査、配達の遅延などの前提がなければ役に立たないあぶり出しインクでは、電気通信に取って代わることはできない[47]。最終的な結論からすると、通信検閲制度は、敵の諜報員の逮捕と敵の情報の入手に一役買う一方で、その本当の価値は同盟国とヨーロッパ外の第三世界との通商を断ち、中立国を同盟国から遠ざけることにあったと言える。ドイツのとった唯一の対抗策は、半ばやけになった無制限潜水艦作戦であった。

プロパガンダ

第一次世界大戦は、プロパガンダが大きな役割を果たした最初の戦争であった。すべての交戦国がこのプロパガンダを自国民の戦意高揚や、敵国民の戦意喪失のために利用し、また中立国から同情と援助を引き出すためにも活用された。この分野でも、世界の通信ケーブル網を支配している連合国側が優位に立った。

戦争前には、世界の報道通信は、四つの報道会社によって支配されていた。アジアとイギリス帝国支配域はロイター通信社が、南ヨーロッパとラテン・アメリカはアヴァス通信社が、北ヨーロッパはヴォルフ通信局が、北アメリカはＡＰ通信が、それぞれの勢力圏としていた。大戦勃発後、それまでイギリス政府の影響を受けずにいたロイター通信社の独立的地位は失われた。同社は政府より補助金を受け、連合国の公式発表を中立国に対して行う役割を課された。そして、同社取締役のロデリック・ジョーンズ卿はイギリス情報省の宣伝部長に就任することになった(48)。

アヴァス通信社は、常にフランス政府の一機関として存続してきたが、戦争開始後も継続してラテン・アメリカに対して連合国公式発表を行っていた。まだアメリカが中立を保っていた戦争初期、ともに国際市場におけるカルテル協定を結んでいたＡＰ通信社に対し、アヴァスは同社がアルゼンチンへドイツの公式声明の情報を売り渡すことに反対した。しかしＡＰ通信社は、アメリカ政府のプロパガンダの道具にされることを避けるため、アヴァスの勢力圏を引き継ぐべしとする政府の圧力に抵抗した(49)。

最も重要かつ議論を呼ぶ点は、プロパガンダを使用することによって中立国、とくにアメリカ合衆国の世論を動かしたことである。連合国のなかでもとくにイギリスは、一定の量の報道を行う反面、報道管制を効果的に行った。ある新聞記者によれば、アメリカの通信員によって中央ヨーロッパから発信された情報の四分の三は、イギリスの検閲官の手によって抹消されていた(50)。戦場からアメリカに到達した報道についての権威ある研究によれば、このように結論付けられる。

戦争が始まって最初の一年は、『ニューヨーク・タイムズ』紙の一面を飾る記事のなかで、ドイツから直接流れてきた情報が全体の四％を満たすことはなかった。その一方で、協商国（連合国）側、主にロンドンからの情報は七〇％であった。ドイツから直輸入された情報の割合が一二％を超えることはついになかった。……

報道されるニュースの内容は、交戦国に対して好意的なものが多い傾向があった。ある政治的意図を含んだニュースに関しては、その多くがある特定の交戦国に対しての反感を表明し、友好的態度を示すことは少なかった。一九一四年八月以降の数カ月間は、アメリカのニュースはそれほど協商国（連合国）を擁護して同盟国に敵意を持つような報道はしていなかったが、ルシタニア号の撃沈後、ドイツに対する反感は急速に高まっていった。……

現代では、中立政策は特定の交戦国に対する友好的な態度を示さないのが普通であるが、一方で戦争の当事者たる交戦国は最大の情報源でもある。……情報通信の手段を支配する交戦国の優位性は相当のものであった(51)。

プロパガンダは、言葉の表面の意味をただ単純に伝えるだけでなく、その言葉の裏に隠れたある意図を実現させる手段でもある。フランツ・リンテルンが認めているように、イギリスの狡猾さはここにあり、これはドイツには欠けていた部分である。彼は一九一五年にこう書いている。

ドイツ国民はみな憤りを感じていた。アメリカから新聞が一束届けられると、そこには戦況に関する正しい情報を伝える記事など少しも載っていないのだ。われわれがとくに憤慨したのは、ありもしない残虐行為についての記事が、これらアメリカの新聞にたくさん載っていたことだ。この種の報道がまかり通っているようでは、こうした新聞の読者である大衆だけではなく、アメリカの公的組織も、反ドイツ感情を抱くようになるのは当然である。……

私は……海外報道記者団体で中心的存在となって働いたことがしばしばあった。やがてわれわれは、ドイツの戦況は決して悪くはないことをアメリカの新聞に対し認めさせることに成功した。説得に応じた新聞社は、公正な情報を本国アメリカに伝え、新聞にその記事が載った。しかし、この記事が載るや否や、海外の新聞記者による猛烈な抗議があり、イギリスはこの記事を載せた新聞社とケーブル通信をこれ以降行わないと言い出したのである。イギリスは、世界のケーブル通信網を支配し、自らの意向に沿うように厳格な検閲制度を行っていたのである。……私は、ベルリン駐在アメリカ陸軍武官であり、自身もイギリスの海外通信ケーブル支配のために相当手を焼かされていた、ラングホーン少佐と親しい間柄にあった。彼は、読まれたり傍受されたりすることのないよう、ロンドンを経由せずにワシントンへ電報を送る方法を模索していた。……私は、彼に対し、われわれに暗号電報を預けてもらったうえで、われわれがその電報をナウエン経由でアメリカの無線通信局まで送るという、つい最近完成したばかりの方法を提案した。こうして、彼は、ワシントンの政府まで迅速に通信を送れるようになったのだ。……わがドイツがロシアとの間に偉大なる勝利を勝ち得たとき、……私は、ラングホーン少佐の電報の内容を修正し、アメリカがドイツの戦況について正しい情報が得られるよう、敵の敗北についての顛末を書き加えた。もちろん、アメリカ政府はこの電報を自国の駐在武官から送られてきたものと信じたことだろう。

数週間の間は、万事が順調に進んでいた。毎日一束届けられるアメリカの新聞には、戦況が一局面を迎えたことを示す記事が載っており、報道の内容に一定の変化が見られるようになった。ドイツの戦況は良好と捉えられるようになり、私は、この作戦の成功に十分満足していた。……しかし、修正された電報を送るこの方法を多用しすぎたため、ドイツ支持派の何らかの工作が行われているのではないかという疑惑を相手に抱かせることになり、やがて破局が訪れることになる。

何の前触れもなく、ラングホーン少佐は、ワシントンの政府からのアメリカに帰還する旨の素っ気ない命令を受けることとなった。……ワシントン到着後に見せられた「彼の送った電報」について、彼は、即座にそれは自分が送ったものではないと否定した。そして労せずして、それが誰から送られたのかを悟るに至った。

私は、自分のしたことに関して良心の呵責にとらわれたが、これもドイツが現在世界戦争を闘っている圧倒的な戦力を持つ敵国に対して、その持てる限りの手段を以って自らを守るためなのだ、そうでなければ敗北を免れないではないかと考えて自らを納得させた。持てる限りのあらゆる手段を以って。[52]

結論

戦争遂行において情報通信が与えた衝撃とは何だったのだろうか。一九一七年までには、戦時における通信量の大幅な増加によって連合国のケーブル通信網は限界にまで伸びきっていた。一九一八年には、イギリス政府だけでも一日に三万語の通信をやり取りしており、これは一九一三年の一〇倍の通信量であった。[53]ドイツによる通信ケーブル切断により、大西洋横断無線通信の発達が促されることになるのだが、その一方で、報道関係情報や民間でやり取りされる通信が、多いときには数週間も遅延することがあったにもかかわらず、政府の通信だけは時間どおりに、しかもドイツのスパイ活動をのがれて安全に届いていたのだった。

しかし、情報戦における本当の武器は、ケーブルの切断や無線局の破壊能力にあったのではなく、切断し破壊されたそれらを修復する能力であった。ドイツのケーブルは、一度切断されればそれまでであった。ドイツの海外との無線通信能力も、戦争開始後の最初の数カ月で多大な損害を被り、最後の望みの綱だったナウエンとアイルフェスの無線通信機は簡単に暗号解読の餌食になった。

それに比較して、連合国のケーブルは数週間以上も使用不能になることは決してなかった。イギリスとフランスは、ロシアやインド、極東、アメリカなどの国々とのケーブル通信能力を長期間失ったことはなかった。アメリカ合衆国はさらに大きな成果を上げることができた。アメリカは、パリからマニラへと伸びる、真の意味での帝国通信網をつくり上げ、イギリスの国際通信ネットワークにとって最初のライバルになったのであった。良好な通信状態を維持することが、戦争におけるケーブル通信・無線通信をめぐる戦いの要であり、この戦いでの勝利を通じて、連合国は最終的に完全勝利を収めることができたのであった。

注

（1） Stephen Kern, *The Culture of Time and Space 1880–1918* (Cambridge, Mass., 1983), 275–76.

（2） Ibid., 263.

（3） Ibid., 266–67.

（4） Ibid., 267–68.

（5） Ibid., 268.

（6） "Committee of Imperial Defence. Submarine Cables in Time of War. Note of Action Taken upon the Report of the Standing Sub-Committee (June 1, 1912)," in Public Record Office [PRO], Cab 38/21/21.

（7） 大方の著者は、「テルコニア」がドイツ沿岸沖でケーブルを切断したと指摘している。例えば、以下を参照。Christopher Andrew, *Secret Service: The Making of the British Intelligence Community* (London, 1985), 87; Patrick Beesly, *Room 40: British Naval Intelligence, 1914–18* (London, 1982); Barbara Tuchman, *The Zimmermann Telegram* (New York, 1958), 14–15. しかし、ドイツのケーブル専門家アルツール・クーネルトは、ケーブルはイギリス海峡で「アラート」によって切断されたとしている。*Geschichte der deutschen Fernmeldekabel. II. Telegraphen-Seekabel* (Cologne-Mülheim, 1962), 349–51 を参照。また、この点に関しては、以下も参照。J. Bourdeaux, "Submarine Cable Work during the War," *Post Office Electrical Engineers Jounal* 13 (1920–21), 237.

（8） "1914–1918 War Crisis. Correspondence concerning & instructions to stations recensorship and operations during the war," in Cable and Wireless archives (London), 1490.

（9） Captain Franz Rintelen von Kleist, *The Dark Invader: Wartime Reminiscences of a German Intelligence Officer* (New York, 1933), 35–37. この本は、他のすべてのスパイ物と同様、慎重に扱わなければならない。というのも、そこには信用できる情報とともに、向こう見ずの武勇伝が満載だからである。

（10） その後、アメリカが参戦した一九一七年に、セービルの無線局は押収されている。Hugh G. J. Aitken, *The Continuous Wave: Technology and American Radio, 1900–1932* (Princeton, N. J., 1985), 285–86 を参照。

（11） 多くの著者がこうした事実に言及しているが、正確な時期についてはバラツキがある。詳しくは、以下を参照。W. J. Baker, *A History of the Marconi Company* (London, 1970), 160; Alberto Santoni, *Il primo Ultra Secret: L'influenza delle decrittazioni britanniche sulle operazioni navali della guerra 1914–1918* (Milan, 1985), 104–6; Arthur R. Hezlet, *The Electron and Sea Power* (London, 1975), 84; Hugh Barty-King, *Girdle Round the Earth: The Story of Cable and Wireless and its Predecessors to Mark the Group's Jubilee, 1929–1979* (London, 1979), 166; W. Schmidt and Hans Werner, *Geschichte der Deutschen Post in den Kolonien und im Ausland* (Leipzig, 1942), 79–88; Aitken, 257; and Kunert, 240–42 and 249–57.

（12） Barty-King, 173–75

（13）"Telegraph Communications in Time of War: Direct Wireless Telegraph Communications with Russia" (March 7, 1913), in PRO, Cab 4/5/2/173B; G. L. Lawford and L. R. Nicholson, *The Telcon Story, 1850, 1950* (London, 1950), 90; Hezlet, 85; Kunert, 359-60 and 709.

（14）Gerald R. M. Garratt, *One Hundred Years of Submarine Cables* (London, 1950), 33.

（15）*The Great War: The Standard History of the All Europe Conflict* (London, 1914-19), 11: 213-16; S. A. Garnham and Robert L. Hadfield, *The Submarine Cable: The Story of the Submarine Telegraph Cable from its Inception down to Modern Times. How it Works, how Cable-Ships Work, and how it Carries on in Peace and War* (London, 1934), 188-91; Barty-King, 164.

（16）Kenneth C. Baglehole, *A Century of Service. A Brief History of Cable and Wireless Ltd. 1868-1968* (London, 1969), 24-25; *Great War*, 11: 217-19; Santoni, 140-52.

（17）グラハム・ストーレイは「イギリス海軍の修復船が切断されたケーブルの末端の一本に瓶が結びつけられているのを見つけたが、その中の紙片にはわざわざ『これはU-Boat No. 26の仕業だ。これでロイターの強い反独感情に満ちた嘘にも歯止めがかかる』」と書かれていた事実を紹介している。*Reuters: The Story of a Century of News-Gathering* (New York, 1951), 166. しかし、残念ながら、この愉快な一幕を確認する術はない。

（18）この点は資料によって大きく異なる。ここではF. Birch and W. F. Clarke, *A Contribution to the History of German Naval Warfare 1914-1918*, 3 vols. (compiled c. 1920), 1: 649 and 657に依拠した（Vols. 1 and 2は未完、Vols. 3は非公開）。以上の情報に関しては、Donard de Cogan氏に大変お世話になった。なお、Kunert, 709-12も参照。

彼は、戦時中に損傷を受けた、あるいは破壊された連合国側の多くのケーブルをリストアップしているが、五本は一九一八年九月にカンソー沖で、おそらく一本は一九一五年一月にビゴ沖で、さらに別の一本はブレスト沖で同年二月に、そして残りのすべては北海、バルティック海、あるいは黒海においてであった。サンデーフック岬沖のケーブルに関しては、以下を参照。Captain Linwood S. Howeth, *History of Communications-Electronics in the United States Navy* (Washington, D. C., 1963), 235; R. H. Gibson and Maurice Prendergast, *The German Submarine War, 1914-1918* (New York, 1931), 307; and Robert M. Grant, *U-Boat Intelligence 1914-1918* (London, 1969), 151-52.

（19）Kunert, 349-58; Garnham and Hadfield, 177-79; Barty-King, 172-75.

（20）"Imperial Wireless Chain," memorandum from Postmaster-General C. E. Hobhouse, September 5, 1914, in PRO, Cab 37/121; Baker, 160; Barty-King, 162.

（21）*Report on Cable Censorship during the Great War* (1914-1919) prepared by Colonel Arthur Browne, chief cable censor, in PRO, DEFE 1/130, 65-66; Baker, 159-61; Hezlet, 95.

(22) Jean d'Arbaumont, *Hisorique des télégraphistes coloniaux* (Paris, 1955), 43; René Duval, *Hitsoire de la radio en France* (Paris, 1980), 25; Emile Girardeau, *Souvenirs de longue vie* (Paris, 1968), 77; Maurice Guierre, *Les ondes et les hommes, histoire de la radio* (Paris, 1951), 107-8; Société Française Radio-Electrique, *Vingi-cing années de TSF* (Paris, 1935), 47.

(23) Susan J. Douglas, *Inventing American Broadcasting, 1899-1922* (Baltimore, 1987), 266-67; Aitken, 153-58; Hezlet, 136; Howeth, 222-24.

(24) Douglas, 269.

(25) Douglas, 270-73; Howeth, 225-29; Aitken, 285.

(26) Paul Schubert, *The Electric Word* (New York, 1928), 150-52; Aitken, 286; Douglas, 276

(27) Aitken, 312; Schubert, 155-56; Douglas, 278; Howeth, 235-41. ニュー・ブランズウィック無線局は、ウィルソン大統領が一九一八年一月八日にフォーティーン・ポイント演説を行った場所である。Howeth, 295, and Douglas, 280を参照。

(28) Aitken, 254.

(29) Aitken, 286-87; Douglas, 279; Schubert, 152-63.

(30) "Use by private persons of wireless telegraph stations in war-time" (November 18, 1903), in PRO, Cab 38/3/72.

(31) Nigel West, *GCHQ: The Secret Wireless War 1900-86* (London, 1986), 20-21.

(32) G. E. C. Wedlake, *SOS: The Story of Radio Communication* (Newton Abbot, 1903), 101.

(33) Sir Basil Thomson, *Queer People* (London, 1922), 39, quoted in Christopher Andrew, *Secret Service*, 178.

(34) イギリスの検閲制度について最も評価の高い資料は、*the Report on Cable Censorship during the Great War*である。

(35) Aitken, 260-61.

(36) *Report on Cable Censorship*, 301; Andrew, 176; Barty-King, 163; West, 26-27.

(37) 戦前の検閲制度計画については、以下の資料を参照。"Censorship of submarine cables in time of war" (1904), in PRO, Cab 17/92; "Censorship of submarine cables in time of war. Action to be taken by Her Majesty's Government and by different government departments concerned. Prepared by the General Staff, War Office" (May 30, 1905), in FO 83/2196, Nos. 387-427; "Report of an inter-departmental committee appointed to draw up instructions for establishing a secret censorship of submarine cables at certain foreign stations in time of grave emergency" (1908), in Cab 17/92; and "Regulations for censorship of submarine cable communications and frontier land lines throughout the British Empire and radio-telegraphy in the Overseas Possession and Protectorates" (1913), in WO 33/610.

(38) *Report on Cable Censorship*, 9-10.

(39) *Report on Cable Censorship*, 60-61.

(40) *Report on Cable Censorship*, 51.

(41) *Report on Cable Censorship*, 16-18 and 59-60; "War Crisis," in Cable and Wireless, 1490; Barty-King, 163; West, 28.

(42) Beesly, 129.
(43) *Report on Cable Censorship*, 351.
(44) Aitken, 261.
(45) *Report on Cable Censorship*, 19–23 and 40–45.
(46) *Report on Cable Censorship*, 103–4.
(47) あぶり出しインクに関しては，Herbert O. Yardley, *The American Black Chamber* (New York, 1931 reprinted 1981), 26–39 を参照。
(48) Jonathan Fenby, *The International News Services* (NewYork, 1986), 45; Storey, 160–71.
(49) Vary T. Coates and Bernard Finn, *A Retrospective Technology Assessment: Submarine Telegraphy. The Transatlantic Cable of 1866* (San Francisco, 1979), 82; Fenby, 45–46.
(50) Walter Millis, *The Road to War* (Boston, 1935), 147.
(51) Harry S. Foster, Jr., "Studies in America's News of the European War" (Ph. D. dissertation, University of Chicago, 1932), abstract, 7–11.
(52) Rintelen, 57–60.
(53) Barty-King, 175.

第9章　第一次世界大戦における通信諜報

戦争によって、通信速度の大幅な向上がもたらされた。陸上部隊や艦隊の重要性は、ほどなくして司令官たちの視界から消え去ることとなる。二〇世紀以前は、この通信の未発達が司令官たちの悩みの種であり、クラウゼヴィッツはこれをして「戦争の霧」（fog of war）と評した。ナポレオンもネルソンも、このような要因がなければさらに数平方マイル以上の作戦行動を行うことが可能だったのである。

工業化の時代に入って、これらの様相は一変した。電報、電話、そしてとくに無線通信が発明されたことで、軍司令官たちは数百平方マイル以上の広い範囲にわたって大軍を指揮することができるようになったのである。しかし、結果は驚くべきものだった。戦争の形態は、ナポレオン戦争を巨大なスケールにしたものではなく、中世のそれと同じ古典的戦闘方式に逆戻りし、各々の同盟軍が難攻不落の要塞を強力な守備隊をもって篭城することとなった。このことについて、軍事戦略家や歴史学者たちが延々と議論を続けるのには多くの理由がある。しかし、さまざまな原因が組み合わさり、そのなかでも通信は重要な役割を果たした。この新しい通信手段の登場によって、交戦国双方は指令伝達の円滑化と自軍の統制力の強化を達成しただけではなく、敵国にとっては相手国の命令系統に深く入り込み、この新通信手段の優位性そのものを一部無力化することも可能にした。当時の交戦国は気づくのが遅かったが、近代戦争において通信は、「通信諜報」と不可分の関係にあるのである。

通信諜報は、情報活動・スパイ活動という、極秘の世界に属するものである。軍事上の通信諜報の呼び方であるコミントは、まさにこの世界で最も極秘の部類に属しており、スパイによる諜報活動やその他の活動よりも重要性は高いと言える。政府は、一般的にいう「スパイ活動」の様相をある種の隠れ蓑として一般公衆の目に触れさせるのは比較的容認するが、こういったスパイ活動よりも、ラジオ放送に隠れた秘密の信号を傍受してメッセージを解読するといった、無線通信を分析する任務のほうがよっぽど重要な仕事となった。このような理由から、アメリカの一般大衆は、ＣＩＡをよく知っているにもかかわらず、より巨大な組織である国家安全保障局（ＮＳＡ）についてはあまり知らない。同様に、イギリスではＭＩ６［軍情報部第６課］

名ではない。

に比べて、その影の存在である政府通信本部（ＧＣＨＱ）は有名ではない。

クリプトロジー（cryptology）、すなわち暗号学は通信諜報における重要な分野の一つである。この暗号学に関しては人類文明社会の幕開けにその起源を見出すことができるが、近代的暗号学の誕生は、近代的通信技術の発達と深い関係にあったと言える。電報の発明により、さまざまな暗号文とその作成方法が考案され、科学としての暗号学が生まれたのである。陸上における電報のやり取りはスパイ活動の脅威からは比較的安全であり、かつ電報の登場時期はヨーロッパに長い平和が訪れていた時代だったので、暗号の解読方法に対して注意はほとんど払われなかった。しかし、無線通信が登場して通信信号を四方八方に撒き散らす時代になると、それ以前の電報の時代と比べて暗号通信文の脆弱性は明らかとなった。結果として、暗号解読法（cryptanalysis）が登場するのである。これは論理的に順序づけて導かれた結果ではなく、むしろ試行錯誤の繰り返しで自然に発生したものであり、戦争の勝敗を決定づけるものとなった。(1)

一九一四年以前の政府の暗号解読技術

商業用の暗号通信文は、とくに重要なものでなければ自由にやり取りすることができた。これは、ボーア戦争の最中もイギリス政府がこうした通信に制限を加えることを控えていたからである。機密性の要求される公式な通信文書に関して政府は、追加的予防措置として通信内容の高度な暗号化を可能にする暗号文、すなわち暗号数列を好んで用いた。イギリス外務省は、一八六七年に経済政策の一環として大西洋横断通信の暗号化を始めたが、この政策は安全対策を理由に慣習となり、その後も継続された。(2)一八七二年のアラバマ号事件訴訟の際、報道局に情報がリークされたのを契機に、アメリカ国務省は機密電報に使用するためのレッド・コード（Red Code）を開発し、一九一八年まで使用した。(3)

この時期、世界中の国家が新しい暗号を開発した一方で、諜報史家たちは、暗号解読技術の発達はそれほどなかったとしている。イギリスはその「ブラック・チェンバー」を一八四四年に閉鎖してしまい、ドイツとアメリカに至っては、それ以前にそうした情報機関を所有したことはなかった。クリストファー・アンドリューは、こう記している。「電報が外交通信の伝達ならびに傍受をより容易にしつつある時代に、暗号解読技術を放棄することによって、外務省は外交上の情報収集の最も価値ある方法を放棄してしまった」。(4)ボーア戦争後、陸軍省傘下の情報機関であるセクションＨ（のちのＭＯ5、現在のＭＩ5［軍情報部第5課］）課長エドモンド大佐は暗号解読と諜報分野の専門家のリストを収集しようとしたが、あまり成果はなかった。(5)イギリス軍事諜報史家であるトーマス・ファーガソン中佐は、このように記述している。「参照可能な資料によると、MO5の将校は諸外国の暗号通信に関して以前から研究してはいたが、第一次世界大戦開始前に関して言うと、暗号化された海外列強の通信に対する系統立てた暗号解読作戦を行ったことはなかった(6)」。海軍史家アーサー・ヘズレットは以下のように結論付けている。「戦争勃発以前は、たとえ開戦が必至の状況であっても、イギリスの政府機関において敵国の機密通信を傍受・解読しようとする試みはなされてはいなかったと言える(7)」。

ドイツにおいても、状況は同様であった。ドイツ海軍諜報史家のハインツ・ボナッツが述べるところによれば、ドイツ海軍は一九〇七年からイギリスの無線通信の傍受を始めたが、これはイギリスの通信技術の進展に遅れをとらないようにするためであって、通信文の解読を目的としたものではなかった(8)。デヴィッド・カーンは、このように説明している。「一八七〇年の戦勝によって、ドイツ軍はこれまでどおりの戦略を正しいものとして、自らを変えようという努力を怠るようになった。これは、暗号解読技術を軽視する結果にもなった(9)」。

大戦開始前の数年間という重要な時期にあって、フランスとオーストリア・ハンガリー帝国だけが暗号解読法の研究開発を続けていた(10)。フランス政府は、一八七一年の恨みを晴らすため、軍事的劣勢を優れた諜報戦術によって補おうとした。そこで、『軍事暗号学』の著者であるアウグスト・ケルクホフスや、外務省の電報翻訳課（もしくはキャビネット・ノワール）に所属していたエティエンヌ・バズリなどの優秀な暗号解読の専門家を採用した。郵便電気通信省にて用意された電報の複製を利用して、電報翻訳課は部分的にではあるものの、諸外国の外交通信用暗号を解読することに成功した。諸外国とは、イタリア、イギリス、ドイツ、トルコ、日本といった国々で、おそらくアメリカ合衆国やスペインも含まれていたと思われる(11)。開戦が近づくにつれて、フランス政府は、それまでのスパイ活動の成果の一部をイギリスと共有し、オーストリア・ハンガリー帝国もドイツに情報提供を行った。しかし、暗号解読の方法までは提供しなかった(12)。

地上戦における通信諜報

第一次世界大戦ほど周到に準備されていた戦争は、これまでなかった。両陣営のいずれも、詳細な動員日程や戦略プラン、そして行軍命令計画を策定していた。なかでも最も精緻な戦争計画を練っていたのは、ドイツであった。ドイツ参謀本部は、どのようにすれば戦争に勝利できるかだけでなく、いつ、どこで敵軍が敗北するかを詳細にシミュレーションしていた。そして、この計画は成功する寸前までいった。

フランスへの攻撃に動員される何十万もの兵員を統制するため、参謀本部は巨大な通信網をつくり上げた。侵攻軍は、ベルギーとフランスの電信線を利用することとされ、予備通信用として、三〇の移動用無線局と二二台の携帯用無線機を保有していた。ベルギーでは抵抗が予想以上に激しく、電信線の大部分が損傷を受けてしまった。一九一四年八月の攻勢では、ドイツ侵攻軍は予定していたより多くの無線通信を使用しなければならず、これはコブレンツにあった参謀本部と前線の攻撃部隊間の通信でも同様であった。結果として、通信伝達速度は大幅に低下し、多くは数時間程度、時には数日間の遅延が生じた。この原因は、通信量の過多や、通信機の機能低下、フランスによるエッフェル塔からの通信妨害などだった(13)。

無線通信機に関しては、連合国側のほうが状況は悪かった。開戦時にイギリス陸軍が全体で保有していた無線機の数は、ちょうど一〇台で、そのうち八月初めにフランスに存在したのは一台のみだった(14)。しかし、フランスとイギリスは、数字では算定できないほどの優位性を通信に関して保有しており、それは退却の際に、まだ戦闘で破壊されていない電信線や電話線を利用したことで発揮された。

最悪の状況にあったのはロシアだった。三国協商に基づき、フランスへのドイツ軍の攻勢を弱めるため、ロシア軍は一九一四年の八月中旬、東プロイセンに侵入した。サムソーノフ大将は敵陣営に攻勢をかけたが、軍事史に残る最大の失敗の一つを演出することになった。自軍の各司令官に自らの指令が迅速かつ正確に伝達されるようにするため、指令文に暗号を用いない通常の文章を使用するよう命じたのである。無線を聞いていたドイツ軍は、ロシア軍の作戦計画が目の前にさらけ出されることに、笑いをこらえきれなかった。結果として、戦いはドイツ軍の圧倒的勝利となり、このタンネンベルクの戦い(八月二六～三〇日)でサムソーノフの軍は包囲殲滅され、一〇万の将兵が捕虜となり、サムソーノフ自身は自決を遂げた(15)。

九月までには攻勢は止み、両軍は泥の下に身を潜めて相対することになった。西部戦線では、通信の様相が変化していた。ドイツ軍の防御線の裏側では次々と電信・電話線が修復され、無線はもはや参謀本部と各軍司令部との通信には利用されなくなっていた。しかし、前線付近となると、状況に変化はなかった。砲兵の弾幕射撃により、軍司令部は後退を余儀なくされ、また、司令部と前方の塹壕との通信線は切断された。両軍ともに野戦無線通信機の需要が増大し、新開発された真空管を使用した同通信機は一九一六年より大量生産され始めた(16)。

無線通信以外の代替通信手段を使用できない分野とは、着弾点確認任務であった。重砲はかなりの長射程なので、着弾地点を確認する唯一の方法は戦場上空からの飛行機による目視しかなかった。確認地点を砲手に報告するため、着弾点確認用飛行機は無線機を搭載していた。当初、飛行機搭載用の無線機の使用範囲は前線から二〇〇〇ヤードごとに一台のみと限定されていたが、一九一六年以降、無変調連続波無線機の登場により、無線機を搭載できる飛行機の数は、以前より飛躍的に増大した。飛行隊長は、無線電話を利用して空中戦の最中も常に自分の隊と連絡を取り合うことができた。一九一八年末には、イギリス陸軍航空隊（ＲＦＣ）単独で西部戦線において、単体だけで総数六〇〇機の飛行機と、一〇〇〇の地上無線局を保有していた(17)。

しかし、無線は傍受されやすかったため、情報の貴重な供給源となった。戦場の暗号通信は絶対解読不可能とは言えず、周波数帯や発信方向をただ単に変更しただけでも、近い将来に攻撃があることを敵に対し警告する結果になってしまった。一九一四年八月、フランスおよびイギリスの軍情報局は、ドイツの無線通信の傍受と分析を始めた。一〇月に、以前マルコーニ社で技師を務めていたＣ・Ｓ・フランクリンとＨ・Ｃ・ラウンドがフランスに赴き、最初の電波到来方向推定用基地局の建設を行った。これが始まりとなって、前線では両軍の通信技術に著しい発展が見られるようになり、通信傍受網と電波到来方向推定用基地局によって飛行機や飛行船、地上無線局の位置を特定することができるようになった(18)。

フランスは、陸軍省と外務省に、優れた能力を持つ暗号解読局を長期間有し続けてきた。ドイツ軍が北部フランスに侵入して無線を使用し始めると、フランソワ・カルティエ大佐の指揮する電報翻訳局は、ドイツの秘密通信に関する経験不足という弱点を最大限に利用した。ドイツの通信兵は、秘密保持の原則を破って同じようなフレーズを使用したうえ、暗号と通常言語の混在する通信文のやり取りを繰り返すといった愚を犯したため、フランスに対してドイツの暗号を解読する機会を何度も与えてしまった(19)。

また、フランスはドイツの暗号解読技術に対する無知と軽蔑心にも助けられた。北部フランスに駐在するドイツ無線監視員の中には、一九一四年暮れの段階でイギリス海軍の低級な暗号文程度なら解読できる者はいたが、ドイツの暗号解読技術が戦争終結時までに戦況に対して大きな影響を与えたという確かな証拠は何もない(20)。

一九一六年には、両軍は戦略上の通信に無線を使用することを極力避けるようになり、より安全な電報や電話をできるだけ利用するという、以前の通信方式に立ち戻った。しかし、これら通信線とアース・リターンを使用する比較的安全な通信機器を使用しても、通信時にわずかに漏れる電流を、特殊な機材を用いて感知することができるのは知られていた。一九一五年初頭、イギリス遠征軍のスタンレー大尉とネズビット－ホース軍曹は、アース・アンテナと三管式アンプを利用した機器を開発して、前線で交わされるドイツ軍の電話による会話の様子を監視した。それによって、ドイツがすでに彼らのものと同様の機器をつくり出していて、連合軍の攻勢を事前に予測していたことがわかった。その後、両軍ともに前線三キロメートル以内の電話の使用を禁じ、代わりに二線式アース・リターンを配備した。こうして、問題はいくらか緩和されたが、完全に解決されるまでには至らなかった。(21)

西部戦線における一九一四年夏以来の本格的な攻勢となった一九一八年春の総攻撃では、ドイツ軍は再び野戦無線機を使用した。このときドイツ軍は、それまで使用された中で最も複雑な暗号であるADFGVXを用いた。一九一八年三月二一日のルーデンドルフ攻勢開始後における連合軍の命運は間違いなくこの暗号の解読にかかっていた。フランス最高の暗号解読者であるジョルジュ・パンヴァン大尉が六月初めについにADFGVX暗号を解読すると、ルーデンドルフの最終攻撃目標地点が明らかとなり、フランスはこの攻勢を退けることができた。(22) しかし、この頃までにはドイツ軍の暗号解読技術にも一定の進歩が見られるようになってきていた。一九一八年九月一二日にアメリカ軍がサン・ミエルの突出部を攻撃したとき、ドイツ軍はすでにその場を放棄していた。これは、ドイツがアメリカ軍の単純な暗号を解読して、攻撃されるのを知っていたからである。(23) 両軍ともに暗号解読技術にはかなりの進歩があったが、この科学技術は、フランス軍には反撃する機会を与えたのに対して、ドイツ軍には退却する機会を与えただけであった。

イギリス海軍の通信傍受と電波到来方向推定

西部戦線では、通信を含むあらゆる面で両軍の実力は拮抗していた。そのため、情報戦による戦局に対する影響はなくなっていた。しかし海上では、情報戦は依然として戦略や兵器と同様の重要性を維持していた。最近の研究が示すところによれば、イギリスの制海権、すなわちイギリスの対外安全保障は、圧倒的な海軍力とともにその優れた海軍情報戦略にあった。(24)

第一次世界大戦におけるイギリス海軍の情報戦成功の鍵を握っていたのは、ドイツ海軍の情報戦術の充実の程度であった。戦争勃発時、ドイツの戦艦、旗艦、そして沿岸通信局はポールセン・ローレンツ型アーク無線通信機を装備しており、より小型の艦艇は可聴周波数帯を利用するテレフンケン社のスパーク・トランスミッタを使用していた。(25) ドイツ海軍は長期にわたり円滑な通信体制の重要性に注視してきており、とくに戦闘では規律ある艦隊行動が勝敗を決することになるため、艦艇の操作は、一八世紀当時の乗組員のような正確性をもって行われることが想定された。海軍史家ヘルムート・ギースラーは、当時のドイツ海軍が無線通信の登場をどのような態度で迎えたかを「彼らは、ついに通信線なしでお互いに交信を行うことができて、ただ感激するばかりであった！」(26) と描写している。

敵による通信妨害（これはかなりの脅威であった）を避ける

ため、無線通信士は異なる周波数帯で通信文を繰り返し送信することとされた。この際に、安全確保のために利用された技術が二つあった。それは、低出力通信と暗号の使用であった。海軍司令部は、これらの予防措置に絶対の信頼を置いていたため、艦隊作戦参加者はお互いの通信の傍受および解読を試みることを禁じられていた(27)。当時のドイツ海軍が自惚れて自信過剰に陥っていたことが、「厳しい軍事教練が、この重要な通信手段である無線の有効性を確実なものにしている(28)」というビントザイル海軍少佐の言葉から理解できる。こうして、安全が確保されているとの間違った幻想に取り付かれたドイツ海軍は、スパイ活動を行うことに何らのためらいも持たない敵と向き合うこととなった。

開戦当時は、幻想に浸っていたドイツと同様に、イギリスもまた組織化された情報戦を実行できるほどの段階には至っていなかった。イギリス海軍が保有していた通信傍受用無線局はストックトンの一基のみであったし、通信諜報活動の経験も皆無だった。イギリス人が誇る比類なき礼儀正しき方法において、戦時に際して手をこまねいていた海軍のお偉方の補佐役となったのは、アマチュア無線家である民間人だったわけである。彼らの所有しているすべての無線受信機を没収するとの布告が発せられたとき、かろうじて二つだけが官憲の目を逃れることができた。一つは弁護士で、海軍教育部長アルフレッド・ユーイングの友人ラッセル・クラークの所有している受信機、もう一つは海軍技術大佐を辞した後、南アフリカ電信会社の社長を務めていたリチャード・ヒッピスレーのものだった。両者は、この受信機を用いてドイツの無線通信文を大量に傍受し、すべて暗号で保護されていたこれらの情報を海軍情報部に渡した。

海軍情報局長のH・F・オリバー海軍大将（のちに第一海軍卿ジャッキー・フィッシャー大将のもとで幕僚長を務める）は、暗号解読に興味を示していたユーイングに通信傍受をさせた。ユーイングは、言語学・数学ほかあらゆる種類の学問の専門家を集めてチームをつくり、彼らに山のように積み上がっていた暗号通信の解読を試みさせた。この暗号解読チームはのちに、ホワイトホールの旧海軍省ビル40号室に移ったため、それ以来「ルーム40」という呼称が用いられるようになった(29)。

一方、ヒッピスレーとクラークは、より多くの通信を傍受するため、ノーフォークにあるハンスタントンの無線局に陣取ることになった。その後、かなりの数の無線局がY（通信傍受）任務遂行のための戦列に加えられ、海軍省との直通電話で連絡を行った。

一九一六年にはヘリゴランド・バイト（ドイツ大洋艦隊が停泊していた湾）から発信されるドイツ海軍の通信の大半は傍受されており、一九一七年になると湾内の艦同士による低出力の信号も含めてすべての通信が筒抜けになっていた。加えて、Y

任務担当の通信傍受班は、バルト海からのドイツ軍の通信をもいくつか傍受しており、フランスとも協力して地中海からのドイツとオーストリアの通信も捕捉していた[30]。

敵国通信の傍受は、当然ながら始まりにすぎなかった。通信諜報には次のような要素が含まれていた。電波到来方向推定(通信の出所を探す作業)や、トラフィック分析(通信の信号パターンからそこに含まれる情報を推測する作業)、暗号解読作業、そしてついには生のデータから敵軍に関する正確な情報を分析し、割り出す作業が次々に行われるようになった。

電波到来方向推定技術に関しては、イギリスはドイツに対して優位な地位にあった。ドイツが北のデンマーク国境から南のオステンデに至るわずかな海岸線を有するのみだったのに対して、イギリスは長い海岸線を利用してあらゆる方向に探知局を設置することができた。より長い海岸線のおかげで、ドイツよりも正確に敵の通信施設の位置を把握することが可能となったのである。

一九一四年九月、軍情報部のラウンド中佐はオリバー大将に対し、「ベリーニ・トシ」方向アンテナを二つ同時に使い、敵国の通信機の位置と合わせて三地点とする電波到来方向推定法を提案した。西部戦線に電波到来方向探知局網を張りめぐらせたのち、彼はイギリスに戻り、シェットランド島から南イングランドにまたがる六基の探知局を設置し、その後南アイルランドや地中海にも建設を行った[31]。これらいわゆる「Bステーション」は従来の鉱石受信機よりもさらに鋭敏な真空管受信機を装備しており、北海では半径二〇マイル以内、大西洋では半径五〇マイル以内の通信施設の位置を捕捉することが可能だった。

イギリス海軍情報部は、暗号解読を行わなくても単に通信の周波数や発信位置、移動状況や呼び出し信号などを確認するだけで、ドイツの艦船や潜水艦、飛行船に関する情報を入手することができた。一九一六年になると、ドイツはイギリスの受信装置がいかに高感度で精度が高いかということに気づき始めた。その後ドイツは、無線の使用に際して極力慎重になった[32]。

一九一四年におけるドイツの暗号とイギリスの暗号解読技術

電波到来方向推定技術は、諜報戦においてもう一つ別のより難解な目的のために供されていた。それは、その存在が戦時中の最高機密とされた「ルーム40」の任務遂行をサポートするというものだった。ドイツ海軍は他国と同様、定期的に変更される「キー解読記号」によって暗号を保護していた。軍事史における最も皮肉な史実の一つとして、イギリスが第一次世界大戦開戦と同時にドイツ軍の重要な暗号帳を三部も手に入れていたことがここで挙げられる。一九一四年八月一一日、オーストラリア海軍は、メルボルンを出港したドイツ貨物船ホバートを拿捕した。ホバートの船長は開戦の報をまだ耳にしていなかったため、暗号帳を処分する暇もなく、オーストラリアの手に落ちることになったのだった。通商記録張（ＨＶＢ暗号）と呼ばれるのが、ドイツ商人やドイツ潜水艦Ｕ‐ボート、そしてツェッペリン飛行船で使われていた暗号帳である。オーストラリア軍はイギリスにＨＶＢの複製資料を送り、一〇月には到着した。

八月二六日には、ロシア軍はバルト沖でドイツ巡洋艦マグデブルグを撃沈し、ドイツ帝国海軍暗号表（ＳＫＭ暗号）を暗号化乱数表とともに奪取した。これらは、戦闘中に使用され、最高機密に属するドイツ海軍の暗号だった。ロシア海軍は、類い稀なる寛容さをもってこの暗号表をイギリスに送り、それは一〇月一〇日に到着した。

一一月三〇日には、イギリスのトロール漁船が側鉛線で水深を測定していた際、一〇月一七日にオランダ沖でドイツ駆逐艦Ｓ‐119とともに沈んだ箱を引き揚げた。この箱には交通記録簿（ＶＢ暗号）と呼ばれる、海軍連絡将校が使用していた暗号表が収納されていた[33]。

これら三つの暗号表の奪取が、「ルーム40」にドイツ海軍の無線暗号通信を解読させた最大の要因であったし、ビースリーの言葉を借りるならば、イギリスが「敵軍の動きや作戦に関し、過去において他の軍司令官が手にしたどんな情報よりも良質で正確な情報」を手に入れることを可能にしたのだった[34]。このことに関して、ハインツ・ボナッツは、より極端な表現を用いている。「イギリス海軍は、第一次世界大戦の最初の三年間を、事実上相手の手の内をすべて読んだ状態で戦っていたのである」と[35]。

しかし、最近になってイタリアの海軍史家アルベルト・サントニがこうした視点に対し、いくつかの疑問点を投げかけている。開戦時、ドイツの二隻の軍艦、巡洋戦艦「ゲーベン」と軽巡洋艦「ブレスラウ」は地中海に配備されていた。八月四日、ドイツ海軍省はこの二隻の司令官であるゾーホン大将に対し、コンスタンティノープルへ向け出帆するよう無線で命令通信を送った。翌日、この二隻のコンスタンティノープル入港はトルコ政府に拒否された。しかし、二日後にはトルコ側の気が変わった。八月一〇日、地中海でイギリス軍の苛烈な追跡を受けたのち、ようやく「ゲーベン」と「ブレスラウ」はダーダネルス海峡に入ることができた。トルコ領内におけるこの二隻の存在は、トルコがドイツ側に立って参戦することを助長する結果になった。

この事件の間、ドイツ海軍省とゾーホンとのＶＢ暗号による通信は、イギリス軍によって数時間で解読されていた。これは、「ルーム40」が結成されるかなり前のことであったので、この頃にＶＢ暗号が解読されていたのは奇跡的だったとも考えられる。実際イギリス軍は、戦争の始まる数カ月前の一九一四年三月にはこの暗号を解読していたのだった。また、ＳＫＭやＨＶ

Bといった暗号帳を使った通信文も、これらが奪取された二カ月後の八月半ばには解読されてしまっていた[36]。サントニは以下のように記述している。

結論として、イギリス海軍省の海軍諜報部は、「ルーム40」がいまだ正式な機関として創設されていなかった開戦時においてさえ、すでにドイツ海軍の暗号HVB、SKM、VBや外交通信用の暗号コードABCなどを「読む」ことができたと言うことができる。そして、これらの成果は、機密資料の奪取に先立って行われた多くの時宜を得た分析と推定作業の賜物だったと考えられる[37]。

情報操作による偽証行為は、戦時における諜報戦では欠かせない戦略ではあるが、終戦とともにこの傾向に終止符が打たれたわけではなく、その後も継続し、歴史家が過去を推定しようとする際の障害となった。情報操作された資料に直面したとき、歴史家たちはこう問うしかない。「一体どのような動機で資料に虚偽の記載をしたのか」と。

サントニは、このことについて妥当な説明をしている。イギリス当局、なかでもとくに当時の海軍大臣であるウィンストン・チャーチルは、第一次世界大戦における彼らの暗号解読における戦果が一握りのアマチュア無線家たちによって幸運にも達成されたものであるという言説が一般に広まることを望んでいた。この言説によって、イギリスの将来の仮想敵国となり得る国々は、先の大戦でのイギリスの勝利が偶発的事象であり、イギリス海軍の諜報には何らの優位性もないことを信じて安心させられたのだった。戦時中そして戦後においても、ドイツはイギリスの暗号解読技術が自身のそれより優秀であったことを信じようとはしなかった。彼らはイギリスの勝利が優れた電波到来方向推定技術によるものであったとし、もしくはまったくの幸運であったと考えた。ドイツは、根拠のない楽観的観測によって、自身の通信安全保障を過大評価し、第二次世界大戦で同じ轍を踏むことになった。情報操作はこうした目的に役立ったのである[38]。

戦争初期におけるイギリスの暗号解読技術の成果はすぐには表れず、指揮命令系統の欠陥という原因もあり、短期的な視点から見ればそのインパクトは小さかった。敵軍の状況や作戦に関する情報を得るに十分な暗号解読技術を有していたとは言えなかったため、その不十分な情報に基づいた軍事行動をとらざるをえなかったわけである。おまけに、非常に残念なことながら、イギリス海軍の司令官であった第一海軍卿フィッシャーと大艦隊司令長官ジェリコは、通信傍受や暗号解読作業によって得られた情報の断片から正確な情報を導き出そうと努力することはしなかったし、部下や文官からの忠告にも耳を貸そうとはしなかった。結果として戦争一年目の一九一四年では、イギリス海軍は暗号やその解読技術などほとんどないに等しい状況で戦争を遂行していたのだった。海軍の組織構造に欠陥があったことは、地中海において圧倒的に優位な制海権を有し、ゾーホン大将の作戦行動を熟知していたにもかかわらず、「ゲーベン」や「ブレスラウ」のコンスタンティノープル入港を許したことでも理解できる。

より深刻な事態は、一二月に発生した。一四日、「ルーム40」はヒッペル大将の率いるドイツ巡洋戦艦がイギリス東部の海岸に対する襲撃を計画していることをほのめかす無線暗号通信を解読した。しかし、警告を受けたにもかかわらず、海軍省の対応は大幅に遅れ、ヒッペル大将はハートルプール、ウィットビー、スカボローといった町を砲撃して、ドイツに帰還することができた。一方、ドイツ大洋艦隊も進出してきてはいたが、イギリス海軍をおびき出すために無線通信を停止していた。ヒッペル大将の巡洋戦艦とジェリコの大艦隊、そしてフォン・インゲノール大将率いるドイツ大洋艦隊は北海の霧の中ですれ違いになり、一連の事件は収束した。これが、その後の北海における膠着状態を演出する最初の事件であった(39)。

一九一四年における大艦隊同士による最大の海戦は、北海においてではなく、遠く離れた南米大陸の南端で生起した。ここでも、優れた通信体制の有無が勝敗を左右した。

八月初め、シュペー大将の率いるドイツ東アジア艦隊は、中国の青島を出港し、南太平洋に向かった。シュペー大将は、中立港に立ち寄って電報を送る以外にドイツ本国との通信方法を有していなかった。八月末、シュペー大将は、巡洋艦「ニュルンベルグ」をホノルルに派遣し、ドイツ総領事の援助のもと、南米西海岸との通信サービスを艦隊に提供してもらえるよう手配させた。この任務を遂行した後、「ニュルンベルグ」は、イギリス太平洋通信ケーブルを切断するためファニング島に向かったのだった。

一カ月以上の間、イギリスはドイツ東アジア艦隊の動きを掴み損ねていたが、一〇月四日、メルボルンのオーストラリア海軍情報部はシュペー大将の旗艦「シャルンホルスト」と軽巡洋艦「ドレスデン」の間で行われたHVB暗号帳による無線通信を解読し、その結果を電報でロンドンへ送った。海軍省は、南大西洋にて待機中のクラドック少将に対し、シュペー大将を迎撃するよう命じた。

チリ沖の海上で、両艦隊は、本国との通信が非常に困難な状態におかれていた。ドイツ軍は、無線通信によりバルパライソに潜伏していたドイツ商船ヨークと連絡を取り、そこからドイツ総領事がヨーロッパの中立国に電報を打ち、さらにそこを経由してドイツに連絡をとるという方法をとっていた。海軍省と陸軍省の連携が上手くいっていなかったイギリスは、世界の通信ケーブルを支配していたことからケーブル通信の検閲を熱心に行っていたため、組織的に敵の無線通信を傍受したり解読する能力に欠けており、これら中立国の通信文に擬装されていたドイツ海軍の電報を何カ月たっても捉えられないでいた。(40) イギリス軍側もほぼ同様のルートで本国と連絡をとっていたが、通信文が目的地に到着するには数日間もの時間を要した。

現地では、シュペー大将は、商船ヨーク号やチリの海岸線にある無線局から、クラドック少将の艦隊の位置や勢力などに関する情報をよく知らされていた。また、ドイツの無線通信士はイギリス巡洋艦「グッド・ホープ」、「モンマス」、そして「グラスゴー」間で行われていた通信を傍受していた。一〇月三一日、クラドックは、ドイツ東アジア艦隊の全勢力と合間見えたことを確認した。数で相手に勝ることはわかっていたが、彼は援軍を要請した。一一月三日、援軍要請を受けた海軍省は、巡洋艦「ディフェンス」をクラドックの支援に向かわせた。しかし、この到着までの二日間の間に、クラドック艦隊は、彼自身の戦死も含め、すでに壊滅していた。この一九一四年一一月一日に行われたコロネル沖海戦は、イギリス海軍にとって世紀の大敗北であり、この敗北の原因の一端は、ロンドンの海軍省が数千マイルという有効な通信範囲をはるかに超えた距離から事態の収拾を試みたことにあったといえる。

コロネルでの敗北の一報が一一月四日に海軍省に届くと、このダメージを修復するための方策が直ちにとられた。一一月一九日、「ルーム40」はバルパライソのドイツ総領事から発せられたABC暗号による外交通信を解読し、シュペー大将の艦隊が南大西洋を通ってドイツ本国に帰還する予定との情報をつかんだ。海軍省はスターディー大将に、巡洋戦艦「インヴィンシブル」、「インフレキシブル」を含むより大勢力の艦隊を与えてシュペー大将の迎撃に向かわせた。今回は通信システムの安全確保のために入念な措置がとられた。巡洋艦「ヴィンティクティヴ」は高出力の通信機を装備し、通信の中継役としてアセンション島に待機した。スターディー大将は無線通信を停止していたので、シュペー大将は、イギリス艦隊が南アフリカのボーア人反乱鎮圧に向かっているのだと思い込んでしまった。一二月八日、シュペー大将の率いる艦隊は、フォークランド諸島に進路を向け、そこで待ち構えていたスターディー艦隊によって壊滅した。(41)

イギリス海軍の諜報戦（一九一五〜一九一六年）

コロネルおよびフォークランド沖海戦は、通信の観点もさることながら、海軍の作戦遂行の観点からもその重要性は大きかった。イギリス軍は、敵の暗号を正確に解読し、情報を掴んで適切な命令を発するとともに、無線通信を停止しておくことの重要性を認識するに至った。海軍省が、組織的な作戦行動へと通信諜報活動を統合するのに四苦八苦しているなか、この南アメリカ沖で生起した一連の交戦は、彼らがこうした重要性を認識するのに大きな一歩を与えた出来事だったのである。そして、この分野で信望を得た人物が、オリバー大将が幕僚長となった一九一四年一一月に海軍情報局長を務めていたウィリアム・「ブリンカー」・ホール大佐だった。ユーイングや「ルーム40」との関係は公式に明確にされることはなかったが、ホールはオリバーやユーイングとは違い、謀略やスパイ活動の才能を有しており、諜報戦と作戦行動との複雑な関係も理解していた。彼はこの才能をフルに活用し、ユーイングが研究生活に戻ったのちの一九一六年後半から一九一七年前半にかけて活躍した。[42]

海上における作戦行動の観点から見ると、一九一五年はとくに何事も起こらなかった。ドイツ艦隊司令長官はより優勢なイギリス艦隊と遭遇することを恐れてドイツ陸軍が陸上で勝利を挙げるのを待ち望んでいたため、北海の基地に閉じこもったまま出てこなかった。イギリス艦隊のほうは、自軍の優勢が希薄であるこの状況で全面衝突することを嫌い、ドイツ艦隊の封鎖を続行することで妥協していた。ドイツ軍が一月二二～二四日にかけてドッガーバンクで急襲作戦を敢行した際も、イギリス軍の反撃は決定的な打撃をドイツ艦隊に与えることはできなかった。艦船は非常に貴重で、かつ代替可能なものではなかったので、両軍の士官はともに、リスクの伴う交戦よりも膠着状態を望んでいた。

イギリス側の優柔不断さには、すでに掴んでいたドイツ軍側の暗号に関する情報を積極的に軍内部で共有することを拒んだことにも見られ、その結果、この有用な情報を組織的に作戦に利用する機会を逸してしまったのである。このようにイギリス側の方針は煮え切らないものではあったが、ドイツ側も自らの通信安全対策を過大評価して自己満足に浸っていたため、必要な事前措置の行使を遅らせるという結果となり、その意味では功を奏したとも言える。ドイツ海軍省は、マグデブルグの撃沈後、SKM暗号の情報が敵に漏れたことに気づいていたが、深刻な結果には至らないだろうとの考えから新しい「キー［暗号解読記号］」表の作成・配布を行うことを二カ月も怠っていた。同様に、一九一四年一一月にはHVB暗号の情報が漏れたことが疑われ、ドイツ本国と通信することができたフォークランド沖海戦の生存者からもイギリスがドイツの暗号を解読しているとの確認を得たのだが、それでもなお一九一五年六月に至るまで無線の通信量を減らそうとはしなかった。こうしたときにドイツ海軍幕僚は、イギリスに暗号を解読されたことよりもイギリスの無線方位測定技術のほうを問題視していた。[43]また、ドイツ海軍は、慎重な調査の結果、ドイツの暗号は解読不可能であり、イギリスは情報収集においてスパイを利用しているにすぎないと結論付け、「これにより、フォン・ティルピッツ大将までも疑いの目を向けられることになった[44]」。結果、ドイツ海軍が新しい暗号を導入することになるのは、かなり後のことであった。新暗号には、旧式のＨＶＢに代わって一九一五年夏にＵ－ボート用に導入された無線通信暗号張（ＦＶＢ暗号）や一九一六年初頭に採用された総合無線通信帳（ＡＦＢ暗号）などがあった。しかし、イギリス上空で撃墜されたツェッペリンから発見された暗号資料によって、一九一六年九月にはＡＦＢ暗号は解読されてしまった(45)。

第一次世界大戦における最も重要な海上戦は、一九一六年五月三一日～六月一日にかけて行われたユトランド沖海戦であり、海軍史のなかでも白熱した論争が展開されている、疑問点の多い海戦だったことでも有名である。ハインツ・ボナッツとアルベルト・サントニは、この海戦がドイツの勝利であったと見なしており、戦術的にもそれは間違いないと思われた。「ドイツ艦隊は、小型の艦艇から構成されてはいたが、一四隻のイギリス艦艇を撃沈し、この一四隻中には三隻の巡洋戦艦が含まれており、総トン数は一一万三五八〇トンであった。一方で、ドイツ側が失った艦艇は、巡洋戦艦一隻を含むわずか一一隻であり、総トン数は六万一七六〇トンであった(46)」。しかし、どちらの側も勝利したとは言えなかった。というのも、この海戦後の両者のパワー・バランスは、海戦前のそれとまったく変化しなかったからである。つまり、ドイツ艦隊は、以前と同様、イギリス海軍によって湾の奥に封じ込められてしまっていたのだ。しかし、この状況そのものはイギリス側にとって見れば好都合なものであった。なぜなら、この封鎖状況によって、ドイツ海軍は潜水艦作戦を取らざるをえず、結果としてドイツがアメリカを敵に回すことになったからである。

この海戦は、両軍の通信・諜報能力における優秀性とともにその弱点をも浮かび上がらせることとなった。五月二九日、ドイツ艦船が錨を上げる前にはすでに、「ルーム40」が新暗号であるＡＦＢ暗号および旧暗号のＳＫＭとＶＢの両暗号によるドイツの最初の通信文を解読していた。翌日、シーア大将がドイツ大洋艦隊に対し、ヤーデ川河口の外側に集結するように命令を発した際、「ルーム40」はこの通信を傍受して解読し、無線通信方向測定局が外海へと移動してくる船団を捉えようと探索を行った。しかし、ドイツ艦隊は、通信信号のやり取りを、その旗艦とヴィルヘルムスハーフェンの沿岸無線局との間で行っていた。イギリス海軍省では一時的に混乱が生じたが、大艦隊とその巡洋戦艦群はほどなくして出撃を命じられ、翌日にはドイツ大洋艦隊をユトランド沖にて捕捉するのだった。

両艦隊が遭遇すると、とたんに無線通信の嵐が吹き荒れた。ドイツ艦隊が無線通信方向測定や通信分析、航空偵察などを使用して効果を発揮したのに対し、イギリス側は、ドイツ軍とほとんど同時に敵の通信信号の解読を行っていた。しかし残念なことに、オリバー大将と海軍幕僚は、ジェリコやビーティーといった他の提督たちに対し、戦闘に有用な情報のすべてを惜しみなく提供することを拒み、その一方でジェリコたちも受け取った情報を信用しなかった。結論として、このときはイギリスではなくドイツのほうが敵を奇襲するのに有利だったのである。[47]

西部戦線、すなわち戦争全体において軍事的栄光の欠片も見られなかったように、ユトランド沖海戦は、英独両軍にとって無用かつ後味の悪いものであった。これには、両軍がともに見事なまでに同じような心の狭量さを持ち合わせていたことに加えてある理由が存在する。この戦争では、無線傍受を含めた無数の情報源からコツコツと収集した知識を用いて中央司令部が戦争全体を一度に指揮できるほどに情報伝達力は十分な発達を見せていた。しかし、軍事指導者たちは情報伝達手段が未発達であった時代に教育を受けてきていた。そうした時代においては、戦場の指揮官たちは過去の先例や直感、そして地元の情報に基づいて決断を下したのであり、また諜報活動はスパイが行うものとされ、軍人は高慢に陥っていた。反証があるにもかかわらず、ドイツ海軍の提督たちは敵の暗号解読班が自分たちの通信文を継続的に解読していたことを信じようとはしなかった。ジェリコもビーティーも、そしてロンドンにいたオリバーも、大海戦展開の結果を下級官僚による暗号解読に委ねることには乗り気ではなかった。イギリス海軍省の批評家であるサントニは、このように結論付けている。「それまでの戦争の歴史において、ある交戦国が損失を被ることなくこれほどの極端な優位性を有する可能性を得られた例はなかったし、しかもこの優位性が予測される結果を達成するために用いられることはどのようなかたちでもなかったのである」。[48] 次の世界大戦が始まると、イギリス海軍省はすぐに「諜報活動本部」(Operational Intelligence Centre)を創設することになる。

Uーボート戦争(一九一七～一九一八年)

ユトランド沖海戦の後、ドイツ軍はイギリス軍の通信諜報に対して徐々に警戒心を募らせるようになるとともに、無線通信の使用をより控えるようになった。ドイツ軍は一九一七年五月にSKMに代わる新暗号帳である艦隊通信暗号帳、すなわちFFB暗号を導入したが、その一部は「ルーム40」によって同年九月までに解読されてしまう。[49] 暗号のキーワード[解読記号]は七日から一〇日ごとに変更されており、「ルーム40」がそれを判読するのに三、四日は要したため、安全策として幾分かは役立った。より重要な点は、暗号解読よりも通信方向を測定されることの恐れから、ドイツ軍が「無線通信の停止」(radio silence)を学んだことであった。一九一七年一〇月、無線通信を切った状態で航行していた巡洋艦「ブルマー」と「ブレムゼ」は、ノルウェーとスコットランド間の海域でイギリス護衛船団を急襲し、一二隻の貨物船のうち九隻と、二隻の駆逐艦を撃沈した。

同様に一九一八年四月二三日の大洋艦隊最後の出撃も完全なる無線通信停止状態で行われ、巡洋艦「モルトケ」が故障して無線で救援を要請する頃には、ドイツ艦船はすでに安全地帯に退避していたために、イギリス大艦隊は攻撃の機会を逸していた(50)。

こうした裏話があったものの、ドイツ政府は、ユトランド沖海戦後にはすでに大艦隊との直接対決を回避し、代わりにUボートを使って必要物資の供給を断つことでイギリスを屈服させることを決定していた。

効果的に作戦を実行するために、潜水艦には洋上航行船以上に無線通信の利用が求められた。潜水艦は、浮上したときには無防備であり、また潜望鏡を使うために潜行したときの動きは遅い。支援がなければ、潜水艦は商船や敵軍艦、機雷敷設地帯、および護衛艦船の位置を特定することも困難であった。ドイツの潜水艦隊指揮官は、潜水艦に対して、艦船を撃沈したとき、問題が発生したとき、あるいは機雷敷設地帯を経て基地へと誘導されるべく帰投するときは、いつでも指示に従い、報告をするように求めた。一九一七年、連合国の護衛船団方式に対抗するためにドイツ軍は海上の中央指揮所から数隻のUボートを差し向け、これが第二次世界大戦における「群狼戦術（ウォルフ・パック・タクティク）」の先駆けとなった。この戦術も、頻繁に無線通信のやり取りを要求するものであった。イギリスの無線通信方向測定技術の脅威があったにもかかわらず、Uボートは無線を大規模に使用していた(51)。

しかし、Uボート搭載の設備は、こうした必要性に応えられるものではなかった。艦内の湿気のため、一九一三年まで無線機器を導入できなかった。戦争中、Uボートは二種類の無線装置を装備していた。これら無線の受信装置（レシーバー）は、ポーラ、ダマスカスほかの地中海地域に設置されていた小型の無線送信機に加え、ナウエンやブリュージュ、アイルフェスに位置する強力な長波送信機より発せられる通信を聞き取ることができるように設計されていた。開戦時、本国からの通信文は潜水艦から潜水艦へと伝達されことも多く、アメリカ沿岸水域にまで情報が達するのに数日間を要していた。一九一七年にはナウエンからの通信出力が四〇〇キロワットにまで強化されたことにより、かつてはせいぜいカーボ・ヴェルデ諸島から受信するのがやっとだったのが、改良受信装置を備えた潜水艦であれば遠く離れた大西洋からでも通信を受けることができるようになった。潜水艦では、一定の条件さえ満たしていれば三〇メートルまでの潜行の間はナウエンからの通信を受信できることも知られていた(52)。

一方で送信に関しては、話は違っていた。潜水艦内には、長波送信機の設置場所などは確保できず、送信に必要な大型アンテナについては言うに及ばなかった。一九一六年までのUボートの装備は、低出力の五〇〇ワット中波送信機と三〇〇〜

五〇〇キロまでしか通信を送れない折り畳み式アンテナのみに限定されていた。一九一五年五月にアイリッシュ海でルシタニア号を撃沈したU‐20の艦長シュヴィーゲル大佐は、この大量殺戮の成果を誇らしげに報告するには、北海へ戻り、ルートヴィヒスハーフェンの三〇〇キロ圏内に入るまで待たなければならなかったのである。一九一七、一八年に入ってU‐ボート内に一キロワット真空管受信装置が装備されると、アイスランドやカナリア諸島といった地域からでも本国に無線で通信を送れるようになった。こうした事実は、U‐ボート戦争の舞台がなぜブリテン諸島近海から外海へと移っていったのか、という疑問に対する説明をしてくれる(53)。

このような無線通信のやり取りは、イギリスにとっては通信方向測定技術を用いて北海二〇マイル圏内および大西洋五〇マイル圏内のU‐ボートの位置を特定できることを意味した。一方、U‐ボートは駆逐艦に発見される前に潜行してしまえばよかったので、このリスクはドイツ側にとっては許容範囲内であった。ただ、ドイツ側は、イギリスの「ルーム40」が通信文を解読しており、その結果U‐ボートの位置はおろか、その作戦計画まで知られていたことには気がつかなかった(54)。

しかし、「ルーム40」と海軍省輸送部との連携不足のため、イギリス側は、一九一七年まで上記の情報を有効活用することができなかった。一九一七年初頭の無制限潜水艦戦の再開により、イギリスは度重なる商船撃沈の損害を抑制するために護送船団方式を採用せざるをえなくなり、また敵潜水艦対策部と「ルーム40」を、ＩＤ25（情報部第25課）と呼ばれる新設部門へと統合することになった。付近にいるU‐ボートの情報を海上の海軍指揮官たちに伝えるために送信される「特別電報」（special telegrams）の数は、一九一七年初頭には一カ月に三九件であったのが一九一七年後半には六六件に増え、そして一九一八年には一七二件となった。護送船団はいまやU‐ボートを迂回して航行することが可能となり、U‐ボートは駆逐艦によって葬り去られていくことになった(55)。一九一七年の春には間近に迫ったと思われたイギリスにおける物資枯渇の脅威は後退し、ドイツの勝利への最後の望みも薄らぐこととなった。

ドイツ軍の通信諜報

通信諜報活動が一方通行のものであったということはまったくなく、ドイツ軍もまたこの方面での努力を行っていた。連合国側が無線通信を使用していたこと、およびU‐ボートがとくに商船についての情報を求めていたことから、これは不可避であった。

戦争の過程で、イギリスの無線通信機器はドイツのそれとともに発達した。開戦時には、多くの艦船がいまだに可聴周波数用通信機器を装備していた。これらは次第にポールセン型アーク通信機に取って代わられていき、終戦が近づくにつれて今度は真空管が艦船上に登場することになった。商業海運の運行を助けた多くの沿岸無線局に加え、イギリス近海から発進した補助哨戒艇がU‐ボートの探索を行った[56]。結果的に、ドイツにとっては傍受できる無線通信のやり取りがありあまるほど存在することになった。

開戦時、ドイツ側は三カ所に無線傍受局を有していた。それらのうち、一つはヘリゴランド島に、他の二つは艦船上に設置されていた。ヒッペル大将は、その指揮下にある艦船において、敵の無線通信を常時傍受するよう命令していた。B‐ディーンスト（ドイツ海軍の諜報機関）、すなわち艦上無線傍受班は、傍受された通信の音の大きさからその発信源との距離を割り出すという、信頼性の低い方法を試みていた。傍受班は、地上送信機の通信経路解析を行っていたが、海上の艦船に対する同様の試みは功を奏さず、通信文を解読できなかった。しかしながら、機雷敷設地帯や護送船団の航行ルートを割り出すことには成功していた[57]。

ドイツ軍は、無線到来方向推定に関しても大した成果は上げられなかった。技術的には、ドイツ側の設備はイギリスのそれと同等のものであった[58]。しかしその海岸線は、北海にある通信設備の位置を特定するには十分な長さがあった一方で、多くの敵商船が航行するブリテン諸島西部からの通信方向を推定するには短かすぎた。ズィルト、ボルクム、ノルドホルツ、そしてブリュージュ（その後クレーヴとトンデルンにも開設）にあったドイツ軍電波到来方向推定局は、敵艦船の位置を追跡するよりも、機雷敷設地帯航行時のドイツ艦船や、悪天候時のツェッペリン飛行船の誘導等に役立っていた[59]。

ドイツの暗号解読技術における取り組みは、さらに功を奏さなかった。一九一四年の秋、ヒッペルはイギリス海軍の無線通信を常時傍受するよう命令した。大洋艦隊の旗艦である「皇帝ヴィルヘルム2世」には、中央暗号解読局が設けられた[60]。これらが成果を上げられなかったのは、暗号解読技術の最初の躍進が見られたのが海軍においてではなく、北フランスに駐留する第6軍の無線通信班であったことからも明らかである。前線が膠着状態になって暇になった一九一四年一〇月には、無線技師がイギリス海軍の無線通信の受信を開始して一部の解読に成功したが、その多くはおそらくドーバー哨戒部隊（Dover Patrol）における機密レベルの低い通信であったと思われる。これら解読結果はブリュージュの海軍無線通信局に送られた後、そこからベルリンの海軍省やヴィルヘルムスハーフェンの大洋艦隊に伝送された[61]。ドイツやオーストリアによる英仏の単純な商業海運用暗号の解読は、中立港に潜伏するスパイからの報告とともに、地中海におけるドイツのU‐ボート戦の成功を理解するうえでの参考になる[62]。

ダーダネルス海峡でイギリスの潜水艦Ｅ15が撃沈された一九一五年五月には、ドイツ軍はイギリス海峡と北海における機雷敷設地帯の地図および呼出符号の一覧表とともに、イギリス暗号文の最新「キー（暗号解読記号）」を入手することができていた。フランスに駐留する陸軍暗号解読班からの報告は、以前は不定期的であったが次第に一カ月単位でなされるようになった。六月には、敵艦船の動向に関する報告が、海軍省を通さずに直接Ｕ‐ボート艦隊に伝達された。七月には海軍が研修のために士官を陸軍に派遣し、その後ブリュージュに独自の暗号解読本部を設置することになる。Ｕ‐ボート艦内にも暗号解読班を乗船させてはいたが、これはほとんど効果を表わさなかった。[63]

一九一六年二月になると、海軍はＢ‐ディーンストとＥ‐ディーンスト（暗号解読班）の正式な司令部をホルシュタインのノイミュンスターに設置するに至った。同司令部は、ブリュージュ（イギリス海峡方面担当）、トンデルン（北海方面担当）、リバウ（バルト海方面担当）、スコピエおよびポーラ（アドリア海・地中海方面担当）の各暗号解読所に対してはより緩やかな統制を加え、その報告は一四日ごととされた。[64]五月までにはこれらによるイギリス海軍の暗号解読は成果を上げていたが、ハインツ・ボナッツが下記のとおり記すところによれば、こうした成果をもってしてもユトランド沖海戦の戦況に影響を与えるには不十分であった。

ユトランド沖海戦におけるイギリスの無線通信を解読できたのは、ノイミュンスターのみであって、しかも、それは「事後的」なものであった。暗号解読の結果が戦闘中に戦略的に活用されることなど、問題外だったのである。[65]

一九一七年一〇月までに、ノイミュンスターの暗号解読班はイギリス護送船団に関する暗号を解読しており、その結果「ブルマー」と「ブレムゼ」による北海における護送船団の撃沈劇が演出されることとなった。ハインリヒ・ヴァーレによれば、ノイミュンスターの暗号解読班は、傍受した通信文のうち三六％の解読および三〇％の一部解読に成功した。[66]しかし、大艦隊の暗号は結局解読されることはなかった。

イギリスおよびその他の国々の商業海運用暗号を解読することにより、ドイツ軍は潜水艦作戦を遂行することが可能となり、それはしばらく成功を収めていたが、同時にそれは常に危険と隣り合わせであった。しかも一方で、ドイツ軍はより難易度の高い海軍用・外交用の暗号の解読を成功させることはできなかった。これには、いくつか理由がある。

第一の理由として、「ルーム40」の類い稀なる功績が挙げられる。ドイツ軍の通信文を解読することにより、イギリス側はすぐにドイツの有する自国通信文の解読能力の程度を知ることができた。これによりイギリス海軍が可能なときはいつでも無線通信の停止状態を維持していた理由がわかる。第二に、無線通信を行うときも、イギリス軍は極端に慎重な姿勢をとるとともに多数の異なる暗号を用い、頻繁に「キー［暗号解読記号］」の変更を行った。例えば一九一七年後半以降になると、大西洋を航行する護送船団の艦船同士は、水平線の向こうの敵に傍受されないようかなり低出力の無線通信を行っていた(67)。

この一方でドイツ側は、二つの内的脆弱性によっても痛手を被っていた。第一に、訓練を受けた人員の不足と適切な教育を受けた人材の未補充が挙げられる。ボナッツが述べるところによれば、「戦後になって初めて、暗号や「キー［暗号解読記号］」の難解さではなく、人員の経験不足が暗号解読の未成功要因として認められるに至ったのである(68)」。第二の脆弱性は、作戦指揮を行うベルリンの海軍省やヴィルヘルムスハーフェンの海軍本部の両方に対してノイミュンスターが遠方に位置していたため、ドイツ側は通信諜報から得られた情報をほとんど活用することができなかったことであった(69)。しかし、パトリック・ビースリーによれば、当然ながら、この問題はドイツに特有のものではなかった。「イギリス・ドイツ両軍ともに、暗号作成者と暗号解読者との十分な意思疎通は図られていなかった。ただ、戦争に関しては一般的に言われるように、勝利はミスを最小限に抑えた側に訪れるのであり、この無線通信戦争においてはドイツがイギリスよりも多くの失態を重ねたのであった(70)」。

ツィンマーマン電報

アメリカ合衆国の対独参戦を誘発した「ツィンマーマン電報」の話ほど、通信保護の必要性を如実に語りかけるものはないだろう。一九一四年八月五日の朝にイギリスによってDATケーブルが切断されると、ドイツはアメリカとの間に唯一有していた安全性の高い通信経路を失うこととなった。その瞬間から、ドイツが頼れるのは、暗号による通信保護と、中立国が進んで買って出た西半球との通信仲介だけとなった。

外交用暗号は、戦闘中の艦船へ迅速に送らなければならない通信に使われる海軍用暗号とは異なり、それほど緊急性を要するものではなかったので、より複雑に作成することが可能であった。一九〇九年より、ドイツでは複数の種類がある「１３０４０」と呼ばれる暗号が用いられており、その多くは外交通信用であった。一九一四年後半もしくは一九一五年のいずれかの時期より、「ルーム40」はこの暗号通信文の解読作業を始めていた。「ルーム40」の関心をドイツ外交用暗号に向けさせたのは、ホール大佐であった。これは、実務的な戦術レベルに留まる海軍の問題関心を全体的戦略および外交方針へと向けさせたいというホール自身の有していた情熱に加え、スパイ活動のような非紳士的な行動をとることを拒む外務省の態度をも反映したものであった。

この暗号解読劇には複数の説があり、情報の混乱が見られる。暗号「１３０４０」の全容、もしくはその一部は、ヴィルヘルム・ヴァスムスの鞄から発見されたという説がある。彼はペルシャのドイツ秘密情報員であり、その鞄は一九一五年初頭にイギリスの手に落ちたとされる。一方で、この暗号のイギリスへの流出は、イギリスとオーストリア・ハンガリーの両方の血筋を持ち、ブリュッセルのドイツ軍無線局に勤務していた青年アレキサンダー・ツェックによって少しずつ行われていたのかもしれない。もしくは、「ルーム40」が幸運やスパイ活動に助けられることなく、自らの手で暗号を一歩一歩解読していった可能性もある[71]。いずれにせよ、この暗号が一日にしてその秘密を明かすことはなく、数カ月にわたり辛抱強く単語や暗号群を蓄積していくしか解読の道がなかったことはわかる。

ドイツは、最重要な大西洋横断通信手段として、「００７５」として知られる新しい暗号帳を開発した。この暗号帳の複製の一つは、潜水艦「ドイチュラント」によって一九一六年一一月にワシントン駐在のドイツ大使ヨハン・フォン・ベルンシュトルフ伯爵へと送られた。この暗号は、「１３０４０」よりもはるかに解読するのが困難であった[72]。

ドイツが直面した第二の問題は、通信経路の確保にあった。ナウエン～セービル間の無線通信には平易な文章しか用いることができなかった。また、暗号化された外交通信には中立国の快い援助が必要となり、こうした役割を買って出たのはスウェーデンであった。ドイツのワシントンへの外交電報は、まず最初にストックホルムへ送られ、そこでスウェーデン外務省の手によってスウェーデン語の暗号として再暗号化がなされており、それによってその後イギリスのケーブルを通ることとなる上記電報をイギリスの目から覆い隠すことができた。一九一五年にイギリスはこれらの偽装を見破り、スウェーデン政府にこれら中立協定の違反を抗議するとともに、スウェーデンの外交電報をイギリス所有のケーブルから発信することを禁じるとの脅しを行った。スウェーデンはこれに対して誠実に陳謝し、ワシントンへドイツの通信文を伝送しないことを確約した。その後、ドイツ通信文はブエノスアイレスのスウェーデン大使に送られ、そこでドイツ大使によってアメリカの通信線経由でワシントンへ転送されるようになった。この七〇〇〇マイルもの距離を遠回りする通信路は、「スウェーデン迂回通信経路」（Swedish Roundabout）として知られた。ベルンシュトルフとメキシコシティ駐在ドイツ大使ハインリッヒ・フォン・エクハルト間のドイツ通信文は、交戦国によって課される暗号電報への通信制限を逃れるために、メキシコのスウェーデン代理公使フォルケ・クロンホルムによってその取り扱いがなされていた。一九一六年三月、ホール大将はスウェーデンが再びドイツ通信文の仲介役となっていることに気づいたが、これに関しては素知らぬふりをしておいて通信文を解読してしまったほうが得策であると考えたため、あえて抗議はしなかった[73]。

一九一六年、ドイツはイギリスによる暗号解読への恐れからというよりも、スウェーデン迂回通信経路の伝達速度があまりに遅いことから、通信の返事が届くまでの期間を最長一週間までとして新たな通信経路の模索を行った。一二月二七日、ベルンシュトルフ大使はウィルソン大統領の外務特別顧問であったエドワード・ハウス大佐に対して、アメリカの外交通信経路を通じてドイツ暗号を用いた通信をベルリンとの間で行わせてくれるよう依頼した。ランシング国務長官の反対にもかかわらず、ウィルソン大統領はこれを承諾した[74]。

一九一七年一月一六日にドイツ外務大臣アルツール・ツィンマーマンは、上記二つの経路両方を通じてベルンシュトルフ大使へ長文の電報を送った。電報の一つは、ベルリンのアメリカ大使館からコペンハーゲンの同国大使館へと送られ、そこからケーブルを通じてワシントンへ伝送された。デヴィッド・カーンによれば、「『ルーム40』はアメリカのケーブルからドイツの暗号電文を見ることができて〈爽快きまわりなかった〉が、またしても抗議はしなかった[75]」。同ケーブルでは「ルーム40」が部分的にしか解読できなかった暗号「0075」が使われていたが、その暗号通信の一部がメキシコのエクハルトへ転送されていたことはわかっていた。ホールは、エクハルトが「0075」の暗号帳を持っておらず、そのためベルンシュトルフが通信文を「13040」に再暗号化して転送しなければならないと推定していた。二月一九日に、ホールは、メキシコにいるイギリス情報員からこの転送通信文を入手し、暗号解読者ナイジェル・デ・グレイがこれを完全に解読することができた。

解読された電報には、メキシコ大統領カランサをドイツ陣営に誘い込んでアメリカ合衆国での戦争に駆り出すとともに、テキサス、ニューメキシコ、アリゾナの領有を約すようエクハルトに対する指示が綴られていた。ここでついに、ウィルソン大統領も見過ごすことができない挑発行為がなされたのである。ホールはこの通信文の情報がアメリカ大使ページに漏れるよう工作し、同大使はこれをワシントンへ転送した。これによりとうとう、この情報は報道関係者の耳に入り、ウィルソン大統領や孤立主義者たちの重い腰を動かすことになった。

イギリスのドイツ暗号解読能力を知られないよう、通信文はメキシコの電報局で盗難されたものとして提出された。ワシントンでは、国務省もまたこの通信文の議会やアメリカ一般大衆への妥当な説明の仕方を探していた。二日間（二月二五〜二七日）にわたる圧力行使ののち、国務長官代理フランク・ポークはウェスタン・ユニオン電信会社社長ニューカム・カールトンに対し、連邦法に違反するかたちでベルンシュトルフのエクハルトへの電報の複製を公開するとともに、同電報が実際にアメリカ合衆国内で入手されたものであって他国情報員の手によって仕組まれたものではないことを示すよう促した[76]。この問題の信憑性についての論争は、すべてを否定していたツィンマーマン自身が「否定はできない。これは事実である」と述べたことによって鎮静化した[77]。

ドイツ側が安全だと考えていた外交用暗号をイギリスが解読していたことは、その後大分経ってから明らかにされた。イギリスの国際通信網の支配力は盤石であったため、同国は敵の最高機密通信を自在に妨害したり、その内容を読み取ることはおろか、こうした情報をその入手元を秘匿したまま利用することさえもできたのである。それまでの、そしてその後の歴史において、これほどの通信伝達力の集中とその有効活用が見られたことはなかった。

注

（1）コードとは、平文の用語あるいは文章に代わる（既存あるいは新規作成の）用語を駆使したものであり、その使用にはコード帳のような特殊な辞書が必要とされる。サイファーは、平文の手紙あるいは数字に代わる文字あるいは数字から構成され、多くの場合、特定のキー［暗号解読記号］を必要とする転移パターンも用いられている。サイファーは、コードよりも複雑であり、通常はコードよりも機密性が高い。暗号学（cryptology）はコードとサイファーの体系的技術を対象とし、暗号作成法（cryptography）は新規のコードとサイファーの作成を対象とし、暗号解読法（cryptanalysis）は侵入・暗号解読の体系を対象としている。このテーマ全体に関しては、「暗号学」（cryptology）に関するデヴィッド・カーン（David Kahn）の優れた研究 *The Codebreakers: The Story of Secret Writing* (New York, 1967) で扱われている。

（2）Robert Cain, "Telegraph Cables in the British Empire, 1850–1900" (Ph. D. dissertation, Duke University, 1971), 106.

（3）Vary T. Coates and Bernard Finn, *A Retrospective Technology Assessment: Submarine Telegraphy, The Atlantic Cable of 1866* (San Francisco, 1979), 90.

（4）Christopher Andrew, *Secret Service: The Making of the British Intelligence Community* (London, 1985), 6.

（5）Nigel West, *GCHQ: The Secret Wireless War, 1900–86* (London, 1986), 12–13.

（6）Thomas G. Fergusson, *British Military Intelligence, 1870–1914: The Development of a Modern Intelligence Organization* (London and Frederick, Md., 1984), 219–20.

（7）Arthur R. Hezlet, *The Electron and Sea Power* (London, 1975), 89.

（8）Heinz Bonatz, *Die deutsche Marine-Funkaufklärung 1914–1945* (Darmstadt, 1970), 13.

（9）Kahn, 239–40.

（10）Mario de Arcangelis, *Electronic Warfare: From the Battle of*

Tsushima to the Falklands and Lebanon Conflicts (Poole, Dorset, 1985), 19.

（11） Fergusson, 218-19; see also 230-31 and Kaha, 230-39, 259 and 262.

（12） Fergusson, 216; Bonatz, 13-14.

（13） Hauptmann Vos and Hauptmann Nebel, "Das Nachrichtenwesen," in Max Schwarte, ed., *Kriegstechnik der Gegenwart* (Berlin, 1927), 318-23; G. E. C. Wedlake, *SOS: The Story of Radio Communication* (Newton Abbot, 1973), 118; West, 33.

（14） W. J. Baker, *A History of Marconi Company* (London, 1970), 164; Wedlake, 93 and 116-17; West, 29-30.

（15） Barbara W. Tuchman, *The Guns of August* (New York, 1962), 290-309; Bonatz, 26; Kahn, 622-28.

（16） Guy Hartcup, *The War of Invention: Scientific Developments, 1914-18* (London, 1988), 76; Vos and Nebel, 318-23; Wedlake, 118-20.

（17） Wedlake, 121-24; Baker, 169-70.

（18） West, 30-33; Fergusson, 189; Baker, 164; de Arcangelis, 22.

（19） Kahn, 299-309.

（20） 「開戦から二年間、ドイツは西部戦線で暗号解読者を配していなかった」とされているが（Kahn, 313）、それは事実ではない。第6陸軍管区の通信士は、暗号解読法の訓練を受けており、むしろドイツの最高司令部のほうが彼らの存在に関心を払っていなかったように思われる。

（21） Major Ammon, "Fernsprecher und Fernschreiber," in Max Schwarte, ed., *Die Technik im Weltkriege* (Berlin, 1920), 256-60; Peter Lertes, *Die drahtlose Telegraphie und Telephonie*, 2nd ed. (Dresden and Leipzig, 1923), 7; Fergusson, 189; Andrew, 138; Hartcup, 76-78; West, 30-31; de Arcangelis, 22-23.

（22） Kahn, 340-47; Andrew, 138 and 172; Vos and Nebel, 303.

（23） Herbert O. Yardley, *The American Black Chamber* (Indianapolis, 1931, reprinted New York, 1981), 17-19.

（24） 第1次大戦時における海軍諜報に関しては、次の三点が基本的な研究である。Patrick Beesly, *Room 40: British Naval Intelligence, 1914-18* (London, 1982); Heinz Bonatz, *Die deutsche Funkaufklärung, 1914-1945* (Darmstadt, 1970); and Alberto Santoni, *Il primo Ultra Secret: L'influenza delle decrittazioni britanniche sulle operazioni navali della guerra 1914-1918* (Milan, 1985).

（25） Korvettenkapitän Bindseil, "Signal-und Fernsignalwessen," in Schwarte, *Die Technik im Weltkriege*, 463-64; Kapitän zu See Bindseil, "Signal-und Fernsignalwessen," in Schwarte, *Kriegstechnik der Gegenwart*, 493-95; Bonatz, 12 and 18.

（26） Helmuth Giessler, *Die Marine-Nachrichten-und-Ortungsdienst. Technische Entwicklung und Kriegserfahrungen* (Munich, 1971), 23.

（27） Heinrich Walle, "Die Anwendung der Funktelegraphie beim Einsatz deutscher U-Boote im Ersten Weltkrieg," *Revue internationale d'histoire militaire* 63 (1985), 123; Giessler, 23-24. 指向性アンテナと周波数の変更によって無許可の傍受を阻止でき

た。そして、この誤った助言が少なくとも一九一四年までは聞き入れられてきたようである（Johannes Zacharias and Hermann Heinecke, *Praktisches Handbuch der drahtlosen Telegraphie und Telephonie*, Vienna and Leipzig, 1908, 174–75）。

（28）Bindseil (1920), 463.

（29）ルーム40に関しては、以下を参照。Beesly, Chap. 2; Kahn, Chap. 9; Santoni, 52; Andrew, 86; and Hezlet, 89–94.

（30）Andrew, 87; Beesly, 9–13, 31, and 44; Hartcup, 124–26; Santoni, 50; West, 33.

（31）アメリカが参戦した時には、アメリカ海軍もUボートを追跡するために、ブレストの近くも含めいくつもの方向探知局を設置していた。この点に関しては、以下を参照。Linwood S. Howeth, *History of Communications-Electronics in the United States Navy* (Washington, 1963), 264–65.

（32）Baker, 150 and 163–66; Beesly, 69–70; Hartcup, 123–26; Hezlet, 87 and 98; Wedlake, 112 and 127–28.

（33）この点についての詳細な説明は、以下を参照。Beesly, 3–7, and Santoni, 58–60.

（34）Beesly, 7.

（35）Bonatz, 31.

（36）Santoni, 59–61 and 71–76. サントニの主張は、以下のイギリス公文書館所蔵資料に依拠している。ADM 137/4065: "Log of intercepted German signals in Verkehrsbuch (VB) code from various sources. March 1914–January 1915." これは「イギリスはドイツの通信を解読できなかった」というデヴィッド・カーンの主張（p. 267）と矛盾するものである。カーンの論文の英語による要約版については、以下を参照。"The First Ultra Secret: The British Cryptanalysis in the Naval Operations of the First World War," *Revue internationale d'histoire militaire* 63 (1985), 101.

（37）Santoni, 61.

（38）Santoni, 53–54. 秘密主義は第二次大戦後まで存続した。ハインツ・ボナッツは、一九七〇年の著作で「イギリス人が獲得した情報とは、ドイツのコードを破ろうとするイギリス人の能力に裏付けられたものではなく、結果的に解読することになったにすぎない。つまり、ドイツのコード一覧表をたまたま獲得するという幸運がなければ、イギリスの暗号解読者にはドイツ側ほど上手くはいかなかったであろう」と主張している。Bonatz, 28 and 44–45 を参照。

（39）Santoni, 87–91; Bonatz, 21 and 36–37.

（40）F. Birch and W. F. Clarke, *A Contribution to the History of German Naval Warfare 1914–1918* (3 vols. compiled c. 1920, in Naval Historical Library, Ministry of Defence, London), 2: 968.

（41）シュペー大将の遠征に関しては、次を参照。Santoni, 60 and 100–25; Bonatz, 62–63; and Beesly 73–76.

（42）Beesly, 129, 169, and 313.

（43）Andrew, 92; Bonatz, 39; Walle, 117.

（44）Hezlet, 147. 第一次大戦時の内通者に対するドイツの被害妄想は、まったく根拠のないものではなかったにせよ、軍情報部長カナリス提督がイギリス側に秘密を漏洩した第二次大戦時の出来事を予感させるものであった。

(45) Walle, 118; Giessler, 24-26; Beesly, 24-26; Santoni, 59-60; West, 52-53.

(46) Santoni, 250-51; Bonatz, 45-60. とくに、ユトランド沖海戦は、ドイツでは本国からは遠方に位置するがユトランドよりもイギリスに近いスカゲレラックの海戦として有名である。

(47) ユトランド沖海戦の通信諜報に関する詳細については、以下を参照。Santoni, Chap. 6; Beesly, Chap. 10; and Hezlet, 116-28.

(48) Santoni, 303.

(49) Beesly, 24-25 and 274; Santoni, 59-60.

(50) Andrew, 123-24; Beesly, 283; Bonatz, 56; Giessler, 28-29; Hezlet, 139-40; Santoni, 303.

(51) Andrew, 92 and 122; Hezlet, 141-42; Walle, 112, 127-30, and 134-37; de Arcangelis, 24.

(52) Walle, 131-33; Giessler, 29-30.

(53) Beesly, 109; Bindseil (1920), 468-69 and (1927), 497; Hezlet, 141; Lertes, 7; Walle, 123-24 and 131-33.

(54) Beesly, 90; Hezlet, 142-43; Santoni, 169.

(55) Andrew, 122; Beesly, 254-62; Santoni, 170 and 282-84.

(56) Hartcup, 128; Hezlet, 88-89 and 129; Wedlake, 113.

(57) Bonatz, 17-21 and 40-41; Walle, 119-122 and 128.

(58) Alfred Ristow, *Die Funkentelegraphie, ihre internationale Entwicklung und Bedeutung* (Berlin, 1926), 25; Walle, 111.

(59) Bonatz, 22; Vos and Nebel, 324; Bindseil (1920), 470 and (1927), 499; Walle, 135-36.

(60) Bonatz, 19; Walle, 122.

(61) 北フランスの無線通信班の場所をBonatz, 23 and Giessler, 24はルーベであると言い、Walle, 125-25はリールと指摘している。

(62) Beesly, 29; Kahn, 277; Walle, 128.

(63) Bonatz, 23 and 72; Walle, 124-34.

(64) David Kahn, *Hitler's Spies: German Military Intelligence in World War II* (New York, 1978), 38; Bonatz, 15, 24, and 41-42; Beesly, 32; Walle, 124-26.

(65) Bonatz, 49. だが、カーンは「ユトランド沖海戦でのドイツ側の暗号解読が、海戦後のドイツの軍艦の退却を手助けした」(p. 278) と主張している。

(66) Walle, 128.

(67) Bonatz, 25; Wedlake, 109; Santoni, 55.

(68) Bonatz, 26.

(69) Bonatz, 52-53; Birch and Clarke, 2: 1008-9.

(70) Beesly, 33. これは前掲のBirch and Clarkeの見解でもある (2: 972-73)。

(71) ヴァスムスの一件については、以下を参照。Santoni, 61 and 272, Beesly, 130, and Barbara W. Tuchman, *The Zimmermann Telegram* (New York, 1958), 22-25. ツェックの動きについては、以下を参照。Tuchman, 21-22, Beesly, 129-30, and Santoni, 61. デヴィッド・カーンは暗号学上の事実に基づいて、イギリスがコードをつくり直したと結論づけ、ヴィルヘルム・ヴァスムスとアレキサンダー・ツェックに関する空想的なストーリは排除したい」と言っている。*Codebreakers*, 1026, No. 289を参照。

（72）Kahn, *Codebreakers*, 282; Santoni, 273–75.
（73）Beesly, 208–10; Kahn, *Codebreakers*, 284 and 289; Santoni, 274; Tuchman, *Zimmermann Telegram*, 95-98.
（74）Tuchman, *Zimmermann Telegram*, 120-26; Beesly, 213–14; Kahn, *Codebreakers*, 284-85.
（75）Kahn, *Codebreakers*, 285.
（76）Tuchman, *Zimmermann Telegram*, 135-37 and 145-58; Beesly, 210-11; Kahn, Codebreakers, 285-94; Santoni, 275-77.
（77）Tuchman, *Zimmermann Telegram*, 169; Beesly, 223.

第10章　対立と決着（一九一九～一九二三年）

西部戦線で戦火が止むや否や、かつて世界通信をめぐって行われた争いが再燃することとなった。いまだ世界中の通信網を支配していたイギリスは、再びその支配力を嫌う国々からの挑戦を受けることになる。しかし、戦後世界では、他のすべての分野と同様に、通信の分野も戦前と比較して急激に様変わりしていた。こうした変化には以下の三つの種類があった。すなわち、政治的変化と経済的変化、そして技術的変化である。

戦勝によってドイツを世界通信網から排除した連合国は、このイギリスの旧敵を再び世界通信分野に参入させないことを決めた。しかしながら、こうした強敵を打ち負かす過程で、イギリスにはさらに強大なライバルが出現していた。戦後のアメリカでは孤立主義者の勢力が後退していたなか、ウィルソン大統領をはじめ同国政府の主要機関（海軍、国務省、商務省）は自国の影響力と貿易を世界中に拡大したいと強く欲しており、依然としてこれを阻むイギリスの存在に対し激しい怒りを覚えていた。

こうしたことは今に始まったことではなく、アメリカはその建国時からイギリスの支配力とのせめぎ合いを続けてきた。異なっていたのは、両国の相対的経済力である。かつて「世界の工場」および「世界の銀行」であったイギリスは、いまやその力を使い果たして「利子生活者」となっていた。四年にわたるヨーロッパにおける戦争中に、アメリカ合衆国は産業科学分野における大国となっており、世界の債権者としてイギリスに取って代わっていた。両国間の経済的・政治的影響力に不釣り合いが生じたことにより、拡大成長を志向するアメリカは、とくに西半球におけるイギリスの影響力の残存を苦々しく感じるようになっていた。この事実だけでも、アメリカが通信分野におけるイギリスの覇権に挑戦することは明らかであった。

技術が進歩したことで、話は複雑になる。一九二〇年代は通信分野において驚くほど多くの発見があった時代であり、四つの主要な技術の進展が相次いで見られた。最もよく知られているのは、大衆情報と娯楽に革新的変化を与えたラジオ放送であろうが、これが国際関係に及ぼした影響はほとんどなかった。ここでの議論でより重要なのは、長波無線通信の発達であり、これによりついに世界規模での効率的かつ信頼性の高い通信が生まれることとなった。こうした無線通信における取り組みに伴い、有線通信においても一八七〇年代以来となる急激な技術改善が起きた。これら二つの技術が第三の技術、すなわち短波に拮抗してくると、それまでの予測はすべて覆されることになり、国際通信関連産業は混乱を極めることになる。

各技術革新によって通信を取り巻く政治的・経済的問題が再び日の目を見ることになり、イギリスの影響力が残る旧式の有線通信ケーブル網を回避するための新しい機会が提供されることになった。世界大恐慌が訪れる頃には、イギリスの世界覇権は潰えた。通信の歴史において、一九二〇年代は異常な時代であった。

一九一九年パリ講和会議

パリ講和会議の参加者たちはみな、戦略的地政学的な意味のみならず、自分自身にとって本国政府との間で日常的に取り交わされる連絡という点において、通信の重要性を理解していた。アメリカの参戦以来、軍関係者や外交官、そして報道関係者の生み出す通信量は膨大な量にのぼっており、大西洋横断通信には過大な負荷がかかるとともに、商業用および民間用電報の伝達の遅れは数日間にも及んでいた。ボルドーのラファイエット大型無線送信機から発せられるアメリカ海軍の応答は、休戦協定に至るまで完全に伝達されることはなかった。

しかし、一九一九年初頭のパリに集まった政治家や外交官たちの主な関心が、こうした効率的かつ信頼性の高い通信手段の欠如状態に向けられていたわけではない。彼らが留意していたのは、通信の側面から見た国家安全保障であった。各国は、国際的効率性を犠牲にしてでも、自国の通信手段を最大限に拡張しようとした。違いは、イギリス、フランス、そして日本がこうした行為を臆面もなく実行していたのに対して、アメリカがその国家的利害関心を高潔な美辞麗句の中に上手く覆い隠していた点であった。

最初の抗争の中心となったのは、一九一四年に切断されたドイツの通信ケーブルであった。ボルクム～アゾレス～ニューヨーク間の通信ケーブル二線のうち一つはイギリスの手に落ち、一九一七年に同ケーブルの一端はコーンウォールのペンザンスへ、もう一端はノヴァ・スコシアのハリファックスへと接続しなおされた。もう一線はフランスに奪取され、その一端はブレストに、もう一端はニューヨークのコニー・アイランドのフランス無線局にそれぞれ接続されたが、これらの使用が開始されたのは一九一九年三月になってからであった。ドイツの南大西洋ケーブルもまたフランスに奪われた一方で、グアムや沖縄、オランダ領東インドのメナドとの間にケーブル接続を有していた重要拠点ヤップ島とともに、太平洋ではドイツ・オランダ電信会社のケーブルが日本の制圧下におかれていた。ドイツは、全体で四七四四キロメートルに渡る通信ケーブルを失うことになり、これは同国通信網の八八％に相当する損失であった(1)。

アメリカは、中欧との直接通信を再開したいという要望を有して、ケーブル問題をめぐる議論が一九一九年三月に開始された。ウィルソン大統領の不在中に、ランシング国務長官は、通信ケーブルをドイツに返還するという提案を行った。ウィルソンはパリに戻ると、ケーブル問題に関する二通の覚書を受け取った。日付が三月一四日となっているその一つは、郵政長官A・S・バールソンからのものであり、下記のように論じていた。

わが国の船舶および商業海運は現在、外国勢力の有する通信手段の恩恵を受けなければ本国との連絡を行うことができない状況下にあります。国際電信システムは、旧世界の商業中心地を国際ビジネスへと結びつけるために構築されたものです。アメリカ合衆国はその一方とのみ繋がりを有するにすぎないのです。新国際通信システムは、合衆国を中心に展開されるべきであります(2)。

この目標を達成するための方策として、バールソンはイギリスの排他的揚陸権システムの将来的な禁止を以て、アメリカ企業に競争力を与えることを主張した(3)。

覚書のもう一つは、戦時中のアメリカのプロパガンダ機関であった広報委員会の一員であり、アメリカ代表団の通信関連専門家でもあったウォルター・S・ロジャーズからのもので、同様にイギリスに対する反感を表明していた。

ある国の商業活動が通信手段の不足から厳しい環境下におかれる一方で、別の国々の商業活動が通信設備の支配力によって支援されているというのは、不安を掻き立てる要素であります。よって、その所有する通信設備を通じて商業情報を得るような利得を通信仲介者に与えないように、直接的かつ排他的通信手段が存在しなければならないでしょう(4)。

ロジャースは、アメリカを含めたすべての国々において、各国政府の無線通信管轄権が確保されるよう主張した。ドイツの通信ケーブルに関しては、ドイツに返還されるか、もしくは何らかのかたちで国際管理下に置かれるよう推奨した。

ウィルソン大統領の顧問団は、この通信に関する問題を単なるドイツ通信ケーブルをめぐる問題以上のものとして捉えていた。その後数年間のアメリカ合衆国の方針を形成することになるこのような考え方は、二重構造から成り立っていた。まず第一に、その排他的揚陸権を以て国際通信を規制するとともに、それを利用して他国利害の犠牲のもとに自国商業を優遇してきたイギリスの慣行を公然と批判する点である。これは、フランスとドイツが二〇年前に使った論法と同じ内容である。これにウィルソン独自の手法が加わり、国際管理のもとで自由で開かれた通信をすべての国へ提供し、その結果として遠距離通信を国家権力の道具から国際的大衆実用品へと転換すべきことが主張された(5)。

一九一九年三月の一〇人委員会(the Council of Ten)における会議での席上、ランシングとウィルソンは、ドイツの通信ケーブルが同国に返還されるか、もしくは連合国による集団管理下におかれるべきことを提案した。日本が赤道以北のその他ドイツ領太平洋諸島とともに支配権を掌握していたヤップ島については、中立化して国際組織の管理下におかれるべきとした(6)。しかしながら、イギリス、フランス、日本にとって、通信ケーブルや島嶼は戦争によって得た戦利品であり、ドイツに返還することはもちろんのこと、手放す意思など毛頭なかった。

とりわけイギリスは、自らを世界通信網における排他的独占者などとは見なしておらず、むしろウェスタン・ユニオン社や商用ケーブル会社といった悪徳独占企業の被害者であるとしていた。外務大臣バルフォアの指摘するところによれば、フランスの一線とドイツの二線を除けば、すべての大西洋ケーブルはアメリカ企業によって所有、もしくはリースされているものであり、そのためにイギリス企業は「アメリカ電報企業側の利用料金における差別によって締め出されざるをえなくなっている(7)」。イギリスが掌握し、ハリファックスへ接続したドイツの通信ケーブルも結局のところイギリスの有する唯一の北米との通信線であり、カナダの有する唯一のヨーロッパとの国有連絡線であった。国家主義に由来するお互いの疑心暗鬼と非難の応酬に包まれた講和会議の雰囲気のなか、戦勝国でさえも自らを犠牲者と見なしていたのである。

ウィルソンとランシングが主張していたのは、実際に世界通信をまったく新しいかたちで構築しなおすことであり、講和会議の席上で決定することは困難であった。既成事実を守ろうとするイギリス、フランス、日本の頑強な抵抗に遭って、ウィルソンは結局これらに譲歩することになった。結果的に、ドイツ通信ケーブルは、次の開催予定の会議でその最終的な処遇が決定されるまでの間、「連合国およびその連携国」の委任統治のもとにおかれることとなった。ヤップ島は、通信ケーブルの処置についての交渉が先延ばしにされるかたちで、日本のC式委任統治領となった。アメリカ合衆国の再三の主張にもかかわらず、こうした問題に関しては「いつかまた議論する」といった約束程度しか得られなかった。この出来事を見てみても、領有権をめぐる交渉が、会議における話し合い全体の九〇%を占めていたことがわかる。

一九二〇〜一九二二年のワシントン海軍軍縮会議

パリでの会議において、アメリカ、フランス、イギリス、イタリア、そして日本は、新たな世界通信システムを構築するために、全世界の国々に開かれた会議が催されることを踏まえて、とりあえず未解決のままになっていた通信問題を協議するための予備会議の開催に合意していた。既成事実の維持を図るイギリス、フランス、日本は、会議の開催時期を遅らせようとしたが、最終的に一九二〇年一〇月一〇日から一二月一四日までの期間にワシントンで開かれた(8)。ここでも対立軸はパリ講和会議の頃と変わっていなかった。アメリカはいまだドイツ通信ケーブルの返還と排他的揚陸権の廃止、そしてヤップ島の国際管理を提案していた。しかし、イギリス海軍省は、帝国通信委員会に宛てた一九一九年七月五日の手紙でイギリス側の見解を次のように示していた。

旧ドイツ通信ケーブルは戦果から得られた拾得物であり、これを獲得することは「海洋支配力行使の合法的適用」である。……国際的管理により、帝国辺境部とのわが国の通信能力は阻害される可能性がある。……現在わが国が有する強大な地位を弱めるとともに、その通信能力を何らかのかたちで脅かすことになる国際管理の必要性について合意しなければならない理由など見当たらない(9)。

この両者はほとんど妥協点を見出せず、結果として唯一合意に至ったのは、懸案の通信ケーブルを共同出資（joint purse）もしくはカルテルによって運営していくことのみであった。こうした論争から浮かび上がるのは、いかにアメリカの実業家や政府がイギリスの通信線を通じて自身の通信文をやり取りすることに不信感を覚えていたかという点である(10)。この警戒感については、前国務長官の子息であり、ウェスタン・ユニオン社の弁護士であったエリフ・ルート・ジュニアが作成したメモの中にもその概要が簡単に示されている。

イギリスの高性能な通信ケーブルシステムは同国の外交上および商業上の利害が高度に調和しており、その結果、そのケーブルを通過するわが国の通信文は、それがイギリス外務省や商務省にとって有用な情報であると思われる場合には、その通過過程のいかなる場所でも情報の秘密保持が保障されないこと、これは一般的に認知されている事実である(11)。

イギリス通信ケーブルにおける情報の漏洩や伝達の遅れなどの具体的な問題は、これまでのところ生じていないとするイギリス大使ゲッデスからの手紙に対し、アメリカ国務次官補アルヴィン・アディーはさらに別の風評について言及している。

こうした不満の表れは、アメリカ人によって運営される、海外勢力の検閲や統制とは無縁な通信ケーブル設備をなぜアメリカの事業的利害関心が重要視することになったのか、その理由の説明になる。……アメリカ政府は、こうした状況を形成したことに対してイギリス政府には責任があると示唆しているわけではないが、実際にこのような不満感情が存在するのである。さらに付け加えると、イギリス政府がイングランドで営業している通信ケーブル会社に対して、その取り扱っている通信文のすべてを届け出るよう強要している限り、この不満を払拭することは一層困難になるであろう。(12)

イギリス側は、自国の清廉潔白さに疑問を投げかけたこの中傷に対し、憤慨の念を以て応えた。外務大臣カーゾンは、一九二一年二月にゲッデスへ、以下のように書き送っている。

この種の噂話は、戦時中および戦後に敵の情報員によって数回にわたって世間に流布されており、それは単にイギリス政府とアメリカ合衆国との間に軋轢が生まれるようにすることを目的にしたものであった。二年ほど前から出てきた根拠のない当てこすりだけに基づいたこのような噂話が継続的に世間にばら撒かれているというのは、こうした話の創作者がいまだ上記のような目的意識に突き動かされていることを示しているとともに、彼らが自らの主張を支持する何らの証拠も提示できないことがわかる。

両政府の対立要因が、戦利品の獲得や商業情報の漏洩をめぐっての小競り合いから生じたものでないことは明らかである。イギリス政府はアメリカ合衆国を帝国に対する脅威として見なしていたのであり、かたやアメリカ政府はイギリスを自由貿易と公正競争に対する阻害要因と考えていた。繰り返しになるが、通信ケーブルネットワークをめぐる抗争は、この二〇年前に起きたものと同様、時代遅れで自己満足に浸った帝国と新興強豪国との間に生じた衝突の象徴だったのである。

一九二〇年、会議で議論を進展させることができなかったアメリカ合衆国は、ヤップ島問題を含む通信関連論議を一九二一年一一月にワシントンで開催される海軍軍縮会議の主要議題とすることを主張した。大西洋のドイツ通信ケーブルに関する議論はまたしても先延ばしにされたが、新興帝国主義国であった日本が相手となるとまだアメリカにも分があった。一九二二年二月一一日、アメリカ合衆国は日本のヤップ島領有権を認める代わりに、同島の通信ケーブルの使用権および無線通信局・電報局の運営権を無制限に譲り受けることとなったのである。(13)

ラテン・アメリカ通信ケーブルをめぐる争い

外交官たちが旧ドイツ通信ケーブルをめぐって口論している一方で、アメリカとイギリスとの間では南アメリカとの通信手段をめぐるさらに深刻な紛争が持ち上がっていた。戦前には、南アメリカに通じていたケーブルは二線あった。中央アメリカから西海岸へと下る一通信線については、オール・アメリカン・ケーブル社が、その提携会社であるメキシコ電信会社および中南米電信会社を通じて支配していた。他方、もう一つの南米大陸の東海岸地域の通信線に関しては、イースタン電信会社グループの一社であったブラジルにおける排他的通信権を有していたウェスタン電信会社が支配していた。

こうした状況に対してアメリカ政府が見せた態度には、明確な二面性が存在していた。一面では、アメリカは独占的特権の原理に反対し、通信の「門戸開放」を主張していた。歴史家ジョセフ・タルチンの説明によれば、「英仏による通信ケーブルの排他的独占権を打破することは、一九一九年以来、一九二三年にそれが達成されるまで、一貫してアメリカの不変的な目標となっていた」[14]。しかし、通信専門家ジョージ・シュライナーは一九二四年にこのように認めている。「アメリカ合衆国政府の反独占政策は、それが海外勢力によって所有されるケーブルに関するものである限りでは継続するものであった。この政策が概して一貫性をひどく欠いていたことに疑いはない」[15]。これは、オール・アメリカン・ケーブル社がメキシコ、ニカラグア、エルサルバドル、ペルー、エクアドルにおける独占権を獲得したことを見てもたしかに言えることであり、そして同社は一九二〇年の上院で以下のとおり認めている。

オール・アメリカン・ケーブル社が西海岸における独占企業であることは事実です。

しかし、この事実があるからといって、ブラジル北部との通信を行う際にイギリスの通信線のみしか使用を許可されないことからアメリカの商業と外交が被る損害が減じられるわけではありません。……われわれはこのイギリスの通信優位性に対し、これと対峙するたびにあらゆる外交的・商業的手段を以て戦うか、もしくは抵抗を諦めて退却するか、どちらかを選ばなければならないのです[16]。

オール・アメリカン・ケーブル社は、数年間にわたりウェスタン電信会社を圧迫していた。中南米電信会社は一八九二年にブエノス・アイレスへの通信線を敷設し、さらにそこからリオ・デ・ジャネイロへケーブルを延長するための許可をアルゼンチン政府から得ていた。しかし二年後、ブラジル政府はウェスタン電信会社に対してウルグアイとアルゼンチンへ通じるケーブルの二〇年間独占使用権を与えた。この独占権が失効した一九一四年一月、オール・アメリカン・ケーブル社はブエノス・アイレスから一線のケーブルをリオ・デ・ジャネイロへ、そしてさらにもう一線をサントスへ敷設する旨の提案を行った。しかしながら、リオ・デ・ジャネイロ〜サントス間については、ウェスタン電信会社が一九三三年までブラジル内の都市間を結ぶケーブルに対して独占権を有していたために敷設できなかった。ウェスタン電信会社は、アメリカ競合企業を戦わずして自らの独占的勢力圏に参入させようなどとはせず、中南米電信会社にケーブル敷設権を付与しようとしたブラジル政府の権限に対して異議の申し立てを行った。一九一六年、ブラジル最高裁判所はウェスタン電信会社に対して敗訴の判決を下し、アメリカ企業へブラジル市場の門戸開放を行うよう命じた。

このような法的勝利にもかかわらず、ブラジル市場におけるアメリカの勢力拡大にはさらなる障害が立ちはだかった。戦時中、イギリス政府はオール・アメリカン・ケーブル社の唯一のケーブル入手源であった電信建設維持会社に対して、この戦略的重要性の高い商品の輸出を禁じていた。この後、ウェスタン電信会社に好意的なブラジルの下級官吏が同社へ形式的にケーブルの敷設権を付与することがあった。これは、ケーブルが実際に敷設される前の一九一九年七〜八月にかけてアメリカ国務長官代理フランク・ポークからの圧力を受けることとなる。(17)

一九二〇年までに、ブラジルとアメリカはアメリカ所有のケーブルによって結ばれた。しかし、これは南米大陸を大きく迂回してアルゼンチンを下り、アンデス山脈を越えてチリに達し、さらに西海岸を北上してメキシコを越えるという長距離通信線であった。多くの商取引に用いられていたこれより短距離のブラジルへの通信線は、ロンドンかアゾレス諸島を経由するものであった。成長しつつあったアメリカ合衆国とブラジル間の商取引においては、より直接的な通信経路が必要とされていることは誰の目にも明らかであった。ウィルソン政権の財務長官ウィリアム・マカドゥーは、ウェスタン・ユニオン社社長ニューカム・カールトンに対し「南米大陸への通信ケーブルの不足」に関する不満を訴え、「貴社の通信システムを南アメリカにまで延長して頂きたい」と述べた。(18) 一九一九年、ウェスタン・ユニオン社はまさにこのとおりの内容を持つ計画を提起していた。これは、ウェスタン・ユニオン社がウェスタン電信会社と提携するものであり、ユニオン社がマイアミからバルバドスまでのケーブルを敷設することによって、南アメリカとアメリカ企業の事務所二万五〇〇〇との間のすべての電報をバルバドス〜ブラジル間のテレグラフ社のケーブルを経由してやり取りすることを可能にするという内容であった。

これによりウェスタン電信会社の地位は強化されることになり、ウェスタン・ユニオン社のような全米規模の事業所ネットワークを有していなかったオール・アメリカン・ケーブル社には打撃となったであろう。オール・アメリカン・ケーブル社の影響力が強かったアメリカ国務省はこの計画を快く思わず、一九二〇年三月にウェスタン・ユニオン社へのケーブル敷設許可付与を拒否した。すでにケーブルを注文してしまっていたカールトンが何とかしてその敷設を行おうとすると、アメリカ海軍がマイアミから軍艦を派遣してケーブル敷設船を追跡させ、ケーブルを切断した。ウェスタン・ユニオン社は、議会の承認がない限り大統領にはケーブルの敷設を禁止する権限はないと主張して政府を提訴した。最高裁判所が判決を下す前に、議会が介入してきた(19)。

このケーブル問題は、一九二〇年一二月一五日〜一九二一年一月一一日にかけて開かれた上院州間通商委員会の小委員会、そして一九二一年五月一〇日〜一三日の下院州間および対外通商委員会によって取り上げられた。二院のうちはるかに重要性の高かった上院の公聴会において、議会と民衆は、南米ケーブル通商についてのみならず、他の多くの興味深い事実について知ることになった。商用ケーブル会社や郵便電信会社の社長クラレンス・マッケイは、「商用太平洋ケーブル会社の会社方針と運営は、一〇〇％アメリカ人によるものであることを私は強調したい」と要請していたにもかかわらず、実際には商用太平洋ケーブル会社の半分をイースタン・グループに、四分の一をグレート・ノーザン電信会社によって所有され、アメリカ人が有するのは残りの四分の一にすぎないことを初めて明らかにした(20)。ウェスタン・ユニオン社社長ニューカム・カールトンは、より不安を掻き立てるようなことを述べている。

イギリスは、これまで通信ケーブル会社を輩出してきた世界で事実上唯一の国家であります。その結果、どんなところへ行こうともイギリスの臣民によって運営されているケーブルを目にすることができます。この事実は、多くの人々が抱いているような、誰がケーブルを運用していようとも、アメリカによる所有権さえ確立されれば情報の秘密は保障されるという考えを否定することになります。……。わが社の九五パーセントのケーブル作業員はイギリスの臣民です。実際には、彼らは全員イギリス臣民なのです(21)。――

マッケイはまた、一九二〇年公職機密法に基づいてイギリスによって課されるケーブルの厳格な監視制度についても委員会に報告した。「検閲制度が停止して以来、イギリス政府はわれわれに対してすべての通信文をその送受信の一〇日後に引き渡すよう要求してきました。これは、同国政府が全ケーブル会社に付与しているケーブル敷設許可に基づいて主張する権利なのです(22)」。この度肝を抜くような新事実の暴露によって決まりが悪くなったカールトンは、言い逃れをしようとした。彼は、上院議員に対し、イギリス政府は「通信文の内容が解読されないという保障をしており、彼らが通信文の提出を求めているのは誰がケーブルを使用したのかを把握しておきたいからなのです。さらに、どのような種類の情報も漏洩していないことをも、彼らは保障しています」。カールトンは、説明を続けた。

通信文はそれから大きな鞄に詰められ、おそらくは封がなされ、そして馬車に乗せられます。この馬車はイギリス海軍省による保護監視を受けており、一晩倉庫に置いておかれたのち、翌朝にケーブル会社の事務所に返却されます。これら通信文は、数時間を除いて実質的な保護監視下に置かれているのであり、またアメリカの通信文に関する限り、この引き渡し要求は、すべての国にとって従来の慣行を統一するための単なる形式の問題にすぎない。われわれは、さらなる調査を行った結果、この引き渡し期間中に通商用、外交用、その他のいかなる種類の通信文の一つも海軍情報部によって取り扱われておらず、また、この事実から、通信文の内容がイギリス政府に対して秘匿されていることがわかり、満足しております。[23]

これまで議会の前で証言したなかで、ニューカム・カールトンが最も世間知らずな人物だったのか、それとも稀代のペテン師だったのか、それは定かではない。

この証言は、議会がウェスタン・ユニオン社とウェスタン電信会社の間の協定を優遇するように設定されたものではなかった。結果として、議会は、ケロッグ法案（第六七回連邦議会、一般法第八号、制定法第五三五番）を通過させ、ハーディング大統領は、一九二一年五月二七日にこれを法律として認める旨の署名をした。この法律は、大統領に対してケーブル敷設許可の付与権を与えるものであり、独占権を有する海外企業とアメリカ企業が協定関係を締結することを禁じるものであった。[24]

後年になって、ウェスタン電信会社とオール・アメリカン・ケーブル社、そしてウェスタン・ユニオン社の三社は、南アメリカにおける排他的特権を放棄することに合意し、多くの国々もこれに同意した。一九二二年八月には、アメリカ政府は、マイアミのケーブル敷設許可を付与し、オール・アメリカン・ケーブル社は商用ケーブル会社および郵便電信コングロマリットと合併した。その二年後に同社はフランス系のアメリカ合衆国・ハイチ電報会社を、カリブ海およびベネズエラ方面へ延びるケーブルとともに買収した。[25] アメリカ企業はいまや、その所有するケーブルを使ってアメリカ大陸を一周できるまでになった。

アメリカ無線通信会社

ケーブル通信分野において、イギリスは次第にアメリカにその地位を奪われていったが、無線通信分野では対立は見られなかった。第一次世界大戦終戦までに、アメリカは先端技術分野および新鋭機器に投資するだけの資金力、どちらにおいても世界の先頭を走っていた。にもかかわらず、アメリカの無線関連企業は、政治的論争の中から生まれている。

終戦期、無線通信分野ではいくつかの技術革新が続けざまに起きた。その最初は、大型持続波発信機の導入であった。一九一八年中葉、ゼネラル・エレクトリック社は、ニュージャージー州ニュー・ブランズウィックの海軍向けに二〇〇キロワット交流発電機を開発し、一方で、フランス無線電信会社は、リヨン・ラ・ドゥアに一二五キロワット交流発電機を建造した。その一年後、海軍はボルドーのラファイエット無線局に巨大な一〇〇〇キロワットの連邦電信会社のアーク無線機を設置した。最後の、そして最高出力のアーク無線局は、コーネリアス・デ・グロートによって一九二三年にジャワのマラバルに建設されたものであった。アーク無線機と交流発電機は長年にわたって使用されていたが、真空管が送受信の両方にとって信頼性および費用対効果が高いことがわかってくると、一九二三年以降は新規開発が行われなくなった[26]。その後二年の間に、新技術である短波が大型の長波無線局を時代遅れのものにすることとなった（本書第11章でも確認する）。

短命ではあったが、アーク無線機と交流発電機の時代は重要な遺産を残した。つまり、これらは、マルコーニ社の凋落をもたらしたのである。マルコーニ社は、連続波無線機器を時代に先立って取り入れていた他社には構わず、長期にわたって回転式スパーク・トランスミッタに固執していた。ヒュー・エイトケンの言葉を借りれば、「マルコーニの事業がかつて誇っていた技術的先進性は短命なものに終わった。一九一四年にはすでにその地位は揺らぎ始めており、一九一九年には凋落していた。そして、必須技術の包括的支配の基礎のもとに、無線通信分野の世界的独占を謳歌する望みは失われたのである[27]」。アメリカ・マルコーニ社はその技術の遅れを十分承知していたので、一九一五年にゼネラル・エレクトリック社を買収しようとしたが、独占契約の締結を要求したためにゼネラル・エレクトリック社は提案の受け入れを渋った。この二社は、一九一九年に交渉を再開し、アメリカ海軍が仲介に入ると合意に向かった[28]。

戦時中、海軍は陸軍所管のものを除くすべてのアメリカの無線局を運営していた。海軍は、無線局の建設や民間施設の買収、そして接収によって、独自の無線ネットワークを大規模に拡大していた。戦争終結時、海軍はこの無線通信分野における独占状態を維持しようと努めた。一九一八年後半、海軍長官ジョセファス・ダニエルスは議会に対し、この独占権を恒久化するよう求めた。戦時中の政府による民間産業の管理ミスに苛立ちを覚えていた議会は、この提案を否決した。一九一九年前半までには海軍予算は縮小しており、訓練を受けた無線通信士たちは再び民間部門へと復帰し、また上記の提案は再び議会によって拒否された[29]。無線通信の海軍独占に失敗したのち、一部の士官たちはこれに代わる方策、つまり、民間ではあるが「国有」でもあるという、かつてどのような会社も体現したことがなかった風体を有する企業の創設を考え始めていた。

このような企業に適当な国家的威光を持たせるためには、大統領の承認が必要であった。そしてそれゆえに、ある種の創世神話とも言えるような物語が、このアメリカ無線通信会社の起源を説明するものとして生まれてきたのである。一九一九年初頭のパリ講和会議の際、ウッドロー・ウィルソンは長距離通信について検討していた。通信専門家キース・クラークは一九三一年の手記のなかで、ウィルソンが海軍に対し無線通信に関する権限を継承することを認めていたと述べている[30]。歴史家ロバート・ソーベルが明らかにしたところによると、ウィルソンは外国資本によるアメリカ通信分野の支配への脅威に気づいていたため、自身の主治医であるキャリー・グレイソン海軍大将に次のごとく述べた。すなわち、「今日は公式に海軍省に対して、もしくはバラード提督に連絡する予定なので忘れていたら教えて頂きたい。（ゼネラル・エレクトリックの）オーウェン・D・ヤング氏に、無線通信分野におけるアメリカの権益と将来性の保護に関わる重要な連絡事項があります[31]」。そしてデビッド・サーノフの伝記作家であるケネス・ビルビーは、ウィルソンはGE社製交流発電機のマルコーニへの売却をとくに防ぎたいと考えていた、と述べた[32]。

アメリカ無線通信会社（RCA社）の創設におけるウィルソンの真の役割に関する最も正確な叙述としては、おそらくはヒュー・エイトケンによって提起されたものが妥当であろう。ウィルソンとの朝食会議での席上、補佐官がロイド・ジョージに一通の無線電報を届けており、これにより「戦後世界における無線通信の潜在的重要性を示すコメントが手渡された」。ウィルソンはグレイソン提督に、海軍通信部長ウィリアム・バラード提督へ「無線通信におけるアメリカの権益に危害が及ばぬよう目を光らせておくように」との伝言を届けるよう依頼した。しかし、エイトケンが指摘しているとおり、「ウッドロー・ウィルソンとキャリー・グレイソン、いずれの日記にもこの出来事に関して触れた記述は見当たらない[33]」。

このウィルソンによる仲裁を示す逸話は本当かもしれないが、不確かなものでもある。どちらにせよ、このような話が繰り返し広く語られてきたのは、これがアメリカの歴史において重要な移行期が存在したことの証明となるからである。ロバート・

ソーベルの言によれば、「一九一九年は、国有無線通信会社という紛れもない最初の〈軍産複合体〉が誕生した年だったのである」[34]。

この国有無線通信会社の実質的な創設者は、バラード提督と蒸気工学技術局の無線通信部長であったスタンフォード・C・フーパー海軍少佐であった[35]。その創設目的は、アメリカ・マルコーニ社の影響力の排除であったが、彼らは同社が英国マルコーニ無線電信会社の統制下にあると誤って認識していたため、イギリスの手先であると勘違いしていた。

一九一九年四月初頭、バラードとフーパーはゼネラル・エレクトリック（GE）社の副社長および弁護士代行であるオーウェン・ヤングから、GE社がアメリカ・マルコーニ社と交渉中であるとの連絡を受け取った。四月八日、バラードとフーパーはGE社の上級役員とニューヨークで会見した。そこで、バラードは愛国心をくすぐる言葉を使ってGE社に対しマルコーニ社へ交流発電機を売却しないよう求め、そして「かの偉大なモンロー主義に倣った無線通信政策によって、わが国における無線通信の統制力をアメリカ人の手中に留める」ことを主張した。これとは別に、バラードはヤングに「国家機密事項」として、マルコーニ社への交流発電機売却を控えるようにGE社の説得を大統領から直々に依頼されている旨を伝えた。さらにフーパーは、GE社役員に対して海軍とGE社による無線特許取得を可能にするために、一〇〇％アメリカ資本の新企業を創設するための支援を要請した。このようにして交流発電機を奪われたアメリカ・マルコーニ社は、この新興競合企業に自らを売却する羽目になり、結果としてこの新会社がアメリカ国際無線通信分野を一手に担うことになる[36]。

その後、数カ月の長期にわたる複雑な交渉が続き、最初に海軍と、次にアメリカ・マルコーニ社と、最後に英国マルコーニ社との話し合いが持たれた。一一月、英国マルコーニ社はアメリカ・マルコーニ社における自身の持ち分を売却するとともに、世界市場の分割に合意した。すなわち、イギリス帝国市場はマルコーニ社に、ラテン・アメリカ市場はアメリカ企業への帰属とし、カナダ市場は両者で共有、それ以外の地域に関しては両者による自由競争市場とした。買収の母体となったのは、四月例会からその業務がスタートしたアメリカ無線通信会社（RCA社）であり、同社は一〇月一七日に法人化されている。会長はGE社のオーウェン・ヤングであり、社長にはアメリカ・マルコーニ社出身のエドワード・ナリーが就任し、同社の従業員および設備の多くもアメリカ・マルコーニ社から移籍した。一九二〇年三月、海軍は戦時中に接収した無線送信機をこの新会社に譲渡した。RCA社はゼネラル・エレクトリック（GE）社、AT&T－ウェスタン電気会社、ウェスティングハウス社、ユナイテッド・フルーツ熱帯無線通信会社との間に迅速に協定を締結している。政府保証を有していたわけではないが、それでもRCA社がアメリカの国際無線通信分野における実質上の独占企業であったことに変わりはない[37]。

ナリーはRCA社創設後まもなく、ヨーロッパへ渡航して複数国の国有無線通信システムとの独占的通信協定を締結した。これら協定は、通信局、周波数帯、通信時間、収益の分割、そして特許の相互使用許諾をも含む諸点に関する規定を有していた。このような協定における方針は、ケーブル会社のように回線の両端をともに管理運用するという、戦前に強い反感を買っていたマルコーニ社のやり方とは異なるものであった。同協定はまた、初期に無線通信の普及を阻んでいた技術移転に対する障壁をも排除した。これによって、財政的に余裕のある国家であれば、ポーランドやチェコスロバキアのような新生国家であっても最新技術を入手することが可能になったのである。

一九二〇年末までに、RCA社は無線電信総合会社、英国マルコーニ社、テレフンケン社、そして日本政府との間に上記の独占的通信協定を締結した。その後二年間で、今度はポーランド、イタリア、ノルウェー、スウェーデン、オランダ、ブラジル、そしてアルゼンチンが協定を締結し、他国の多くもすぐにこの動きに追随した。送信機器の設置が可能になるとまもなく回線が開通し、全世界の国々が相互に直接情報のやり取りを始めた。ケーブルにおける通信過密状態に加え、RCA社による割安通信料金（例えばニューヨークからロンドンへの電報では、一語当たりの料金がケーブル通信で二五セントだったのに対して一八セントとなっていた）の存在も手伝って、大陸間電報市場において無線通信が大きなシェアを獲得することになった。一九二三年までに、RCA社は大西洋通信の三〇％、太平洋通信の五〇％の市場占有率を得ていた[38]。ケーブル通信と無線通信の料金が同等になって以降も、アメリカの国際無線通信市場は成長を続け、一九二〇年には七〇〇〇万語であった通信量が一九二二年には二三〇〇万語に、一九二七年には三八〇〇万語へと上昇している[39]。RCA社は二つの目的に資することとなった。まず同社は、その通信能力の限界に達していたケーブルが応えることができなかった、急拡大する通信需要への対応に成功した。それだけではなく、同社は国家的な要求にも応えている。商務省無線通信研究所長J・H・デリンジャーが一九二五年に説明したところによれば、「アメリカは、世界のほぼすべての重要国との間で、ケーブルから独立した通信を達成しつつある」のであり[40]、この「ケーブルからの独立」とは、すなわち「イギリスの干渉からの独立」を意味していたのである。

一九一九～一九二四年におけるイギリスの無線通信

アメリカ人がイギリスの通信支配から逃れようと奮闘している間、当のイギリスはどのような策を練っていたのだろうか。

これは主として、委員会の会議で果てしなく論議されるような、決め手のない話であった。アメリカや他の多くの国々では、第一次世界大戦がその結果として民間部門と公共部門の間のせめぎ合いを生んだ。これはイギリスも同様であったが、これらの地域とは異なり、イギリスではどちらの部門も敗北した。マルコーニ社は、イギリスの国際無線通信分野における独占的地位を、イギリス政府からではなく通信協定による国際カルテルへの参加を通じて獲得した。しかし、一九二〇年代を通じて、イギリス政府はイギリス帝国圏内通信の掌握をめぐってマルコーニ社と競合するようになる。この競争から市場の不安定性が生じたことにより、イギリスの通信設備の近代化は遅れ、かつてイギリスの支配下にあったこの分野に他国の参入を許すこととなった。

一九一九年三月、マルコーニ無線電信会社社長ゴッドフリー・アイザックスは帝国通信委員会に書簡を送り帝国無線通信網の構築を提案した。マルコーニ社は、カナダ、南アフリカ、インド、オーストラリアと直接交信することを可能にする最新の高出力送信機の設置を、補助金なしで行うことを申し出ている(41)。同社は、所有するカーナーボン通信局の通信範囲がシドニーまで近づいたことから、この計画は実現可能であると判断していた。しかし、同社は財政的に苦しい状況にあったため、帝国無線通信網が提供する事業の獲得を必要としていたのである(42)。

一九一九年一一月、このマルコーニ社からの提案に応じるかたちで、帝国通信委員会議長のミルナー卿はヘンリー・ノーマンを責任者として帝国無線通信委員会にこの件の調査にあたらせた。一九二〇年五月二八日に提出された同委員会の報告はマルコーニ社の提案を却下し、代案として互いに二〇〇〇マイルの距離にある八カ所の小規模無線局に通信を中継させるというかたちのチェーンの構築を提示した。同報告はまた、これら無線局がイギリス郵政省と各自治領政府によって建設・運営されるべきことを推奨した(43)。同委員会は、マルコーニ社からの提案を独占契約締結によって受け入れることを承認しなかった。これは、高出力無線局が費用が嵩み信頼性に乏しいことが憂慮されたこともあるが、もしこの計画が成功した場合、帝国無線通信網の存在がケーブル通信会社を危機に追いやるのではないかとの懸念があったからでもある。一方、こうした技術的・経済的要因による確執の裏には個人的見解の衝突が潜んでいたことが、『エレクトリカル・レヴュー』誌で、以下のように述べられている。「マルコーニ社社長と帝国通信委員会議長との間に生じた個人的対立によって、マルコーニ社が委員会に対して証拠の提示を拒むような決定をしたことは最大の戦略的誤りであった(44)」。

この論争に勝利したのは、どちらの側でもなかった。オーストラリアは、ノーマン案が四つの連結部分を有する通信チェーンの末端に自領を配置するものであったためにこれを嫌い、イングランドとの直接的交信を可能にする高出力無線局を建設するというマルコーニ社と契約を締結した。カナダと南アフリカも同様の措置をとった。[45] 一九二一年のイギリス帝国会議では、ノーマン案は、称賛どころか非難を受けており、当時植民地大臣であるとともに帝国通信委員会議長でもあったウィンストン・チャーチルは「この時代遅れの提案についてこれ以上関わり合いになることを拒否した」。[46] 一九二二年、内閣はミルナー卿を議長とする無線通信委員会をしてこの件のさらなる調査にあたらせている。同年七月、政府は高出力無線通信による自治領政府との直接交信案を承認したが、マルコーニ社との契約は否認した。マルコーニ社は、イギリスの無線通信に対する特許を有していたため、政府も他社も無線局を設置することができず、この行き詰まり状態はその後も継続した。[47]

一九二三年および一九二四年は、混乱と不安定の年となった。一九二二年後半に生じた保守統一党政権によるロイド・ジョージ連立政権の打倒は、首尾一貫性のある通信政策が展開されようとしていた少し前の出来事であった。一九二三年三月、首相ボナー・ローは下院に対し、帝国通信分野における国家独占原則の廃止を表明した。一方で、マルコーニ社が許認可の申請を行うと、高度な独占性を有するとして却下されている。その後、郵政省がマルコーニ社に共同事業の提案を行うが、長期にわたって敵対してきたこの二者の間の確執は埋まらず、翌年には対立が生じる。

一九二三年半ばには、通信分野における他国に対するイギリスの劣勢は、誰の目にも明らかとなっていた。アメリカ合衆国が二〇〇キロワット出力以上の無線局を二一カ所に、フランスが一二カ所に有していたのに対し、イギリスは戦争前に建設が始まっていたリーフィールドとアブ・ザバールの二局と、マルコーニ社のカーナーボン送信局のみを有するにすぎなかった。出力数の観点からみると、この格差は、さらに広がった。アメリカの高出力無線局が三四〇〇キロワット、フランスが三一五〇キロワットの出力数を誇っていたのに対して、イギリスのそれはわずか七〇〇キロワットであり、この数字はドイツの六〇〇キロワットとほとんど変わらないものであった。[48] 郵政省は、すべての植民地および自治領との交信が可能な広域無線局をラグビーに開設することを決定したが、この計画の完遂には三年を要することとなった。[49]

一九二四年初頭、ラムゼイ・マクドナルドに率いられた最初の労働党政権は、この一二年間で六人目の議長となるロバート・ドナルドの下にある帝国無線通信委員会に対し、帝国無線通信関連問題の調査を命じた。[50] 同委員会は、マルコーニ社に対して証拠提出を求めてはいない。一九二四年二月二四日における同委員会の議会報告では、「事態を進展させる一定の方策が実施されなければ、帝国無線通信網の構築における遅延状況に対する（自治領内での）苛立ちは募るばかりである」と述べられている。[51]これは、マルコーニ社と郵政省間の膠着状態が「帝国無線通信分野の発展を阻害する根強い弊害となったうえ、全世界規模での通信に必要不可欠な手段である無線電信の利用において、イギリス帝国を他国に対し劣勢に立たせた遺憾なる遅延状況を生み出した」ことを示したものである。[52]同委員会は、帝国圏内通信を目的とした高出力無線局の国有化とその運営および帝国圏外における通信の集団化、そしてカナダ通信市場における競争への参入を推奨した。[53]

内閣と帝国防衛委員会に向けて同年に用意された上記およびその他二つの報告は、イギリス無線通信分野の発展におけるこの時期の阻害要因として、次の三点を挙げている。その一つは、組織的弊害であった。すべての決定は、内閣、帝国防衛委員会（C・I・D）、傘下の帝国通信委員会（C・I・I）、そしてC・I・Iの小委員会である無線通信委員会を通じて行われており、各組織は郵政省、陸軍省、海軍省、大蔵省、商務省、航空省、植民地省、そして場合によってはインド省からも代表が派遣されて構成されていた。イギリス政府がようやくその公式決定を提示したときには、歴史は浅いが明確な主張を有するカナダ、オーストラリア、ニュージーランド、南アフリカ、インドの各政府との交渉を余儀なくされることとなった。[54]このような状況下で何らかの措置が講じられたのであるから、これはまさに驚きである。

第二の阻害要因は、一八九七年から始まる郵政省とマルコーニ社の確執であり、これは時代を経るごとに深刻化の一途を辿った。郵政省の目標はイギリス通信分野の発展を犠牲にしてでもマルコーニ社の勢力を妨害することにあったと思われ、他方でマルコーニ社は独占的特許権を要求するなど、その能力に見合わない過度な提案を繰り返し行ってきた。こうした敵対関係は、RCA社を長距離通信分野における国家的命運を握る「選ばれし機関」としていたアメリカ人の見方や、熱心にテレフンケン社を支援したドイツ政府の姿勢とは著しい差異を呈している。

これに対して、第三の、しかも最大の阻害要因は、第一次世界大戦後に非常に顕著になったイギリスにおける財源と帝国維持費用負担額のあからさまな不釣り合いであった。これは、一九二四年五月二八日の無線電信小委員会の報告に基づいて、イギリスにとって不可欠な無線局を示した一覧表を見ても明らかである。この一覧表では、商業用無線局はラグビー、ケープタウン、アーグラ、メルボルン、バンクーバー、モントリオールの各所に、海軍用としてはジブラルタル、マルタ、セイロン、シンガポール、香港に、そして空軍用ではマルタ、エルサレム、バグダッド、イスマイリア等にそれぞれ配置され、それ以外にも無線局は存在していた。[55]無線通信という比較的優位性を維持しやすかった分野においてさえ、かつて世界の最先端を走っていたイギリスは、ポール・ケネディの言うところの「帝国の膨張」状態により、いまや深刻な事態に陥っていたのである。(56)

一九二四年までのドイツとフランスの無線通信

終戦を迎えるとドイツは通信ケーブルを喪失することとなり、連合国からは差別的な扱いを受けることになった。パリ講和会議において、連合国は通信ケーブルを「強奪」されたとするドイツ側からの抗議を無視し、ドイツに対する報道規制を行った。(57)こうした問題に対する明確な解決策となりうるのは、無線通信であった。ベルサイユ条約によって、ドイツは五年後に発効する国際無線通信協定の順守を求められて、一九二七年まで何らの関連会議も開催されなかったために、無線通信分野でのドイツに対する規制はこの時点まで存在しなかった。(58)一九二〇年、テレフンケン社は、四〇〇キロワット交流発電機をナウエン無線局に設置するとともに、これを管理・運営する子会社として海外無線通信会社、すなわちトランス・ラジオ社を設立する。一九二〇〜二一年の間にマルコーニ社、CSF社、RCA社の各社との間に特許プールおよび通信協定を締結した結果、同社は国際無線通信委員会として知られるカルテルの四番目の構成員となった。イギリス政府を非常に狼狽させたのは、同社がアルゼンチンのモンテ・グランデに広域無線局を設置する契約を締結したことであった。(59)植民地は残っていなかったが、ドイツは商業用無線に完全に特化することができたのである。

一方、フランスは、そうではなかった。終戦時、フランスは高出力無線局を二局しか有していなかった。一つは一九一四年から使用されていたリヨン・ラ・ドゥアの旧式無線局であり、もう一つはアメリカ海軍所管のラファイエット無線局で、これは一九一九年後半に完成し、ボルドー・クロワ・ダン無線局と改名した。これらは二局とも軍事・植民地管理の目的で政府が使用していた。無線通信に関する研究は主にパリ・エッフェル塔のフェリー大佐と、アレクサンダーソン製交流発電機の対抗製品を製造していた技師ジョゼフ・ベトゥノとマリウス・ラトゥールによって行われていた。(60)しかし、フランスは高出力の商業用無線局設置には後れを取っていた。

当時のフランス無線通信分野における主要な民間企業は、一九一〇年にエミール・ジロドーによって設立されたフランス無線電信会社(SFR社)のみであった。戦時中、SFR社は陸軍に対して通信機器を供給しており、一九一八年には資産価値の高い特許を多く取得したが、資本不足に陥っていた。一方、マルコーニ無線電信会社とフランス電信ケーブル会社、そして銀行協会はSFR社の競合企業を設立していたが、この競合企業は資本には恵まれていた一方で新技術の導入が不足していた。一九一九年にSFR社とその競合企業は合併し、無線電信総合会社、略してCSF社となった。一九一九年九月、CSF社は、マルコーニ社、ゼネラル・エレクトリック社、そしてRCA社と通信および特許プール協定を締結し、のちにこの協定にはテレフンケン社も加わることになる。カルテルに参加することによって、CSF社はアメリカ合衆国、ラテン・アメリカ、中近東との通信における独占権を獲得することになる(61)。

CSF社は、明らかにフランスにおけるRCA的存在であったが、その通信事業への参入は紛争なくして実現したものではなかった。フランス郵便電信電話省（PTT）は、同国の通信分野において長期にわたる独占権を有してきており、それを維持する構えであった。しかし、役人の一人がジロドーに対して「それで、あなたは無線通信を信頼しているのですか」と言ったように、同省はいまだ電線とケーブルの使用による通信に重きを置いていた(62)。CSF社は、PTTにはない重要な優位性を有していた。それは、同社が高出力無線局を運用しようという意志と資金、そしてノウハウを有していたことのみならず、重要な通信線である北大西洋回線の使用についてRCA社との間に締結した通信協定の存在であり、RCA社はこの件についてPTTとの交渉を拒絶していた。CSF社が免許発行の申請を行うと、フランス下院では激しい論争が巻き起こることになった。というのも、多くの下院議員が国家による通信事業運営に信頼を置いていたか、もしくはフランスにおける「トラスト」の出現を恐れていたからである。PTT職員全国組合は、以下のように宣言している。

組合員の皆さんには、その職場に留まるようお願いしたい。……たとえ、軍事・産業団体がこの収益性の高い事業への参入を意図して、われわれから商業用無線通信分野における独占的地位を奪おうとしていたとしても、そしてもし、そうした諸団体のスパイが、職と地位を求めて、われわれを植民地無線通信分野から排除しようとしていたとしても、われわれの動機としては、「過度に厳格な公務員」といった不幸にもわれわれが受けている評価しかない(63)。

こうした抗議を無視し、政府は一九二〇年一〇月二九日にCSF社との間に協定を締結した。首相アリスティード・ブリアンは、「この協定のおかげで、各国企業が自国政府の支援を受けつつその獲得を目指していた新しい国際通信手段が完全に放棄されることはなくなった」と宣言した(64)。

免許状を取得するや否や、CSF社は二万キロメートル以上離れたインドシナとの交信が可能な無線局の建設に着手した。この無線局が開業した一九二一年では、パリ近郊のサン・アスィス無線局に設置されていた五〇〇キロワットのラトゥール・ベトゥノ交流発電機と高さ二五〇メートルの一六基のアンテナが世界で最高出力を有する通信施設であり、フランスのケーブルと同等の通信量を誇っていた。これらを運営するため、CSF社はラジオ・フランスと呼ばれる関連会社を設立した[65]。

フランスは、自身の植民地帝国内にも無線局を建設していた。インドシナは、フランス植民地のなかでも二番目に豊かな土地を有する地域であったが、アルジェリアとは異なり、ケーブル通信からはわずかな恩恵しか享受できていなかった。一九一四年にはフランス本国との通信が可能な無線局をもう少しで設置できるところであったが、戦争の勃発によってこの試みは潰えた。一九二〇年代を通じて、インドシナでは、すべての都市で小規模無線局が次々に設置されており、その無線通信力の脆弱性を補うこととなった。一九二一年一〇月、フランス本国政府が行動に移るのを待ちきれなかったインドシナ総督モーリス・ロンは、サイゴンに五〇〇キロワット出力無線局の建設を行う旨の契約をCSF社と締結した。一九二四年一月に建設が完了したこの無線局によって、ボルドー・クロワ・ダン無線局とのみならず、アルゼンチン、中国、日本、オランダ領東インド、シンガポール、マダガスカル、ニューカレドニア、タヒチ、ハワイ、そして洋上の艦船との間の通信が可能となった。これはすなわち、フランスの無線通信可能範囲がさらに世界の三分の一程度拡大したことを意味したのである[66]。

他のフランス植民地、非常に価値の低いアフリカ植民地でさえ、一九二〇年代には無線局が建設されている。一九二五年までにはほとんどすべての植民地がフランス本国から直接受信できるようになり、さらに隣接する植民地の無線局にも無線電報を送信することができた。三カ所に設置された高出力無線送信機、すなわちベイルート無線局（ラジオ・フランスの支社であるラジオ・オリエントによって運営された）とフランス領スーダンのバマコ無線局、そしてマダガスカルのタナナリブ無線局の三局は、フランス本国と直接通信を行うことができた。これに続く四番目の高出力無線局は、フランス領コンゴのブラザビルにおいて建設中であった[67]。ある士官が一九二五年後半に以下のように述べている。

フランスは、遅くとも一九二六年か一九二七年には、その主要植民地とは直接通信を行えるようになるとともに、非重要植民地とも一回の中継で通信可能となるであろう。その結果、帝国通信ネットワーク建設の観点からみた場合、フランスはヨーロッパ各国の先頭を行く存在となるはずだ[68]。

植民地事情に関しては、フランスは常に自らをイギリスと比較して後れをとっていると認識していた。一九二〇年代半ばには、フランスの意気込みとイギリスの対応の遅れにより、フランスはついにそのライバル国よりも優秀な無線通信ネットワークの構築に成功した。ただ、イギリスはフランスにはないケーブルという通信手段をいまだ保有していたため、当然ながら通信分野で後れをとったわけではなかった。しかし、ここで重要だったのは、効率性よりも自尊心であった。ハノイ大学教授のアンドレ・ツーゼは、以下の手記で、一般的に共有されていた感情を表現している。「イギリス人との友好関係がいかに親密なものであろうとも、外国人に本国との通信における仲介役を頼まなければならないというのは、われわれの国家的威信を多少なりとも辱める事実であった」。この観点から見れば、サイゴンにおける無線局の新設は「隷属の終焉、あえて言うならば、孤立状態の終焉」を告げる出来事だったのである[69]。

ラテン・アメリカと中国における無線通信

これまで、本書で扱ってきたのは、主要各国およびその植民地の事情だけであった。独立国ではあるが、低開発国で無線通信体制を整えたいと望む国々にとって、その選択肢は限られていた。すなわち、大国の従属国となるか、大国同士を競わせて上手く利用するかの選択である。ラテン・アメリカの諸共和国は前者のカテゴリーに含まれる。一方、中国は後者を選択することとなった。

一九一九年三月末、イギリスは「イギリス公使があれだけ苦労したにもかかわらず」アルゼンチンの大統領イリゴイエンが直々にドイツのジーメンス・シュッケルト社に対して大型無線局の免許状を与えたという、驚異的な事実を知った[70]。政治家たちにとって自国に対する不快なる侮辱と映ったのは、通信事業者たちが競争に晒されなければならなくなったことであり、こうした事業者は、競争状態に直面すると当然カルテルを形成しようと考えた。一九二一年一〇月、RCA社、トランス・ラジオ社、CSF社、マルコーニ社は対ラテン・アメリカ政策における方針の一本化に合意し、AEFG（America England France Germany）コンソーシアムとして知られる共同企業体を設立した。全ラテン・アメリカ諸国において無線送信機の重複設置を避けるため、同コンソーシアムは一つの無線送信機が構成四社すべてとの、すなわち全世界との通信に供されるべきことに合意していた[71]。これはアメリカ国務長官ランシングが思い描いていた構想とは相当程度異なっていた。彼は、一九一五年に「ヨーロッパやアジアの手中に」無線通信権を留め置くことに反対し、「広範囲かつ慈善心に富んだ汎アメリカ主義」を主張していたが、これはもう少しのところで叶わなかった[72]。コンソーシアムには九名の理事がおり、各構成企業からは二名ずつが選出されたが、残りの九人目はRCA社によって任命された（しかしRCA社との繋がりは持たない）。多数意見が少数意見にその意思を押し付けようとする場合には、拒否権を行使できた。コンソーシアムは各ラテン・アメリカ諸国で国有無線会社を設立し（例：トランスラジオ・アルゼンチン）、社長には現地出身の人物を据えたが、その議決権株式の六〇％は保持していた。言い換えれば、コンソーシアム構成企業は、こうした事業からの収益をほとんど獲得し、これらについてのすべての決定はアメリカ人理事によって担われていたのである。コンソーシアムは、まず、アルゼンチンとブラジルの無線局を買収することから始めており、次いでチリに新無線局を設置し、そして徐々に南米大陸の残りの地域と中央アメリカにまでその事業を拡大していった。これこそが、バラード提督が「かの偉大なモンロー主義に倣った無線通信政策」と呼んだものだったのである(73)。

中国における事情は、ラテン・アメリカのそれとは非常に対照的であった。ここでは、秩序だったカルテルの形成ではなく、中国の弱体性を利用した諸外国勢力によるお馴染の利益争奪戦が、激しい政治的対立として繰り広げられていた。中国が義和団事件に苦しめられていた一九〇〇年、西洋列強の軍隊によって占領された北京には国家として対等に交渉を行える中央政府が存在せず、イースタン・エクステンション社およびグレート・ノーザン各社が、中国の対外電報事業における三〇年間の独占的特許権を清国電信局から取得している。中国が再び混乱期を迎えた第一次世界大戦終戦時には、今回は無線通信分野に関する独占権を求めて外国勢力がやって来た。

一九一八年二月二一日、日本企業の三井物産は、海外通信用高出力無線局を設置する契約を中国海軍省と締結した。三月五日に締結された追加協定では、「中国における、いかなる外国との通信を目的とした無線局」についても、上記無線局以外には建設を禁止することが約された(74)。一九一八年八月二七日と一九一九年五月二四日には、中国陸軍省はマルコーニ無線電信会社と協定を締結し、同社に無線機器の供給およびこれら機器の製造・修理を行うための工場設立に関する独占的権益を与えた。最後に、一九二一年一月八日、中国逓信省は連邦電信カリフォルニア社との間に、アメリカ合衆国との通信に用いる高出力無線局、そして国内およびアジア圏内通信用の中出力無線局の設置について、一〇年間の独占契約を締結した(75)。

言うまでもなく、中国政府内のさまざまな部局によって締結されたこれらの独占契約は、相互に矛盾していた。デンマークおよびイギリスの両政府は、連邦電信会社との契約に関して、これが中国対外通信事業において一九三〇年まで有効な自身の独占権に抵触するとして抗議した。英国マルコーニ社は、自社の中国における無線通信機器の独占使用権が一九二九年まで有効であると主張した。日本政府と三井物産は、中国対外無線通信事業での自身の独占権を一九四八年までと主張した。あるアメリカ政府関係者は「中国政府は、現在の競争状況を利用して、自身に都合のよい条件を各社から引き出そうとしていると言われている」[76]と記していた。アメリカ合衆国政府は、こうした権益の主張をすべて門戸開放の原則に反するものとして拒否した。[77]

こうした外国勢力との利権争いを独力で行うには非力すぎた連邦電信会社はRCA社の援助を求め、中国における権益の保護を目的とした連邦電信デラウェア社を共同設立した。RCA社会長のオーウェン・ヤングは国務省への働きかけを行った。その結果、対中国無線通信問題は一九二一〜二二年のワシントン海軍軍縮会議の議題に取り上げられることになった。そこでは、中国の対外無線通信事業の「国際管理化」と、ラテン・アメリカで非常に上手く機能していたものに準じた共同事業体の設立についての議論が行われたが、連邦電信会社による広域無線局の設置は、日本の強い反対と中国の決定先延ばしによって実現しなかった。代わりに、RCA社はフィリピンに広域無線局を設置し、ここを中継地点として香港経由で中国との交信を行うことにした。日本の広域無線局に関しては、建設されはしたが、どうやら上手く機能することはなかったようだ。[78]一九二〇年代を通じて、中国の海外通信分野ではイギリスによる支配が続いた。[79]

その一方では、政府の乱立とその対立状態という、中国の弱体性を露わにする新たな問題が浮上した。ワシントン会議の中国代表団は、「中国政府の承認なしに中国国土において現在運営されているすべての電気的通信施設（無線局を含む）を、直ちに廃止もしくは引き渡す」ことを請願した。これら通信施設には、数多くの公使館や、上海その他の地域の租界、そして満州鉄道沿いに設置されていた日本の一五局、フランスの三局、アメリカの三局、そしてイギリスの二局の無線局が含まれていた。[80]これらは大陸間通信用広域無線局ではなかったが、それでも日本、香港、フィリピン、インドシナをその通信範囲とするほどの高出力を有していた。この問題について利害関係を有する諸外国政府は、自国の中国における無線局運営権を認めていると解釈可能な条約、もしくは契約上の条項を一様に指摘した。結局、中国はこれら無線局の撤去を認めさせることはできず、得られた結果は、これら無線局の使用は公式目的に限るということと、この問題については今後も継続的に交渉を行っていくという約束のみであった。[81]中国は、五〇年前の有線電報への対抗時に比較して、この時期における外国無線通信資本の侵略に対してはさらに無力であった。一八七〇年代には、少なくとも中国にも一つの中央政府が存在し、通信線を「農民たちに」切断させるとの脅迫を行うことも可能であった。一九二〇年代になると、無線局は外国の勢力圏内に秘匿されるようになり、中国政府はそれに対して不平を述べる以外には何もできないほど弱体化していた。

結論

一九二〇年代は、他の分野同様、長距離通信分野においてもアメリカが攻勢に転じた時期であった。第二次世界大戦前までは、アメリカの通信ネットワークの防衛を主張する意見などほとんど見られなかったが、とはいえ、アメリカ陸軍信号隊のジョージ・スクワイアーやケーブル通信事業家ジェームス・スクリムザーの主張は有名である。戦争によって、通信ケーブルにおけるイギリスの覇権が同国に戦略的・商業的優位性をもたらすのではないかという、それまで長い間抱かれてきた疑念が実証されることになった。アメリカの世論が孤立主義者を速やかに一掃する一方で、数人の影響力ある重要人物、つまりフーパーとバラードのような軍関係者、ロジャーズのような広報担当者、そしてヤングやサーノフといった実業家たちは、イギリスを障害と見なしつつも、全世界に事業機会の満ち溢れた世界を想定した。彼らは、アメリカ政府をして初めてアメリカ海外通信事業への援助に踏み切らせることに成功したのである。

ある意味で、こうしたアメリカの通信政策は非常に馴染み深い方針に沿って行われたものであった。モンロー主義とドル外交の伝統に則り、アメリカ政府は積極的にアメリカ企業を支援し、その影響力をカリブ海沿岸諸国から中米、そして南米へと南へ拡大していくとともに、しつこくその影響力を残すイギリスを可能な限り排除していった。中国では、アメリカは伝統的門戸開放政策に従い、その他列強諸国に取って代わろうとはせず、代わりにその間に割って入った。ここでは、アメリカの影響力は総じて弱く、政府支援のほうも同様に小規模であった上に、得られた成果も少なかった。

しかしながら、イギリスの覇権に対するアメリカの挑戦には、戦前のフランス、ドイツによって仕掛けられたものとは異なり、二つの優位性が存在していた。戦争によってイギリスの国力が低下した一方でアメリカは潤い、その結果、一九二〇年のアメリカはその当時のイギリスと比較して財政的に有利になっていたのであり、これは一九〇〇年当時のフランスやドイツにはなかった優位性であった。同じように重要であったのは、ケーブル通信の競合相手である無線通信の登場であった。イギリスに対抗するうえで、アメリカはケーブル以外にも別の選択肢を得ることができた。結局のところ、こうした技術的・財政的優位性は、いかなる政府支援が付与された場合よりも、他国との競合において非常に効果を発揮していたのである。

注

(1) Kenneth R. Haigh, *Cableships and Submarine Cables* (London, 1968), 330; Artur Kunert, *Geschichte der deutschen Fernmeldekabel. II. Telegraphen-Seekabel* (Cologne-Mülheim, 1962), 349–

60.

（2） Ray S. Baker, *Woodrow Wilson and World Settlement*, 3 vols. (Garden City, N. Y., 1922), 2: 468–69. パリ平和会議での海底ケーブルに関するアメリカの立場については，以下を参照。Baker, Vol. 2, Chap. 47, and Hugh G. J. Aitken, *The Continuous Wave: Technology and American Radio*, 1900–1932 (Princeton, N. J., 1985), 262–79.

（3） Aitken, 263.

（4） Quoted in Aitken, 265–66.

（5） Aitken, 263–67; Baker, 2: 475–79; John D. Tomlinson, *The International Control of Radiocommunications* (Geneva, 1938), 47–48.

（6） Leslie B. Tribolet, *The International Aspects of Electrical Communications in the Pacific Area* (Baltimore, 1929), 232; Keith Clark, *International Communications: The American Attitude* (New York, 1931), 165; Baker, 2: 480.

（7） Clark, 150–51.

（8） On the Washington Conference of 1920, see Joseph S. Tulchin, *The Aftermath of War: World War I and U. S. Policy toward Latin America* (New York, 1971), 211–20; Walter S. Rogers, "International Electric Communications," *Foreign Affairs*, 1, No. 2 (December 15, 1922), 152; Clark, 197–98; and Kunert, 363–65.

（9） C. I. D., Imperial Communications Committee, Memoranda, 1919 in Public Record Office (Kew) [hereafter PRO], Cab 35/2/87. The Admiralty's views were echoed in the instructions to the British delegation; see C. I. D., Imperial Communications Committee, "Proposed International Congress at Washington, Report of the Washington Congress Sub-Committee of Imperial Communications Committee (30 June 1920)," in Cab 35/14.

（10） Tulchin, 207.

（11） Ludwell Denny, *America Conquers Britain: A Record of Economic War* (London and New York, 1930), 367; Tribolet, 5.

（12） Great Britain, Foreign Office, "Correspondence Respecting Alleged Delays by British Authorities to Telegrams to and from the United States," in *Parliamentary Papers* 1921, Vol. 43 (Cmd 1230).

（13） Clark, 165; Tribolet, 234; Tulchin, 224.

（14） Tulchin, 210–11.

（15） George A. Schreiner, *Cable and Wireless and their Role in the Foreign Relations of the United States* (Boston, 1924), 97.

（16） U. S. Congress, Senate, Committee on Interstate Commerce, Cable-Landing Licenses: Hearings before a Sub-Committee of the Committee on Interstate Commerce, the United States Senate, Sixty-Sixth Congress, Third Session on S. 4301, a Bill to Prevent the Unauthorized Landing of Submarine Cables in the United States" (December 15, 1920–January 11, 1921), Frank B. Kellogg, chairman (Washington, 1921) [henceforth Senate Cable-Landing Hearings], 87–91. See also Eugene W. Sharp, *Inter-*

national News Communications: The Submarine Cable and Wireless as News Carriers (Columbia, Missouri, 1927), 12-13.

(17) これらの事実関係の最良の説明は、Tulchin, 208-17 である。また、以下も参照。Denny, 370; Tribolet, 46-48; and Schreiner, 78.

(18) Clark, 155.

(19) Ivan S. Coggeshall, "Annotated History of Submarine Cables and Overseas Radiotelegraphs 1851 to 1934. With Special Reference to the Western Union Telegraph Company" (manuscript written in 1933-34, with an introduction dated 1984, cited with kind permission of the author), 183-89; U. S. Federal Communications Commission, "Report of the Federal Communications Commission on the International Telegraph Industry submitted to the Senate Interstate Commerce Committee Investigating Telegraphs," in United States Senate, Appendix to Hearing before Subcommittee of the Committee on Interstate Commerce, 77 th Congress, 1 st Session, Part 2 (Washington, 1940), 476; "Sub-Chaser's Shot Stops Cable Ship; Crew Are Arrested," *New York Times* (March 6, 1921), 1; "Second Sub Chaser on Guard at Miami," ibid. (March 7, 1921), 15; Clark, 155; Tulchin, 217-22; Schreiner, 66-68; Tribolet, 49-56; Denny, 370-71.

(20) Senate Cable Landing Hearings, 269-70.

(21) Ibid., 108.

(22) Ibid., 275. (The law is 10 & 11 Geo. 5.: Official Secrets Act, 1920; An Act to Amend the Official Secrets Act, 1911).

(23) Ibid., 186-87 and 312-14. See also Aitken, 261. Amazingly, public awareness of British cable scrutiny in peacetime disappeared after the hearings, only to be rekindled in 1967 by Chapman Pincher, defense correspondent of the *Daily Express;* see Peter Hedley and Cyril Aynsley, *The D-Notice Affair* (London, 1967).

(24) Coggeshall, "Annotated History," 188-89; Tulchin, 222; Clark, 156.

(25) Tulchin, 225-29; Schreiner, 218; Denny, 272.

(26) Aitken, 94, 359, and 515-16; Paul Schubert, *The Electric Word: The Rise of Radio* (New York, 1928), 157-58; W. J. Baker, *A History of the Marconi Company* (London, 1970), 177; Emile Girardeau, *Comment furent créés et organisées les radiocommunications transocéaniques internationales* (Paris, 1951), 2; Pascal Griset, "La naissance de Radio-France," *Revue française des télécommunications* 49 (October 1983), 86; Maurice Guierre, *Les ondes et les hommes, histoire de la radio* (Paris, 1951), 124; Société Française Radio-Electrique, *Vingt-cing années de TSF* (Paris, 1935), 60-68.

(27) Aitken, 357-58.

(28) Aitken, 208-9 and 321-26; Clark, 242.

(29) Aitken, 281 and 386; Susan J. Douglas, *Inventing American Broadcasting, 1899-1922* (Baltimore, 1987), 280-84; Schubert, 185-87; Robert Sobel, *RCA* (New York, 1986), 22-23; Captain Linwood S. Howeth, *History of Communications-Electronics in*

the United States Navy (Washington, 1963), 313-16. The latter, like Josephus Daniels, confused the interests of the American Marconi Company with those of Great Britain, and the Navy's with those of the United States.

（30） Clark, 242-43.

（31） Sobel, *ITT: The Management of Opportunity* (New York, 1982), 34; *RCA*, 27.

（32） Kenneth Bilby, *The General: David Sarnoff and the Rise of the Communications Industry* (New York, 1986), 46.

（33） Aitken, 280-81. これは、この出来事の一〇年後にあたる一九二九年に上院委員会でグレイソン提督が行った証言に基づいて、ホウェット大佐が行った説明でもある（Ibid., 354 参照）。

（34） Sobel, *RCA*, 26.

（35） Aitken, 328.

（36） Aitken, 328 and 338-44; Bilby, 46-47; Howeth, 355-56.

（37） これらの交渉経過とその結果についての詳細な説明は、Aitken, Chapters 6-8 である。また、以下も参照。Schubert, 204-8; and Howeth, 356-60.

（38） Aitken, 425, 461-62, and 481; Schubert, 250-54.

（39） G. Stanley Shoup, "The Control of International Radio Communication," *Annals of the American Academy of Political and Social Sciences* 142 suppl. (March 1929), 101; Bilby, 48 and 64.

（40） *American Year Book* for 1925, 593, quoted in Tribolet, 215.

（41） PRO, Cab 35/2/4.

（42） Baker, *Marconi*, 178-81 and 206-7; Aitken, 422-23; Vice Admiral Arthur R. Hezlet, *The Electron and Sea Power* (London, 1975), 156.

（43） Imperial Wireless Telegraphy Committee, 1919-1920, Report (May 28, 1920), in PRO, Cab 35/12; also in *Parliamentary Papers* 1920 [Cmd. 777].

（44） *Electrical Review* (July 16, 1920), quoted in W. P. Jolly, *Marconi* (New York, 1972) 243.

（45） Baker, *Marconi*, 206-9; Schubert, 266-67; Hugh Barty-King, *Girdle Round the Earth: The Story of Cable and Wireless and its Predecessors to Mark the Group's Jubilee, 1929-1979* (London, 1979), 183-84; D. H. Cole, *Imperial Military Geography*, 7th ed. (London, 1933), 186-87.

（46） Baker, *Marconi*, 207.

（47） "Report of the Wireless Telegraphy Commission" (Viscount Milner, chairman), in *Parliamentary Papers* 1922 [Cmd. 1572]; Schubert, 266-67.

（48） Sir Charles Bright, "The Empire's Telegraph and Trade," *Fortnightly Review* 113 (1923): 457-74.

（49） Baker, *Marconi*, 210-11; Jolly, 243-44; Cole, 187.

（50） Tomlinson, 55; Baker, *Marconi*, 211; Schubert, 268.

（51） "Imperial Wireless. Report of the Imperial Wireless Telegraphy Committee, 1924" (Robert Donald, chairman), 2-3, in *Parliamentary Papers* 1924, Vol. 12 [Cmd. 2060].

（52） Ibid., 4-5.

（53） Ibid., 19.

(54) "Cabinet Committee on the Report of Imperial Wireless Service, 1924," in PRO, Cab 27/240. In addition to this report, the radio question generated between 1919 and 1928, reports by seven subcommittees of the C. I. D.'s Imperial Communications Committee, three reports by a parliamentary Wireless Telegraphy Commission, and the report of the Imperial Wireless and Cable Conference of 1928.

(55) Committee of Imperial Defence, "Colonial Wireless System, No. 203: Draft Report of the Wireless Sub-Committee of the Imperial Communications Committee," (May 22, 1924); and No. 205: "Revised Draft Report," in PRO, Cab 35/11.

(56) Paul Kennedy, *The Rise and Fall of the Great Powers: Economic Change and Military Conflict from 1500 to 2000* (New York, 1987).

(57) Kunert, 361; letters from Reichpostministerium, April 6, 1919, and Auswärtiges Amt, April 14, 1919, to Herrn Vertreter des Reichs-Marineamt bei der Deutschen Friedenskommission (microfilm in Ministry of Defence [London], Naval Historical Branch, Foreign Documents Section, GFM 32/20, 663–71).

(58) Tomlinson, 47–49.

(59) Alfred Ristow, *Die Funkentelegraphie, ihre internationale Entwicklung und Bedeutung* (Berlin, 1926), 43; "Telefunken-Chronik," *Telefunken-Zeitung* 26, No. 100 (May 1953), 150; Peter Lertes, *Die drahtlose Telegraphie und Telephonie*, 2nd ed. (Leipzig and Dresden, 1923), 8–9

(60) Catherine Bertho, "La recherche publique en télécommunication, 1880–1941," *Revue française des télécommunications* (October 1983), 8; Maurice Deloraine, *Des ondes et des hommes: Jeunesse des télécommunications et de l'I. T. T.* (Paris, 1974), 15–20; Griset, 86.

(61) Girardeau, *Comment furent créées*, 6–9, and *Souvenirs de lonque vie* (Paris, 1968), 102–5; René Duval, *Histoire de la radio en France* (Paris, 1980), 28–29; Griset, 85–86; Société Française Radio-Electrique, 11.

(62) Girardeau, *Souvenirs*, 100–101.

(63) Duval, 28.

(64) Paul Charbon, "Développement et déclin des réseaux télégraphiques: 1840–1940." *Recherches sur l'histoire des télécommunications* 1 (November 1986), 63; Griset, 85–88.

(65) Griset, 88; Guierre, 131; Lertes, 181.

(66) L. Gallin, "Renseignements statistiques sur le développement des communications radiotélégraphiques en Indochine," *Bulletin économique de l'Indochine* 32, No. 199 (1929), 369–81; Indochina, Gouvernement général, *La télégraphie sans fil en Indochine* (Hanoi-Haiphong, 1921), 7–12; André Touzet, "Le réseau radiotélégraphique indochinois," *Revue indochinoise* 245 (Hanoi, 1918), 7–12; J. de Galembert, *Les administrateurs et les services publics indochinois*, 2nd ed. (Hanoi, 1931), 516–20; "La T. S. F. en Indochine," *Annales coloniales* (special supplement, April 15, 1924).

(67) "Poste intercolonial de Bamako," in Archives of the Ministry of Posts and Telecommunications (Paris), F90 bis 1690; "Poste intercolonial de Brazzaville," ibid., 1694; "Le réseau colonial de télégraphie sans fil," *Afrique française* 36 (May 1926), 274–76.

(68) Commandant Metz in *Revue du Génie militaire* 23 (December 1925), 497.

(69) Touzet, 21. The same motivation may have inspired Cornelius de Groot to build a powerful arc station in Java to communicate with the Netherlands; Aitken, 94 and 516. も参照。

(70) Letter from Godfrey Isaacs, managing director of Marconi's Wireless, to the Imperial Communications Committee, March 31, 1919, in PRO, Cab 35/2/20; letters from Regainale Tower, British ambassador in Argentina, to the Foreign Office, April 2 and 4, 1919, in Cab 35/2/58.

(71) "Transradio Consortium (AEFG Trust)," in National Archives (Washington), Record Group 259, Box 13.

(72) Clark, 239.

(73) Schubert, 254–57; Tomlinson, 57–58; Tribolet, 57–69; Clark, 197; Denny, 382–83.

(74) Westel W. Willoughby, *Foreign Rights and Interests in China*, 2 nd ed. (Baltimore, 1927), 2: 952.

(75) Ibid., 948–61. Denny, 383–84; Schubert, 258–59; and Tribolet, 86–99. も参照。

(76) Memorandum from P. E. D. Nagle, Commuications Expert, Department of Commerce, June 29, 1923, in National Archives (Washington), Record Group 173, Box 356, file INT–6 China.

(77) Willoughby, 962–64; Tribolet, 103–4; Schubert, 259–60; Denny, 385.

(78) Willoughby, 962–67; Schubert, 261–64.

(79) Denny, 387–88.

(80) "Wireless telephone, telegraphic and wireless-telegraphic communications in China" (February 22, 1922), in National Archives, RG 173, Box 356, File INT–6 China.

(81) Tribolet, 109–35; Willoughby, 970–71.

第11章　技術の大躍進と商業競争（一九二四〜一九三九年）

一九二〇年代半ばまでに、ケーブルと無線の勢力図はほぼ均衡状態に達した。高出力の無線通信局は、依然として高額な建設費がかかるとはいえ、新しく大陸間ケーブルを敷設するよりも安上がりであった。しかしながら、長距離電信に対する需要が急速に高まると、無線通信局がケーブルの利益や政治的価値を脅かすことなく世界中に建設されることになった。

一九二三年における世界のケーブル敷設状況

一九二三年時点でのさまざまな民間会社と国家によるケーブルの敷設状況については、表11－1〜表11－3、および図11－6に示している。表11－4は、一八九二年の表3－2〜表3－4と一九二三年の表11－1〜表11－3の数字をもとにして、一八九二年から一九二三年の間に生じた変化を示している。表11－4から明らかなように、当該期間に世界のケーブル網に多くの変化が見られ、長さが二四万六八七一キロメートルから五八万九二二八キロメートルへと二倍以上になった。一八九二年にはイギリス製ケーブルが三分の二を占めていたが、一九二三年には半分にまで後退した。代わりにアメリカが、最大の拡張国として、その保有割合を全体の一五・八％から二四・二％に上昇させた。日本もゼロから二・五％に増大した。また、政府保有のケーブルは一〇・四％から二三・九％に拡大した。イースタン電信連合会社は四五・五％から三九・九％への減少に留まったものの、ほかのイギリス系企業はアメリカ系企業にケーブルを貸与することにより、ほとんど消滅してしまった。一九二三年までの一般傾向として、イギリス企業に代わってアメリカのケーブル会社と外国政府のケーブル網が台頭した。

一九二〇年代のケーブル技術

国際的な貿易と投資活動が再び活発化したことで、一九二〇年代初頭は電信サービスにおける売り手市場となったが、徐々に生じた諸変化に対し、ドイツ以外の諸国はスムーズに対応した。大方の専門家は、無線とケーブルは競合するというより相互に補完しあうものと見ていた。ただし音声の送信や船舶との交信、そして多数の聞き手に対する一斉放送といった機能は、無線のみに備わったものであった。また、無線の維持経費は安

表11-1 世界における民間ケーブル（1923年）

	ケーブル数	長さ（km）	占有率
[1] イースタン電信連合会社			
イースタン電信会社	153	97,144	16.5
ウェスト電信会社	37	53,380	9.1
イースタン・エクステンション・オーストラレーシア・中国電信会社	31	51,194	8.7
東南アフリカ電信会社	15	19,252	3.3
アフリカ直通電信会社	8	5,339	0.9
アメリカ西岸電信会社	7	3,780	0.6
西アフリカ電信会社	8	2,730	0.5
ヨーロッパ・アゾレス諸島電信会社	2	1,967	0.3
ラプラタ川電信会社	4	409	0.1
小　計	265	235,195	39.9
[2] その他のイギリス電信会社			
西インド・パナマ電信会社	22	8,065	1.4
キューバ海電信会社	12	2,746	0.5
ダイレクト・西インドケーブル会社	2	2,346	0.4
ハリファックス・バーミューダ・ケーブル会社	1	1,578	0.3
ダイレクト・スパニッシュ電信会社	2	1,307	0.2
インド・ヨーロッパ電信会社	4	355	0.1
小　計	43	16,397	2.8
イギリス電信会社の合計	308	251,592	42.7
[3] アメリカ電信会社			
ウェスタン・ユニオン電信会社	33	40,397	6.8
オール・アメリカケーブル会社	36	33,527	5.7
商用ケーブル会社	16	32,410	5.5
商用太平洋ケーブル会社	6	18,550	3.1
メキシコ電信会社	5	5,815	1.0
キューバ商用ケーブル会社	2	2,870	0.5
アメリカ合衆国・ハイチ電信会社	1	2,577	0.4
小　計	99	136,146	23.1
[4] 上記以外の電信会社			
フランス電信ケーブル会社	25	28,234	4.8
南米ケーブル会社	4	5,145	0.9
グレート・ノーザン電信会社	26	15,590	2.6
ソシエテ・アノニム・ペルジュ・ド・ケーブル・テレグラフ	2	113	
チア・テレグラフィコ・テレフォニカ・デル・プラタ	3	156	
小　計	60	49,238	8.4
総　計	467	436,976	74.2

出所：George Schreiner, *Cables and Wireless and thier Role in the Foreign Relations of the United States* (Boston, 1924), 229-60.

価であった。一九二〇年代半ば、大西洋を挟んだ二つの無線局の経費は二〇〇万〜四〇〇万ドルであったが、ケーブルの場合は七〇〇万ドルであった[1]。しかしながら、ケーブルのほうが安全かつ天候に左右されず、二四時間利用可能な通信が保障された。このように、無線が利用されるようになったからといって、ケーブル会社の役員が不安に陥ることはなかった。世界中の国際通信は、かつてないほど良好となった。イギリスは、もはやケーブル事業を独占できず、帝国無線通信網をも構築するには

表11-2　世界における政府ケーブル（1923年）

	ケーブル数	長さ（km）	占有率
(1) イギリス帝国			
イギリス・アイルランド	276	20.776	3.5
太平洋ケーブル局	7	17,398	2.9
インド	14	4,324	0.7
その他	190	3,712	0.6
小　計	487	46,210	7.8
(2) フランス・フランス帝国	79	31,554	5.4
(3) 日本	214	14,463	2.5
(4) オランダ・東インド	34	12,706	2.2
(5) スペイン	34	6,603	1.1
(6) アメリカ合衆国・フィリピン	48	6,475	1.1
(7) イタリア	97	5.823	1.0
(8) ノルウェー	1,294	4,013	0.7
(9) ドイツ	88	3,270	0.6
(10) ソ連	11	2,683	0.5
(11) その他	706	7,180	1.2
総　計	3,092	140,980	23.9

出所：表11-1と同じ。

表11-3　民間・政府の合計ケーブル（1923年）

	ケーブル数	長さ（km）	占有率
イギリス帝国	795	297,802	50.5
フランス	108	64,933	11.0
アメリカ合衆国	147	142,621	24.2
日本	214	14,463	2.5
デンマーク	26	15,590	2.6
その他a)	2,276	53,819	9.2
総　計	3,566	589,228	100.0

出所：表11-1と同様
注：a）旧ドイツケーブルを含む（ただし詳細は不明）。

図6　1892年と1923年における国別ケーブル保有数

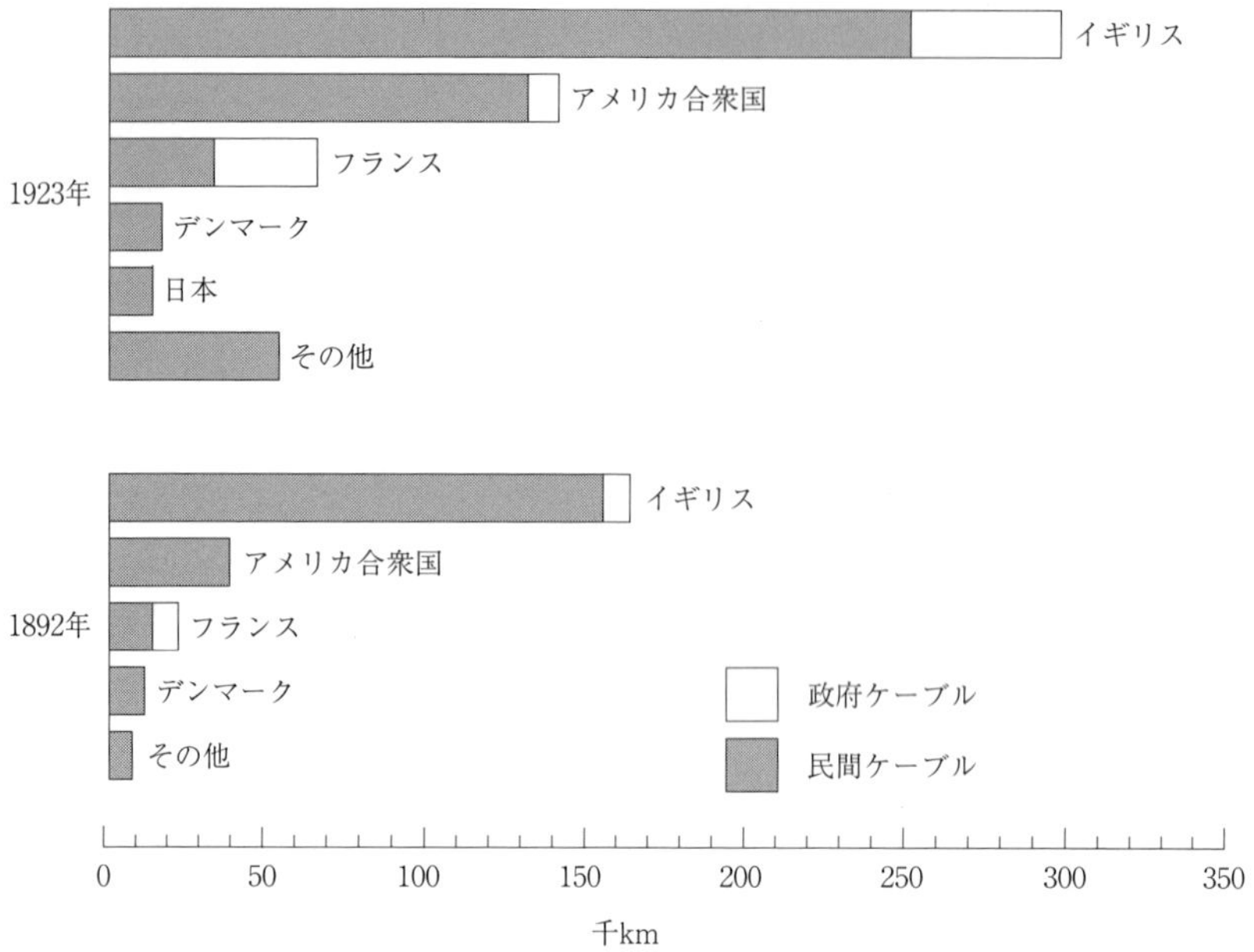

至っていなかったが、概していえば、帝国の通信要求はこれまで以上に満たされていたのである。

まさにこのような状況において、連続して二つの主要な技術革新が起こり、国際通信を変容させ、ケーブルと無線との、またイギリスと競合国との間の微妙な均衡を撹乱することとなった。その最初の技術革新は、ケーブル分野において生じた。

一九二〇年代半ばまでの長距離電信の進歩は、送受信機の改良によるものであった。すでに戦前にも送信のスピードアップを図り、交換手の人数を削減しようとする試みがあった。一九一〇年代に、ケーブル会社は信号を増幅して転送する自動中継機を導入していた。しかし、信号とともに歪みも増幅してしまっていた。そのため一九二三年以降、ケーブル会社は、歪んで到達する信号をサンプリングして、それからオリジナル信号を復元する再生中継機を考案した。これは、限りなく自動再生機を普及させることとなり、長距離電信の正確さとスピードを高めた。ロンドンからシドニーまでの電文は、かつては途中で一八回中継され二一時間を要したが、いまやわずか三〇分ほどで伝達されるようになり、一分以内ということもあった。最終着信局において、これら電文は自動プリンターにより紙テープ上にローマ字で打ち出されたのである。[2]

しかしながら、一八七〇年代以降ケーブル通信技術について、特段の変化はなかった。ケーブル技術開発の停滞は、事業を独

表11-4　1892年と1923年におけるケーブル網の変化

	1892年		1923年		増減	
	長さ（km）	（%）	長さ（km）	（%）	長さ（km）	（%）
〔1〕民間ケーブル						
(1)イースタン電信連合会社	112,711	45.5	235.195	39.9	122,484	−5.6
(2)その他のイギリス電信会社	43,103	17.5	16,397	2.8	−26,706	−14.7
(1)と(2)の合計	155,814	63.1	251.592	42.7	95,778	−20.4
(3)アメリカ電信会社	38,987	15.7	136,146	23.1	97,159	+7.4
(4)その他の非イギリス電信会社	26,343	10.8	49,238	8.4	22,895	−2.4
(3)と(4)の合計	65,330	26.5	185,384	31.5	120,054	+5.0
小　計	221,144	89.6	436,976	74,2	215,832	−15.4
〔2〕政府ケーブル						
(1)イギリス帝国	7,804	3.2	46,210	7.8	38,406	+4.6
(2)フランス帝国	8,432	3.4	31,554	5.4	23,122	+2.0
(3)その他	9,492	3.8	63,216	10.7	53,724	+10.7
小　計	25,728	10.4	140.980	23.9	115,252	+13.5
〔3〕民間・政府ケーブルの合計						
(1)イギリス帝国	163,619	66.3	297,802	50.5	134,183	−15.8
(2)フランス帝国	21,859	8.9	64,933	11.0	43,074	+2.1
(3)アメリカ合衆国	38,986	15.8	142,621	24.2	103,635	+8.4
(4)日本	—	—	14,463	2.5	14,463	+2.5
(5)デンマーク	13,201	5.3	15,590	2.6	2,389	−2.7
(6)その他	9,206	3.7	53,819[a]	9.2	44,613	+5.5
総　計	246,871	100	589,228	100	342,357	

注：a）旧ドイツケーブルを含む（ただし、詳細は不明）。

占していたイギリス製造業の保守性と、ケーブル会社に改良投資を思い留まらせてしまうケーブルそれ自体の経費と耐久性に起因していた。したがって、技術革新が当該事業の外部から促されたからといって、別に驚くほどのことではない。

　海底ケーブルによる転送は、陸上通信線と比較して時間がかかった。ケーブルは、三〇〇文字まで転送できるものもあったが、一分間に一五〇文字（約三〇語）というのが平均的転送可能文字数であった。その原因は、信号を弱めるキャパシタンス（静電容量）という現象によるものであった。電気技師は、このキャパシタンスを減少させる方法として、ケーブル芯の重量を増すことでその抵抗を削減できる可能性を早くから知っていた。一九二三年に商用ケーブル会社は、ニューヨーク～イギリス間に、芯が一キロメーター当たり二六九キログラムのケーブルを敷設した。これは戦前の六倍以上にあたる重さで、最速を誇る大西洋横断ケーブルとしてはつかの間の存在であったけれども、ケーブル重量を増大して解決を図るという試みに追随する後続企業は現れなかった[3]。代わりに、電気技師は、装荷というより洗練された解決策を見出した。

一八八五～八七年に、イギリスの物理学者オリバー・ヘヴィサイドは、ケーブルにインダクタンス（電磁誘導による起電力の機能をもつ回路コイル）を付加する方法によって、キャパシタンスを軽減できることを理論的に明らかにした。これは、ケーブルに沿って一定距離ごとにコイルを装填するか（塊装荷）、軟鉄で芯を包むか（包括装荷）のいずれかの方法によって可能になった。後者の方法による初めてのケーブルは一九〇二年に、前者の方法によるケーブルは一九〇六年に、それぞれ敷設された。しかし、両者とも短命に終わり、一層の技術的進歩は第一次世界大戦の終了を待たなければならなかった。一九二一年に、AT&T社の子会社であるウェスタン電気会社は、パーマロイ（鉄とニッケルの合金）の特許をとった。これは、軟鉄より透磁率が三〇倍も優れた合金であった。ケーブルの芯の周りにパーマロイ製の薄い膜を巻くことによって、通常のケーブルの三～五倍速く、そして、はるかにクリアな信号を送ることが可能になった。二年後、世界有数のケーブル会社の一つである電信建設維持会社（TC&M社）は、ミューメタル（鉄、銅、ニッケルの合金）の特許を得た。この合金は、パーマロイと同じような特性を持っており、取り扱いがさらに容易であった。

装荷ケーブルの通信容量は、電文の送受信において最も熟練した電信交換手の能力をはるかに超えていた。技術者は、装荷ケーブルによって伝達される膨大な情報量を取り扱うために、情報を多チャンネルに分割するマルチプレッシングを導入した。かくして、一本のケーブルが多数のケーブルのように作用し、一度に八つの電文を送ることができるようになった[4]。

新ケーブル（一九二四～一九二九年）

初めてのパーマロイ・ケーブルは、TC&M社によってウェスタン・ユニオン社向けに製造され、一九二四年にニューヨーク～オルタ（アゾレス諸島）間に敷設された。これについては、地上線敷設権を獲得すること自体が大変な偉業であったと言える。なぜなら、アゾレス諸島を通過するケーブルがいずれもイギリスの管轄外になってしまうことを知っていたイギリス政府は、ポルトガル政府にその敷設を拒否するように厳しい圧力をかけていたからである。イギリス嫌いのアメリカ人専門家ジョージ・シュライナーが説明しているように、「ポルトガルは、国家としてほぼ一世紀にわたって、イギリス帝国の従属国として扱われてきたのである[5]」。ポルトガルは、結局、そのライセンスを許可するに至ったが、それは、たぶん単純な事業的要因によるものかもしれないし、あるいはドイツ人アルツール・クーネルトが指摘しているように、「アメリカ合衆国が、第一次世界大戦終了直後すでにアゾレス諸島を彼らの境界線として選定していたからかもしれない」[6]。新ケーブルは、これまでの五倍となる一分間一九〇〇文字（三八〇語）の処理能力を持つようになり、技術的に大きな成功を収めた[7]。

アゾレス・ケーブルは、イギリスを出し抜いて現出したウェスタン・ユニオン電信会社、商用ケーブル会社、イタリア国際電信電話会社（〝イタルカブレ〟）、そして、新ドイツ電信会社の間で展開される複雑な状況の第一幕にすぎなかった。

イタルカブレは、世界中にイタリアの影響力を拡大しようとしたムッソリーニのお抱え機関であった。当該会社は、アゾレス・ケーブルの設置に加え、ベルギーとブラジルの間にもケーブルを敷設した。一九二四年にウェスタン・ユニオン電信会社の技術援助によって、ローマ近郊のアンツィオからスペイン領マラガを経由して、オルタまで装荷ケーブルを敷設した。ウェスタン・ユニオン電信会社と協力関係にあったイギリスのウェスタン電信会社は、オルタで中継局を共有し、アメリカや地中海と連結した[8]。

早くも一九二一年頃には、ドイツとアメリカのケーブル通信量は、戦前のそれを上回った。ドイツ逓信省は、無線もイギリス製ケーブルも信頼性がなく不安定であったことを知り、より直接的なケーブル接続を求めてアメリカ企業との交渉を開始した。最初の協定は、一九二二年一月に締結されたが、一九二三年のドイツのハイパーインフレと新ドイツ電信会社の倒産によって、その履行を数年間延期された。戦争でケーブルを損失していたドイツ－大西洋電信会社のために、一九二六年に北ドイツ海底ケーブル会社によって、エムデン〜オルタ間の装荷ケーブルがようやく敷設された。ニューヨークへの直通接続事業は、一九二七年四月に開始され、一九二八年にはウェスタン・ユニオン電信会社によってオルタからニュー・ファンドランドまでのケーブルが敷設されたことにより、さらなる改善が見られた[9]。

イギリスは、アメリカ市場からますます締め出されることになった結果、帝国内市場の拡充へと向かわざるをえなくなった。イギリス政府は、戦争でドイツから奪取したケーブルをニューファンドランドへと接続し直し、さらに一九二二年にダイレクト・ユナイテッド・ステイツ電信会社から買収した旧式のケーブルを用いて、ハリファックスへと通信線を延長した。太平洋ケーブルの使用が限界に達すると、太平洋ケーブル局は、豊かな資金を利用して、一分間に二五〇語を処理できる装荷ケーブルを敷設して送信量を二倍にした。イースタン・グループは、一九二〇年代半ばの通信ブームを享受して、ジブラルタルからリオ・デ・ジャネイロやボンベイまで、またココス諸島からフリーマントル（オーストラリア）まで新ケーブルを敷設し、その敷設距離は一九二七年には全長二五・二万キロメートルとピークに達した[10]。

このような一九二〇年代半ばのケーブル敷設ブームから何を

学ぶことができようか。これについては非常に明白である。つまり、無線は、ケーブルにとってまったく脅威にならなかったということである。両産業が成長するのに十分な需要が急速に広がっていたのみならず、ケーブル産業が、装荷ケーブルの導入によって、無線からの技術的挑戦に対する対応策を見出していたからである。しかし、無線と同様にケーブルに関しても、イギリスよりもアメリカ合衆国のほうが十分な資本と重要な技術革新力を持ち合わせていた。最初、両国の敷設競争はラテン・アメリカにおいて繰り広げられていたが、アメリカ合衆国の触手は、やがてはアゾレス諸島から中国に至る海洋へと拡大した。

国際電信電話会社と電話

アメリカ合衆国が影響力を拡大するうえで、資本力と技術力がイギリスのそれよりも上回っているのは明らかであり、それは、新しく登場した通信手段である電話においてとくに顕著であった。電話はこれまで局地的に利用されたにすぎず、長距離電話が一般的に利用されるようになったのは、第一次世界大戦後であった。電話は、技術的および政治的理由により、いたるところで国際事業というよりも公共事業と見なされてきた(11)。しかし、一九二〇年代に国際電信電話会社（以下ITT社と略記）が出現すると、事態は一変した。

ITT社は、事業拡大よりむしろ合併と買収によって成長した会社であった。この会社は、ポルト・リコ電信会社とキューバ電信会社に対する支配を足がかりにして、一九二〇年にソスシーンズ・ベーンとヘルナンド・ベーンの兄弟が設立した会社であった。ベーン兄弟は、将来の通信手段として電話事業を独自の金融マジックと結びつけた。また、彼らは、ラテン・アメリカの債務危機、戦後ヨーロッパの経済的停滞、そしてAT&T社に課せられた国外への事業拡張制限からも利益を享受することとなった。

一九二四年、ITT社は、ニューヨークの諸銀行の金融的援助とアメリカ政府の政治的支援を受けて、スペインの小規模な電話会社をいくつか買収し、スペイン国立電話会社に統合した。その間、AT&T社は、アメリカ合衆国における独占権を認められる代わりに海外利権を放棄することを、司法省から要請されていた。一九二四年に、アメリカ国内から排除されたITT社は、AT&T社の海外製造子会社であるインターナショナル・ウェスタン電気会社（以下IWE社と略記）を買収した。かくして、ITT社とAT&T社の間で世界通信市場は二分されることとなった。

ITT社は、IWE社（買収後インターナショナル・スタンダード電子会社と改名）の獲得によって、最新技術と多数の国立電話設備製造企業を保有することとなった。これには、イギリスのスタンダード電信電話会社、フランスのル・マテリエ電話会社、ベルギーのベル電話会社、さらにはイタリア、オランダ、日本、中国、オーストラリアの企業も含まれていた。

ソスシーンズ・ベーンは、当時電話事業だけでは飽き足らず、ケーブルと無線にも事業を広げつつあった。ＩＴＴ社は、一九二六年にメキシコ電信電話会社を買収し、その一年後には、カリブ海におけるフランスのケーブルを獲得していたオール・アメリカ・ケーブル社と合併した。そして一九二八年には、商用ケーブル会社、商用太平洋ケーブル会社、郵便電信会社、マッケイ無線会社を含めたマッケイ財閥の株を買い占めた。ベーンが買収すればするほど、ニューヨークのモルガン・ギャランティとナショナル・シティ・バンクが喜んで彼に資金を貸し付けた。彼は、この資金援助によって歴史上最大の買収劇を開始した。彼は、多くの場合イギリス投資家からウルグアイ、チリ、ブラジル、アルゼンチンの電話会社を次々と買収し、長距離回線に連結した。ＩＴＴ社は、一九二九年までにラテン・アメリカにおける電話の三分の二とケーブルの半分を、大西洋のケーブル、スペインの電話、そして世界中の工場の三分の一を管理することになった(12)。こうした買収は、なんとすべて借金によって担われたのであり、アメリカ金融力の驚くべきデモンストレーションといえる出来事であった。何はともあれ、経済学者ラドウェル・デニーが、一九二〇年代を対象とした自著を『アメリカ合衆国のイギリス征服——経済戦争の記録』と名づけるのもうなづける。

短波革命

一九二四〜二九年に、ケーブル会社がかつて有していた競争上の優位を取り戻すことを可能とするような新ケーブルを導入しようとしていたとき、長距離無線も、一八九七年にグリエルモ・マルコーニが渡英して以来、初めての実質的な変革を迎えることになった。その技術革新とは短波であった。技術革新を起こしたのは、ほかでもないマルコーニ侯爵であり、短波に関する業績によって、最も卓越した集団——世界を二度変化させた人々——の仲間入りを果たしたのである。

たしかに、短波（一〇〇m以下の波長と定義）は新しいものではなかった。事実、一九世紀の物理学者は、「ヘルツ」波が光のように伝わることを発見し、電磁波スペクトルの連続性を確立していたが、比較的短い波長で実験をしていた。当時のマルコーニの最大の功績の一つは、長い波長には光のようには作用しないが地形に沿って進み、十分に長く強力であれば地球を一周する可能性があることを発見したことであった。この理由によって、彼自身は言うまでもなくほかの誰もが長波に注目し、短波には見向きもしなかったのである。

しかしながら、短波が完全に忘れられていたわけではなかった。一九一六年にマルコーニは、水平線を超えても遮断されない、軍艦同士の安全な可視距離通信を開発しようとして、イタリア海軍のために波長二メートルの電波と反射鏡を利用した実験を行った。ただ、当時利用可能であった真空管は高周波数を発生できなかったために、この実験は行き詰まってしまった[13]。

一九一九年、英米両政府は、短波の実質的価値がまったくないことを確認して、アマチュア無線家に波長二〇〇メートル以下の「無用な」帯域での実験を認めた。同年、真空管が利用されるようになると、アマチュア無線家は、一キロワットの送信機を利用することでアメリカ合衆国を横断して通信できることに気づいた。二年後には、彼らは大西洋の横断通信に成功した。しかしながら、この接続は不規則でまったく予測不能であった。

マルコーニや彼の助手チャールズ・フランクリンとH・J・ラウンドも、その問題を調査していた。彼らは、無線波は反射するものの反射鏡を波長に比例させなければならず、短波のみに有効であることを知った。その結果、パラボナ反射鏡によって送信機のエネルギーを受信機に直接的に向けることができる「ビーム」と呼ばれるシステムを開発した。マルコーニとフランクリンは、成果を確定できないまま短距離試験を何度か行った後、ポールデューにパラボナ反射鏡を備えた一二キロワット出力の送信局を建設した。一九二三年にマルコーニは、自家用船「エレッタ号」で西アフリカに向かって航海し、ポールデューから発信した信号が出航直後に弱まったものの、日中には二三〇〇キロメートル、夜間には四〇〇〇キロメートルのはるか彼方において再出現し傍受可能となったことを発見した。短波は長波のように地面に沿って曲がることはないが、電離層に反射し発信地から遠く離れたところでも再現する「スキップ」効果を発見していたのである。問題は、送信機の出力ではなく、送受信機間の距離であった[14]。

一九二四年二月、ドナルド委員会報告書をめぐって議会が論争中に、マルコーニは、聴衆に向かって短波実験の成功を宣言した。四月から五月にかけて、彼はオーストラリアに向けて音声メッセージを送った。彼の信号は、南北アメリカ、南アフリカ、そしてインドでも受信された。超長距離の地域では、ポールデューの小規模な短波送信機からの電波のほうがカーナーボンやリーフィールドの巨大な長波局より発信されたものよりもクリアに受信された。三二メートルの波長を利用したマルコーニの信号は、秋までにシドニーにおいて一日当たり二三・五時間にわたって受信され続けた。「ビーム」無線は、技術的に成功であるばかりでなく、長距離用長波局の二〇分の一と驚くほど経費が安価であった。さらにそれは、長波のみならず装荷ケーブルよりも迅速な通信を可能としたのである[15]。

例えば、海洋定期船が帆船に、ジェット機がプロペラ機に取って代わったときのように、規模、複雑さ、そして経費の面における拡大志向は、技術分野の一般的傾向であろう。長距離無線も、二五年間、少数の巨大企業に集中した大規模で、より強力なそしてより経費のかかる設備という上記の傾向が見られた。しかし、短波は、この拡大志向を打ち砕き、グローバル通信を単純かつ安価なものにして、即座にそれ以前の通信システムを時代遅れのものへと追いやってしまった。これは、単なる技術革新に留まらず、大きな政治的反響をもたらすこととなり、それにはそれほど時間を要しなかった。

イギリスの反応

一九二四年初頭、マルコーニ無線電信会社は、当初の長波計画を変更して、新たに帝国無線通信計画を申請した。短波を利用する新計画は、旧計画より経費において二〇分の一、出力において五〇分の一にし、伝送スピードにおいては三倍も優れていた。マルコーニ無線電信会社は、オーストラリアと南アフリカの両政府に対して、建設中の長波局はすでに無用の長物となったことを報告した(16)。イギリス政府はこれに反発した。海軍省は、四月二九日付の覚書において、「送信基地局は、全方向に均等に伝送しなければならない。『反射鏡』システムを利用する中継局は、……海軍にとって有用性があるどころかほとんど無益である」との理由で短波の採用を拒否した(17)。しかし、五月までに態度を軟化して、次のように述べるに至った。

海軍省は、……現在自治領における高出力中継局の建設に関して何らかの疑問が投げかけられていると危惧している。……単一指向性の中継局は全方向に均一に電文を伝達できないので、戦略的目的には適しない。しかし、五〇万ポンドではなく二万ポンドという経費の安価さゆえに、自治領政府がこの形式の中継局を採用するということはありうる(18)。

七月四日、郵政省総裁は、短波はいまだ試験段階にあり、夜間での使用と単一指向の発信においてのみ利用可能にすぎないと、内閣に書き送った(19)。しかし、これらの反対にもかかわらず、イギリス政府は、マルコーニ無線電信会社のビーム・システムを採用することを決定した。ただし、ラグビーの長波中継局は閉鎖しなかった。七月二八日、イギリス政府は、マルコーニ無線電信会社との間で、二六週間で短波中継局を設置する契約に調印した。帝国内の中継局が郵政省によって管理運営される一方で、マルコーニ無線電信会社は外国との通信を担当した(20)。帝国通信委員会は、依然として疑心暗鬼の状態が続いた。アマチュア無線家が短波局を妨害しかねないし、戦争が勃発すれば、ケーブルが切断され無線が必要とされる事態を恐れていたからである。イギリス官僚が世界を進出機会の宝庫と見なし、それに対して有利な立場から望むことができた時代は、明らかに遠

い昔に過ぎ去っていたのである。(21)

マルコーニ無線電信会社は、イギリスや主な自治領において、短波中継局を設置し始めた。一九二六年一〇月までに、カナダへの回線を開通させ、郵政省の管理下に置いた。このシステムは、世界中のほかのどんな無線回線よりも安上がりで、はるかに伝送能力が高かった。(22)短波中継局は、その後すぐに南アフリカ、オーストラリア、インド、南アメリカでも運用を開始した。通信回線のイギリス側の送受信は郵政省が管理し、自治領における送受信はマルコーニ無線電信会社の傘下にある地元企業が担当した。これが首尾よく機能したため、一九二七年にイギリス放送協会ＢＢＣは、帝国に対し短波放送サービスの開始を決定したのである。(23)

その間、イギリス政府は、ラグビーの長波中継局の建設を進めていた。それは巨大であった。高さ二五〇メートルの塔一二本に支えられたアンテナは、一〇平方キロメートルの通信範囲をカバーし、真空管は五〇〇キロワットの出力を誇ったが、その経費は四九万ポンド（二四〇万ドル）を要した。それは、もはやかつてのように必要不可欠な存在ではなくなっていたけれども、短波が持ち合わせていない利点を有していた。この設備一つで、全海軍に対して一斉に連絡ができ、海中の潜水艦への通信も可能であった。また、同局により、一九二六年一〇月には商業ベースでの大西洋横断電話サービスの導入が初めて可能となった。(24)

かくして、マルコーニ無線電信会社による帝国無線通信計画の申し入れから一五年後、イギリスは、ついに帝国無線通信網を確保した。しかし、これはたしかに政府の影響力によるものではなかった。イギリス政府は、技術革新とグリエルモ・マルコーニの飽くなき構想に導かれ、その意に反しつつも長距離無線の時代へと引きずり込まれていったと言えよう。

フランス植民地の短波

短波無線は、小規模で低コストの技術であったために、二つの影響力を持っていた。その一つは、これまで主要な大手のケーブル長波通信会社に依存するしか通信の方法がなかった最も不毛で最果ての地に対してさえ、長距離通信を可能にした。もう一つは、新技術が通信産業、とくにイギリスのそれを激変させたことである。以下、これらの影響を順次検討してみよう。

一九二〇年代後半〜一九三〇年代前半における世界中の新短波中継局とその回線について、すべてを列挙することは無意味であろう。上記の影響が最も大きかった地域は、仏領アフリカや仏領インドシナのような旧式の技術でやっと通信していた地域であった。一九二六年、フランス植民地は、サイゴン、バマコ（マリ共和国首都）、タナナリブ（マダガスカル）の三地域に長波中継局を有していた。フランス国内のサン＝アスィスでの試験的な短波中継局がその利便性を証明するや否や、植民地省は、ニューカレドニア、タヒチ、マルティニク（東カリブ海）、ジブチ、セネガル、スーダン、マダガスカル、そしてコンゴに、一〜五キロワットの短波中継局を建設することを決定した。さらに数千キロメートル先まで交信可能なこれらの送信機に加えて、最短距離にある長距離中継局との交信可能な多数の小規模な送信機についても、すべての植民地に設置した。これらの経費は、同等の到達距離を持つ長波中継局の三〇分の一、一〇〇キロメートル以上の電信線の一〇分の一であった。このうち最小の設備は、現地アフリカ人の管理に委ねられるほど非常に安価で単純であり、当時としては真に「中継」技術の発展を象徴するものとなった[25]。

インドシナでの大規模なサイゴン長波中継局は、イギリスのケーブルの代替通信手段として歓迎されるべきものであったが、モンスーンが空電を生み出す五月から一〇月にかけては通信経費がかさみ、かつ交信が不安定であった。無線電信総合会社（CSF社）は、一九二六年一月にサイゴンに、続いて一九二七年一一月にはハノイに、それぞれ短波中継局を開局した。新システムは、これまでのどんな回線よりも安価で信頼性があり、植民地の一日当たりの無線伝送能力は、一九二四年の四四八四語から一九二八年の一万一〇〇七語まで向上した[26]。一九三〇年にはCSF社が、フランスとインドネシアの間に直通電話サービスを開始して、一九三八年までに両国間の通信においては無線が九七％まで占めるまでになった[27]。

短波の国際的影響力

短波の技術的有効性が確認されるや否や、大手の会社間でのパテント・プール（特許の共同利用）協定によって、短波は世界中で利用されるようになった。無線産業にとって、短波の出現は、脅威というよりイノヴェーションや実質的な技術改善をもたらした。アメリカ政府は、やや遅ればせながら無線の重要性を認識して、一九二七年二月に連邦無線委員会（以下FRCと略記）を設立した[28]。この委員会による最初の重要な決定の一つは、自身の短波回線を運用したいという、国際通信の主要な顧客――通信社、新聞、銀行、証券会社――からの要求に対処することであった。FRCは、既存の会社を保護するために、これらの要求を拒否したのである[29]。

アメリカ政府は、一九二七年の一〇月と一一月に、ワシントンにおいて国際無線電信会議を開催した際、正式に無線を承認した。この会議は、一九一二年以来の開催であり、ケーブル論争のために一九二〇年以降何度も延期されてきた会議であった。ロシアは一九一二年協定に調印していたけれども、アメリカ合衆国は、ソ連を承認せずその招聘を拒否した。会議は、この点を除けば滞りなく進み、海上無線と回線割当に最も関心が集った。英独間で大きな対立がみられた戦前の会議と違って、この会議はアメリカ合衆国がリードした。アメリカ合衆国は、実験と技術革新を妨げないようにするために、協定内容と一般規定をできるだけ抽象的で柔軟なものにしたいと考えていた。また、同国は、料金問題を個別の補足規定で確定すべきものと主張して、カナダやニカラグアとともに調印を拒否した(30)。無線史の研究家ポール・シューベルトが指摘したごとく、協定の締結が「国際的な協調や問題解決の鍵」であるということであるならば、今回の締結に至った要因として、調印した国家がほとんど規定の修正を求めなかったことがあげられる(31)。

短波の出現によって真に被害を被ったのは、ケーブル会社であった。イギリス郵政省によるオーストラリアへの短波サービスは、オーストラリアまで一語につき四ペンスであり、これは全線をケーブル利用した場合の料金の六分の一であった(32)。イースタン電信連合会社は、料金を値下げしたものの短波料金には対抗できなかったため、利用者をますます短波サービスに奪われてしまった。一九二七年、ケーブル各社はその通信業務のほぼ半分を短波に奪われてしまった。開業して六カ月内に、インドやオーストラリアへの郵政省のビーム・サービスは、それぞれの自社取り扱い通信量において、イースタン・ケーブル会社が六五%、太平洋ケーブル会社が半分以上を占めた。これまでケーブルが通信を独占していたフランス〜インドシナ回線に関しては、無線が一九二八年までに全通信量のほぼ七〇%を占めるまでに至った(33)。短波無線の有効性は、一九二九年一一月に最終的に証明された。大西洋地層の地殻変動によって海底ケーブル二一本のうち一三本が切断されたときに、その破壊状態にほとんど気づかないほど、通信手段の大半がすでに無線に移行していた(34)。

イギリスの通信合併

イギリス政府内では、無線についていつも見解が分かれていた。戦前、郵政省に対抗する勢力として、マルコーニ無線電信会社と海軍省があった。一九二四〜二五年にかけての短波革命によって、郵政省はついに無線を受け入れたため、一九二七年までに、省管轄のインペリアル・ビームサービスを含めた短波回線が拡張された。その結果、イギリス帝国の支柱であるイースタン電信連合会社の存続を脅かすことになった。技術革新が商業活動を激変させると、その後まもなくして歴史上極めて重要な政治問題が引き起こされることになったのである。

一九二七年後半、帝国防衛委員会は、「ビーム」無線とケーブル通信との競合関係に関する特別小委員会を招集した(35)。同小委員会は、一〇月二七日に提出した中間報告において、戦時に短波が妨害される可能性を想定し、「海上支配を確保してきた国家は、自国のケーブル通信を堅持すれば、敵国の通信を妨害する立場に立つことが可能である」と結論づけた。海軍は、小委員会に対して、「徹底的な訓練を積んだ暗号解読局であれば、やがてはどんな暗号コードのセキュリティをも打ち破れるという十分な根拠がある」と報告した。小委員会は、この点を考慮して一二月八日の最終報告において、「傍受されれば、敵国に有益な情報を伝えることになる準商業的通信と同様に、秘密および機密を問わず、すべての政府関連の通信はケーブルで送信されるべきであるという見解を、当委員会は有するに至った」と結論づけた。しかしながら、東方へのケーブル通信に制限があったため、当委員会は、「イギリス政府の効率的な管理のもとで」無線通信もまた必要であることも強調した。

戦略立案関係者たちは、こうした勧告を大いに歓迎したが、ビジネス界は、異なった見解を示した。マルコーニのケーブル会社への反感は、「悪魔が聖水を忌避するかのごとき嫌悪感」[36]とも揶揄されたが、彼は今やケーブル会社を切り崩す立場にあった。こうした状況のなか、ケーブル会社は、料金を引き下げて破産するまで資金を失い続けるか、資産を売却し二〇〇〇万ポンドの資金を株主に配分して業界から撤退するかのいずれかの選択を迫られることになった。

イースタン・グループ社長ジョン・デニソン‐ペンダーは、『タイムズ』紙が指摘したように、「もしイースタン電信会社とその関連会社が自らの手で解散する破目になるとしたら、システムの一部が外国の手中に入ってしまう」[37]という恐れを強調し、後者の選択がなされるよう仕向けた。つまり、同社は、イギリス帝国を脅迫して譲歩を迫ったのである。

イギリス政府は、今度は単なる調査委員会の任命ではなく、帝国の全代表が参加する帝国無線・ケーブル通信会議を一九二八年一月一六日に開催することを要求した。これに対する政府機関の対応は緩慢であったが、一方でデニソン‐ペンダーとマルコーニ無線電信会社のインヴァーフォース卿は、その危機に対する自らの解決策を考えだした。一九二七年一二月一八日、彼らは、二つの会社の合併について話し合うことに合意し、翌年一月一〇日にはその意向を公にした[38]。帝国通信会議と合併話は同時進行し、三月一六日、二つの会社は、同会議に対して、イースタン電信会社とマルコーニ無線電信会社との株の保有比率を五六・二五対四三・七五とする持ち株会社の設立に合意したと報告した[39]。

長期間の審議ののち、帝国ケーブル無線会議は、七月六日に報告書を提出した[40]。その勧告は、イギリスすべての通信利害の統合というまさしく革命的内容であった。それは、マルコーニ無線電信会社、イースタン・ケーブル会社、郵政省の短波通信システム（年当たり二五万ポンドのリース料）、太平洋ケーブル局、政府の大西洋横断ケーブルを含む大規模な合併案であった[41]。その合併によって、マルコーニ無線電信会社とイースタン・ケーブル会社の全株式を獲得することを意図した「合併会社」と、合併会社に付託される特許と製造設備資産を除いたイギリスの全通信関連資産を獲得する「通信会社」が構想された。両会社は、同じ取締役によって管理され、そのうち二人がイギリス政府によって任命されることになった。外国による保有可能な株式数は、わずかに二五%とされた。最悪の場合を想定した予防策として、これらの会社は、イギリス政府および自治領政府の代表からなる帝国通信諮問委員会の監督下に置かれることになった。

躊躇している時期は終わりを告げることになった。両会社への合併と再編成は、八月にイギリス議会によって承認され、同年末にはカナダ、オーストラリア、インド、南アフリカでも承認された。一九二九年四月八日、合併会社はケーブル・ワイアレス株式会社、通信会社は帝国国際通信会社という名称のもとで設立された(42)。後者は、二五三のケーブルおよび無線の中継局と世界の半分以上のケーブルを保有することになり、複数の経路によって帝国のほとんどあらゆる地域との通信を可能にした(43)。しかしながら、これらの企業は、通常の営利目的を優先した営業活動を展開することができなかった。なぜなら、帝国通信諮問委員会の指令下に置かれることにより、戦略的(44)(非営利的)ケーブルの運用が義務付けられていたからである。この合併は、表向きは私企業でありながら実際には政府統制の独占企業という企業の新形態を体現し、帝国航空会社とP&O汽船会社のような帝国の支柱となった。それは、単なる一つの会社組織ではなく、イギリス帝国全域の通信網であり、想像できる限り最も安全なグローバル通信網を体現することとなった。

イギリスの合併に対する反応

短波の出現をきっかけとして生じた通信業界における競合状態は、ケーブルと無線の合併劇を生み出したが、これはイギリスに限定されるものではなかった。フランスの専門家たちも、イギリスの合併やＩＴＴ社の拡大をフランス電信に対するアングロ・サクソンの脅威として見なしていた。これに対抗するために、ラジオ－フランスとフランス電信ケーブル会社（以下ＣＦＣＴ社と略記）は、一九二八年六月に電気通信委員会を設立した。委員会は、競合を避けつつ一般大衆の利便性を確保するために、政府の同意のもと合同で資金を拠出することに合意した。ラジオ－フランスは、一九二九年一一月の大西洋中央で起きた地震（ＣＦＣＴ社の大西洋ケーブルを切断）を機に、その共同出資の代表パートナーとなった。世界大恐慌の最中、フランスの海外貿易が振るわなかったことから、その協定は、国際関係に大きな影響を及ぼすことはなかった(45)。

国際関係の観点からすると、アメリカ合衆国の対応のほうがはるかに重要な意味を持っていた。アメリカ合衆国は、イギリスの通信合併のニュースに対して強い関心を示したものの、決して緊密な連携を取ることはなかった。個々の関連企業がこの合併劇を自らの利益追求を後押しする好機と捉える一方で、フーバー政権は、ただ状況を傍観していた。アメリカ政府は、依然として自由な企業活動と競争の伝統に固執していたのである。

合併に最も関心を示した企業は、RCA社、ウェスタン・ユニオン社、そしてITT社であった。RCA社は、国内の商業放送および家庭用無線機製造のブームに乗り、一九二七年には大西洋横断および海上無線が総収益六五〇〇万ドルの七％に当たる四八〇万ドルの収益を上げた。これに対し、ウェスタン・ユニオン社の業績は急激に悪化した。その準備金は、パーマロイ・ケーブルに対する大規模投資によって激減したため、社長のニューカム・カールトンは、その戦略を守勢へと転じることとなった。ITT社は、依然として精力的な拡大策をとっており、ソスシーンズ・ベーンはアメリカ合衆国の電気通信利害を合併する話を好んで口にした。しかし、ITT社の子会社である商用ケーブル会社は、ウェスタン・ユニオン社のように、短波との競合を予感していた(46)。

一九二八年二月、マルコーニ無線電信会社とイースタン電信連合会社の合併が依然として噂にすぎなかったとき、RCA総裁のジェームズ・ハーボード大将は、その合併によって自社が被る打撃を最小限に抑えるために、営業部長ディヴィッド・サーノフをロンドンに派遣した。一方、ウェスタン・ユニオン社の同じ使命を担ったニューカム・カールトンも同じ船に乗り合わせていた。二人が船上で両会社の国際通信部門の合併を話し合った際、カールトンは、この件について躊躇した。同年六月にはITT社は、一九二九年一月にRCA社が完全子会社としてRCAコミュニケーション社を分離独立させる予定で、通信業務を売り込むためにRCA社との交渉を開始していたが、当時多額の債務超過に陥っていた(47)。また、一九二七年の無線法は、独占を防ぐために、同一会社が無線とケーブルの双方を所有することを禁じていた。こうした合併は、いずれも議会の特別認可が必要であった。

合併の支持者は、当該法の改正を求めて大衆や議会を説得する運動を開始した。ハーボード大将は、一九二八年四月にハーバード大学のビジネス・スクールで演説し、「この挑戦に対するアメリカ合衆国の唯一の解決策は、大通信会社（ケーブルおよび無線通信分野双方における）を反トラスト法の適用から除外して、わが国においても企業合併を進め、海外において進行中の通信合併ブームに対抗すること以外方法はなく、これらの合併企業は、料金に関してのみ適切な政府規制のもとに置かれればよい」と訴えていた(48)。

アメリカ合衆国における通信合併の噂に対するイギリスの反

応は、非常に恐怖に満ち溢れていた。マルコーニ無線電信会社の取締役ローランド・ベルフォートは、『帝国連合』という雑誌に、「イギリス帝国は、世界通信分野における伝統的な優位を保つために、今日強力な競争相手と戦っている。その最強で絶大な資金力を持ち、断固たる姿勢で迫りくる競争相手とは、電信分野でわが帝国の中枢にいまや確固たる足場を築いているアメリカである」と寄稿した。彼の試算によると、ITT社がRCA社やウェスタン・ユニオン社と合併すれば、イギリス複合企業の六億ドルと較べて、資本金一〇億六〇〇〇万ドルの巨大会社が誕生することになる。「この企業活動に対して、アメリカ政府が外交と威信をかけて支援を世界中に展開すれば、それは、節度ある【原文ママ】イギリス合併企業が将来において競争しなければならなくなる強力な世界的企業連合を意味するのである[49]」。

一九二九年から一九三〇年初頭にかけて、上院州間通商委員会は、RCA社の要請で、アメリカ通信会社の合併申請に関する公聴会を開催した[50]。商務省輸送部通信局局長のG・スタンレー・シャウプは、次のように証言した。

イギリスの合併は、ある意味競争の結果であったと思う。それはそうとして、政治的な理由も別にあった。イギリスは、国際通信分野において、われわれアメリカ合衆国の急速な発展を見てきており、それゆえに、わが国による通信分野のリードを恐れたのだ。イギリスでケーブルと無線の合併を促した主な要因の一つは、真っ向から対抗すべくアメリカを照準としていたことにあった[51]。

また、RCA社長のオーウェン・ヤングは、次のような熱のこもった嘆願を行った。

もしあなた方が、われわれ通信企業の海外通信事業を政府監督下の私企業に統合することに何らかのためらいがあるというのであれば、私は、アメリカ合衆国が海外通信分野において外国企業や外国政府の支配下に置かれる可能性がなくなるよう、国益の観点からこれらが国有化して統合されることを願っている[52]。

しかし、RCA社とITT社の嘆願は、ウェスタン・ユニオン社の反対とさらなる独占企業集団の誕生に否定的な下院の見解を覆すには不十分であり、この問題は棚上げになった。

アメリカ合衆国の通信合併の噂は、一九三三年と一九三四年にも再燃した。新大統領フランクリン・ルーズベルトの通信への関心の高さは有名であった。ルーズベルト政権は、フーバー政権よりも企業合併や複合体に関してより寛大になるであろうと考える人もいた。帝国国際通信会社（I&IC）は、こうしたアメリカ合衆国の状況を注意深く見守っていた。一九三三年一〇月にソスシーンズ・ベーンとニューカム・カールトンは、通信の配分、事務所の統合、料金の値上げのような共通の問題をめぐって、I&IC社のデニソン－ペンダーや帝国通信委員会のノーマン・レスリーと話し合うためにロンドンを訪問した。デニソン－ペンダーは、ディヴィッド・サーノフに次のような電報を送った。「カールトンとベーンのロンドン滞在を利用し、本日われわれ三人の間で会合を開き、われわれ全員の利益に見合うような計画の策定を議論した。報告すべきような確定的な事項が生じれば、すぐにお知らせする[53]」と。I&IC社とウェスタン・ユニオン社は、通信カルテルと事務所の共有に関する協定を締結するところまで至ったが、カールトンは再び最終決定を保留した。一一月にサーノフは、ベーンに対する相互の不満についてI&IC社と相談するためにロンドンを訪問した。彼は、デニソン－ペンダーに打ち明けたように、RCA社が管理権を持ち、自らを取締役とするアメリカ合衆国の通信諸会社の合併を実現するために、ルーズベルト大統領との密接な関係を利用することを目論んでいた[54]。サーノフの友好的対応にもかかわらず、デニソン－ペンダーは、一週間後に大蔵省に次のような書簡を送って、大きな不安を表わした。

> アメリカ合衆国の通信合併が実現すれば、……結果として、世界の電信システムのセンターとしてのロンドンの地位は、わが社が享受しえない特権を有する強力なライバルとしてニューヨークからの挑戦を受けることになる。……今までイギリス通信が享受してきた独占的地位は、そのような合併企業の出現によって著しく脅かされることになろう[55]。

キャンベル・スチュアートが議長を務める帝国通信諮問委員会も、「アメリカ国内通信の統制を前提としたアメリカ海外通信業務の合併は、I&ICにとって現在競合しているアメリカ合衆国の通信会社よりもはるかに危険な対抗勢力になるであろう」と、まったく同じ見解を示した[56]。

　このようにイギリスは危機感を募らせたが、合併はまったく起こらなかった。ベーンとサーノフは、お互いの会社の合併を望んでいたが、それぞれが自分の条件での合併を進めようとしていたからである。ベーンは、RCAコミュニケーションズのITT社への統合を望んだが、サーノフは、RCA社がアメリカ国内の全郵便電信局を獲得することを望んでいた。かくして、カールトンは計画から撤退した。

　ベーンとサーノフがアメリカ政府に戻ったとき、ルーズベルトは、一九三四年一月二三日、設置した省間委員会から、厳密な連邦管理のもとでの企業合併に賛同する報告を受けたが、合併を促進する手立てを何もしなかった。実際、彼の政権は、前政権と同様に合併案に反対していたし、司法省は、一九三七年ウェスタン・ユニオン社と郵便電信会社を電信産業の独占共謀罪によって告発さえしていた[57]。

合併構想は、一九四〇年の連邦通信委員会（以下ＦＣＣと略記）から上院州間通商委員会への報告において一時復活した。無線の台頭と国家安全保障にとってのケーブルの重要性（一九二八年にイギリスで利用された議論）に注目し、ＦＣＣ委員の多数派は、「効率よく広域で安全なアメリカ国際通信システムを保障する最大の要素となるのは、国家の要請に応じた厳格な政府規制のもとで機能する強力かつ健全で財政的にも首尾よい企業の合併である[58]」と合併を勧告したが、再び失敗した。その主な理由は、かつてのイギリスの場合ほど緊急を要しなかったからであった。アメリカ合衆国の海外通信の合理化や合併による法人益の改善に関しては議論の余地があったが、一方で国家の通信ニーズは、既存の自由競争システムによって十分に対応可能であったのである。

収益性と安全性をめぐるイギリスのジレンマ

帝国国際通信会社（Ｉ＆ＩＣ社）は、世界大恐慌勃発という、電信史上最悪のときに創設された。続く一〇年間の社史は、不平と恐怖に満ち溢れている。その多くには十分な根拠があった。国際貿易が減少するにつれて通信業務も縮小するという、主に不況に起因する事業環境の悪化のほか、別の圧力も会社の苦難を増幅した。そのいくつかは、技術的要因で、航空郵便が夜間発送電報業務のようなより安価な電信サービスへ参入しつつあったほか、無線電話（郵政省の独占）の利用増加が国際電信事業へ割り込むようになったためであった[59]。

しかし、Ｉ＆ＩＣ社の問題の多くは、政治に関連したものであった。一九二九年六月に政権の座に返り咲いた労働党のラムゼィ・マクドナルド内閣は、大西洋横断の無線電話業務の運営に関して、Ｉ＆ＩＣ社の申請する短波サービスよりも郵政省のラグビー長波局のほうが適合していると決定した際、保守党政権下で設立された私企業よりも政府事業を優遇する政治的決定であると評された[60]。アメリカ企業を支援した国務省のように、イギリス外務省が海外業務においてイギリス企業を支援しなかったのみならず、アメリカ企業にイギリス国内での事務所開設や民間との直接取引（アメリカ政府がアメリカ国内においてどんな外国企業に対しても認めなかった便宜）を認めたことに対して、Ｉ＆ＩＣ社は大変不満であった[61]。こうした政府と同社との間の見解の隔たりは、数多くの公文書において明らかである。一九三四年に至って海軍省は、この開設をめぐり、大蔵省と同社が「Ｉ＆ＩＣ社が今なお憤慨しているものの、政府にとって非常に都合のいい取引」をしていたということを白状した。また、政府の政策決定機関である帝国通信委員会と会社を管理していた帝国通信諮問委員会との間で情報のやり取りがあまりにも少なかったために、同社に対して認可が下りるまでに長い時間を要したことに、I＆IC社は大変不満であった[62]。

このような国内問題に加えて、他国が次第にイギリスの通信網を迂回するようになるにつれて、I＆IC社は外国の圧力にも直面した。一九三一年のウェストミンスター憲章により自治を獲得した自治領でさえ、例えばインド～中国間、カナダ～東アジア間、オーストラリア～日本間のごとく、自らの直接の接続を求めていた[63]。

一番の脅威はアメリカ合衆国であった。イギリスからすれば、アメリカ合衆国の会社は大規模で潤沢に見えたし、時代遅れの技術にしがみつかなかった。一九三一年八月にI＆IC社は、次のように記している。

アメリカ合衆国は、政府および政府機関の完全かつ積極的な支援によって、世界の電信を支配しようとしている。アメリカ合衆国のIT＆T社の最近の目覚ましい発展は、おそらく委員会にも十分に周知されているはずである[64]。

帝国通信諮問委員会は、「その傾向は、結局のところ、無線システムがケーブルシステムを凌ぐことになる。イギリスのグループが古臭いケーブルシステムにしがみついている間、われわれは、アメリカ合衆国のような外国に無線技術の支配権を任せることができようか[65]」と述べて、彼らに同意した。

なぜI＆IC社は「時代遅れの有線システム」にしがみついていたのであろうか。それは、おそらくビジネスの理由からではなく、イギリス政府の手先であったためであり、イギリスの繁栄期にイースタン・アソシエイテッド社の要求を満たした非常に特殊な地位が、帝国のたそがれ期となった今では著しい負担となったためであろう。実際の合併目的は、戦略的理由からイギリス中心のケーブル網を保持しつつ、無線収益によってそれを支援することであった。無線収益の増大が止まったとき、会社の政治的およびビジネス上の目標は必然的に破綻した。

これは、一九二九年一〇月に明白になった。帝国通信諮問委員会の事務担当ノーマン・レスリーが、I＆IC社長ベイジル・ブラケットに「戦略上必須と思われる」ケーブルのリストを送った[66]。一九三〇年七月、I＆IC社が不採算ケーブルを廃棄してケーブルネットワークを合理化する計画を提案した際、帝国通信委員会は、「われわれは、さまざまな報告書から、会社が無線を将来の支柱として期待しているという印象を持ったし、その活力がますますケーブルの方向から遠ざかりつつあると思う」と失望感を表明して、問題となっている大抵のケーブル、例えばアセンション～シエラ・レオネ間、ザンジバル～モンバス間、ラゴス〜セント・ヴィンセント間などのケーブルが防衛上不可欠であるという理由で、それらの廃棄を禁止した。[67]

世界大恐慌によって被害を受けた会社は、二年後にケーブルを廃棄するか、維持費として四五万ポンドの補助金を要求するか、選択肢はこのいずれかであった。[68] 帝国通信委員会は、この問題を調査するために、戦略的ケーブルに関する分科会を設置したが、その議長オリヴァ・スタンレーは、ケーブルのほうが無線より安全であるという理由で、戦略的ケーブルの廃棄を認めるべきでないと警告した。イギリスの政策は、これまでと同様に、「海上権を支配した国家は、そのケーブル業務に対しても、それにふさわしい特権を確保できるようにすべきであるということ」であった。もしこの決定が会社に犠牲を強いるというなら、会社はその賠償を求めるべきである。しかしながら、「その間、会社を扇動するような処置がとられれば、それは最も馬鹿げたことである。彼らの手に委ねないこと……が非常に重要であった」。[69] 一九三三年三月に提出された小委員会の報告書は、イギリスの戦略的ケーブルを列挙し、お決まりの安全保障の重要性を繰り返しただけであった。しかしながら、同委員会は、戦略的ケーブルを「待機維持」状態に置くことによって、次第に会社の要求に譲歩するようになった。すなわち、もし戦略的ケーブルが一カ月でもって、あるいは無線網がまったく存在しないところでは一〜二日でもって容易にオンライン状態に復帰するなら、そのケーブルは停止されてもかまわないということだった。[70] しかし、二年後イタリアがエチオピアを占領した際、帝国防衛委員会は、地中海ケーブルが切断された場合のイギリス帝国への代用ケーブルのルートに関して、ついに会社と交渉するに至った。[71]

結論

両大戦間の電信分野には、多くのことが起こった。そのほとんどが驚くことばかりである。この時代は、ライバル国としてのアメリカ合衆国とイギリスの間で、戦利品をめぐる小競り合いで始まった。ドイツのケーブル問題が消滅しつつあったのに対して、英米両国の競争は根が深かったために消滅することはなかった。真の問題は、世界通信に対するイギリスのヘゲモニーという、戦前に大きな難局を招いたものと同じものであった。しかしながら、今回のアメリカ合衆国の挑戦は、フランスやドイツの場合のように、自意識的ナショナリズムから生じたものではなかった。アメリカ合衆国は、他国と同様に、自己憐憫のレトリックにおいて膨張主義的野望を覆い隠すことができたが、その政策は、結局電信分野における自国の権益拡大に何ら役割を果たさなかった。技術の進化に助長された富こそが大きな役割を果たしたのであった。

アメリカ合衆国は、影響力ある地位へと成長しただけでなく、競争国の衰退によっても利益を得た。ドイツとロシアは、敗戦によって弱体化した。フランスは痛手を負い、イギリスもかなり衰退した。ラテン・アメリカにおいて、アメリカ合衆国は初めてイギリスに挑戦した。ここでは、イギリスは一九二〇年代半ばまでには衰退を認めざるをえなかった。しかし、ほかのところでは、イギリスは依然として世界の通信を掌握し続けた。イギリスの覇権を最終的に終焉させたのは、皮肉にもイギリスをこよなく愛したグリエルモ・マルコーニの考案した短波であった。

世紀転換期以来、イギリス政府と通信会社との間で緊張が続いてきた。マルコーニの企業家精神は、長い間、政府の技術的保守性と国家の経済的統制に対抗してきた。その緊張は一九三〇年代まで続いたが、状況は大きく変貌していた。両陣営とも、いまや策略をめぐらす余裕はほとんどなくなっていた。政府は、政情不安になってこれまで以上に安全性の追求を求められていたが、マルコーニ無線電信会社もまた、厳しい経済問題に直面した。政治的要求と経済的要求が衝突するなかで、イギリスは安全保障と交換に収益性を手放したのである。

注

（1）Eugene W. Sharp, *International News Communications: The Submarine Cable and Wireless as News Carriers* (Columbia, Missouri, 1927), 25.

（2）Cable & Wireless, Ltd., *The Cable and Wireless Communications of the World: Some Lectures and Papers on the Subject 1924-39* (Cambridge, 1939), 215-19; Vary T. Coates and Bernard Finn, *A Retrospective Technology Assessment: Submarine Telegraphy. The Transatlantic Cable of 1866* (San Francisco, 1979), 159-62; I. S. Coggeshall, "Abridgment of Submarine Telegraphy in the Post War Decade," *Journal of the American Institute of Electrical Engineers* 49 (March 1930), 217-20; K. L. Wood, "Empire Telegraph Communications," *Journal of the Institution of Electrical Engineers* 84 (December 1938), 638-71; Gerald R. M. Garratt, *One Hundred Years of Submarine Cables* (London, 1950), 36-42 and 51-52; Hugh Baity-King, *Girdle Round the Earth: The Story of Cable and Wireless and its Predecessors to Mark the Group's Jubilee, 1929-1979* (London, 1979), 200-202; S. A. Garnham and Robert L. Hadfield, *The Submarine Cable: The Story of the Submarine Telegraph Cable from its Inception down to Modern Times. How it Works, how Cable-Ships Work, and how it Carries on in Peace and War* (London, 1934), 166-67.

（3）H. H. Haglund, "Ocean Cable Crossroads, Horta, Azores Islands," *Western Union Technical Review* 7 (July 1953), 108-9. ケーブルの絶縁体もまた改善された。Daniel R. Headrick, "Gutta-Percha: A Case of Resource Depletion and International Rivalry," *IEEE Technology and Society Magazine* 6, No. 4 (December 1987), 12-16を参照。

(4) Ivan S. Coggeshall, "Annotated History of Submarine Cables and Overseas Radiotelegraphs 1851-1934. With Special Reference to the Western Union Company" (オリジナル原稿は一九三三～三四年に執筆され、一九八四年に筆者の承諾をえて序文が補筆された), 133; Frank J. Brown, *The Cable and Wireless Communications of the World: A Survey of Present Day Means of International Communication by Cable and Wireless, Containing Chapters on Cable and Wireless Finance* (London, 1927), 76-79; G. L. Lawford and L. R. Nicholson, *The Telecon Story, 1850, 1950* (London, 1950), 89-96; Garnham and Hadfield, 161-65; Garratt, 31 and 47-49.

(5) George A. Schreiner, *Cables and Wireless and their Role in the Foreign Relations of the United States* (Boston, 1924), 64, See also pp. 216-19, and Joseph S. Tulchin, *The Aftermath of War: World War I and U. S. Policy toward Latin America* (New York, 1971), 230-31.

(6) Artur Kunert, *Geschichte der deutschen Fernmeldekabel. II. Telegraphen-Seekabel* (Cologne-Mülheim, 1962), 374.

(7) Garnham and Hadfield, 165; Garratt, 49; Lawford and Nicholson, 95-96.

(8) Donard de Cogan, "British Cable Communications (1851-1930): The Azores Connection," *Arquipélago*, numero especial 1988: *Relaçoes Acores-Gra-Bretanha* (Ponta Delgada, Azores, 1988), 187-88; A. L. Osti, "Italy's Submarine Cable System," *The Electrician* 104 (January 24, 1930) 90-92; Coggeshall, "Annotated History," 113-18; Kunert, 381-82; Haglund, 106-9; Tulchin, 231-32.

(9) De Cogan, "Azores," 187-88; Coggeshall, "Annotated History," 122-23, and "Abridgment of Submarine Telegraphy," 217-19; Kunert, 372-94; Garratt, 31 and 49.

(10) "Agreement between Pacific Cable Board and Telegraph Construction and Maintenance/Siemens Brothers re New Pacific Cable (1925)," in Cable and Wireless archives (London), D11 and D31; G. Stanley Shoup, "Transpacific Communications," *Commerce Reports* (October 17, 1927); Brown, 5, 17, and 80-82; Baity-King, 173, 188, and 201; Garratt, 37.

(11) イギリス海峡を横断する電話用の短い海底ケーブルは、一八九〇年代以降存在していたが、技術的理由によって、最初の大西洋横断用の電話ケーブルは一九五六年まで敷設されなかった。

(12) Robert Sobel, *ITT: The Management of Opportunity* (New York, 1982), passim. Ludwell Denny, *America Conquers Britain: A Record of Economic War* (London and New York, 1930), 369-402も参照。

(13) W. J. Baker, *A History of the Marconi Company* (London, 1970), 172-73 and 216-17; W. P. Jolly, *Marconi* (New York, 1972), 226-27.

(14) Hugh G. J. Aitken, *The Continuous Wave: Technology and American Radio, 1900-1932* (Princeton, 1985), 512, Vice Admiral Arthur R. Hezlet, *The Electron and Sea Power* (London,

1975), 157–59; Baker, 217–19; Jolly, 239–45.

(15) Barty-King, 192–93; Baker, 219–22; Hezlet, 157.

(16) Baker, 211–13; Jolly, 245; Hezlet, 157–58.

(17) "Joint Memorandum by the Representatives of the Admiralty, Colonial Office and General Post Office" (April 29, 1924), in Public Record Office (Kew) [以下PROと略記], Cab 35/11, No. 202.

(18) Minutes of the meeting of the Wireless Sub-Committee of the Imperial Communications Committee, May 6, 1924, in PRO, Cab 35/9, No. 31.

(19) Memorandum from Postmaster General to Cabinet, July 4, 1924, in PRO, Cab270/240. 20.

(20) Baker, 214; Barty-King, 195; Jolly, 248–49.

(21) Committee of Imperial Defence, Imperial Communications Committee, Report of the Sub-committee to Consider the Strategical Importance of 'Beam' Stations (September 30, 1924), in PRO, Cab 35/14.

(22) Baker, 224.

(23) Paul Schubert, *The Electric Word: The Rise of Radio* (New York, 1928), 265 and 273; Krishnalal J. Shridharani, *Story of the Indian Telegraphs: A Century of Progress* (New Delhi, 1956), 126–27; Leslie B. Tribolet, *The International Aspects of Electrical Communications in the Pacific Area* (Baltimore, 1929), 216; Baker, 201–2 and 224.

(24) "Second Report of the Wireless Telegraphy Commission, 1926" (Viscount Milner, chairman), in *Parliamentary Papers* 1926, Vol. 15 [Cmd 2781], 969; National Archives (Washington), Record Group 173, Box 351: FCC Radio Division, File INT-2: Beam Transmission; Maurice Deloraine, *Des ondes et des hommes: Jeunesse des télécommunications et de l' I. T. T.* (Paris, 1974), 24–43; G. E. C. Wedlake, *SOS: The Story of Radio Communication* (Newton Abbot, 1973), 144–45 and 220.

(25) "Postes radio-télégraphiques coloniaux," in archives of the Ministry of Posts and Telecommunications (Paris), F90 bis 1690 and 1695; Conseiller du commerce extérieur Maigret, "Les communications par T. S. F. entre la France et les colonies. Rapport (Conférence du commerce colonial, 18–20 mai 1933), in Archives Nationales Section Outre-mer (Paris), Br. 9677 B; Agence économique de l'A. O. F., *Postes, télégraphes, téléphones, télégraphie sans fil en A. O. F.* (Paris, 1931), 13–15; Henri Staut, "La radiotélégraphie coloniale et les ondes courtes," *Bulletin du Comité d'études historiques et scientifiques de l'A. O. F.* 7 (1926), 517–20, and "L'application des ondes courtes à la radiotélégraphie commerciale en AOF," ibid. 9 (1928), 19–29; "Le réseau colonial de télégraphie sans fil," *Afrique francaise* 36 (May 1926), 274–76; Lieutenant Colonel Cluzan, "Les télégraphistes coloniaux, pionniers des télécommunications Outre-Mer," *Tropiques* 393 (March 1957), 3–8.

(26) L. Gallin, "Renseignements statistiques sur le développement des communications radiotélégraphiques en Indochine," *Bulletin*

économique de l'Indochine 32 (1929), 369–99.

(27) Indochina, Gourvernement général, Direction des services économiques, *Annuaire statistique*, Vol. 8, 1937–1938 (Hanoi, 1939), 132–36; Maigret, "Les communications par T. S. F. entre la France et les colonies. Rapport. Conférence due commerce colonial, 18–20 mai 1933," in Archives Nationales Section Outre-Mar (Paris); André Touzet, "Le réseau radiotélégraphique indochinois," *Revue indochinoise* 245 (Hanoi, 1918). 短波の利便性が明白であったが、大規模な植民地長波局は解体されず、航空無線標識として、また予備として継続された。Despite the clear advantages of shortwave, the big colonial longwave stations were not scrapped but kept as aircraft radio beacons and as backups; "Rapport sur l'état de fonctionnement du poste à ondes longues et sur l'utilité de celui-ci pour la Défense Nationale," in PTT archives, FO90 bis 1690.

(28) Keith Clark, *International Communications: The American Attitude* (New York, 1931), 227–28; Tribolet, 217–18.

(29) Schubert, 302; Tribolet, 219.

(30) Irwin Stewart, "The International Regulation of Radio in Time of Peace," *Annals of the American Academy of Political and Social Sciences* 142 (March 1929), 78–82; John D. Tomlinson, *The International Control of Radiocommunication* (Geneva, 1938), 58–66; Captain Linwood S. Howeth, *History of Communications-Electronics in the United States* Navy (Washington, 1963), 506–11; Tribolet, 23–24; Clark, 178–85 and 217–18.

(31) Schubert, 302.

(32) Barty-King, 197 and 203. 無線による電信経費をケーブルの半分に据え置いた。

(33) Baker, 229; Gallin, 370–744; Barty-King, 203.

(34) Coggeshall, "Annotated History," 73–74; Baker, 233; Lawford and Nicholson, 106–7.

(35) C. I. D., "Sub-Committee on Competition between 'Beam' Wireless and Cable Services (Brigadier General Sir S. H. Wilson, chair), Interim Report," in PRO, Cab 35/45; "Reports, Proceedings and Memoranda," in Cab 35/43.

(36) Baker, 223.

(37) Barty-King, 209–10.

(38) Barty-King, 203–5.

(39) マルコーニの伝記作家ベイカー W. J. Baker (230–32) は、合併を有能なリーダーシップの欠如によって引き起こされた無線会社の惨敗であったとみている。Jolly, 261 もまた参照。

(40) Imperial Wireless and Cable Conference, 1928 (Sir John Gilmour, chairman), Report, in *Parliamentary Papers* 1928, Vol. 10 [Cmd. 3163].

(41) しかしながら、郵政省は、ラグビー局を含めて国際電話技術を保守し続けた。Baker, 232 と Barty-King, 226 を参照。

(42) Baker, 229–31; Barty-King, 210. 一九三〇年代にその名称が、それぞれケーブル・ワイアレス（ホールディング）会社とケーブル・ワイアレス会社に変更された。

(43) Garratt, 43; Barty-King, 216.

(44) Letter from Sir Normal Leslie, chairman of the Imperial Communications Advisory Committee, to Basil Blackwell, chairman of Imperial and International Communications Ltd., October 14, 1929, in Cable and Wireless archives, B1/1 12.

(45) Pascal Griset, "De la concurrence à la complimentarité: Câbles et radio dans les télécommunications internationales pendant l'entre deux guerres," *Recherches sur l'histoire des télécommunications* 2 (December 1988), 55–70.

(46) Sobel, *ITT*, 60–69.

(47) Coggeshall, "Annotated History," 80; Sobel, *ITT*, 63–64.

(48) G. Stanley Shoup, "The Control of International Radio Communication," *Annals of the American Academy of Political and Social Sciences* 142 (March 1929), 103

(49) Roland Belfort, "Outlook for Cable-Radio," *United Empire* 20 (January 1929), 19–23

(50) U. S. Congress, Senate, Committee on Interstate Commerce, "Hearings before the Committee on Interstate Commerce of the United States Senate, May 1929–February 1930 on S. 6, a bill to provide for the regulation, by a permanent Commission on Communications, of transmission of intelligence by wire or wireless" ("Couzens Bill").

(51) Denny, 396からの引用。合併に非常に好意的なシャウプの見解は、一九二九年三月に発表された記事「国際無線通信の支配」で繰り返された。

(52) Clark, 247.

(53) "America —1933–1934. Impending merger of American communications companies. Negotiations between I & IC and WU, RCA & Col. Behn (ITT, CCC, PTC)," in Cable & Wireless archives, B1/157.

(54) "Meeting held at Electra House, W. C. 2, between Messrs. Sarnoff and Winterbottom, of the R. C. A. (Communications) and Mr. J. C. Denison-Pender, Sir Normal Leslie, and (part of the time) Mr. J. J. Munro of I. & I. C. Ltd, on Monday, 6th November 1933," in Cable and Wireless archives, B1/157.

(55) Letter from Denison-Pender to the Treasury, November 14, 1933, ibid.

(56) Barty-King, 222–23.

(57) Sobel, *ITT*, 78.

(58) U. S. Federal Communications Commission, "Report of the Federal Communications Commission on the International Telegraph Industry submitted to the Senate Interstate Commerce Committee Investigating Telegraphs," in the United States Senate, Appendix to Hearings before Subcommittee of the Committee on Interstate Commerce, 77th Congress, 1st Session, Part 2 (Washington, 1940), 473.

(59) Barty-King, 224–25.

(60) Articles in *The Times*, *Daily Mail*, *Financial Times*, *Daily Telegraph*, and other papers, February 26–March 1, 1930.

(61) Letters and Memoranda re Imperial Communications Inquiry Committee, August 1931, in Cable & Wireless archives, B1/153

and B1/141.

(62) C. I. D., Imperial Communications Committee, papers, 1933–1934, in PRO, Cab 35/32.

(63) "Agreements and Commitments with North American Companies," in Cable & Wireless archives, B1/157.

(64) Imperial and International Communications Limited, Memorandum from the Court of Directors to Imperial Communications Inquiry Committee (August 31 1931), 45.

(65) Barty-King, 236.

(66) "Strategical requirements in regard to cable communications," letter dated October 14, 1929, in Cable and Wireless archives, B1/112.

(67) Committee of Imperial Defence, Imperial Communications Committee, "Report on the Scheme Submitted by Imperial and International Communications, Limited, for the External Communications of the Colonies, Dependencies and Protectorates" (July 28, 1930), in PRO, Cab 35/14.

(68) Committee of Imperial Defence, Imperial Communications Committee, "Report on inquiry into affairs of Imperial and International Communications Limited" (October 19, 1932), in PRO, Cab 35/45

(69) CID, Imperial Cable Committee, Strategic Cables Sub-Committee, Minutes of the First Meeting (December 15, 1932), in PRO, Cab 35/45.

(70) CID, Imperial Communications Committee, Strategic Cables Sub-Committee, Report (March 8, 1933), in PRO, Cab 35/45.

(71) Letter form J. Denison-Pender to Maurice Hankey (October 25, 1935), in Cable and Wireless, B1/112.

第12章　第二次世界大戦における通信諜報

第二次世界大戦は、多くの点で第一次世界大戦の再現であった。ドイツは、再び全ヨーロッパを攻撃し、そのほとんどを征服した。またもやドイツ潜水艦がイギリスを敗北寸前まで追い込んだが、今度もアメリカ合衆国の参戦によって世界制覇の夢を挫かれた。

しかしながら、両大戦に関しては類似点よりも相違点のほうが多かった。第二次世界大戦は、文字どおり世界中を戦場および交戦国として巻き込んだ初めての真の世界戦争であった。それは、第一次世界大戦の塹壕戦と対比すると、機動戦の様相を呈する戦争でもあった。この二つの特徴は、それまで決して経験したことのない規模での通信技術を必要としたのである。

この通信技術には二種類あった。その一つは、無線、とくに短波無線であった。これは、非常に小さく経費のかからないトランシーバーであったので、トラック、戦車、飛行機、そして潜水艦に積むことができた。実際、こうしたトランシーバーがなかったなら、電撃戦もＵ－ボート作戦も無差別爆撃も、そして激しい本土防空もなかったのであり、まさしく戦術の性格を変えてしまったと言えるのである。以前は、鉄道操車場と同じくらい大きなトランスミッターを必要とした長距離通信でさえ、いまや、スパイのスーツケースに収まるくらい小さな装置によって接続できるようになった。諸国家が何千もの無線機を持って戦争に突入し、軍隊がおしゃべりで電波を満たしたであろうことは容易に想像できよう。

新技術である無線が通信量、スピード、通信範囲を著しく拡大すればするほど、ますます傍受に晒されやすくなるのは誰の目にも明らかであった。本来ケーブルにあって無線には欠落している安全性を確保するため、諸列強は、電動式暗号装置の開発を目指した。この洗練された装置は、戦争時およびその後三〇年間、ほぼ完璧に通信の安全性を確保できると見なされた。

第一次世界大戦以降、通信と暗号法が著しく発展していたら、これらと表裏一体の関係にある通信諜報もかなり進歩していたであろう。通信諜報は、もはや賢いアマチュア無線家による偶然の創造ではなくなり、すでに産業となっていた。その成果と失敗に関する情報は長い間国家機密のベールに包まれていたが、近年それに関する資料が公表されるようになり、驚くべき事実が明らかとなった。通信諜報は、戦時中には他のどんな武器システムにも負けず劣らず重要であり、大方の将軍による作戦指揮よりもはるかに有効であったことが判明したのである。

第二次世界大戦は、当然ながら第一次世界大戦との類似性を持っている。著しい技術革新が見られた一方で、諸国家間の勢力均衡にはそれほど変化がなかった。イギリスは、敗北しそうになったときでさえ、伝統、熱意、技術の連携によって通信の主導権を握ることができたが、戦争を引き起こしたドイツは、情報戦に敗れたと言える。ヨーロッパ戦と並行して展開した太平洋戦では、日本人も、ドイツ人のように自らの暗号を信頼し通信諜報の術策をおろそかにしたため、敗北を早めたのである。ただし、ソ連の戦時中の通信諜報政策についてその詳細が公表されていないため、第三の戦いである独ソ戦における情報戦の様相は、依然として謎に包まれている。

ヨーロッパと太平洋で並行して起こった戦争は、偶然の一致などではまったくなかった。なぜなら通信諜報に関するイギリスとアメリカ合衆国の優位は、巧妙に仕組まれた協力体制の結果であったからである。歴史上、第二次世界大戦におけるアメリカ合衆国とイギリスほど密接な協力関係にあった国家は存在しなかった。同国の目的に相違があったとはいえ、その他の友好的な同盟関係と同様に、この協力関係も相互に利益をもたらすものであった。イギリスは、帝国の防衛と生き残りを条件に、イギリス帝国に対するアメリカ合衆国の接近を認め、世界的規模で行われる情報通信に対する独占を断念した。

他の分野と同様に通信分野においても、ドイツと日本は負け、イギリスは生き残り、アメリカ合衆国は勝利したという構図になる。通信技術の改良は、恩恵という点では、ほとんど緊張緩和をもたらすことはなく、あらゆる他の技術的変革のように、他国を犠牲にして少数の国家を利しただけであった。

一九三六年に至るイギリスとドイツの通信諜報

第一次世界大戦で通信諜報を最も活用したイギリスは、平時におけるその威力についても熟知していた。一九一九年二月二七日、海軍省、陸軍省、外務省の三省は、ＮＩＤ－25（海軍暗号機関）とＭＩ－１ｂ（陸軍暗号機関）の施設・人員を政府暗号解読所（以下ＧＣ&ＣＳと略記）に統合するように勧告した。ＧＣ&ＣＳは、通信の安全確保と秘密裏に他国の電文解読に従事することになっていた。その提案は同年四月に受け入れられ、ＧＣ&ＣＳは、「ルーム40」（海軍管轄の政府暗号解読部門）のベテラン将軍アラスティア・デニストンのもとで、一九一九年一一月一日に正式に開所し、二年後の一九二一年四月には外務省管轄に移された(1)。

ＧＣ&ＣＳは、解読すべき外国の電文をどのようにして入手したのであろうか。既存の諜報機関は、戦時の情報管理における特権的地位を手放そうとせず、国家の検閲制度は、戦後しばらくの間存続し、絶え間なく情報の流入をもたらしていた。海軍諜報の長官は、その検閲制度が満了となる前の一九一九年七月に、秘密情報の漏えい防止のため、政府に対して存続を要請した。その結果、一九二〇年に成立した公職機密法（一九二〇年）は、ケーブル会社に対してイギリスで取り扱うすべてのケーブルおよび無線の電文コピーを、送信後一〇日以内に秘密裏に政府に提出することを義務付けたのである。(2)

他の情報源として、ジブラルタル、香港、その他いたるところでイギリスのケーブル中継局を通過する通信のコピーや、イギリス沿岸警備隊による無線傍受局や帝国内の王立通信隊（RCS）が受信した通信、あるいは非常に数少ない事例であるが、海外に潜伏する諜報部員からの情報があった。(3)

傍受可能な状況にあったとはいえ、GC&CSはスタッフが不足し、政府もまた取得した情報からその断片以上のことを読み取る動機に欠けていた。一九二〇年代、イギリス政府は、極東、とくにインドシナにおけるフランス、中国における日本に関心を抱いた。とくに一九二一～二二年のワシントン海軍軍縮会議中には、アメリカ合衆国とフランスの外交暗号コードにも注目した。(4) 一九二四年、陸軍省が「もし暗号解読のための時間とスタッフが確保されれば、疑いもなく情報源としてドイツの電文も有益となろう」と指摘したように、ドイツは無視されていた。(5)

当時のイギリス政府は、主に体制転覆、とくにソ連諜報部員にあおられた（保守党がそう信じていた）労働争議の脅威に神経を尖らせていた。ソ連がまだ暗号解読法に関して初歩的レベルに留まっていた一九二〇年代初頭、GC&CSは、亡命ロシア人の暗号解読者フェッテルラインを雇用する幸運に恵まれた。彼は、ソ連の単純な暗号コードの仕組みを容易に解明してみせた。イギリス内閣は、一九二〇年、一九二三年、一九二七年の三度にわたって、ソ連によるロマノフ王朝解体を非難し、証拠として解読した盗聴内容を突きつけた。これによりイギリスに短期的な政治的利益がもたらされたものの、長期的にはソ連に対して通信安全保障の重要性を知らしめることとなり、決して忘れることのできない教訓として彼らの胸に刻み込ませてしまった。(6)

戦間期におけるドイツ通信諜報史は外交政策史でもある。一九一九年から一九二九年まで、ドイツ海軍の諜報機関B-ディーンストは、一人の士官と二人の暗号解読員だけの小さな部局であった。一九二九年に海軍省から独立しキールに移設されて、「継母のもとに置かれているかのように」取り扱われていた。(7)

一九三三年に誕生したヒトラー政権は、あらゆる軍事組織およびスパイ活動組織に目を向け始めた。一九三九年夏までにB-ディーンストは、人員五〇〇人以上を抱える組織へと拡大し、政府内におけるヒトラーの分割統治策に従って、いくつかの通信諜報および暗号解読部門が設置された。ドイツ外務省はパーズZ（外交電文の解読に特化）を、アプヴェーア（ドイツ国防軍最高司令部外国諜報局）は暗号解読部ＯＫＷ／Ｃｈｉを、ドイツ通信省は電話を盗聴する情報調査部を、それぞれ設立した。ヘルマン・ゲーリングも、電話を盗聴し無線を傍受し、外国の軍事外交通信を解読する自己専属の情報収集局をつくった。しかし、これらの諜報機関、とくにＢ－ディーンストとＯＫＷ／Ｃｈｉは、時には協力し合うことがあっても、基本的には頻繁に人材と資金を求めて競合する関係にあり、互いの機密情報を共有することはなかった。(8)

ドイツ海軍は、電文を傍受するために、バルト海と北海に、そしてドイツ南部に傍受局を設置し、ドイツ国防軍も国境に沿って同様の傍受局を設置したが、ドイツの地理的特徴からして、これらの施設だけでは、ほかのヨーロッパ諸国における最新情報を入手するには非常に不足しかつ貧弱すぎた。Ｂ－ディーンストは、この弱点を克服するために、フィンランドやイタリア、一九三六年以降にはスペインの暗号解読機関と協力するようになったが、アメリカ合衆国の通信を解読することはできなかった。(9)

これらの努力はそれなりの成果を挙げていた。Ｂ－ディーンストは、イギリス、ポーランド、ソ連の海軍暗号をいくつか解読し、大西洋および北海におけるイギリスとフランスの艦隊、バルト海におけるソ連艦隊の機動状況をそれぞれ追跡できた。その間にアプヴェーアは、フランスの「緊急暗号表」を入手した。パーズZは、フランスの数多くの電文を、イタリア、アメリカ合衆国、イギリスについては一部の電文を解読できたが、ソ連の電文についてはまったく解読できなかった。最も成功したのがゲーリングの情報収集局ではあったが、重要性の低い暗号を多数解読したにすぎなかった。(10)ドイツの政策がヒトラー自身によって決定されたため、彼らがそれに影響力を及ぼすことはほとんどなかった。ヒトラーの世界征服の野望は従順な部下が発掘した「事実」によって、揺さぶられることはなかったのである。一般に言って、攻勢国は、敵国の情勢に対する熟知度が国家存亡に直結する守勢国ほど、潜在的な犠牲に関する諜報にあまり関心を払わないのである。

暗号解読機

一九二〇年代半ばの新しい技術の発明によって、これまでの暗号解読手法は時代遅れとなってしまった。あらゆるものが機械化されつつあった時代、とくに第一次世界大戦後に、発明家たちが迅速にかつ安全に暗号を作成したり解読したりする方法を追及したのは当然であった。発明家の中には、複雑なケーブル構造を持つがさまざまな場所に設置可能なローターを備えた暗号解読機を開発した者もいた。これらの機械は、同一のローターセッティングを利用する同一の機械でしか再転換できない方法で次々と文字を転換した。暗号係は、平文をタイプし、転送前に機械で暗号文を読み取るか、あるいは暗号文でタイプし、平文を読み取るかした。そのような解読機は、小さくて持ち運びが可能であり、ケーブル電信と同様に無線でも利用された。次の二つの解読機は商用として成功を収めた。一つは、スウェーデンのクリプトテクニック社製のハーゲリン、もう一つは、ドイツのチフリーアマシネン社製のエニグマである。(11)

軍用の暗号解読機を獲得した最初の国家は、ドイツであった。一九二六年、ドイツ海軍は、エニグマC型（後日セキュリティ性のより高いエニグマM型に更新）を採用した。一九二八年にはドイツ国防軍、一九三三年にはドイツ空軍が、それぞれこの動きに追従した。ドイツ政府は、一九三五年末までに軍隊用としてエニグマ二万台を獲得していた。ただしアプヴェーアとナチス党警察保安部はそれぞれ異なった様式の解読機を使用した。エニグマのローターとプラグ盤がほとんど無限にセット可能であったため、ドイツの暗号専門家たちは、それらの出力操作が解明されない限り、簡単に解読されることはありえないとの自負心を有していた。(12)一九七〇年頃になっても、Ｂ－ディーンストの元長官ハインツ・ボナッツは、連合国が一部の暗号解読機を捕獲していたとしても、ドイツの暗号を解読できなかったはずであると述べていた。(13)

他の諸国もドイツに追従した。アメリカ通信隊は、早くも一九二七年頃エニグマを購入したものの、結局のところ、スウェーデン製のハーゲリンをモデルとした自作機Ｍ－209を製作した。日本もまたエニグマを購入し、一九三〇年代半ばまで海軍と外交の通信用として、その改造機を製造していた。フランスは、ハーゲリンをモデルにした暗号解読機を購入していたが、その一方で手作業による暗号化方式に依存し続けた。(14)

こうした状況下で、イギリスは、諸列強のなかでは対応が最も遅れた。イギリス空軍は、一九三五～三六年までにクリード・テレプリンター社製のタイペックス暗号解読機を採用したが、英国海軍は、その機械があまりにもデリケートで複雑すぎるとして使用を拒否し、本格的な戦争に突入するまで、暗号帳と暗号復元表に基づく手作業による暗号化方式を採用し続けた。Ｂ－ディーンストは、イギリスの暗号作成員のミスに助けられて、一九三八年までにイギリス海軍の暗号文を解読することに成功していた。(15)このことは、戦争初期におけるドイツ潜水艦作戦の成功を物語っている。

戦争の足音（一九三六～一九三九年）

多くの人々にとって寝耳に水であった第一次世界大戦と違って、第二次世界大戦の勃発は、かなり先のことと思われていたであろう。一九三六年、ドイツは、再びラインラントを占領し、すぐにスペイン内戦の反乱軍を支援するためにイタリアに合流した。一九三七年には、日本も中国を攻撃した。翌年、ドイツはオーストリアを併合した。楽観主義者は、一九三八年九月まで、依然としてヒトラーがただベルサイユ条約の改正を求めているにすぎないと信じていた。しかしながら、ミュンヘン会談とその後のチェコスロバキアの分割は、戦争の勃発が近いことを暗示した。

これは、軍事機関および諜報機関すべてが最も効率よくその切迫した状況に対応したことを意味しているわけではない。フランスやイギリスでは、これらの機関は、恐怖心と無能さによって、また、敵対行動が戦争の到来を早めてしまうことを恐れた文民政治家の躊躇心によって、ドイツに対して断固たる処置をとれずにいた。一方、アメリカ合衆国は、孤立主義を貫き事態を静観していた。例外はあるものの、民主主義国家の戦争準備は極めて不適切と言わざるをえなかった。

イギリス政府は、ケーブル・ワイアレス会社に対して、無線への転換よりも戦略的ケーブルの維持に努めるよう要請していたけれども、同社は、ケーブルが損傷した場合に備えて、短波無線設備をケーブル局に設置していた。イギリス政府は、遅ればせながら一九三九年一月にこの決定を追認した。一九三七年八月以降、同政府は、イギリス帝国内のケーブル局に雇用されたすべての外国人を解雇するよう会社に圧力をかけた。爆撃を想定して、ロンドン、ポースカーノ（コンウォール州）、ジブラルタルにある会社の建物は補強されるか、代替建屋が建てられるかした。電話線がドイツ領内を通過するため、職員は、中欧や東欧との通信に電話を利用しないように警告された。一九三九年八月、軍隊は、実戦を想定した通信訓練を命じられた(16)。かくして、イギリスは、戦争勃発に際しても、通信の安全性が確保されたものと信じていた。

イギリスは、やや遅ればせながら、その無線傍受および発信探知網の改善を開始した。イギリス本土、バーミューダ、マルタ、アデン、セイロン、香港、オーストラリアに新傍受局を建設し、旧式設備を更新した(17)。一九三〇年代半ばに海軍諜報は、危機的なほど出遅れ、外国戦艦の監視情報に関しては、大使館付き海軍武官からの数カ月遅れの報告に頼っていた。海軍諜報においては、専門の暗号解読員が雇用されることなく、ただ政府暗号解読所との希薄な連携のみが頼りであった。イギリス海軍は、一九三九年九月まで、依然として六つの高周波の発信探知局と九つの中波発信探知局――このうち三つは地中海、二つは極東に配置――しか持たなかった。しかしながら、イギリス海軍は、作戦情報本部を設置したことで、イギリス戦艦同様に外国戦艦に関するあらゆる情報を傍受し、それまで以上に海軍の正確な作戦行動を可能にした(18)。政策決定と諜報活動を効果的に組み合わせたことにより、来るべき戦争においてイギリスの戦力は、最大の強さを示すことになった。

イギリス政府は、第一次世界大戦の教訓から、敵国に対する通信妨害よりも通信解読のほうがはるかに重要であることを見抜いていた。政府は、たしかに領土内で流出入するすべての情報を検閲する計画を有していたが、イギリスが保有するケーブルを通じて他国へ送信する電文については、利用者を閉め出すような妨害はしなかった。その代わり、外務省とケーブル・ワイアレス会社は「監視計画」を実施した。それは、一九三七年初頭に初めて提案されたのち、ミュンヘン会談での検討を経て最終的に一九三九年八月に実施されて、一九二〇年の公職機密法に規定されていた権限を全世界に適用した。会社は、電信テープを解読し、その中から重要と思われる項目を選択しロンドンに再転送する作業に退職した電信技士を募集し、各ケーブル局に派遣することになっていた。結果的には、入電をローマ字で直接印字するプリンターを備えることになり、熟練の電信技士は不要になった[19]。検閲、ケーブルの監視、無線傍受によって、イギリス政府は、ドイツ陸軍の機械式暗号通信という最も物騒な暗号通信を除けば、数多くの世界の通信を傍受していた。

戦争の勃発（一九三九～一九四〇年）

一九三九年九月の戦争勃発は、通常の情報通信を妨げることになり、その結果、公開、非公開を問わず、すべての通信に障害が生じた。国家間における通常の民間通信は検閲され、次第にプロパガンダに取って代わられた。政府と軍による通信は、既存の回線を引き継ぎつつ、新しい回線の拡充を図った。戦闘のグローバル化と軍隊の機動性がもたらした無線に対する急速な需要は、通信諜報とともにスパイ活動と騙しあいを激化させた。その成否は、アッと驚くような方法で戦争の勝敗に影響を及ぼしたのである。

その影響の度合いはいくつかの統計から明らかとなろう。戦時中、フランスは四二の放送局のうち三七局と九〇〇キロメートルの地上線を喪失した。ギリシャは地上線の六五％と電信設備の九〇％を喪失した。日本は電話線の半分を失った[20]。それとは対照的に、イギリスは電信設備の損害が少なかったし、アメリカ合衆国はまったく損害を受けなかった。ケーブル・ワイアレス会社の通信量は、一九三八年から一九四四年にかけて二倍以上になり、二億三一〇〇万語から七億五〇〇〇万語に拡大した。その最大の要因は、一二〇〇万から二億六六〇〇万語へと二〇倍に拡大した政府外電であった。一部の中継局は、ほとんどスタッフや機材の拡充なしに一二倍の情報量に対処しなければならなかった。[21] アメリカ軍は、あらゆる通信の暗号化やその解読のために、第一次世界大戦時の暗号解読員四〇〇人（一万人の軍人につき一人）と較べて、一万六〇〇〇人（八〇〇〇人の軍人につき一人の割合）と大幅に増員した。[22]

イギリスは、あらゆる交戦国と同様に、すべての郵便や電気通信の検閲を行った。そのため、大恐慌時に退職や解雇となった何百人もの元電信通信員を検閲官として呼び戻した。ケーブル・ワイアレス会社は、ロンドンの本社で一〇〇人を、アデンの支局では五〇人を雇用した。商用暗号は最初禁じられていたが、再び次第に認められるようになった。検閲官は、在ロンドンの中立国大使館による暗号化された電信の授受を認めたが、イギリスを経由する在アイルランドの中立国大使館の電信授受は二四時間差し止められた。ヨーロッパ大陸との電話は厳しく制限された。報道の電話は、検閲後に政府職員によって相手方に対して読み上げられ、企業の電話は、二四時間前の事前予約を必要とし、個人の電話は禁じられた。[23]

秘密保全政策は、イギリス本土以外では、事務官の採用・派遣が次々と実施されるにつれて直ちに効果を発揮した。一九三九年九月にマルタとアデンに、一〇月にシンガポール、バルバドス、ジャマイカに、一一月に香港に、それぞれ人員が配置された。ラテン・アメリカでは、イギリスのケーブル会社は、暗号の使用を許可することで、アメリカ合衆国の競合会社オール・アメリカ・ケーブル社とRCA社からの通信検閲に対する異議申し立てを否定しなければならなかった。その結果は満足のいくものであった。なぜならイギリスは、検閲よりもこの方法のほうがより多くの情報を獲得できたからである。[24]

六カ月間の小康状態ののち一九四〇年の春、ドイツがデンマーク、ノルウェー、オランダ、ベルギーに侵攻し、続いて五月と六月にはフランスを攻撃し、戦争が再開した。電撃作戦は、フランス軍とその同盟国イギリスの遠征軍の著しい準備力不足を露呈した。ドイツの戦車と戦闘機が戦術的通信効率の優れた通信システムによって導かれている一方、イギリス軍はただ戦車に無線を積載し始めていたにすぎず、フランス戦車に至ってはほとんど無搭載であった。[25] 諜報能力でさえドイツ人に分があり、彼らは、一九三九年にフランス陸軍省と海軍の暗号表を入手し、最も重要な軍事用通信を解読していた。フランスとイギリスは、短期間の電撃戦中にドイツの電文をわずかしか解読できなかったことから、ドイツの圧倒的優位を覆せなかった。[26]

ドイツがオランダやベルギーを占領したとき、ケーブル・ワイアレス会社は、すばやくオランダ領東インドやベルギー領コンゴとの直通の無線回線を開設した。同会社は、フランスが休戦協定に調印する以前の六月一五日にすでに、イギリス政府に対して「フランス植民地の通信計画案」を提示していた。一カ月の間、多数のフランス植民地が同会社と通信したが、ヴィシー政権の指令によって通信は遮断された。八月二九日、ロンドンは、フランス領赤道アフリカのブラザビル（コンゴ共和国首都）から、回線の再開を求める電信を受け取った。ここがド・ゴールの自由フランスの拠点となる最初の仏領植民地であった。

戦時中のイギリス通信諜報

一九三九年九月にイギリス政府は、二五年前のごとく極秘のスパイ通信の電波を監視するために、無線通信保安局にアマチュア無線家を採用した。彼らは、一九四〇年三月までにイギリス国内に潜伏していた単独スパイではなく、ドイツの軍事関連に関する多数の無線通信の傍受から情報を得ていた(27)。一度戦争が始まれば、ドイツは無線を制限するであろうというイギリス政府の予想に反して、逆にドイツは無線使用を著しく拡大した。このため、イギリス政府は、すばやく国内および中東のいたるところに、さらにはマルタ島、ジブラルタル、アイスランドにも同様に傍受局を建設した。イギリス海峡を横断するドイツ無線を監視したイギリスの各傍受局は、テレプリンターの地上線によって、政府通信本部（ＧＣＨＱ――一九三九年九月にロンドン北部のブレッチリー・パークに移設された政府暗号解読所の後継部局）に接続されたが、それほど重要でない傍受内容は、オートバイの小袋に入れて輸送した(28)。

たいていのドイツ軍事通信はエニグマによって暗号化されるが、解読さえされないまま敵国無線信号から収集される諜報もあった。それは、発信探知による通信分析であり、どんな通信局がどこにあるのか、また誰に当てた通信なのかを知る手がかりを与えてくれた。無線解読者たちは、敵国の無線送信機の呼出し音や位置のみから、各師団や軍隊の編成を再現することができた。無線通信の停止・故意の妨害といった通信の量や方向の変化は、作戦行動が間近に迫っていることを暗示するものであった。イギリスは、無線オペレーターとその機械の「くせを識別し」、呼出し音の変更に関して、ある程度読み取る工夫さえ編み出した(29)。

しかしながら、通信分析によって得られる情報には限界があった。本来の目標は、暗号電文を解読し、それが示す情報を利用することであった。一九七四年以降にイギリス政府が公表した資料や関係者の覚書によると、当時のイギリスの暗号解読者たちは、誰もが予想できなかったほど、またドイツ人の想像をはるかに超えたレベルでの暗号解読に成功していた。これは、ブレッチリー・パークとそこで暗号解読者たちが解読したウルトラＵＬＴＲＡと呼ばれた秘密諜報（エニグマの暗号解読情報）の産物である。幸いにも、歴史家は、このテーマに関する優れた著作を出版してきたし、今なお多くの著作を執筆しようとしている(30)。ここでのわれわれの目的は、イギリスのこの活動の概要について素描し、その過程における通信の役割を強調することにある。

ドイツ政府は、戦時中にエニグマ一〇万台を購入し、それに対して絶大な信頼を置いた。暗号キー設定の数は膨大であり、そのキーが解読され、敵国に利用されるような機会はまったくないと考えていたのである。この過信こそが、敵国の暗号解読者によって利用されることになるケアレスミスとセキュリティ保持における失策を助長したのであった。ドイツの無線オペレーターは、聞き慣れた伝承童謡を繰り返した。陸軍部隊の指揮官は、しばしば当日の暗号キーを解明する手がかりを与えることになった紋きり型の電文「異常ありません」を利用しながら、毎晩アプヴェーアに戦況を報告した。お決まり型の天候報告も別の解読源となった。一九四〇年八月までに、一日に三〇〇回の信号を送ったドイツ空軍は、とくにその通信手続きがいい加減であった(31)。

しかし、イギリスの暗号解読者が暗号化された電文に真っ先に取りかかる技法を持っていなかったなら、まとまりのない大量の電文も決して役立つことはなかったであろう。彼らは、その解読技術をポーランドから入手した。二つの脅威的な大国に挟まれた弱小国ポーランドは、独立当初からその近隣諸国の通信を傍受する努力を惜しまなかった。一九二六年までポーランドの暗号解読者は、ドイツおよびソ連の通信傍受に完全に成功していた。ドイツがエニグマの使用を開始したとき、ポーランド人は、完璧にそれを複製した。彼らは、エニグマのレプリカ一五台を作成し、ドイツがエニグマに新たに二つのローターを追加する一九三八年まで、ドイツから傍受した通信の七五%を解読していた。マキシミリアン・チェツキ少佐が率いるポーランドの暗号解読者たちは、フランス軍事諜報局のギュスタフ・ベルトラン大尉に接触した。ポーランド人は、あるドイツ将校から獲得した資料、およびエニグマ工場に雇われていたポーランド人機械工が復元した新型エニグマのレプリカを参考にして、電動式暗号解読装置「ボンバ」を製造した。これは、当初あまり成果を得ることができなかったけれども、エニグマによって提示された諸問題解決の手掛かりを与えた。膨大な数に上る異なるローターの組み合わせが高速の電気機械式暗号解読装置によって次々と試されたのである。

一九三九年一月九日および一〇日に、ベルトラン大尉およびポーランド暗号局のグィド・ランゲル、そして、政府暗号解読所のアラスティア・デニストンとディルウィン・ノックスは、パリで情報交換を行った。七月末には、デニストン、ランゲル、そしてブラケリー大佐（フランス軍事暗号解読局の長官）が、ワルシャワで会談した。ポーランドは、数週間後にまで戦争が迫っていることを知り、フランスやイギリスの解読者にエニグマのレプリカおよび「ボンバ」の設計図を提供した。それは、戦線布告時にポーランドが連合国側の戦争目的に対してなしうる最大の貢献であった。一〇月にランゲルと一五名のポーランド人暗号解読者は、さらに二台のエニグマを持ってフランスに逃亡し、ベルトラン大尉の暗号解読班と合流した。彼らは、その後まもなくドイツ空軍の電文の解読に成功し、テレプリンターによってブレッチリー・パークにその情報を伝えた。[32] ドイツ軍がフランスを占領したとき、フランスの暗号解読者たちは、見事なまでに暗号解読の秘匿に努めたため、ドイツ人は、エニグマ暗号の秘密が解明されていたという証拠を何も発見できなかったのである。[33]

「ボンブ」と改名されたボンバは、暗号解読者の実務を担ったわけではなく、ただその手段を提供したにすぎなかった。戦争が進行するにつれて、彼らの仕事量は増大の一途を辿った。その理由として、一つに傍受通信量の増大があり、もう一つは、ドイツが、プラグ盤、新しい配線、ローターの追加、そしてさまざまな操作手順などについて、エグニマをより複雑に改良したからである。こうした改良によって、暗号解読者は解読作業の一からのやり直しを強いられることになった。とくに複雑な海軍エニグマの解読への取り組みとなると、イギリスは、何カ月も完全にお手上げ状態に陥る場合さえあった。それゆえ、一部の暗号は解読されないままとなった。

膨大かつ予想以上の傍受量によって、ブレッチリー・パークは、急遽スタッフの追加募集を行った。イギリスの参戦当日、デニストンは、「ここ数日の間、われわれは、緊急リストから学者レベルの人々を補充しなければならなくなっている」と述べた。募集リストには、言語学者、数学者、チェスのプロ、そして、もちろんドイツ語の専門家もいた。政府通信本部は、「状況に応じて、参加が望ましいと判断されれば女性」さえ採用した。ブレッチリー・パークは、一九四二年春までに一五〇〇人のスタッフを抱え、一カ月におよそ四万件のドイツ軍事通信の傍受を取り扱った。ドイツが暗号解読のために数百人を雇用し、なかでも軍事通信兵を多く抜擢していた頃、連合国の通信諜報活動は、主にIQ試験に基づいて選出された数千の民間人が担っていた。[34]

諜報と解読技術のみでは十分でないことがしばしばあり、運も必要であった。特定のエニグマに対する解読の鍵は、たとえ一部であってもその機器を獲得できるかどうかにかかっていた。最初のドイツ海軍暗号は、イギリスが一九四〇年二月に潜水艦U－33を撃沈し、三個のローターを復元したのちにようやく解読できた。操作暗号キーの付属したエニグマは、一九四〇年四月にノルウェー沖で撃墜した飛行機から捕獲した。一九四一年五月のU－110の捕獲も主要な解読源の一つであった。

ドイツは、携帯用エニグマのほかに、ヒトラーと彼の軍将校たちとの間で取り交わす最高機密の戦略電文用として一〇個のローターを備えた非常に重くかつ複雑な暗号機ゲハイムシュライバーを使用した。この暗号機は、印字された電文を自動的に暗号化し、一分間に六二文字の割合で送信する一方、紙テープに平文を印刷した。この装置は安全な地上有線用として設計されていたが、時折その通信防護処置が機能しなかった。一九四一年から四二年にかけて、ドイツとノルウェーの間でスウェーデンを横断する地上線が、スウェーデンの諜報によって盗聴・解読され、イギリスにリークされた。北アフリカにおける戦闘中に、さらに改良されたゲハイムシュライバーで暗号化されたロンメル大将とドイツ本国の間の電文は、海底ケーブル不足のために無線を用いて送信された。一九四二年一二月、これらの電文と北アフリカで捕獲した二台の暗号機をもとに、イギリスの郵政省技師フラワーズは、ゲハイムシュライバーの電文を解読できる電子コンピューターのコロッサスを製作した[35]。

ドイツは、過度に自らの暗号化機器を信頼していたが、仲間内ではお互いを信用しなかった。その結果、連合国が自国の秘密情報を入手していたことを知ったとき、彼らは真っ先にスパイや裏切り者を探した。ナチスの偏執さに起因したとはいえ、ドイツ国内のスパイ探しが正しかったかもしれない。なぜならドイツ社会は、国家にではなく国家社会主義に対する潜在的裏切り者で満ち溢れていたからである。イギリスの通信諜報を手助けしたと見なされるドイツ人のうち、最も興味深い人物は、国防軍通信主任エーリッヒ・フェルギーベル大将とフリッツ・ティーレ大将であった。戦前、国防軍でエニグマの利用を進言したのが、フェルギーベル大将であった。この二人が、暗号キーの作成と配列を管理していたのである。彼らは、保守的な反ナチ徒党シュワルツ・カペレの活動メンバーであり、一九四四年七月二〇日のヒトラー暗殺計画（Hitler's life）に参加して、ゲシュタポに処刑された[36]。アプヴェーアの高位将校がイギリス諜報を手助けしていたであろうという考えは、たしかに説得的であるが、公文書館の資料によって明らかにされない限り、われわれはじれったくもただそれを仮説として留めておかざるをえない。

傍受が通信諜報の起点であるとすれば、暗号解読が中間的作業となり、解読されればその分析作業が最後となる。これらの機能が分離したドイツのシステムと違い、ブレッチリー・パークは、同一組織内でその大抵の作業を行った。暗号解読者、翻訳者、諜報分析者の三者間における連携は、著しく作業効率を高め、第一次世界大戦の状況と対照的に、第二次世界大戦におけるイギリス通信諜報の際立った強さの秘訣となった。

敵国に露呈しないようにして、解読諜報を必要な部署に通達するシステムは、同様に重要であった。このため、テレプリンター・ラインは、ブレッチリー・パークとイギリスの最重要な司令本部——例えば海軍作戦情報本部（ＯＩＣ）、イギリス空軍戦闘機部隊（RAF）、参謀本部、合同情報委員会、メンジーズ少将（イギリス情報局秘密諜報部、通称MI6（軍情報部第6課）の長官）、むろん戦時執務室のウィンストン・チャーチル――の間で接続された。これらの部署は、解読・整理された諜報を受け取ったが、海軍は、OICでの独自の暗号分析を要求し、チャーチルは、自ら生の暗号解読文を読むことを好んだ。

多くの戦闘が海上あるいは国外で行われたことで、通信には特別の配慮が必要であった。海軍作戦情報本部OICは、最も確実な暗号やコード表で、エニグマ暗号解読から得られたウルトラ情報を送り、いつも情報が方向探知や空中偵察隊のような暗号解読以外から得られたかのように見せかけるよう心がけた。MI6の長官ウィンターボーザムは、ウルトラ情報を国外で戦う陸軍やイギリス空軍部隊へ送る任務に当たった。彼は、安全性を確保するために、主要な作戦本部に配属された無線操作員と暗号解読者からなる特殊連絡部隊（以下SLUsと略記）を組織した。最初各部隊は、送り手と受け手の間において一回限りで利用される乱数表を使ってロンドンと交信した。この方法こそが、理論的に解読不能として考えられる唯一の暗号システムであった。彼らは、その後、ドイツ側に決して解読されなかった複雑な暗号機タイペックスを利用し始めた。戦場のSLUsが所定の受取人に電文を示しその後処分した。SLUsも、またブレッチリー・パークやウルトラを知っている誰もが、敵国の通信ラインに直接関与することを許されなかった[37]。イギリスは、敵国の弱点を知る際に、最大限にしかし細心の注意を払って諜報を利用した。

戦時のドイツ通信諜報

戦時中のドイツにおける通信諜報や暗号解読の仕事は、多数の組織に分離されていた。その一部は、しばらくの間、限定地域では首尾よく機能していた。われわれは、連合国船舶の通信に対する諜報活動を展開したドイツ海軍のB－ディーンストや北アフリカでのイギリスの戦略暗号に対する軍部暗号解読者の成功を知ることができよう。ドイツ国防軍最高司令部暗号解読部（OKW／Chi）やドイツ外務省のパーズZもまた一九四三年までにアメリカの外交暗号を解読した。東部戦線では、ドイツ陸軍の暗号解読者は、難易度の低いものしかソ連の戦略暗号を解読できなかったが、ドイツ空軍の無線通信局は、連合国の爆撃機急襲を察知することにかなりの程度成功していた。

一九四二年三月から一九四四年二月までに、ドイツ逓信省の情報調査部は、ベル研究所のA－3暗号機で暗号化された大陸間電話の会話（チャーチルとルーズベルトの会話を含めて）の解読に成功した。しかし、無線電話を利用した官僚、とりわけチャーチルは暗号機が安全でないことを十分知っていたから、ドイツはこの情報源からほとんど得るところはなかった。一九四二年、チャーチルが明らかにしたところによると、「無線電話で極秘事項を安全に通話する方法は、最初に番号化した短いパラグラフで覚書を暗号化して電信し、それからこれらのパラグラフを参照しつつ通話することであった[38]」。

他の暗号解読分野においては、ドイツは、イタリアやハンガリーからかなりの支援を得た。しかし彼らは、イギリスやアメリカの海軍、イギリスのSLUs、あるいはソ連の外交官が利用するような高度な暗号を解読することができなかった。イギリスが一九四〇年六月にダンケルクからの撤退中に二台のタイペックスを失ったときでも、ドイツの暗号解読者は、タイペックス、あるいはアメリカ製の同等機シガバ（Sigaba）による暗号を攻略する術を編み出すことができなかった。暗号使用者と暗号解読者の間、暗号解読者と他の諜報専門家の間、そして諜報活動と作戦行動との間に乖離があることが大きな問題であった[39]。

イギリス本土防空戦と北アフリカ戦線（一九四〇～一九四二年）

ブレッチリー・パークは、十分な量の通信傍受ができなかったために、一九四〇年四月までポーランドの暗号解読者の支援を得ても、ドイツのエニグマ通信を十分に解読できなかった。しかしながら、イギリスは、その四月に開始された電撃戦で十分な情報を獲得し、ドイツ空軍の暗号通信を解読することに成功した。暗号キーは毎日変更されたが、イギリスは、ドイツの暗号化手順に精通していたため、大抵はいとも簡単に解読できた。彼らは、解読作業を進めるうち、ドイツ陸海軍の合同作戦について多くのことを知った。五月一日にドイツが暗号キー操作を変更したが、ブレッチリー・パークは、二二日までに再びドイツ空軍の通信を解読していた。

バトル・オブ・ブリテン（ドイツ空軍のイギリス爆撃戦）の最中である七月と八月に、これまでの暗号解読は非常に価値があることがわかった。直通のテレプリンター・ラインは、八月初めまでにすでにブレッチリー・パークとスタンモアの戦闘司令部とを連結していた。「イーグル・デイ（一九四〇年八月一五日）」は、空中からイギリス空軍を一掃するための大規模なドイツ戦闘機隊の結成によって、ヘルマン・ゲーリングの勝利の日となるはずであった。しかし、結果はドイツの大敗に終わった。なぜなら、英国空軍は、最初ウルトラ諜報活動による暗号解読情報から、その後レーダーによって十分に警告を受けていたからである。空軍大将ヒュー・ダウディングは、戦闘機数では著しく劣っていたけれども、効率のよい方法でそれらを運用した結果、ドイツ空軍の七五機に対してわずかに三四機を失っただけで済んだ[40]。

通信諜報は北アフリカでも勝敗を決した。二年半の間、戦況は、枢軸国側のリビアとイギリス領のエジプト間の砂漠において一進一退の攻防となった。このような消耗戦で最も重要な要素となるのは、他の戦争の場合と同様に、司令官の指導力、兵士の戦闘能力、そして軍事物資の補給量であった。軍事史上、北アフリカの戦線は、そのように記述されてきたが、最近では、情報という新しい要因がそれに付け加えられている。情報の確保が両陣営の勝利を左右したというのは偶然であろうか。

機動戦では、両陣営とも無線で通信しなければならなかった。中東へのイギリスのケーブルは、彼らが必要とする大量の情報量を交信するには、まったく不十分であった。そこで、ＳＬＵｓがレバノン、マルタ、エジプトに配置され、通信経路のセキュリティが確保された。イギリスは、また、戦場の部隊とカイロの司令部との間、および部隊間での通信に無線を利用した。イギリス軍は、一九四二年までにおよそ六〇〇〇個のトランシーバーを保有していたが[41]、これらの通信セキュリティが非常に不十分であったため、ドイツ通信傍受部隊、とくにアルフレッド・ゼーボーム大尉指揮下の部隊は、容易に通信を傍受することができ、ロンメル大将に対して、イギリス軍戦略に関する情報を大量に提供できた[42]。

ドイツはまた、おそらくイギリスよりも無線を有効に利用した。それは、少なくとも新聞から読み取れる印象であるが、『ニューヨーク・タイムズ』紙が一九四二年六月に次のように報告している。

> 多く（のロンドンの新聞）は、明日の第一面に前線の特派員から寄せられた長文の新着情報を掲載している。その速報には、ドイツ将校の指導力、情報量、適応力の高さ、そしてリスクもあるが、それ以上に有効性のある瞬時の決断力および無線通信の利用というドイツのシステムを踏まえて、ドイツが有利な状況にあるのは、少なくともイギリスの通信システムにおける非効率性によるものであると指摘している[43]。

しかしながら、ドイツとイタリアの最高機密の通信は、しばしばウルトラ諜報活動によってイギリスに知られていた。この情報は、イギリスがイタリアの戦艦群を奇襲し撃沈したマタパン沖海戦（一九四一年三月二八日）の決定的要因となった[44]。他方、一九四一年四月のドイツのギリシャ攻撃について、「われわれは、毎晩ドイツの戦闘命令をキャッチしたが、不幸にも、実質的な反撃をする術を持っていなかったため何もできなかった」とイギリス諜報員が説明したように、好都合な情報を得ても戦闘能力の不足という弱点を補強できなかった[45]。そのような場合、ウルトラ諜報活動による情報はイギリスがドイツを打ち破るには役不足であったとはいえ、イギリスは限られた物資の浪費を防止するのには役立った。

秘密軍事情報の第三の経路は、カイロのアメリカ大使館付武官ボナー・フェラーズ大佐であった。イギリスは、彼にあらゆる便宜を与えるほど、アメリカ合衆国との友好関係を結ぶのに熱心であった。一九四一年九月から一九四二年八月まで、彼は、アメリカ大使館付武官が利用するブラック・コードの暗号帳を借りて、毎日無線でイギリスの軍事力や諸計画の詳細をワシントンに送った。イギリスにとって不幸なことに、このブラック・コードは、ローマのアメリカ合衆国大使から暗号帳を借り写真を撮っていたイタリア人とドイツ国防軍最高司令部暗号解読部（ＯＫＷ／ｃｈｉ）に洩れていた。同解読部は、それを分析して内容を再現していた。彼の送信内容は、毎日二つのドイツ傍受局によって収集され、ベルリンの国防軍最高司令部暗号解読部に転送後、暗号が解読・解析され、「私の好都合な情報源」と呼んだロンメル大将に再送された。[46]

ロンメル大将の最終攻勢前の一九四二年六月から七月にかけて形勢が逆転し、情報の流れが再び戦況を左右することになった。アメリカ合衆国は、ドイツにブラック・コードを解読されていたことを知り、すぐに解読不能な別の暗号に変更した。[47]その間、イギリスは、前線からちょうど一キロメートル先にあるテル・エル・エイザのゼーボーム大尉指揮下の傍受局を突き止め、七月一〇日夜明け前にオーストラリア歩兵部隊が攻撃し破壊した。[48]

突然、ロンメルの二つの主要な情報源がなくなり、これとともに彼の驚異的戦術も影を潜めることになった。その作戦に関して最近の歴史家ヤヌッツ・ピーカルキーヴィッツは、「入手した資料によると、伝説の『砂漠の狐（ロンメル将軍の異名）』による重要な作戦行動の数々は、往々にしてゼーボームの通信傍受部隊の功績によるものであった」と書いている。[49]ロンメル大将の影響力がなくなるにつれて、アレクサンダー大将とモンゴメリー大将の二人は、ウルトラおよび現地の無線傍受活動のおかげでドイツ軍のアフリカ部隊について多くの情報を得た。イギリスは、また、ロンメル大将に対する燃料補給を行おうとしたイタリア船の多くを撃沈して、その戦闘設備を砂漠に立ち往生させた。八月三一日に開始されたロンメル大将の起死回生を期した最後の壮絶な攻撃が、一瞬にして失敗に終わった。ついに、ドイツ軍のアフリカ部隊は、一〇月までに後退を余儀なくされた。[50]ヤヌッツ・ピーカルキーヴィッツは、「傍受部隊が攻撃を受けて以来、ツキがロンメルを見放していた。それゆえ、陸軍元帥は、危険な障害物で満ち溢れた真っ暗な部屋を眼帯をかけてさまよわなければならない人物として、人々の脳裏に焼き付けられてしまった」と述べている。[51]

ドイツスパイと連合国の無線攪乱戦略

スパイ活動は歴史の曙まで遡る。しかし最近まで、戦時において重要な情報を発見したスパイは、自らの依頼人と連絡を取ることが困難であった。一九一四年、猜疑心の強いイギリス当局は、秘密無線を使うスパイの隠れ家を捜そうとしたができなかった。第二次世界大戦までに、トランシーバーをスーツケースに隠せるほどに無線技術が進化していたため、そのような恐怖はより現実的になっていた。

最初の無線装置は、重さが約三〇キログラムもあったため携帯に適さなかったし、壊れやすく信頼性が薄かった。しかし技術は急速に発展し、一九四三年までにイギリスの無線通信保安局は、レコードプレーヤーやスーツケースの上げ底に隠せるほど小型化に成功していた。ドイツのアプヴェーアもまた小型トランシーバーを製造したが、諜報部員に奪取したイギリス製のものを携帯させることもしばしばあった。当然ながら、無線機所持のスパイは、発信探知機の積載車によって逆探知された。もしイギリスが秘密無線によって諜報部員を敵国に送り込む名人であるとしたら、ドイツは、多くの実践経験から、それらを追跡することに長けていた。しかし、アメリカ合衆国とソ連もまたスパイの応酬ゲームをしたように、イギリスとドイツは良きライバル関係にあった。

アプヴェーアは、戦争の開始以前にさえ、イギリスにスパイを送り込んでいた。一九三九年一月、コードネームを「スノウ(ＳＮＯＷ)」と称するアーサー・オーエンズは、自身がアプヴェーアのために活動し、ドイツから発信機を受け取ることになっていると警察に告げた。発信機が到着したとき、ＭＩ６諜報部員は、彼が送信する前にそれを改造しなければならなかった。戦争が勃発したとき、他の諜報部員たちには、逮捕されるか自首するかの選択肢しかなかった。その何人かはイギリス諜報局に「寝返った」。つまり、彼らはＭＩ６の管理下でドイツを欺くために慎重に選択された情報を送信した。敵国の諜報部員に対する監視活動は、一九四〇年から一九四一年にかけて、ＢＩＡとロンドン監督部門（一般に攪乱工作を担当した）という二つの組織によって行われていた。偽情報は、真実と嘘の巧妙な混ぜ合わせを必要としたため、一九四一年一月に、アプヴェーアに対しその信憑性を与えつつも、重要なことは一切漏らさないように操作された秘密情報を検討するために、トウエンティ（ＸＸ－ダブルクロス）委員会が設立された。概してＢＩＡは、ドイツ向けにそのような操作された偽情報を送信する一二〇人の二重スパイを統括していたのである。

アプヴェーアは、配下の諜報部員およびハンブルクとウルムの無線中継局、そしてオスロ、ボルドー、マドリッド、イスタンブール等の周辺地域に設置された無線中継局と通信するための精巧な無線通信網を構築していた。これらは、テレプリンターによる地上回線のみならず、アプヴェーア用エニグマを利用する特殊無線によって、ハンブルクの本部に接続した。イギリスは、多くのスパイを掌握していたけれども、依然として誰かが裏切って真の情報を送っていないかったのではないかと恐れた。しかしながら、一九四一年冬に、ブレッチリー・パークの暗号解読者がアプヴェーアの暗号を解読したところ、イギリスにおける全ドイツ人スパイがイギリスに掌握されていることがわかった。

入念につくり上げられたダブルクロス・システムの成功は、イギリス側の非常に巧妙な虚偽情報通信もさることながら、アプヴェーア側が受信情報を信じざるをえなかった状況が生じていたことにも起因していた。監督者の仕事というのは諜報部員への信頼性に依存しており、その計画を継続させるに足るほどの真の情報が流されたため、アプヴェーアは無意識にその計画に協力してしまったのである。無線は、他の情報源によってその通信内容を確認されなかったため、真実と虚構の境界は非常に曖昧のままであった(52)。

イギリスの支配下にあった二重スパイは、戦時中に大量の情報を送信した。その最大の成果は、疑いもなく、一九四四年六月のノルマンディ上陸作戦中に結実した。連合国側は、上陸の日時と場所についてドイツを欺くために、入念な計画を練った。パ・ド・カレーの対岸に位置するイースト・アングリアとイギリス南東部において、彼らは、ドイツ偵察機を欺くために、戦車、戦闘機、トラック、その他の軍需品の囮を立てた。頻繁な無線通信によって、当該地では何度も報告されていた司令官パットン大将を除けば、完全な架空部隊を第1アメリカ陸軍部隊FUSAGとしてあたかも存在するかのように宣伝した。その間、本物の部隊は、イギリス南西部に集結し、地上回線を使って通信を行っていた。ポーツマスの本部から発信されたモンゴメリー大将の電文は、ドイツの偵察を欺くために有線通信でドーバーに中継され、そこから無線で送信された(53)。一九四四年春、このような通信諜報活動が、連合国の上陸が緊迫していることをドイツに警告していた。しかし、それらは、連合国の上陸日と、さらに重要な情報である上陸地に関する情報をわざと欠いていた(54)。

ドイツ「スパイ」による報告によって、英米連合軍がパ・ド・カレーへの攻撃を計画中であるとヒトラーを直感的に信じ込ませることに成功した。最も重要な諜報部員は、コードネームをガルボと称したスペイン人であった。彼は、一九四二年四月にMＩ6によってイギリスに密入国し、マドリッドのアプヴェーア指揮官に重要な情報（そのすべてがイギリスによって選択）を漏えいする役割を担う諜報部員チーム（全員が偽装）を組織していた。ノルマンディ上陸日の早朝、ガルボはアプヴェーアに詳細な報告を送った。それは、あまりに遅すぎて役に立つことはなかったが、自らの信頼性を打ち立てるのには十分正確な情報であった。次の二日間、ノルマンディ地域を統括していたロンメル大将は、第15陸軍部隊（パ・ド・カレーの防衛にあたり、この部隊なしには連合軍を後退させることができなかった）の撤退命令を出すようヒトラーに訴えた。ヒトラーは、ためらったものの、彼の要請に応じた。その直後の六月九日深夜、ガルボは、マドリッドに次のような無線を送った。

今回の作戦行動は、大規模な急襲であるけれども、陽動攻撃である……イギリス東部および南東部に集結している大軍が活発な動きをしていないという事実は、これらの部隊が他の大規模な作戦行動のために待機していることを示している。パ・ド・カレーに対する絶え間ない空爆や敵軍の配備が、この地域に対する攻撃の切迫性を示している。(55)

この電文によって、ヒトラーは命令を撤回し、第15陸軍部隊を引き続き駐留させた。その結果、連合国に上陸拠点を確定する時間を与えてしまった。ガルボの報告が非常に重要で説得力があったため、ドイツは、鉄十字勲章（Iron Cross）を授けて彼の功績をたたえた。同様にイギリスも、彼にイギリス帝国勲位を贈り感謝の意を表した。

ドイツは、イギリスにおいてほどではなかったが、ラテン・アメリカにおいても、諜報部員の組織網を整備した。イタリアの参戦前に、若干の電文がイタリアの通信社イタルカブレ経由でドイツに送信されたことから、これらのケーブルが切断されたときでも、電文は依然としてＩＴＴ会社ケーブルによって転送された。(56)真珠湾攻撃後、アルゼンチンやチリを除いたラテン・アメリカ諸国は、枢軸国との外交関係を遮断した。ケーブルを奪われた枢軸国諜報部員は、無線で報告する以外になかった。

スパイの情報網を無力化する努力は、各国で異なっていた。ブラジルは最も協力的であった。ブラジルは、ブラジル無線通信社において検閲を行い、二〇〇人の諜報部員や枢軸国内の協力者とともにリオのドイツ人諜報部員ヤコブ・シュターチクニイを逮捕した。アルゼンチンとチリは、参戦を促すアメリカの圧力に抵抗した。アルゼンチン無線通信社は、一九四二年八月までアンリ・パンスマン（親ヴィシィー派フランス人）によって運営されていた。彼がＲＣＡによる任命者と交代したのちも、この中継基地が枢軸国との通信を継続したため、ドイツのスパイ網は、最終的にアメリカの圧力によってアルゼンチンがドイツとの外交関係を断絶する一九四四年一月まで大きな成果を挙げていた。(57)

スパイ狩りは、西半球全域に対する管轄権を主張したアメリカ連邦捜査局ＦＢＩと無線傍受と発信探知を専門とするＦＣＣの無線通信諜報部（以下ＲＩＤと略記）によって実施された。ＲＩＤは、監視員ジョン・デバルデレーベンをチリとアルゼンチンに派遣して、ドイツ寄りでアメリカ合衆国に批判的であった現地の政府官僚の反対にしばしば遭いながら、枢軸国スパイの使用する無線装置の位置を割り出そうとした(58)。チリでは、フレデリック・フォン・シュルツ・ハウスマンとヴィルヘルム・ツェラーが一九四二年一一月まで活動していた。アメリカ合衆国の無線監視の手助けを得ながら、警察の手入れによってようやくツェラーの送信機が発見された。ほかの二つの中継局は、一九四四年二月まで破壊されないまま残っていた(59)。

イギリスにおけるドイツ人スパイは、その人数と訓練にもかかわらず、連合国側の情報提供に関し、母国の期待を裏切るかたちで連合国側の思惑に踊らされた。スパイがより長期間自由に活動できたラテン・アメリカにおいてさえ、諜報部員の報告によって一隻の敵国船も撃沈されたということもなく、また一つとして軍事部隊を弱体化させたということもなかった(60)。結局、ドイツは、イギリスとアメリカ合衆国においてただ資金と人材を浪費しただけであった。

無線諜報、レジスタンス、そしてノルマンディ上陸

ドイツ人スパイによる諜報活動が連合国領内において失敗であったというなら、それは、技術不足というよりも、彼らに対する任務が過大すぎたからであった。無線は、体を張った通信という旧式の制約から秘密諜報部員を解放したものの、彼らをより無防備にしてしまった。敵のスパイ対策活動間の駆け引きは不利な状況にあり、そうした場合において、数のうえで圧倒し、またよく組織され、しかも友好国によって匿われていれば、諜報部員たちも生き残る希望はあった。実際の戦闘と同様水面下の戦争においても、連合国は、戦況が有利になるまで長く不運に悩まされていた。

戦争勃発時に、イギリス情報局秘密諜報部（以下BSIと略記）は稀に見るどん底状態にあった。その諜報部員は、表向きにはパスポート管理官として生活の糧をえていたため、十分認知されていた。BSIは、ドイツに諜報部員を置いていなかったし、スイスに派遣された諜報部員も無線送信機ではなく無線受信機しか持っていなかったため、スイスの郵便局を経由して本国にメッセージを送らなければならなかった。また、オランダでは、二人の重要な諜報部員がドイツによって拉致された。ヨーロッパ大陸には、一九四〇年六月以降、イギリス人兵士と同様にイギリスのスパイはいなくなっていた。

しかしながら、BSIは、アプヴェーアのように洗練された無線網をつくり上げていた。リチャード・ガンビア－ペリが率いるBSIの第8課は、バッキンガムシャーのハンスロープ・パークに送信装置を配置し、近くのワドン・チェイスでスーツケースサイズのトランシーバーを製造し始めた(61)。イギリスのサボタージュ機関である特殊活動部隊は、諜報部員を訓練し、現地の抵抗組織と接触させ、防諜およびサボタージュ組織を形成

するためにオランダに潜入させた。第一陣は、ドイツの発信探知車によって発見され、身柄を拘束された。アプヴェーアのヘルマン・ギスケス少佐は、ダブルクロス・システムを模範として、「ノルツポール（北極）」と呼ばれるフンクシュピール（無線諜報工作）を編み出していた。アプヴェーアは、拘束した諜報部員に誤った情報をイギリスに送信させ、他の諜報部員を罠にかけた。一九四二年一月から一九四三年一一月までの二〇カ月の間、アプヴェーアは、オランダのほとんどの地下組織を掌握し、五四人の諜報部員、九五のパラシュート落下物（七五の送信機、多数の武器や現金を含む）を捕獲した。諜報部員は、拘束された場合、故意の操作ミスによって電文のセキュリティチェックをいくつか解除するよう指令されていたけれども、イギリスにおける彼らの上司たちは、明らかにセキュリティチェックが不十分になったことを見逃していた。ある諜報部員は、「やぁ、気をつけてよ。注意力が散漫になっているではないか。セキュリティチェックが足りないよ」と返送さえしている[62]。そのクロス・システムの精巧さを考慮すると、イギリスがドイツによるこうした手法の逆利用を予期しなかったことは奇妙であった。しかし、無線が相手方を騙すのに長けた技術であったため、秘密組織は、明らかに失敗に気づくというよりも、現在進行中の虚報を信じてしまったのである。

ドイツは、オランダよりもフランスにおいてより不運に見舞われた。フランスのレジスタンスや彼らに対するイギリス援軍にとって事態は悪化し始めた。一九四〇年一二月に決起した最初の地下組織は、身内の無線通信士によってゲシュタポに告発された。コードネームをアントラリ（INTERALLIE）と称する二番目の地下組織は、もう少し長く存続した。この組織は、ローマン・ガービー＝チェルニアウスキ大尉（パリのアパートから連合仲間たちから得た情報を送信したポーランドからの亡命者）によって統括された。この組織もまたそのメンバーの一人によって告発された[63]。他の組織も、協力者による告発やより精巧になったアプヴェーアの発信探知車によって崩壊した。地下活動に携わる無線通信士達（*pianistes*）は、パリ占拠中にフランスで最も危険な仕事に携わることになり、わずか三カ月しか生存できなかった。一九四一年に採用された者のうち、七二％が命を落とした。一九四二年から一九四三年初頭にかけては死亡率が八〇％以上となった。

無線通信活動は非常に危険であったけれども、レジスタンスにおいて最も重要な仕事であった。なぜなら、その活動は、レジスタンス戦闘員が戦闘継続に必須の武器、現金、諜報部員と引き換えに、イギリスと自由フランスが欲しがる情報を通信する手段であったためである。一九四三年七月初め、レジスタンスの組織網はドイツが把握しきれないほど急激に拡大した。無線通信士の死亡率は一五％に下落し、送信する電文数も一九四三年初頭の一カ月当たり二二六通から一九四四年七月の三四七二通まで増大した。その最大の組織であるエレクトル（ＥＬＥＣＴＲＥ）は、フランスで無線通信士の学校の運営までしていた。(64)

イギリスとフランス・レジスタンスの通信は、ときどき隠密指令を託され、「私信」のかたちでイギリス放送協会（ＢＢＣ）を通じて行われた。最も著名なのは、ポール・ヴェルレーヌの詩行であった。「秋の日のヴィオロンのためいきの」——これは、レジスタンスに対して、連合軍上陸が一五日以内に実施されることを知らせる、一九四四年六月一日付けの放送であった。ドイツは、この私信を解読していたけれども、上陸の開始を暗示した「ひたぶるに身にしみてうら悲し」という六月五日の続編を無視してしまった。(65)

その電文は、また、バイオレット・プランの開始の合図であった。ドイツ帝国逓信省は、ドイツの占領下にあるヨーロッパの全域にドイツの電話およびテレプリンターによるケーブル網を拡大し、ドイツを盟主とするヨーロッパ郵便・通信連合を組織していた。(66)連合国は、ドイツ部隊が無線傍受を避けるために、できるだけこのケーブル回線を利用していたことを知り、上陸の際それを破壊する計画を慎重に立てた。六月六日深夜から、レジスタンス諜報部員（その多くは、フランス郵便・電信省の職員であった）は、電話線を切断しケーブルを掘り返し、中継局を爆破した。その間、連合国パイロットは、レジスタンスに十分な情報をもらい、ドイツ軍が利用する電信施設を爆撃した。ノルマンディ上陸（D-Day）の翌日、三二の主要な長距離ケーブルを切断し、その後まもなくフランスの地上通信網においても二〇〇〇カ所を切断することに成功した。(67)六月八日、フランスにいるドイツ海軍通信士は、Ｕ‐ボート艦長のヴェストに対して、「ベルリン、キール、ヴィルヘルムスハーフェン、パリ、ブレスト、エクス、ラ・ロシュルへの全通信線が敵の攻撃により通信不能となりました。パリと接続するテレプリンター通信線のみが限定的に利用可能です(68)」と送信した。

かくして、ドイツは、戦況が最も厳しい時期に無線を使用することを強いられた。そのため、ウルトラ諜報活動により、無線通信内容が無防備に連合国に伝わった。マジック諜報活動（Magic：日本の外交メッセージの解読）に関しても、ヒトラーは駐ドイツ日本大使大島男爵とほとんど通信の安全性を確保せずに連絡していたため、連合国は容易に通信情報を得ることができた。一九四三年一月一〇日、大島男爵は大西洋の壁（西側の侵入に対するドイツの防御線）を視察し、その指令体系とドイツ軍の配置とその軍事力に関して、東京に詳細な報告を送った。さらにノルマンディ上陸の直前に、日本の大使館付陸軍武官は、ノルマンディのドイツ防御施設を視察し、大島は、その報告を東京に、そして不注意にもワシントンとロンドンにも送っていた[69]。ノルマンディ上陸後、連合国は、極秘戦略計画から小規模な戦術方法に至るまで、ドイツの軍事力や目的に関する正確な情報を得ることができたのである。例えば、一九四四年八月三日、彼らは、クルーゲ将軍から作戦指揮権を剥奪し、アヴランシュ峡谷に対する大規模な装甲軍団による攻撃をかけるというヒトラーの命令を解読した。事前通告を受けて、アメリカ第12陸軍部隊司令官オマール・ブラッドリー大将は、罠を仕掛け一九のドイツ装甲部隊を破壊した[70]。それは、連合国の上陸拠点を破壊するヒトラーの最後の機会となるはずであった。

ドイツは、戦争の後半、とりわけ終戦直前に、自らの通信の安全性に疑問を持ち始めつつあったのかもしれない。ドイツは、撤退するにつれて次第に無線の代わりに地上通信を利用するようになっていた。彼らは、イギリスが解読しているとも知らずに極秘の戦略電文用として、最も複雑な暗号機ゲハイムシュライバーを利用した。一九四四年一二月のアルデンヌ攻防戦で、ヒトラーは最後の大胆な行動に出た。彼は、最も厳格な安全手段となる無線の使用禁止を命令して効を奏した。なぜならそれは、連合国にとって寝耳に水だったため、一時的に混乱させられたからである[71]。

ソ連諜報組織

イギリスとアメリカの諜報に関する膨大な情報量と対比すれば、戦時中のソ連の諜報活動に関する情報は、非常に限られていた。例えばソ連の通信諜報および暗号解読の全貌は、依然として謎に包まれたままである。われわれがせいぜい知りうるものは、枢軸国に逮捕されたスパイに関する情報である。彼らの冒険物語および秘密情報の獲得方法は、歴史的にも物語的にもスパイ小説の題材となる。しかしながら、われわれの関心は、もっと特定部分に集中している。つまり、彼らが枢軸国の精巧な防諜機構からどのようにして情報を入手したのかである。

最初のケースは、一九三三年に日本に転勤したドイツ人リヒャルト・ゾルゲである[72]。彼は、表向きはナチスのジャーナリストとして振舞いながら、比較的穏健な立場をとる日本の政治家やドイツ大使館員に取り入ることに成功し、彼らから極秘の軍事・政治情報を入手した。彼は、ロシア軍事諜報機関ＧＲＵと交信するために、最初上海へ情報の運び屋を派遣していたが、のちにブルーノ・ヴェントという無線通信士を雇った。彼は、神経質で技術的にはいま一つであったため、一九三五年にマックス・クラウゼンというより有能な通信士に交代した。彼は、予備部品を利用することによって、取り扱いにくいもののスーツケースほどの大きさの機能的なトランシーバーを製造し、一週間に一度ソ連との定期的通信を行った。ゾルゲとクラウゼンは、一九三五年のドイツ統計年鑑から選んだ乱数を用いて暗号に変えた単純なアルファベット表を利用することによって電文を暗号化した。一九三八年になってようやく、日本政府は秘密の無線通信が東京から送られていることを知った。しかし、電文の解読や通信機の位置を突き止めようとしても、成果がなかった。[73] 一九三九年と一九四〇年には、クラウゼンは一週間に一回から二回ないし三回に通信回数を拡大していた。

日本経由で通信を行っている間、ゾルゲはクラウゼンほど幸運ではなかった。クラウゼンはスパイ活動の隠れ蓑として企業を経営したが、それは、彼の政治的立場に影響を与えた。彼は、独断でゾルゲの電文の内容を半分から三分の二ほど削減して送信した。一九四二年五月、ゾルゲは、ヒトラーが六月二〇日にロシアへの攻撃を計画していることを知り、クラウゼンに対してその情報をモスクワに送るように指示した。クラウゼンは、「ドイツ軍がロシアを攻撃するためにすでにロシア国境に集結し始めていた」というような最重要な一文を削除して、後日要約版を送った。のちにクラウゼンは、「それは非常に重要な内容であると思ったが、私はそのときすでにヒトラーの政策に共感していたので、この情報を送信しなかった」とコメントした。[74] 数カ月後、ゾルゲ、クラウゼン、そしてその仲間は逮捕されてしまい、スパイ組織は、歴史上最も洗練された諜報活動の一つとされながら、大した成果をもたらすことなく消滅した。

ソビエトのスパイは、ドイツ帝国内にも侵入した。ドイツがロシアへ侵攻した直後の一九四一年六月に結成された組織は、「赤いオーケストラ」として知られていた。その指導者は、ロシアとパリに広大な諜報部員組織をつくったレオポルト・トレッパーとベルリンの空軍省で高い地位にいたドイツ空軍将校ハルロ・シュルツ－ボイゼンであった。その組織のメンバーは、「ドイツ製送信機やイギリス諜報部員が使用した機器よりも優れている」とされるソ連の無線機を利用した。[75]

アプヴェーアとゲーリング直属の情報収集局は、秘密の送信機を発見するために、発信探知機と歩行者が持ち歩けるスーツケース大の無線機までも備えた車を利用した。これらの装置をもってすれば、アプヴェーアは平均四〇分以内でパリのような大都市内の送信機を発見できると言われていた。ロシアは、赤いオーケストラの諜報部員に対して一度に何時間もの送信を要求していたということからすれば、彼らは、明らかに発信探知機におけるドイツの進歩を知らなかったのではないかと思われる。ベルリンで活躍するスパイ組織は、一九四二年一〇月にメンバーの名前と住所が明示されたモスクワからの無線電文によって危険に晒された。シュルツ－ボイゼンは、翌年八月に逮捕された。ブリュッセルでは、送信機はまず一九四一年一二月に、次は一九四二年六月に収奪された。パリ周辺でも、一九四三年夏までに、送信機はほとんど収奪されていた。アプヴェーアの諜報部員は、解読した暗号から、「政治、経済、軍事領域のすべての面において、ロシアに情報が漏れていること」を知って驚いた。[76] しかし、これは事の始まりにすぎなかった。

第二次世界大戦において最も成功を収めながらも最も不可思議なスパイ組織網は、スイスのローザンヌとジュネーヴで活動を展開したルーシー・リングであった。彼らが入手するドイツの秘密情報源からの情報は、ドイツからの亡命者ルドルフ・レスラー（「ルーシィ」）を通じて、ソ連国家安全保障省ＭＧＢの在留諜報部員アレクサンダー・ラドルフィ（「ラドー」）に伝えられた。その後、電文は、数名の無線通信士――マルガレータ・ボリィ、エドモンド&オルガ・ハメル、そしてイギリス人アレクサンダー・フット――によってモスクワに送信された。モスクワとの通信は、一九四一年一月に始まり、一九四二年までに一日につき平均八通の電文となった。[77] 何とした情報量であろう！　アレクサンダー・フットは、次のように書いている。

一九四一年、ルーシィが飛行爆弾の製造や一〇トンロケットの製造計画に関する情報を提供したことを覚えている。結果として、クレムリンにとって、情報源として彼を確保していたことは、ロシアが戦時内閣閣僚と帝国戦争参謀とともに三つの諜報参謀における高位の諜報部員が果たす役割と同等の効果を発揮したことを物語っていた。……ルーシィは、東部戦線におけるドイツ軍の戦闘隊形に関する最新情報を、毎日モスクワに送り続けた。この情報は、国防軍最高司令部からのみ入手できた。ドイツのほかのどの政府機関においても、ルーシィが毎日提供するような情報を手に入れることができなかった。……通常、この種の情報を入手するのには時間を要するはずであったが、ルーシィにはそのような遅れはまったくなかった。大抵の場合、諜報されたベルリンの司令部において、ことが発覚するまでの二四時間以内に情報を入手することができた。ただ電文の暗号化や解読に時間を要することはあったが、伝達方法が手渡しであったために、安全性に何ら問題はなかった。[78]

最初、ソ連は、その情報源を知らなかったので、情報があまりに信憑性を帯びていたことから、それが偽情報ではないかと疑った。しかし、その情報は、本物であるばかりでなく、非常に詳細であることがわかった。一九四三年七月、ドイツ国防軍がクルスク市で大規模な戦車攻撃を開始した際、ソ連の赤軍は、ドイツ軍の勢力と配置を知って打ち負かした。しかしその後、情報は減少するようになった。[79]

一九四一年に、ナチス党の機密保護部門である警察保安部は、フットとモスクワ間の通信を傍受し、一九四二年の四月と五月に、ジュネーヴ湖畔にあったフットの送信機の位置を突き止めた。同保安部は、のちにいくつかの発信探知局を利用して、ジュネーヴやローザンヌの送信機を特定した。彼らは、一九四三年初頭に、フットや彼の仲間が使用した暗号を解読し、スイスに対してスパイ組織を弾圧するように圧力をかけた。一九四三年一〇月から一二月にかけて、スイス警察は、組織の送信機を突き止めて、ハメル、ボリィ、フットを逮捕した。その結果、モスクワとの通信は終焉を迎えた。しかしそのときまでに、ソ連は、すでに組織への関心を失い、資金提供を打ち止めにしていた(80)。

ルーシィ・リングの送信情報の重要性は言うまでもなく、その活動方法も明確である。ただ一つだけ謎が残る。彼らはどこから情報を入手したのかという点である。情報源が依然曖昧のままである。レスラー自身、ソ連やスイスから圧力をかけられていたが、情報源はドイツ国防軍最高司令部、陸軍、空軍司令部内からとのみ示しただけで、その名前を明らかにしなかった(81)。ヨゼフ・ガーリンスキは、スターリンがイギリスに対して深い不信感を抱いていたから、その情報は、イギリスがベルンの英国大使やスイス警察を経由してモスクワに転送したウルトラ諜報暗号の解読によるものであったと指摘する(82)。また、アンソニィ・リードやデイヴィッド・フィッシャーは、イギリスとロシアの二重スパイであったフット経由でブレッチリー・パークから情報が届いたと主張している(83)。

アコスとクエットは、立証をしてはいないけれども、もっともらしい説明を与えている。彼らの説明によると、ドイツの最高軍事機密情報や、何百という送信機を有したドイツ国防軍最高司令部通信中枢に接近できた人物は、フェルギーベル大将と「フリッツT」将軍（これは明らかにティーレ大将）以外、ほかにはいなかった。彼らこそ、レスラーに短波送信機を提供して、咎められることなく彼と通信できたという。なぜなら警察保安部SDは、暗号電文をすぐに解読し、不法の送信機の位置を特定していたにもかかわらず、その中のたった一つを探し当てることができなかったのだから。その存在は、完全に秘匿されていたのではないかという(84)。

残念ながら、この説明は、ウォルター・ラカーの説明と食い違っている。彼は、レスラーが自由にできる短波無線を持っていなかったと主張し、次のように説明する。

唯一の信頼できる説明は、彼が資料の一部をスイスから、残りを不定期にドイツの運び屋から受け取ったということである。スイスは……優れたドイツ情報源、とりわけ、オステル将軍、トーマス将軍、オルブリヒト将軍を主要な情報源として持つ、いわゆるヴァイキング・ラインを手中に収めていた。彼らは、明白な理由によって、今日まで第二次世界大戦中の情報源に関して議論することを嫌がってきた(85)。

そのような問題を探りたい人は、スイスの資料が公開されて真実が明らかになるまで、ヒトラーへの裏切りを画策した人物を好きなように想像することになろう。

結論

偉大な軍事理論家カール・フォン・クラウゼヴィッツ（1780-1831）は、かつて戦闘の予測不能な諸要素を「戦争の霧」と呼んだ。この隠喩は、将軍たちが広々とした戦場で日中戦うことを好んだ当時においては、的を得ていた。しかし、第二次世界大戦の戦場は、想像をはるかに超える規模を有していたため、晴れ渡った日の戦闘においてかつて持ち得た優位性は、優れた諜報に裏打ちされた情報の前には何ら効果も発揮されなかった。しかし諜報は、太陽と違って、交戦国双方に対して公平に作用しない。通信諜報如何によって、一方の陣営が霧の中で道に迷っている間、もう一方の陣営は、太陽の下で戦い続けることが可能となるという構図が生まれる。一九四〇年以来、次第に連合国の戦況が有利に導かれたという事実は、時が経つにつれて、諜報活動の光によってますます白日のもとに晒されよう。

注

（1）"Government Code and Cypher School: Institution under Admiralty Control" (December 17, 1919), in Public Record Office [以下PROと表記], ADM 1/8577/349; "Control of Interception" (1924), in PRO, WO 32/4897; Christopher Andrew, *Secret Service: The Making of the British Intelligence Community* (London, 1985), 259; Nigel West, *GCHQ: The Secret Wireless War 1900-86* (London, 1986), 71-72.

（2）"Government Code and Cypher School"; "Official Secrets Act, 1920;" in Cable and Wireless archives (London), B2/553; "Foreign Office Interception, 1938-1946," in ibid., B1/120.

（3）"Report of Inter-Service Directorate Committee (9th April, 1923)" and "Reply by Lord Curzon (FO) (July 7, 1923)," in PRO, WO 32/4897. この史料は、主に陸軍部隊による、GC&CSを支配する外務省が彼らの要求を無視しているという不満に関連している。

（4）"Indo-China, Radio Installations (March 1920-June 1936)," in PRO, WO 106/5451; Andrew, 260-61 and 353.

（5）"Report," in PRO, WO 32/4897.

（6）Andrew, Chaps. 9 and 10; West, 76-79.

（7）Heinz Bonatz, *Die deutsche Marine-Funkaufklärung 1914-1945* (Darmstadt, 1970), 73-74.

（8）David Kahn, *Hitler's Spies: German Military Intelligence in World War II* (New York, 1978), 47-56 and 178-85; Erich Hüttenhain, "Erfolge und Miserfolge der deutschen Chiffrierdienste im Zweiten Weltkrieg," in Jürgen Rohwer and Eberhard Jäckel, eds., *Die Funkaufklärung und ihre Rolle im Zweiten Weltkrieg: Bericht über eine Tagung in Bad Godesberg und Stuttgart vom 15. bis 18. November 1978* (Stuttgart, 1978), 100-9; Bonatz, 89.

(9) Kahn, *Hitler's Spies*, 96; Bonatz, 78-79, 90-91, and 113.

(10) Bonatz, 93-95 and 115-16; David Kahn, *The Codebreakers: The Story of Secret Writing* (New York, 1967), 436-50.

(11) Kahn, *Codebreakers*, 394-422.

(12) 詳しく述べれば、三個のローターをもつエニグマには3×10^{18}とおりの、四個のローターをもつエニグマには4×10^{20}とおりの変換の組み合わせが可能だった。Ronald Lewin, *Ultra Goes to War* (New York, 1978), 26 and 33; Kahn, *Codebreakers*, 422; West, 96-99.

(13) Bonatz, 87. In a subsequent book, *Seekrieg im Äther: Die Leistungen der Marine-Funkaufklärung 1939-1945* (Herford, 1981). Bonatzhaは、ウルトラに関する新情報をもとに海軍通信諜報の歴史を改訂した。

(14) United States Army Security Agency, Historical Section, *Origin and Development of the Army Security Agency, 1917-1947* (Laguna Hills, Cal., 1978), 25; Lewin, *The American Magic: Codes, Ciphers, and Defeat of Japan* (New York, 1982), 33-35, and *Ultra*, 28; Arthur R. Hezlet, *The Electron and Sea Power* (London, 1975), 176; Kahn, *Codebreakers*, 426-27.

(15) Patrick Beesly, *Very Special Intelligence: The Story of the Admiralty's Operational Intelligence Centre, 1939-1945* (Garden City, N. Y., 1978), 34; Hezlet, 164 and 175-76; West, 96.

(16) Committee of Imperial Defence, Imperial Communications Committee, Memoranda (March 1937-August 1939), in PRO, Cab 35/35; "Emergency Office, Gibraltar, 1932-39," in Cable and Wireless, B2/812; "Code and Cipher School," memorandum of August 1939, in PRO, FO 366/1059; Andrew, 400.

(17) "Code and Cipher School"; Hezlet, 302, No. 18; West, 95.

(18) Beesly, 10-21; Hezlet, 177.

(19) "Foreign Office Scrutiny Scheme, 1937-1938," in Cable and Wireless, B1/94; "Foreign Office Interception, 1938-1946," in ibid., B1/120; "War Office: U. K. Censorship, 1939-1945," in ibid., B1/86; letter from J. A. Calder, Colonial Office, to chairman, Cable and Wireless, December 1, 1938, in "Colonial Office Dealings, 1938-1943," in ibid., B1/104.

(20) George A. Codding, *The International Telecommunications Union: An Experiment in International Cooperation* (Leiden, 1952), 181.

(21) Kenneth C. Baglehole, *A Century of Service: A Brief History of Cable and Wireless Ltd. 1868-1968* (London, 1969), 23-24; Gerald R. M. Garratt, *One Hundred Years of Submarine Cables* (London, 1950), 44; Charles Graves, *The Thin Red Lines* (London, 1946), 181.

(22) Kahn, *Codebreakers*, 611.

(23) Committee of Imperial Defence, Standing Interdepartmental Committee on Censorship, Censorship Organisation Sub-Committee, Minutes, Memoranda & Report, 1934, in PRO, Cab 49/8; War Cabinet, Interdepartmental Committee on Censorship, Minutes of Meetings, 1939-40, in Cab 76/9; War Cabinet, Standing Inter-departmental Committee on Censorship, 1941, in Cab

76/10; "War Office: U. K. Censorship, 1939–1945," in Cable and Wireless, B1/86; "U. K. Censorship-Accounting, 1939–1941," in ibid., B1/119; Hugh Barty-King, *Girdle Round the Earth: The Story of Cable and Wireless and its Predecessors to Mark the Group's Jubilee, 1929–1979* (London, 1979), 269; Kahn, *Codebreakers*, 516; Graves, 15.

（24）"Foreign Office Scrutiny Scheme, 1937–1938," in Cable and Wireless, B1/94; "Foreign Office Scrutiny Scheme no. 2, 1940–43," in ibid., B1/87.

（25）G. E. C. Wedlake, *SOS: The Story of Radio Communication* (Newton Abbot, 1973), 133.

（26）Lewin, *Ultra*, 68–71; Peter Calvocoressi, *Top Secret Ultra* (London and New York, 1980), 118; Bonatz, *Marine-Funkaufklärung*, 123–25; Hüttenhain, 106.

（27）West, *GCHQ*, 119, 126, 162; and *MI6: British Secret Intelligence Service Operations, 1906–45* (London and New York, 1983), 187.

（28）"Foreign Office Interception, 1938–1946," in Cable and Wireless, B1/120; Calvocoressi, 44–48; Lewin, *Ultra*, 61 and 115–16.

（29）Hezlet, 178; Kahn, *Codebreakers*, 8–9; Calvocoressi, 46–47.

（30）秘密を暴露した著書として、Frederick W. Winterbotham, *The Ultra Secret* (London and New York, 1974), 平井イサク訳『ウルトラ・シークレット』早川書房、一九七八年。公文書館の史料に基づいた歴史的記述については、一九七八年に公刊された、Patrick Beesly, *Very Special Intelligence* と Ronald Lewin, *Ultra Goes to War* の二冊がある。

（31）David Kahn, "Fernmeldewesen, Chiffriertechniken und Nachrichtenaufklärung in den Kriegen des 20. Jahrhunderts," in Rohwer and Jäckel, 17–47; Waldemar Werther, "Die Entwicklung der deutschen Funkschlüsselmaschinen: die 'Enigma,'" in ibid., 51–65; Lewin, *Ultra*, passim; Winterbotham, 64–75.

（32）Tadeusz Lisicki, "Die Leistung der polnischen Entzifferungsdientes bei der Lösung des Verfahrens der deutschen "Enigma"-Funkschlüsselmaschine," in Rohwer and Jäckel, 66–81; Winterbotham, 26–28; Lewin, *Ultra*, 30–72; Beesley, 64.

（33）Bonatz, *Marine-Funkaufklärung*, 87.

（34）"Code and Cypher School. Erection of Wireless Intercept Stations and Staffing" (1939), in PRO, FO 366/1059; West, *GCHQ*, 187 and 220; Kahn, "Fernmeldewesen," 43–44.

（35）Lewin, *Ultra*, 131; Beesly, 131–32; Kahn, "Fernmeldewesen," 37; West, *GCHQ*, 190–93 and 211.

（36）Anthony Cave Brown, *Bodyguard of Lies* (New York, 1975), 165 and 200–201; Lewin, *Ultra*, 130 ad 214; Kahn, *Hitler's Spies*, 198–99.

（37）Calvocoressi, 67–73; Lewin, *Ultra*, 63–65, 124–25, 140, and 278–81; Winterbotham, 42.

（38）Memorandum of September 4, 1942, in PRO, ADM 116/5439: "Radio-telephone, 1942–5."

（39）Kahn, *Hitler's Spies*, 162–76, 413, 451, and 460–61; and *Codebreakers*, 452–501, 554–56, and 649; Hüttenhain, 102–4; Cave

Brown, 537; West, *GCHQ*, 144.

(40) Lewin, *Ultra*, 75-87 and 185-95; Calvocoressi, 81; Winterbotham, 51-52.

(41) Codding, 182.

(42) Janusz Piekalkiewicz, *Rommel und die Geheimdienste in Nordakfrika 1941-1943* (Munich and Berlin, 1984), passim; Cave Brown, 102; West, *GCHQ*, 197; Lewin, *Ultra*, 139 and165.

(43) Raymond Daniell, "British Ire is High Over Tobruk Loss," *New York Times*, June 23, 1942.

(44) Lewin, *Ultra*, 196-99; Winterbotham, 101-2.

(45) Lewin, *Ultra*, 155-56.

(46) Kahn, *Codebreakers*, 472-74; *Hitler's Spies*, 193-95; and "Fernmeldewesen," 25-26; Piekalkiewicz, 78-79; Cave Brown, 101.

(47) Kahn, *Hitler's Spies*, 195. この本によると、アメリカ人は、フェラーズ大佐の電文に関する枢軸国の解読についてなぜか噂を聞きつけていた。Calvocoressi, 118-19は、「イギリス人は、ロンメル将軍の成功が幾分かアメリカ大使館武官が使用する暗号を解読したことによると説明するイタリアの批評を解読した」とより具体的である。

(48) Piekalkiewicz, 150-58; Cave Brown, 101-2.

(49) Piekalkiewicz, 158.

(50) Winterbotham, 111-21; Lewin, *Ultra*, 172 and 267-68.

(51) Piekalkiewicz, 158.

(52) J. C. Masterman, *The Double-Cross System in the War of 1939 to 1945* (New Haven, 1972); Lewin, *Ultra*, 300-308; Kahn, *Hitler's Spies*, 292 and 367-70; West, *GCHQ*, 118-19.

(53) Cave Brown, 521, 550, and 604.

(54) Kahn, *Hitler's Spies*, 491-92 and 510.

(55) Lewin, *Ultra*, 304-5 and 317. See also Cave Brown, 673 and 685.

(56) Robert Sobel, *ITT: The Management of Opportunity* (New York, 1982), 109.

(57) "Resume of Reports of General Robert Davis, Comdr. George Shecklen and Mr. Philip Siling Regarding Efforts to Eliminate Axis Communications from South America" (August 28, 1942), in National Archives, Record Group 259, Box 13, file "Reports-Transradio Consortium"; "Spec Plan Comm on Intl. B. C.," in ibid., Box 33, file "Trans-radio Consortium Argentine"; Kahn, *Codebreakers*, 321-22 and 528-30.

(58) "Debardeleben, John F.-Argentina" and "Chile-John Debardeleben," in National Archives, Record Group 173: FCC Radio Intelligence Division, Box 11: "On monitoring Axis in L. America" and Box 14: "On monitoring Axis in Chile" and "Weekly reports to the Chairman FCC, 1944-1946."

(59) Kahn, *Hitler's Spies*, 320; and *Codebreakers*, 530; "Apfel, Pedro and Bach," *Time* (November 16, 1942), 44.

(60) Kahn, *Hitler's Spies*, 327 and 369-70.

(61) West, *MI6*, 147, 162-63, 269, and 338.

(62) Kahn, *Codebreakers*, 531-38; Gilles Perrault, *The Red Orchestra* (New York, 1969), 499.

(63) Roman Garby-Czemiawski, *The Big Network* (London 1961), 105-15; Jean Fleury, "La radio clandestine dans la Résistance (réseau Electre)," in Comité d'Histoire de la Poste et des Télécommunications, Institut d'Histoire du Temps Présent, *L'oeil et l'oreille de la Résistance: Action et rôle des agents des P. T. T. dans la clandestinité au cours du second conflict mondial. Actes du colloque tenu à Paris les 21, 22, 23 Novembre 1984* (Toulouse, 1986), 121-26.

(64) Henri Michel, *Histoire de la Résistance en France* (Paris, 1980); Fleury, 121-26.

(65) Kahn, *Hitler's Spies*, 511-13.

(66) Frank Thomas, "Korporative Akteure und die Entwicklung des Telefonsystems in Deutschland 1877 bis 1945," *Technikgeschichte* 56, No 1 (1989), 59.

(67) Michel de Cheveigné "Les techniques, la guerre et la Iiberté, 1939-1947," in *Histoire des télécommunications en France*, ed. Catherine Bertho (Toulouse, 1984), 146-65; Jeanne Grall, "Sabotages de câbles dans le Calvados (1940-1944)," in *L'oeil et l'oreille de la Résistance*, 146-51; Lucien Simon, in ibid., 152-54.

(68) Lewin, *Ultra*, 326.

(69) Lewin, *American Magic*, 237; and *Ultra*, 134 and 353; Calvocoressi, 118.

(70) Lewin, *Ultra*, 323-43.

(71) Lewin, *Ultra*, 356.

(72) Gordon Prange, *Target Tokyo: The Story of the Sorge Spy Ring* (New York, 1984).

(73) Prange, 272-73; Kahn, *Codebreakers*, 656.

(74) Prange, 371-72.

(75) Perrault, 127.

(76) Perrault, 133.

(77) Jozef Garlinski, *The Swiss Corridor: Espionage Networks in Switzerland during World War II* (London, 1981), 68-69; Pierre Accoce and Pierre Quet, *The Lucy Ring* (London, 1967), 98-108; David J. Dallin, *Soviet Espionage* (New Haven, 1955), 190-201.

(78) Alexander Foote, *Handbook for Spies* (Garden City, N. Y., 1949), 92-95.

(79) Garlinski, 71-72 and 138-39; Accoce and Quet, 118-30; Dallin, 195-96.

(80) Garlinski, 140-61; Dallin, 215-26; Accoce and Quet, 132-45, 159-61, and 192-210.

(81) Garlinski, 72-73.

(82) Garlinski, 79-83.

(83) Anthony Read and David Fisher, *Operation Lucy: Most Secret Spy Ring of the Second World War* (London, 1980), 146-47.

(84) Accoce and Quet, 71-73.

(85) Walter Laqueur, *A World of Secrets: The Uses and Limits of Intelligence* (New York, 1985), 381, No. 21.

第13章　海上通信をめぐる覇権戦争

アドルフ・ヒトラーは、一九三九年九月に第二次世界大戦を引き起こしたものの、結局、フェリペ2世やナポレオン、もしくは前任であるドイツ軍参謀と同様、古くからの筋書きどおりに演じる羽目になった。ヨーロッパ征服を試みるものの、制海権を掌握して、最大規模の陸軍兵力をもってしても、決して打ち負かすことが不可能な島国が立ちはだかっていることに気づくのであった。史上四度目にあたるヒトラーのヨーロッパ征服の試みに際し、イギリスは、この独りよがりの帝国を崩壊させるために長い間抵抗し続けたが、単独でそれをなし遂げることはできなかった。なぜなら海上支配者に対するそれぞれの挑戦は、それまで以上に危険を伴っていたし、第二次世界大戦においてもイギリスは姉妹同様のアメリカの支援を必要としていた。このプロセスにおいてアメリカは、海上覇権のみならず、イギリスのグローバルな役割を引き継ぐことになる。

一方、もう一つの野望を抱いた国家が、海洋の支配者としてのイギリスの役割を希求しつつ、その野望を妨害しようとするアメリカに憤慨していた。日本は地理的にユーラシア大陸の対岸に位置するイギリスの映し鏡だった。しかし、日本の役割は政治的にはイギリスとは逆だった。イギリスは何世紀もかけてヨーロッパ大陸での領土的野望を捨て去ることを会得し、その帝国主義の矛先をヨーロッパ以外の世界各地に向けた。ヨーロッパ植民地主義の最盛期に長期にわたる鎖国を解いた日本は、その領土的野心を近隣の朝鮮半島、満州、そして中国に向けた。日本は自らの大陸進出がすぐさまイギリスとアメリカの妨害を受けることになった。日本が世界強国になるべく決意を固めた一九四一年に、その野望こそが不可避的に史上最大規模の海戦を導くことになったのである。

ケーブル戦争

一九三八年に、ケーブル・ワイアレス会社は、戦争に突入した場合に切断すべきドイツとイタリアの海底ケーブルのリストを作成した。イギリスのケーブル敷設船は、戦争勃発に際してドーバー海峡に侵入し、二五年前に実行したのと同じく、ドイツからスペイン、ポルトガル、アゾレス諸島に延びるケーブルを切断した[1]。一〇カ月後にイタリアがイギリスに宣戦布告した際には、イギリスのケーブル敷設船は地中海と大西洋のイタリアのケーブルを切断した。しかし、ケーブル切断はほとんど影響をもたらさなかった。というのもドイツとイタリアは無線を用いて世界中と交信することが可能であったからである。

一九四〇年二月から四月にかけて、第一次大戦時と同じく、英仏両政府は切断したドイツのケーブルをどのように取り扱うのかを協議した(2)。七月のイタリア参戦とドイツによるフランス大西洋岸制圧を受けて、ケーブル・ワイアレス会社の社長エドワード・ウィルショウは、帝国通信委員会に次のような書簡を送っている。

この戦況においてドイツ、イタリア、そしてフランスは拡張した海底ケーブルシステムを構築しているが、戦争遂行上、これらのシステムをいかにイギリス帝国に有利になるよう適用し活用するかが検討すべき問題である。

これらの提言は、商業上の提案としてではなく、むしろ戦争遂行上の利害、つまり迅速かつ極秘の通信手段に頼って首尾よく戦争を終結に導くための提言と見なされるべきである。

ウィルショウは、ドイツ、イタリア、フランスの大西洋ケーブルを切断し、新たにイングランド、ジブラルタル、アゾレス諸島、アメリカを連結するケーブルの設置を提案した(3)。ベルギーとイタリアを結ぶケーブルはイングランドとジブラルタルを経由し、[スペイン南部]マラガとカナリア諸島のケーブルは、ジブラルタルとカサブランカを経由した(4)。ケーブル・ワイアレス会社もフランス領西アフリカからラゴスへのケーブルを切断し、それによって、ヴィシー政権支配下のアフリカ植民地からフランス領赤道アフリカを切り離した(5)。ウィルショウがこの大戦から得ようとしたのは、実際、アメリカを除く世界のすべてのケーブルだったのである。

枢軸国もまた、敵国の通信網を切断しようと試みていた。イタリアは、マルタ〜ジブラルタル間のケーブルのすべてと、マルタ〜アレキサンドリア間の五本のケーブルを切断した。シチリア島は枢軸国の空軍基地に近いこともあって、イギリスは一九四三年一月まで修理のためのケーブル敷設船を送ることができなかった。ケーブルの切断はたしかにイギリスの通信を遅らせたが、イギリスとマルタ、もしくはエジプトを結ぶ海底電信は、アフリカを経由するか、一時的にはカナダ、オーストラリアを経由することさえ可能だったため、イギリスのケーブル網を完全に断つことにはならなかった(6)。

その他の場所でもドイツとイタリアは、イギリス帝国の連絡を絶つことはできなかった。一九四〇年六月、イタリア空軍の爆撃機がアデンのケーブル局を攻撃したが、深刻なダメージを与えることはできなかった。同年八月、ドイツの爆撃機がロンドン～ポースカーノ間の陸上ケーブル線を切断したが、しばらくの間、電報は車で運ばれた。ポースカーノのケーブル局は、イギリスの通信網のなかでも最も脆弱だったため、ケーブル施設は地下に移されることになった[7]。地中海以外では、駆逐艦の護衛を受けながらもケーブル敷設船は引き続き運航しており、かろうじて通信網の運用を維持し続けていた[8]。ケーブル複線化および「オール・レッド」ルートに対するイギリスの主張は賢明な政策であったことが証明された。

ドイツ軍は一九四〇年七月から八月にかけて激しい攻撃を仕掛け、イギリスをすぐにでも敗北させようとした。イギリス降伏という期待は、グローバルな通信網に関心を抱く人々に、勝者ドイツのための講和を計画させた。西ヨーロッパ通信担当長官ティーレ大将は、早急な講和によって環大西洋ケーブルネットワークが直ちに再開されることを期待し、フランスのブレスト近郊にあるケーブル局を温存した[9]。七月には、ドイツ逓信省高官フォイエルハーンが、「講和条約締結後の世界的通信網におけるドイツの地位確立」と題する覚書を提出した。その一カ月後、ドイツ大西洋電信会社のK・ゾンタークも逓信大臣オーネゾルゲに「新たなケーブルネットワークの形成」について覚書を送付した。この両者は、戦後、ドイツはヨーロッパの政治経済の中心としてイギリスにとって代わるだろうし、また第一次世界大戦で失った植民地を回復するという見通しから、ドイツは独立した世界的通信網を必要とすると論じていた。したがってドイツは、南北アメリカとケーブルを繋ぐ新しい通信網を敷設するために十分な賠償と原材料を獲得し、かつて利用していたケーブルの返還も要求しなければならなかった。世界的通信網における恒久的な支配権を確保するため、ドイツはイギリスの海外における地上敷設権を奪取し、さらにグレート・ノーザン電信会社におけるイギリス所有株を獲得しなければならなかった。事実上、彼らが唱導したのは、第一次世界大戦前のドイツのケーブル敷設計画を完遂することであった[10]。もちろん、ドイツがイギリスを征服していたなら、ヒトラーは、フォイエルハーンやゾンタークといった官僚たちの穏健なケーブル支配計画を即刻中止させたであろう。ケーブル・ワイアレス会社のウィルショウと比較しても、ドイツの通信官僚は経験に欠けた帝国主義者だった。

極東に敷設されたケーブルは、大西洋やインド洋のケーブルよりもはるかに無防備な状況だった。というのもこの地では、もはやイギリス海軍が制海権を維持していたわけではなかったからである。一九四〇年六月、デンマークがドイツ軍に占領された後、日本はデンマークのグレート・ノーザン電信会社の営業を差し止めた[11]。真珠湾攻撃から数日後、日本軍は、中国、インドシナ、オランダ領インドネシア、シンガポールを結ぶイギリスのケーブルを切断した。日本軍は、二万九三〇〇キロにも及ぶケーブルルートと一一のケーブル局を掌握したが、これらを運用することに何ら関心も示さなかった。[12]

太平洋地域の二つのケーブルは、オーストラリアとカナダおよび南アフリカと結ぶものだったゆえに、イギリスにとって極めて重要だった。日本軍は決して太平洋ケーブルに近づくことはなかったが、第一次世界大戦の際のドイツ軍と同様、オーストラリアと南アフリカの中間に位置するココス諸島のケーブル局を攻撃した。一九四二年三月三日、一隻の日本の軍艦がこの島を砲撃し、ケーブル局やその他の施設に損傷を与えたが、ケーブルそのものを切断することはなかった。翌日、ココス諸島からロンドンに電信が送られた。「ココス諸島のケーブル局が不通になったと敵国が誤認するよう対応を望む」。この要請に応えて、三月五日、ロンドンは無線を通じてバタヴィア（ジャワ）に向け「ココス諸島が破壊されたため、連絡はもはや不可能になった。もはやバタヴィアに留まる必要はない。幸運を祈る。この連絡への返答は不要だ」とはっきり返答した。この後も日本軍はココス諸島に向けて定期的に偵察機を送ったが、廃墟と化したケーブル局を見出すだけだった。しかしながらココス諸島は、その後終戦まで極秘にイギリス〜オーストラリア間の電信通信を続けていた。一九四三年一一月、ケーブル・ワイアレス会社会長ジョン・デニソン - ペンダーは、郵便電信検閲局のF・W・フィリップスに次のような書簡を送っている。

当時、海軍省で合意に達した計画が期待した以上に功を奏したかもしれない。日本軍が彼らの攻撃でこのココス諸島のケーブル局は破壊されたと思い込んでいることは十分ありうる。しかし、日本軍がそれほど簡単に欺かれていると信じることはできない。[13]

第一次世界大戦以来、ケーブルが潜水艦によって切断されるか、もしくは何らかの手段で遮断される可能性があった。一九二四年、イギリス海軍省は、「最新の潜水艦は、水深二四〇フィートまでのケーブルを切断することが可能であるため、水深六〇〇フィート程度でケーブルが敷設されるならば好都合である」と報告していた。[14] ハーバート・ヤードリーは一九三一年に、「ケーブルに沿って数百フィートの距離にわたって代替ワイヤを拡張することで、潜水艦内部の無線通信士は電磁誘導によって伝達されるメッセージを傍受することが可能になる」と主張していた。[15] 一九四二年にアメリカ海軍は、潜水艦からではなく海上船舶からの電磁誘導によってケーブル通信を妨害する実験を行っている。その実験によって明らかになったことは、妨害は可能であるが多大な困難が伴うため、ケーブル局に比較的近い地点からの妨害に限定されるということだった。オール・アメリカ・ケーブル社の代表の一人は、この実験についてコメントしている(16)。

沿岸近くの地点からこのような作戦を実行する必要があるということだが、実際に、こうした作戦は戦時中には不可能である。なぜなら、妨害工作をする目的でケーブル付近に停泊しているいかなる艦船も沿岸から船舶と航空機による哨戒活動によって発見されるからだ。潜水艦を利用するとしても、水面に浮上した際に対潜水艦探知装置が潜水艦を発見するだろう。ケーブルから電磁誘導によってメッセージを傍受することが可能ないかなる艦船も、今後は無線によってメッセージを司令部に届ける必要がある。しかしその場合、傍受した艦船はすぐさま発見されるという危険を冒さねばならなくなってしまう(17)。

ドイツ軍や日本軍が連合国のケーブルにワイヤを接続したか、もしくはそれを試みたという証拠を連合国が傍受、あるいは入手した証拠も出ていない。

通信網と大西洋での海戦

陸軍が通信のためにいくつもの手段を有しているのに対し、海軍はほとんど全面的に無線に依存している。それゆえ、海戦では通信と通信諜報活動が何よりも重視されることになる。

第二次世界大戦開戦当初、イギリス海軍はラグビーにある高出力の長波局と世界各地に分散する短波送信局によって独自の国際通信網を保有していた。その通信網は終戦までに、規模において五倍にもなっていた。イギリス海軍艦船の無線装備もまた拡大した。一九三九年、戦艦は九機の送受信機を装備しているにすぎなかったが、終戦までに一六機の送信機、二三機の受信機を装備するようになっていた(18)。民間商船は、敵国の方位探知機に発見されるのを回避するためあらゆる無線通信を停止するよう命じられた。しかしながら、商船は、二、三カ月のうちに作戦情報本部、西部要塞前線司令部、さらには沿岸司令部から無線で指令を受ける護衛船団に組み入れられることになった。護衛船団の船舶もすばやい機動のために互いに連絡を取り合うことが必要だったため、それらは潜水艦による探知に対して無防備な低出力の音声送信機を装備することになった。しかし、護送船団は、終戦までに水面下からは探知不可能な超高周波FM送信機を装備していた(19)。

潜水艦には通信上特別な問題があった。第一次大戦において、北海以外を航行するU-ボートは自ら司令部と連絡することが困難だった。しかし、第二次大戦までに通信の二つの有効な手段がU-ボートに搭載され、思いどおりの連絡が可能になった。潜望鏡で確認できないほど深く潜行した潜水艦が何千キロも遠隔地から長波を受信することが可能になったのである。イギリスがラグビー通信局を維持し、そしてドイツがフランクフルト・アンデア・オーデルにゴリアテ局を建設したのはこうした事情のためである。[20] しかしながら送信する際、潜水艦は短波を用いた。というのも潜水艦には長波送信機の搭載が不可能だったからだ。大航海時代の海賊船同様の基本装備と機能しか持ち合わせていなかった第一次大戦時のU－ボートとは異なり、第二次大戦時のドイツ潜水艦はカール・デーニッツU－ボート司令官と連絡を取り続けることが可能になったのである。

デーニッツ大将は、前大戦時にU－ボートを打ち負かした護送船団戦術への対抗戦術を生み出していた。その戦術とは「群狼作戦」であり、接近しつつある護送船団の一定の進路を数隻の潜水艦が巡航することを必要とした。護衛船団を最初に発見した潜水艦は、その船団を目視可能な距離で追跡し、ほかの潜水艦が集結して一斉攻撃が可能になるまで、船団の位置、進行方向、速度を一～二時間ごとに無線で連絡しなければならない。U－ボートはまた、沈没船、機雷原、天候および自艦の任務を報告する義務があった。U－ボートの行動は、当初は司令艦が非常事態時の潜行によって通信を断つまで、司令艦の指揮下にあった。一九四〇年以降、潜水艦作戦は、ベルリンもしくはロリアン（フランス）のデーニッツ潜水艦追跡司令部から直接司令を受け取った。[21]

群狼作戦は、無線停止を犠牲にすることを意味した。一九四〇年にデーニッツは「無線停止はそれ自体が目的なのではない。無線使用の効果がなくなるのを誰も望んでいないはずだ。むしろ無線を首尾よく活用すれば、成功の機会を拡大できるはずだ」と書き記している。[22] デーニッツの目的は、「すべてのU－ボートに対して、大西洋全域を網羅し、かつ各艦が一日に何度も本国との連絡を安全に行うことができる短波送信機を搭載すること」であった。[23]

もちろんデーニッツは、無線の使用が、敵の探知機に対してU－ボートの存在を晒すことになることを十分に認識していたが、危険を冒してでも利用する価値があると考えていた。一九四〇年に彼は次のように記している。「イギリスの短波探知機は、最近の経験からも十分効果を上げていることがわかる。……可能な限り不規則に送られる三ないし四のコード群のうち滅多に察知されることのない短波信号は、敵の短波信号探知機から安全であると考えられる[24]」。

それゆえ、潜水艦と水上艦艇との間の戦闘は、もっぱら通信の諜報活動にかかっていた。ドイツ海軍は、英米海軍の護衛船団および戦艦を追跡する探知機と暗号解読法を必要としていた。一方、英米海軍も、ドイツのU－ボートの位置を探知するために同様のものを必要としていた。両者は、第二次世界大戦における他の海域よりも大西洋ではより対等に対戦したのである。

大西洋での戦いは、英独とも対等な立場で始まったわけではない。当初、ドイツの暗号解読機関B-ディーンストは、イギリス海軍諜報部よりもはるかに先駆的だった。一九四〇年の半ばまでにドイツ側は、北はノルウェーから南はスペインまでヨーロッパを縦断する各地に傍受・探知局を設置し、これらすべては司令部とテレプリンターによって接続していた[25]。戦中においてB-ディーンストは、五〇〇〇〜六〇〇〇人の要員を擁しており、そのほとんどが軍人であるが、多言語使用能力のあるビジネスマンや教員も含んでいた。イギリス海軍とは異なり、B-ディーンストは、「純粋な数学者が常にこの仕事に適しているというわけではない。なぜなら、彼らはしばしば論理的考察に没頭してしまうからである」と認識していた[26]。しばらくの間、この機関は、イギリスの暗号解読で大きな成果を上げていた。イギリス海軍は優先順位の高い通信の際には一度限りの暗号通信法を使用していたが、その他の通信の場合は、B-ディーンストが一九三六年に解読成功していた旧来の暗号通信法と手書きの暗号を用いていたからである。戦争勃発直前にイギリス海軍に導入された新しい通信法と暗号は、同様にすぐさまドイツ海軍によって解読された。というのもドイツ海軍は、一九四〇年一月、北海のヘリゴランド・バイト島の水深の浅い海域で沈没した三隻のイギリス潜水艦と、四月にノルウェー沖周辺で座礁していた一隻の駆逐艦から暗号帳を回収していたからである[27]。イギリス海軍の用いる暗号は、一九四〇年以降に安全なものとなったが、ドイツ軍は、一九四〇年八月まで、そして一九四一年七月から一一月まで、さらには一九四二年に再び、沿岸輸送および護衛船団の暗号の解読に相当成功していた[28]。デーニッツが、B-ディーンスト長官ハインツ・ボナッツに「この通信の諜報のみが私の頼る諜報活動であることを決して忘れてはならない」と述べているように、B-ディーンストはU-ボートと緊密に連携した[29]。

イギリス海軍がドイツの水準に追いつくまでには長い時間を要した。ドイツ海軍は、ドイツ空軍が有しているものよりも一層複雑なエニグマ暗号機を使っており、その操作方法は緻密だった。そのため、イギリス海軍はドイツ海軍の通信の解読については、一九四〇年六月以降には部分的に、それ以降でも散発的に成功するにすぎなかった。

この差を埋め合わせるために、英米はデーニッツが想像さえしなかった探知機を完成させた。長波・中波の送信機能を持つ方向探知機は極めて簡単なものであった。しかしながら、短波は、真っすぐ進まずに（地上から六〇〜四〇〇キロメートル上空の）電離層に反射してしまうという特有の問題があった。一九三〇年代、ドイツのエンジニアたちは、短波方向探知機の開発は不可能だと考えていたが、英米両国のエンジニアたちは、特殊なアンテナを持つ感度の優れた受信機を組み合わせて短波送信機を探知する方法を見出したのである[30]。この探知機は、H

F／DF（高周波方向探知機）、もしくはハフダフとして知られることになる。

こうして、イギリス軍は方向探知局のネットワークを構築した。一九四一年末までに、イギリス軍は大西洋に一六局、西インド諸島に三局、南大西洋に三局、地中海に五局を設置し、さらに一九四五年までに六九局からなる短波方向探知機ネットワークを構築した[31]。遠くはジブラルタル、ジャマイカ、アセンション島などの短波局が、ケーブルと無線によってわずか数秒で結ばれ、八〇マイル以内にある短波送信機を突き止めることが可能となった[32]。

このネットワークは、イギリス海軍省潜水艦追尾室がドイツU－ボートの展開する海域からどれくらい離れているかを護衛船団に警告するには十分であったが、駆逐艦がU－ボートを発見し、破壊するには不十分であった。それゆえイギリス海軍省は、HF／DF機材の実験を開始し、一九四一年末に護衛船団を護送する駆逐艦にこれを搭載し始めたのである。一九四二年、アメリカ海軍は、独自のHF／DFの製造を開始し、一九四三年にはすべての大西洋護送船団に、HF／DFを搭載した二、三隻の駆逐艦が配備された。これらの探知機は、U－ボートの発する最も短い短波信号も傍受することが可能であり、一～二マイルの範囲で送信機を正確に探知することが可能だった[33]。そこからレーダーが追跡を引継ぎ、暗闇や霧の中でも、潜望鏡のような小さな標的でも攻撃できるよう、駆逐艦や航空機を誘導した。一九四三年までに中部大西洋は、U－ボートにとって最も危険な海域になったのである。

しかしながら、同様に米英護衛船団にとってもこの海域はますます危険なものになった。というのも、さらに多くのU－ボートが攻撃に参加し、群狼作戦を練り上げていたからである。大西洋の戦いは連動する多くの兵器システムに依存するものとなった。ドイツの側では、潜水艦と暗号解読であり、米英側では護衛船団、駆逐艦、HF／DF、レーダー、そしてドイツと同じく暗号解読を連動させて戦った。もしイギリス海軍が愚かにも傍受や解読が容易な信号や暗号を用いていたならば、少なくとも彼らはそれらに信頼はおかず、改変を望んだだろう。しかしながら、ドイツ軍ははるかに強力な暗号防護システムを開発して戦争を開始したため、読まれることは言うに及ばず、いわんや解読されることなど夢にも思わなかった。一九四一年九月、ドイツ海軍参謀の一人は断言した。「ドイツのU－ボートの予測位置を示した九月六日のイギリス海軍省からの解読信号は、完全に正確なものであったが、目視報告と無線探知によってしか得られないデータである。それゆえ、われわれの暗号が解読されたとは考えられない」。一九四三年三月、デーニッツは、「敵が暗号解読に成功していたのではないかという強い疑念は、徹底的な調査によってある程度解消された」と彼の戦時日誌に書き記している。[34]

大西洋での戦い（一九三九〜一九四四年）

北アフリカと同様に海上における戦闘は、ドイツの攻撃が非常に優位に展開した。一九三九年九月にU－ボートが初めて護衛船団を攻撃し、一一月には機雷がイギリス海軍戦艦「ベルファスト」と「ネルソン」に損傷を与え、ドイツ海軍戦艦「グラーフ・シュペー」、「ドイッチュラント」、「シャルンホルスト」、「グナイゼナウ」がその冬に大西洋へと出撃したが、イギリス海軍はこれらの状況によって大きな衝撃を受けた。[35]

一九四〇年の春に、B－ディーンストは、傍受したイギリス海軍のメッセージの三〇％から五〇％を解読し、ドイツ海軍がイギリスの潜水艦を撃沈するのを援護した。その夏から秋にかけて、二七のU－ボートが二七四隻の商船を撃沈した。[36]しかし、イギリス側も追撃しつつあった。一九四〇年二月、撃沈したU－33から獲得したエニグマのローター三個を復元したことによって、イギリス海軍の暗号解読担当者たちは初めてヒドラとして知られるドイツの海軍エニグマ暗号の解読に成功した。一九四〇年一二月に暗号は変更されたものの、潜水艦追尾室は、無線信号によってU－ボートの位置を特定し、護衛船団がその海域に接近しないよう警告できるまでになっていた。[37]

一九四一年にヒトラーは、イギリス侵攻計画を放棄し、その代わりに潜水艦でイギリス海域を封鎖して餓えに追い込んでイギリスを降伏させようと企て、ドイツ海軍に何十隻もの長距離潜航ができる新型U－ボートを出撃させた。ブレッチリー・パークのボンブ暗号解読機があったものの、イギリス人の暗号解読者たちは、ドイツのU－ボートの通信を解読するために最新のコードキーを備えたエニグマ機を必要とした。一九四一年初頭、イギリス海軍はU－ボートを捕獲しようと試みた。イギリス海軍は、アイスランド沖でドイツのトロール船三隻を捕獲して三個のローターを獲得したが、エニグマ機本体はなかった。かの一九四一年五月の超弩級戦艦「ビスマルク」追跡劇では、イギリス海軍は暗号解読が間に合わなかったため、最終的にリユートイェンス大将がその位置を知らせるため三〇分間信号を送信し、それでようやく方向探知機によって戦艦の位置が特定された。しかしながら、同じ月にイギリス海軍は、長期的には戦艦ビスマルクを撃沈した以上に重要な勝利を収めた。というのも、イギリス海軍の水兵たちが撃沈する前の損傷を受けたU－110からローター付エニグマ、コードキーと海図を奪取したからである。この戦利品によって暗号解読者たちは数週間（U－110がそのコードキーを使用している期間）にわたってヒドラの通信を解読しただけではなく、その年の終わりまでにヒドラとその他のドイツ海軍の暗号を解読することに成功した。[38]

一九四二年に入ると、「大西洋での戦い」はそれまで以上に激化した。アメリカ海軍駆逐艦は、一九四一年一二月一一日にドイツ政府が対米宣戦布告をする以前に護衛船団を警護し、U‐ボートを攻撃していたのであるが、英米海軍はいまや潜水艦追尾で協力し合い、両国のHF／DFネットワーク、レーダーシステム、航空機による船団護衛を急激に拡大した。一方、B‐ディーンストは、定期的に連合国の護衛船団、航空機、沿岸警備隊、機雷除去の暗号を解読していた。一九四二年二月一日、U‐ボートは三個のロータを持つものから四個のロータを持つ新型のエニグマを利用し始めていた。結果的に、トリトンと呼ばれる新しい暗号は、一二月までイギリス側にまったく解読されることがなかった。それゆえ、連合国がその装備の強化を図ろうとしている間に、ドイツは一九四二年を通じて諜報活動では実質的に有利な状況にあり、大きな効果を挙げていた。一九四二年一一月に、U‐ボートは一九〇隻の米英連合国側の艦船を撃沈したのである。(39)

「大西洋での戦い」は、一九四三年三月から五月に頂上決戦となった。同年初頭、B‐ディーンストは、護衛船団の電文を傍受するため、二四時間体制で二〇〇人の人員を配備して最大の効率を誇った。連合国側の護衛船団の位置を正確に探知することによって、デーニッツは異常なまでの正確さでU‐ボートに司令を出すことが可能だった。U‐ボートは燃料補給のためにドイツに帰港する必要さえなかった。それら潜水艦は、大西洋の真っただ中でも「ミルヒ・カウ（乳牛）」潜水艦から再補給を受けることが可能だったからである。三月、デーニッツの「群狼」は二つの大規模護衛船団、SC122とHX229を攻撃し、全体で一〇八隻を沈没させたが、三月一六日から一七日にかけての夜間だけでも一四隻を撃沈した。連合国の艦船は、補充を上回るスピードで攻撃に晒されたため、イギリス人は切迫した飢餓に直面することになった。(40) 西部大西洋での護衛を担っていたアメリカ海軍は、作戦課報部も潜水艦追尾室もなく、四月にイギリスに促されて対策室を設けたにすぎなかった。(41)

そのとき戦闘の流れが変わった。ドイツ人によって自らの信号を解読されているとついに気づいたイギリス海軍が五月と六月に新しい護衛信号を導入したため、突然、デーニッツは情報収集が不可能になった。しばらくすると、イギリスの暗号解読者はトリトン暗号を使ったドイツU‐ボート暗号を解読し始めた。より高度なレーダーシステムや長距離護衛航空機とともに、この情報収集をめぐる立場の逆転によって米英海軍が「ミルヒ・カウ」と戦闘用U‐ボートの集結地点を突き止めて、そのほとんどを撃沈することができた。四月までのU‐ボートの損失は一カ月に一二隻で、ここまではデーニッツの許容範囲だったが、四月から五月に入ると六五隻を失った。この損失は、ドイツ海軍が新たな乗組員を訓練する期間よりも早いペースであり、デーニッツは大西洋からのU‐ボートの撤収を余儀なくされることになった。[42]

U-ボートは六月に大西洋に復帰したけれど、その撃沈率はそれまでの二倍であり、一カ月二〇隻にのぼり、連合国はいまやU-ボートが撃沈する以上のスピードで貨物船を建造していた。連合国の護衛船団は、より強固な防御を受けるに留まらず、トリトン暗号への侵入によって一層安全な手段を得たのである。ドイツ海軍は一九四三年一一月、さらなる敗北を喫することになった。というのも、連合国によるベルリン空爆によってドイツ海軍最高司令部ビルが爆撃され、多くの重要な暗号機器を失ったのである。B-ディーンストは、ドイツ本国に移送されたにもかかわらず、決して損失を埋め合わせることはできなかった。一九四三年末から一九四四年初頭にかけて、ノルマンディ上陸作戦に備えて大西洋を横断し、兵士と物資を輸送した連合国護衛船団は、ほとんど何の損失も被ることはなかった。一九四四年六月にアメリカ海軍駆逐艦がエニグマ暗号機、コードキー、コード表とともにU-505を拿捕した結果、「群狼作戦」は自殺行為となった。デーニッツは、それでもU-ボートを出撃させたが、もはや自由に通信することは不可能であり、U-ボートは、第一次世界大戦時のように出撃直前に命令を受け、単体で攻撃に向かうことを余儀なくされたのである。U-ボートはより攻撃されやすくなっていた。大戦時の戦闘において失われたU-ボートは六七九隻であったが、そのほとんど半分は戦争の後半一一カ月の間に失われた。[43] 一つの統計がU-ボートの敗北を明らかにしている。イギリス国立公文書館は、一九四一年六月一五日から一九四五年一月五日の間に解読された三二万四〇〇〇ものドイツ海軍の暗号通信文書を保管している。この数値は、この期間にイギリス海軍が一時間につき平均一一の暗号解読に成功したことを示している。[44]

大西洋での戦いは大戦を通じて継続した。当該期間において、兵器と戦術は大いに変わったが、電子装置ほど劇的に変化したものはない。電子戦の三つの全部門——レーダー、探知機、諜報——は、より強力かつ精巧になった。一九四〇～一九四一年以降のレーダーと探知機、一九四三年以降の暗号による水面下の情報戦において、すべての部門で連合国は有利だった。そのような不利な状況にもかかわらず、ドイツが長期的に持ち堪えたのは、驚くべきことであるといえよう。

真珠湾攻撃以前のアメリカ通信諜報

アメリカ合衆国の通信諜報はイギリスとは異なる経緯を辿った。ハーバート・C・ヤードリーの指揮に対する自らの自負心に満ちた評価を受け入れるならば、第一次世界大戦期における成功は、陸軍の暗号部隊MI8の功績であり、海軍は何ら貢献していなかった。[45] 終戦時までに、ヤードリーと陸軍諜報部司令官チャーチル大将は、引き続きアメリカ軍は暗号局を維持し続けるべきであると強く考えていた。ヤードリーとその部員は一九一九年にニューヨークへ移動し、表向きは商業暗号会社である「アメリカン・ブラック・チェンバー」を運営した。一九二八年までに彼らは陸軍と国務省から資金供与を受けるようになっていた。

ヤードリーの最大の成功は、日本の外交暗号を解読したことである。一九二一年のワシントン海軍軍縮会議以前およびその会期中に、ブラック・チェンバーは五千文字の日本の電信を解読し、この諜報活動によって国務省は日米軍艦比率に制限を課すことができたのである。(46) ヤードリーは、ブラック・チェンバーについてすべてを語ったが、彼はその情報源を明かさなかった。アメリカの法律は、イギリスと異なり、詮索好きな政府役人の問い合わせにさえ、通信の秘密を厳守した。この法的制約を克服するため、ヤードリーは、「速達便として暗号電文が送付された後、アメリカがそのコピーを入手できるかどうか、通信電信会社において十分に計画された秘密調査」を開始した。しかし、その後、彼は「どうやって成功したのかという質問については、直接答えることはできない」と主張した。一九二八年までに、世界は平和な時代へ移り、その結果、「外国政府の暗号電信の写しを得ることがますます困難になり、むしろわれわれはかなり巧妙な方法を用いなければならなくなった。われわれの卓越性は、電信がブラック・チェンバーに流れ込むような措置において、必ずしもわれわれを助けるというわけではなかった」。(47) そして、留めの一撃がやってきた。一九二九年、新たに国務長官に就任したヘンリー・スティムソンは、「紳士は他人の手紙を覗き見などしない」という理由で、ブラック・チェンバーへの資金提供を打ち切った。チェンバーは閉鎖され、その従業員は年金の保証もなく解雇された。(48) 二年後、ヤードリーは、とくに日本語版で一時期ベストセラーになった『アメリカン・ブラック・チェンバー』ですべてを暴露して報復を果たしたのであった。

国務省は暗号解読作業に関わることはなかったが、軍部はそれに関わっていた。陸軍は、ブラック・チェンバーのファイルをアメリカ陸軍通信隊に移転し、民間人の暗号解読者ウィリアム・フリードマンのもとで集中的に日本の外交通信を注視する通信隊情報部（ＳＩＳ）を創設した。電信会社が非協力的だったため、ＳＩＳは、ヴァージニア州とニュージャージー州の二つの無線傍受基地から電信を得ていた。やがて日本海軍の動向を憂慮していたアメリカ海軍は、一九二四年に海軍諜報部内に暗号・通信部を創設し、言語習得のため数名の役人を日本に派遣した。陸軍同様、海軍はメイン州からフロリダ州、そしてカリフォルニア州からフィリピンにかけての傍受文書を獲得していた。上海のアメリカ領事館に設けられた小規模の傍受暗号解読室が日本海軍の通信文を監視していた。これらを出発点として、第二次世界大戦およびその後のアメリカの通信課報システムは、総じて軍部の管轄のもとで拡大することになった[49]。

アメリカと日本の通信諜報における較差は、ドイツとその敵国の間の差よりも遥かに大きかった。通信諜報部門でかなり有利な状態から戦争に突入したドイツとは異なり、日本は最初から不利な立場にあり、その後、その差はさらに開いたのである。アメリカ軍の暗号解読者が最も高度な日本の極秘通信のいくつかも解読していたのに対し、日本はアメリカ軍の高度な暗号をまったく解読できなかった[50]。

日本でヤードリーの『アメリカン・ブラック・チェンバー』が出版されたとき、日本軍は彼らのコードと暗号が脆弱であることを悟り、大幅な改善を試みた。エニグマを購入した後、日本海軍は軍用の暗号機タイプ91号を導入した。この「タイプ91－A号」もしくは通称「レッド」機は、日本の外務省が用いた。二年後の一九三七年、日本海軍はより精巧なアルファベット・タイプ97号を導入した。これはアメリカ人には、「パープル」として知られていた。日本外務省はこれらの暗号機を利用して最も高度な外交通信を行った[51]。

一九三〇年代後半、外交上の緊張が危険なほど高まって戦争に突入するまでの間に、アメリカの暗号解読者たちに委託された最初の任務は、日本の機密に侵入することであった。アメリカ陸軍は外交信号の解読に集中した。一九二九年に七名の局員からはじまったSISは、一九四一年一二月には三三一名にまで拡大し、二四時間勤務体制を敷いていた。ウィリアム・フリードマンの指揮のもと、SISは一九三七年に日本の「レッド」暗号を解読し始めた。それよりはるかに複雑な「パープル」暗号は、その後二年間にわたって解読されることはなかったが、フリードマンの努力の結果、一九四〇年八月に「パープル」も屈服することになり、同年九月二五日に複雑な暗号文のテキストが解読されたのである[52]。フリードマンと彼のチームは、理論に基づき「パープル」そのものを彼ら自身でつくり出して解読を完遂したのである。ドイツと同様、日本政府も彼らの暗号機を過信していたため、ワシントンにおいて野村大使が、アメリカ軍が「パープル」暗号に侵入しているといういくつもの証拠を得ながらも、東京の外務省は「パープル」を信用し続けていた[53]。

SISは「パープル」のレプリカをアメリカ海軍用とイギリス用に二機ずつ組み立てた。一九四一年春に、通信諜報部門でイギリスは米軍と協力し始めた。アメリカ陸海軍それぞれ二名の暗号解読担当者がイギリスのブレッチリー・パークに招聘され、「パープル」と日本の暗号システムに関する情報を持参したが、その代わりにイギリス側はアメリカ軍にエニグマの情報を供与した。また、シンガポールのイギリス通信諜報局は、フィリピン、コレヒドールの米海軍とともに協力して、日本海軍の運用を傍受することになった。この協力体制は、今日まで続く米英通信傍聴協力体制の始まりだった(54)。

やがて、アメリカ海軍は、日本海軍の通信に影響を及ぼし始めた。一九四一年までに、アメリカ海軍の中部太平洋戦略方位探知網は、アラスカからサモアへ、ハワイからフィリピンへと拡大したが、信号の解読は一層困難になった。なぜなら日本軍は、世界で最も難解な、JN25として知られるコード表を用いるようになったからだ。アメリカ海軍は、この回線のやり取りに影響を与える三つの通信諜報部隊を有していた。ワシントンにある、ローレンス・サフォード大尉指揮下のOp－20－G（かつてのコード・暗号局）、真珠湾に設置されたジョセフ・ロシュフォール海軍少佐指揮下の「ハイポ」（"Hypo"：のちに、太平洋艦船無線部隊ないしはFRUPacと改名）、そしてフィリピンの（のちにオーストラリアに撤収する）ルドルフ・フェビアン大尉指揮下の「キャスト」（"Cast"）である。一九四一年までにこれらの部隊は日本海軍の交信に侵入し始めた(55)。この暗号解読部隊は、外交暗号、すなわち「マジック」と区別するために、あるいはすでに「ウルトラ」と名づけられたイギリスのエニグマ暗号解読文書と混同させるために、「ウルトラ」と呼ばれた。

長期間、軍事諜報部門が介入できなかった一つの情報源があった。一九三四年の通信法によって、アメリカの通信会社は、政府機関に対してさえも取り扱う通信文の漏洩を禁じられた（この事例は、アメリカ人がイギリスやその他すべての政府がまったく自然に行っていることに、なぜ衝撃を受けるかの理由を説明している）。そのため、ホノルルの日本領事が定期的に本国に送っていた真珠湾に停泊しているアメリカ艦に関する報告は、少なくともディヴィッド・サーノフがホノルルのRCA事務局に対して通信文のコピーを海軍諜報将校に開示するよう命じた一九四一年一一月まで、詮索されることはなかった(56)。

真珠湾からミッドウェイへ

この頃までに、情勢は急激に変化した。その行動を秘密に覆い隠そうとする日本の試みは、それに侵入しようとするアメリカ側のそれに対抗した。一一月一日に、日本海軍は無線呼出信号を変えたが、一一月半ばには解読された。一一月二五日、真珠湾攻撃のために集結していた日本海軍の空母は、まだ港に停泊し続けているかのように見せかけるため、通常の通信文を無線オペレーターに対して送付し続けさせた。その他多くの日本海軍戦艦がインドシナに向けて南進していたため、アメリカ海軍諜報機関は、日本の空母は予備隊として本土に残されたと想定してしまった。実際には、日本海軍空母艦隊は、そのとき、無線電信の完全な沈黙を維持しながら北太平洋を航行していたのである。

一二月二日、ホノルルにいた一人の日本人スパイは、アメリカ海軍艦隊が真珠湾に停泊していると報告した。彼の電報は然るべく、東京からのワシントン大使への外交関係を断交するよう命じた電文同様に傍受され解読された。一二月四日、日本海軍は新たな暗号機JN25bを導入した。これは何かが進行中であるという確かな合図であった。

一二月七日の早朝、シアトル近郊の米海軍無線局は、日本政府から駐米大使に午後一時に外交関係を断交するよう指示する電信を傍受した。午前一一時までにOp-20-GとSISは電文を解読し、その意味を理解した。一時間も経たないうちに、統合参謀本部のマーシャル大将はホノルル司令部のショート陸軍大将とキンメル海軍大将に警告電文を送った。安全保障上の理由から、電文は無線ではなく、サンフランシスコへは地上ケーブルで、そこから海底ケーブルによってハワイに送られたが、その電文が届くまでに、日本海軍の軍用機がすでに真珠湾攻撃を開始していた[57]。

この完全なる情報操作と全面的な奇襲という組み合わせこそが、その後の果てしなき非難合戦と、後知恵的な分析を生み出してきた。加えて真珠湾攻撃は、諜報が不十分であることを証明することになった。軍事史家ロナルド・リューウィンが説明しているように、諜報を通じて集められた情報は活用される必要がある。すなわち一九四一年一二月以前にアメリカ人は、情報の配分において効果的なシステムを構築してはいなかった。統合参謀総長マーシャル大将自身の安全保障に対する誤った考えによって、「マジック」名簿に記載されている人々がしばしば情報を受け取ることが遅すぎたり、まったく受け取れなかったりする一方で、「マジック」のリストに載ってしかるべき他の人々が、まったく情報を知らされなかった[58]。

七カ月後、アメリカ海軍は真珠湾攻撃に対する報復に出た。一九四二年五月五日、大日本帝国海軍司令部は、海軍司令長官山本にミッドウェイ島と西部アリューシャン列島を一カ月後に奪取するよう命じた。艦隊はすべて海上に展開していたため、この作戦準備のための山本への命令は、海軍暗号JN25bによる無線で行われなければならなかった。安全保障上の理由から、日本海軍はコード表と暗号化計算表を変更することを決定した。これは、骨の折れる任務であった。というのも、日本海軍の部隊は太平洋上の数百万平方マイルもの規模で分散しており、もともとこの改変は四月一日に予定されていたが、その後五月一日に、さらに六月一日に延期されたものだったからだ。この遅れは、アメリカの暗号解読者に、新たな暗号に侵入して日本海軍の計画の全貌を知る貴重な息継ぎを与えることになった。アメリカ軍暗号解読部隊は、日本軍が「ＡＦ」と呼ぶ場所への急襲のため、山本が空母と兵員輸送船機動部隊を集結させているのを発見した。しかし、ＡＦとはどこなのか。ハワイの戦闘諜報部と太平洋艦隊司令官ニミッツ大将は、その場所がミッドウェイであると確信したが、ワシントンのＯＰ－20－Ｇは、その場所がハワイ、アラスカ、もしくはカリフォルニアではないかと恐れた[59]。

目標がミッドウェイであることを見破った三人の諜報将校――ロシュフォール、ジャスパー・ホームズ、ジョセフ・フィネガンは、トリックを考案した。彼らは、無線による平易な言葉で「蒸溜水工場が破壊されたため新鮮な水が枯渇するだろう」とだけ伝える電文をケーブルを通じてミッドウェイに送るよう提案した。ホームズがこの事件を詳しく述べているように、「日本軍は飢えたバラクーダのようにその餌に食いついた。翌日、ウェイク島の無線諜報部は、ＡＦは蒸溜所が壊れたため水不足になると報告した。このことは、ＡＦの正確な場所を特定することになったのである」[60]。アメリカ海軍は、日本軍の計画を見破り、日本軍を欺く別の計画を仕組んだ。嘘の無線のやり取りによって、ハルゼイ提督の空母機動部隊は、ハワイではなく南西太平洋のソロモン諸島近郊に現れた[61]。六月一日までにアメリカ軍は日本の艦隊がどこにあるのかを把握していたが、一方、日本海軍は、アメリカ海軍戦艦が抵抗不能なほどミッドウェイから遠方地に展開していると信じていたのである。実際に、軍事史家リューウィンは次のように指摘している。

ニミッツ大将は、次なる大規模戦闘を前にして、海戦史上、いかなる海軍司令官よりも敵国の軍事力を熟知していた。作戦前夜、フレッチャー提督は空母とともに太平洋上の適所に配置していたが、その存在を日本軍は感知していなかった[62]。

奇襲によって日本海軍は四隻の航空母艦――赤城、加賀、蒼竜、飛竜――を失ったが、アメリカ軍空母の損失はヨークタウンのみだった。この戦い以降、日本は守勢に回った。ミッドウェイはいかなる戦線よりも通信諜報が勝敗を分けた戦いだったのである。

ミッドウェイ海戦後

ミッドウェイ海戦後、アメリカの通信諜報は一層強力になったが、一方の日本は自らの信号がどの程度解読されているのかを全く理解できなかった。暗号解読は膨大な作業であり、細分化を余儀なくされた。最高レベルの日本の海軍暗号は、あまりにも複雑すぎたため、一連の表示機器を通さねばならず、解読のためワシントンのＯｐ－20－Ｇに送られた。それほど複雑ではない暗号は、ハワイのＦＲＵＰａｃやその他の遠方地の課報局で解読された。[63]大戦期においては、その他すべての部門と同様に、通信諜報は膨大な人員を必要としたため、陸軍では三三一人から一万人に、海軍では七〇〇人から六〇〇〇人に増員された。[64]

米英両国は一九四一年にはじまった協力体制から大いなる恩恵を受けることになった。一九四三年四月、フリードマンとその他二人のアメリカ軍の諜報将校は、ブレッチリー・パークで二カ月過ごし、そこでイギリスの暗号安全化手順や暗号学の先端情報を学んだ。複雑な交渉の後、米英両国軍は、極秘のブルーサ協定（BRUSA Pact）を締結し、それによって互いに通信諜報方法や解読方法を共有し、そして極秘情報の解読にあたった。ブレッチリー・パークとアメリカ陸軍信号秘密保全局（かつてのSIS）は、ドイツU－ボートの通信追跡の任務を両国で分担したのである。[65]

米軍は、イギリスならびに真珠湾攻撃の経験から適切な情報を必要とする人々に時宜を得て提供することの重要性を学んでいた。アメリカ軍は、イギリス軍がSLUシステムで獲得した秘密厳守技法の完璧さに達することはなく、報道機関がしばしば暗号解読についての記事を掲載した。それにもかかわらず、アメリカ軍課報部は洗練された通信システムを開発した。ウルトラ諜報活動を行う司令部を指揮し、通信の安全を監視するために「ウルトラ専用顧問」が配属された。通信はしばしば迂遠な方法で行われた。ソロモン諸島の沿岸観察者は、ニューギニア、オーストラリア、ハワイを経由して近隣諸島間に展開中の艦隊に電文を送った。陸軍に日本海軍暗号解読を任せることなく、アメリカ海軍はセイロンのイギリス通信局を経由し、中国のクレア・シェンノート大将へと電文を送った。ウルトラ、マジック、その他の高レベルの電文は、シガバ暗号機によって暗号化された。太平洋における戦闘通信のために、海兵隊は、無線通信を担う先住民ナヴォホ語暗号の語り手を採用した。[66]

これらのシステムのどれも日本軍によって解読されることはなかった。実際、日本軍は暗号解読で成功したことは一度もなかったのである。彼らはフィリピンにおいてはゲリラによって使われていた暗号を何とか解読したが、それらは非常に低レベルの戦術的、軍事的、外交的な暗号のみで、重要なものは何一つ解読できなかった。[67]ドイツ人でさえ、日本の暗号分野における脆弱さを認識していた。一九四一年夏に、ドイツで日本海軍特使とともに過ごした経験からB－ディーンストは、「通信諜報の分野において日本海軍は完全に遅れており、また準備はあまりにも不十分であるという印象を受けた」と報告している。彼らは、通信諜報の重要性を日本側に説得しようと試みた。「われわれは、日本海軍将校に、必要であれば彼らが帰国後に特務機関を設置できるように、躊躇することなく暗号化技法を紹介しようと提案した」[68]。明らかに、この計画は実現しなかった。

なぜなら、日本には戦争を通じて暗号解読法を改善したという兆候はなかったからだ。その代わり彼らは通信分析および方向探知に依存していたのである。

ミッドウェイ海戦に加えて、太平洋におけるアメリカ軍の通信諜報活動は、さらに二つの勝利を達成した。このうちの一つは、日本海軍南東方面の航空艦隊司令長官であり、日本海軍の最も才気に溢れ、最も尊敬を集めていた山本五十六大将に攻撃を加えたことであった。一九四三年一月、FRUPacは、ガダルカナル付近を航行していた日本海軍の潜水艦I－1から大量の暗号帳、チャート（一覧表）、呼出符号、その他の文書を奪取した。最新の暗号帳はその中にはなかったが、FRUPacの任務を軽減し、日本軍を混乱させるには十分だった。日本は、数カ月費やす暗号交換作業のプロセスが終了するまで、妥協的に旧来の暗号を使用しなければならない状況だった[69]。四月にFRUPacは、山本五十六がラバウル地域の基地を巡視するという旨の電文を解読し、それを報告した。その後、アメリカ軍戦闘機は、ブーゲンビル島上空で山本五十六の乗った航空機を撃墜した。日本軍は、その通信が解読されたのではないかと感知したものの、暗号を変更することはなかった[70]。

さらに日本軍にとって不都合なことは、アメリカ軍の潜水艦作戦が功を奏していたことである。日本軍は、イギリスと同様に島国であり、外国から燃料やその他の原料を絶えず輸入しなければならず、その輸送活動は潜水艦による攻撃に対して非常に脆弱だった。しかも、大西洋での戦いとは対照的に、太平洋においては、通信諜報に関して、アメリカ側が圧倒的に有利であった。一九四二年まで、日本の大型輸送船や小型輸送船は単独で無線を使うことなく航行したが、潜水艦や航空機の攻撃に対する脆弱さのゆえに、護送船団を組織することを余儀なくされた。護送船団の組織は、すでにFRUPacが一九四三年初頭に解読していた暗号を用いて、無線で連絡しなければならないことを意味した。戦闘諜報との緊密な協調によって、ハワイの潜水艦司令部（ComSubPac）は、日本軍の駆逐艦や護衛機の不足ゆえに保護されない護送船団を攻撃する「群狼」作戦を展開することが可能になった。一九四三年に日本は三〇八隻の商船を失った。アメリカ軍の潜水艦は、一九四四年一月から四月に一七九隻、五月から八月には二一九隻を撃沈した。同年末には、日本が戦争遂行のために必要な船舶や石油の不足によって輸送船損失率は減少した。太平洋アメリカ潜水艦部隊司令官ロックウッド海軍中将がのちに書き記しているように、「敵国との接触と撃沈率の曲線は、実際の通信諜報量の曲線と平行していた。通信諜報のおかげで、潜水艦は常に日本の輸送船団の位置を正確に把握して攻撃することが可能だった」のである[71]。

諜報の専門家がしばしば指摘しているように、守勢にまわる諸国は、敵からの攻撃に備えて、攻撃側よりも一層多くの諜報が必要になる。しかしながら、途方もなく複雑な現代の戦争において、諜報は重要産業となり、発展には多大な時間のかかるものである。イギリスとアメリカは海上貿易と世界的なコミュニケーションに関して長い伝統があり、守勢に回る場合、諜報の必要性に対してはるかに敏感にならざるをえなかったのである。

注

（1）Artur Kunert, *Geschichite der deuschen Fermeldekabel. II. Telegraphen-Seekabel*（Cologne-Mülhelm, 1962）, 370–71; Charles Graves, *The Thin Red Lines*（London, 1946）, 9.

（2）"Use of Imperial and ex-enemy world wide cable network, 1940–1944," in Public Record Office（Kew）[Hereafter PRO], ADM 116/5137; "War Operations, 1940," in Cable and Wireless archives（London）, 2B/889.

（3）Memorandum on foreign cables, July 1940, in "French Communications and diversion of enemy cables（June 1940–February 1946）, in Cable and Wireless, B2/550; War Operations, 1940, in ibid., B2/889.

（4）Kunert, 371; Graves, 23 and 85; Hugh Barty-King, *Girdle Round the Earth: The Story of Cable and Wireless and its Predecessors to Mark the Group's Jubilee*, 1929–1979（London, 1979）, 270–1.

（5）Memoranda of June 14 to December 10, 1940, in Cable and Wireless, B2/550; Graves, 21.

（6）Letters from Wilshow to Colonial Secretary Lord Lloyd, November 6 and December 11, 1940, in Cable and Wireless, B1/112; Graves, 23, 105, 110, and 127; Kenneth C. Baglehole, *A Century of Service: A Brief History of Cable and Wireless Ltd. 1868–1968*（London, 1969）, 23.

（7）Barty-King, 268–80; Graves, 23–25 and 52.

（8）大戦中におけるケーブル敷設船とケーブルの修復については、"Cable laying and charter of cableships, 1939–1945," in PRO, ADM 116/5433; "Cable communications and cable ships, 1941–45," in ibid, 5443; and Graves, passim を参照。

（9）Georges Bourgoin, "La Résistance dans le service des câble sous-marins," Comité d'Histoire de la Poste et des Télécommunications, Institut d'Histoire du Temps Pésent（C. N. R. S.）, *L'oeil et L'oreille de la Résistance. Action et rôle des agents des P. T. T. dans la clandestinité au cours du second conflit mondial. Actes du colloque tenu à Paris les 21, 22, 23 Novembre 1984*（Toulouse, 1986）, 132–34.

（10）Ministerial Feuerhahn（Deutsche Reichspost）, "Denkschrift über die Ausgestaltung der Stellung Deutschlands im Weltnachrichtendienst nach dem Friedensschluß"（July 13, 1940）; K. Sonntag（Deutsch-Atlantische Telegraphengesellschaft）, "Gedanken über die Gestaltung eines neuen Seekabelnetzes"（August 29, 1940）, with letter of acknowledgement from Reichspostminister Ohnesorge（February 10, 1941）; Deutsche Fern kable-Gesellschaft（Rastatt）に所蔵されているこれらの史料は、ケルンのマックス・プランク社会研究所のフランク・トマスによって私のもとに送られてきたものである。

(11) "Great Northern Telegraph Company, 1938-1944," in Cable and Wireless, B1/644.

(12) Graves, 68; Baglehole, 24; Barty-King, 280-85.

(13) The letters, cables, and memoranda are in Cable and Wireless, B2/547; see also J. F. Stray, "Account of events in Cocos Islands, 1942-1946," in Ibid., 1551/43.

(14) C. I. D., Imperial Communications Committee, 1924, Subcommittee to Consider the Strategical Importance of "Beam" Stations, Report (September 30, 1924), Appendix B, in PRO, Cab 35/14.

(15) Herbert O. Yardley, *The American Black Chamber* (Indianapolis, 1931, repreinted 1981), 16.

(16) "Report on experiment in intercepting cable transmissions," from Commander Eastern Sea Frontier to Vice Opnav (DNC) (October 12, 1942), in National Archives (Washington), Record Group 249, Box 4 "Cable Com." この文書は、一九七七年に国家安全保障局によって文書の機密解除三五年ルールから除外されて、最終的に機密解除されたのは一九八八年となった。

(17) Letter from F. L. Henderson, All-America Cables and Radio, Inc., to E. K. Jett, chairman, Coordinating Committee, Board of War Communications, December 29, 1942 in National Archives, Record Group 259, Box 4.

(18) Arthur R. Hezlet, *The Electron and Sea Power* (London, 1975), 248.

(19) Jürgen Rohwer, "La radiotélégraphie: auxiliaire du commandement dans la guerre sour-marine," in *Revue d'Histoire de la Deuxième Guerre Mondiale* 18 (January 1968), 41-66; Hezlet, 209-10 and 247.

(20) "Langwellenverkehr mit getauchten U-Booten," Memorandum from Nachrichtenmittelversuchsanstalt der Marine (Kiel) to Nachrihten-Inspektion (Kiel), November 21, 1938, in German Naval Records of the Second World War Captured by the British 1945, Reel 678; Frames, 706-22, in Naval Historical Branch, Ministry of Defence (London); Hans Meckel, "Die Funkführung der deutschen U-Boote und die Rolle des xB-Dienstes (Deutscher Marine-Funkentzifferungsdienst)," in Jürgen Rohwer and Eberhard Jäckel, eds., *Die Funkauflärung und ihre Rolle im Zweiten Weltkrieg: Bericht über eine Tagung in Bad Godesberg unt Stuttgart vom. 15 bis 18. November 1978* (Stuttgartm 1978); Helmuth Giessler, *Der Marine-Nachrichten- unt- Ortungsdient. Technische Entwicklung und Kriegserfahrungen* (Munich, 1971), 19; Hezlet, 160 and 210; Rohwer, "Radiotélégraphie," 43.

(21) Patrick Beesly, *Very Special Intelligence: The Story of the Admiralty's Operational Intelligence Centre, 1939-1945* (Garden City, N. Y. 1978), 55-56; Hezlet, 198-99; Rohwer, "Radiotélégraphie," 56; Meckel, 122-23.

（22）　Rohwer, "Radiotélégraphie," 49.
（23）　PG/17332: Oberkommando der Kriegsmarine. Kriegstagebuch 2/Skl.（15. 3. 1940–30. 6. 1940）in German Naval Records, Reel 319, Frames 708ff, in Naval Historical Branch, Ministry of Defence（London）.
（24）　Ibid.
（25）　Heinz Bonatz, *Seekrieg im Äther: Die Leistungen der Marine-Funkaufklärung 1939–1945*（Herford, 1981）, 371の地図を参照。
（26）　Bonatz, *Seekrieg*, 103–5.
（27）　Nigel West, *GCHQ: The Secret Wireless War 1900–86*（London, 1986）, 155–56.
（28）　Ronald Lewin, *Ultra Goes to War*（London, 1978）, 125 and 195–96; David Kahn, *The Codebreakers: The Story of Secret Writing*（New York, 1967）, 465–68; Beesly, 40–43; Hezlet, 176; Rohwer, "Radiotélégraphie," 59; Heinz Bonatz, *Die deutsche Marine-Funkaufklärung 1914–1945*（Darmstadt, 1970）, 111–26, 139, and 155–56.
（29）　Bonatz, *Marine-Funkaufklärung*, 161.
（30）　Robert Sobel, *ITT: The Management of Opportunity*（New York, 1982）, 106; Hezlet, 161, 177, and 188–89.
（31）　Hezlet, 202 and 248; see also Bonatz, *Seekrieg*, 214.
（32）　Beesly, 56; Graves, 96–107.
（33）　Hezlet, 229–30; Beesly, 82–83 and 210; Bonatz, *Seekrieg*, 214; Rohwer, "Radiotélégraphie," 58.
（34）　引用は、Lewin, *Ultra*, 212–13；第二次世界大戦後から一九七四年にいたるまでエニグマ暗号には同様の信頼がおかれていた。この点については、Karl Dönits, *Memoirs*（London, 1959）, passim; Bonatz, *Marine-Funkaufklärung*, 139; Rohwer, "Radiotélégraphie," 57; and Meckel, 128–30を参照。
（35）　Beesly, 32; Bonatz, *Marine-Funkaufklärung*, 128–30; Hezlet, 191; Lewin, *Utra*, 195; Rohwer, "Radiotélégraphie, 45.
（36）　Bonatz, *Marine-Funkaufklärung*, 136, and *Seekrieg*, 204–21; Hezlet, 192–98.
（37）　Lewin, *Ultra*, 195–210; Hezlet, 199.
（38）　Lewin, *Ultra*, 201–6; Beesly, 98; Hezlet, 209.
（39）　Beesly, 115 and 175; Bonatz, *Seekrieg*, 235–39; and *Marine-Funkaufklärung*, 111 an 140–41; Hezlet, 227–29; Lewin, *Ultra*, 209–13.
（40）　Beesly, 166; Bonatz, *Seekrieg*, 235–53; and *Marine-Funkaufklärung*, 136–41; Hezlet, 231–32; Lewin, *Ultra*, 216–17.
（41）　Lewin, *Ultra*, 243.
（42）　Beesly, 179–91; Bonatz, *Seekrieg*, 243–56; and *Marine-Funkaufklärung*, 143–51; Hezlet, 232–36; Lewin, *Ultra*, 196 and 213–18.
（43）　Beesly, 167 and 256; Bonatz, *Seekrieg*, 274–75; and *Marine-Funkaufklärung*, 110 and 152; Kahn, *Codebreakers*, 506–7.
（44）　Peter Calvocoressi, "Aufbau und Arbeitsweise des britischen Entzifferungssdienstes in Bletchley Park," in Rohwer and Jäckel, 96.
（45）　Yardley, 4–150.

(46) Yardley, 163-211; Kahn, *Codebreakers*, 355-58; Ronald Lewin, *The American Magic: Codes, Ciphers, and the Defeat of Japan* (New York, 1982), 21-22.

(47) Yardley, 156-57, 184, and 246.

(48) Lewin, *American Magic*, 31-32.

(49) United States Army, Security Agency, Historical Section, *Origin and Development of the Army Security Agency 1917-1947* (Laguna Hills, Calif., 1978), 6-9; Lawrence F. Safford, "A Brief History of Communications Intelligence in the United States," in *Listening to the Enemy: Key Documents on the Role of Communications Intelligence in the War with Japan* (Washington, 1988), 3-12; Kahn, *Codebreakers*, 5 and 12; Lewin, *American Magic*, 24-29.

(50) Richard Deacon, *A History of the Japanese Secret Service: Kempei Tai* (New York, 1983), 129.

(51) Lewin, *American Magic*, 35-43.

(52) Kahn, *Codebreakers*, 389; Lewin, *American Magic*, 38-44; U. S. Army Security Agency, 23-24.

(53) W. J. Holmes, *Double-Edged Secrets: U. S. Naval Intelligence Operations in the Pacific during World War II* (Annapolis, Md., 1979), 46; West, *GCHQ*, 172-76.

(54) Lewin, *American Magic*, 46-47; *Ultra*, 134.

(55) Holmes, 14-20 and 45-47; Kahn, *Codebreakers*, 8 and 562; Lewin, *American Magic*, 27, 45, and 83-87.

(56) Kahn, *Codebreakers*, 13-14; Holmes, 13, 38, and 43.

(57) Holmes, 6, 19, 27-29 and 52-54; Helzet, 215; Lewin, *American Magic*, 85; Kahn, *Codebreakers*, 1, 32, and 40.

(58) Lewin, *Ultra*, 234.

(59) Lewin, *American Magic*, 88-89 and 99; Holmes, 117; Kahn, *Codebreakers*, 568 and 586.

(60) Holmes, 89-91; Lewin, *American Magic*, 105-6.

(61) Holmes, 96-97; Lewin, *American Magic*, 109.

(62) Lewin, *American Magic*, 96 and 103.

(63) Lewin, *American Magic*, 122 and 198; Holmes, 47.

(64) Lewin, *American Magic*, 27 and 38.

(65) 両国間の複雑な交渉過程については、以下を参照。James Bamford, *The Puzzle Palace: A Report on America's Most Secret Agency* (New York, 1983), 392-99; Christopher Andrew, *Secret Service: The Making of the British Intelligence Community* (London, 1945), 491; Lewin, *American Magic*, 143-44; and *Ultra*, 254-56.

(66) Doris A. Paul, *The Navajo Code-Talkers* (Bryn Mawr, Penn., 1973); Lewin, *American Magic*, 122, 140, and 165; and *Ultra*, 245-46 and 256.

(67) Lewin, *American Magic*, 90, 153, and 303; Kahn, *Codebreakers*, 495 and 582-85; Holmes, 12-13 and 80.

(68) "Oberkommando der Kriegsmarine. I Skl. Nachrichtendienst. B-Dienst" (January 1-December 31, 1942), PG/17329, in Ministry of Defence (London), Naval Historical Branch, Admiralty Project, Reet 320.

(69) Holmes, 123–24.

(70) Holmes, 134–35; Lewin, *American Magic*, 187.

(71) C. A. Lockwood, "Contribution of Communication Intelligence to the Success of Submarine Operations against the Japanese in World War II (June 17, 1947), in Ronald H. Spector, ed. *Listening to the Enemy: Kew Documents on the Role of Communications Intelligence in the War with Japan* (Wilmington, Del., 1988), 134; Holmes, 125 and 190; Lewin, *American Magic*, 222–29; and Hezlet, 234–35 and 252–54.

第14章　番人の交代

第二次世界大戦の舞台裏で、グローバルな通信体制の支配をめぐる競争は、アメリカとイギリスの間で、すでに四半世紀にわたって展開されていた。アメリカの通信の専門家は、アメリカの通信手段が、規模・富・国家的な重要性に見合っておらず、長い間、イギリスをその「当然の」発展の阻害要因と見なしてきた。一方で、イギリスの専門家は、自分たちのネットワークがグローバルな責任を果たすためには必要であると信じていた。第二次世界大戦においてイギリス側の弱さとアメリカ側の強さが露呈することによって、この昔ながらの命題が再燃した。

　一九四〇年七月、イギリスがその存亡をかけて戦っていたとき、ケーブル・ワイアレス会社会長のエドワード・ウィルショウは、その危機を英独戦争としてではなく、イギリスがドイツ、フランス、イタリアのケーブルを奪取して、アメリカによって侵食されたイギリスの旧来からの覇権を取り戻す機会として考えていた。

　先の戦争が終結するまでは、実際にイギリスの海外電信システムは世界を支配していた。イングランドこそが偉大なる世界のコミュニケーションの中心（ハブ）であった。膨大な量の海外からの交信がロンドンを経由しており、検閲が可能だった。

　第一次世界大戦後、アメリカ人の利害関係者はこの状況を変えようと決意し、できる限りアメリカの交信をロンドンから独立させることを狙い、彼らは世界規模の通信システムの開発に着手したのである[1]。

同じ頃、アメリカにおいては、ジェイムズ・ローレンス・フライに率いられた連邦通信委員会（FCC）が、国際電信産業について上院州間通商委員会に報告した[2]。この報告は、アメリカのケーブル会社は、国際電話、無線電信、航空便分野で苦戦を強いられており、さらに悪いことに、イギリスのケーブル・ワイアレス会社によって、アメリカ企業同士が競わされているという悲惨な運命を嘆くものだった。これが初めてのことではなかったが、この報告は、アメリカ国防のために複数の国際電信無線会社を統合することを勧告した。「アメリカは安全保障の観点から、単一の統合された電信会社を保有することが重要である。それによって国際的な分野において国家的要請に最大限貢献するように通信手段径路を選択し、維持することが可能になる」(3)。米英両国の利害対立は、ここ二〇年間、まったく事態を変えてはいなかった。

戦争が近づくにつれて問題は深刻さの度合いを増した。一九四一年初頭までに、アメリカは武器貸与支援プログラムならびに大西洋海運における共同防衛によってイギリスとの関係を深めていた。真珠湾攻撃のかなり前から、アメリカの通信は、商業用途のみならず、防衛目的で利用されていた。イギリスの帝国通信委員会に相当するアメリカ国防通信委員会（ＤＣＢ）が、諸課題を処理するために設置された。同委員会は、ＦＣＣ、陸海軍省、国務省、財務省の各代表から構成された。この委員会の下部組織として、主要な電信および無線会社の代表からなる産業諮問委員会がおかれた。第一次世界大戦時の障害や深刻な電信の未処理状況を念頭におきつつ、この委員会は「あらゆる国際的なケーブル通信を迅速に処理するために必要な協力の程度」を調査し、「民間ケーブル会社は十分な施設を保有している」と確認した(4)。それから数カ月後、イギリス帝国通信諮問委員会議長のキャンベル・スチュアートは、ＤＣＢの議長に就任したフライに対して、「大西洋横断ケーブルが同時に中断した場合に備えて、北米の無線通信を利用する問題について」書簡を送った(5)。スチュアートは、アメリカから発信されたすべての電信を処理するに十分な無線送信施設が存在していると考えていたのである。

アメリカの膨張

一九四一年一〇月、ＤＣＢは、「ケーブルが切断された場合に備えて米英間の通信を確保する計画」を取りまとめた。フライ議長にとって、イギリスに対するドイツの脅威は、アメリカにとって積年の望みを実現する機会を与えた。ＦＣＣに報告書を提出する際、フライは、「最終的な承認は、私がスチュアートとこの問題について話し合い、またアメリカから南アフリカとインドと直接通信する許可について彼と協議するまで保留されるべきである」と書き記した(6)。フライの提案は、極めて微妙な問題、つまりイギリス政府の通信事業政策の核心に関わるものであった。というのも、イギリスが一世紀に渡って通信システムと帝国を防衛することが可能だったのは、ロンドンをハブとした通信網を維持したからこそであった。コーデル・ハル国務長官への書簡で、フライはアメリカの要求に関するいくつもの理由を並べ立てた。その理由とは、ブリテン島を再経由することなく通信を高速化し、時間を節約して安全保障体制を促進し、攻撃に対して無防備なケーブルを回避することなど、現実に対応したものであった。しかし、彼は別の理由も示していた。

「ＤＣＢは、この提案は国際通信事業の自由な発展のために必要な基本的かつ恒久的な提案を含んでいるものと考えている」。フライが言及した「自由」とは、コモンウェルスとアメリカの間の通信の、イギリスによる支配からの解放を意味した。

問題は、イギリス政府が最優先で堅持してきた政策の一つを放棄させるために、いかに圧力をかけるかであった。フライは、ルーズベルト大統領への一九四一年一一月一八日付の書簡において、イギリスの通信システムに対するＤＣＢの姿勢を説明しつつ、解決策を提示した。フライは、現状ではコモンウェルスへの通信（例えばサンフランシスコからメルボルン）は、すべてロンドンを経由して行われていることをルーズベルトに想起させた。その結果、「通商上の情報でさえ、不必要に支配され、漏洩しており……、全体的な傾向として、アメリカの商業上の通信でさえイギリス政府に監視」されていた。さらにフライは、イギリス政府は、アメリカとの連絡が中断される場合に備え、武器貸与によって利用可能な四台の短波無線送信機を要求している点を指摘し、「イギリス政府は、四台の無線機要求と引き換えに、アメリカとイギリス帝国との直接通信を承認することを条件にすべきであるというのがＤＣＢの一致した見解である」と主張した[7]。

戦争の到来が事態に対する注意を喚起したとするならば、日本による真珠湾攻撃がそれを急転させた。アメリカが、突然イギリスの同盟国およびイギリス帝国の堡塁の一つとなったことで、アメリカの要求が拒絶される理由は存在しなくなった[8]。真珠湾攻撃から三週間も経たない一二月二六日、オーストラリア政府は、シドニーとサンフランシスコを直接結ぶ無線通信を許可した[9]。それはフライにとっての勝利だった。一九四二年一月一九日、フライは、ＦＣＣの委員に、「イギリス政府は戦争継続中にアメリカとイギリス帝国内の諸国の直接通信を行う無線電信回線の開設を考えているようだ」と報告した。これによって目的の半分が達成されることになるので、フライは、「戦争中に一度でも回線が開かれれば、それらは恒久的に継続して用いられる」から、イギリス政府との協議を行うべきだと提案した[10]。

平時においては、政策は事態に先行するか、あるいは少なくとも事態に影響を与えるものである。しかしながら、戦時においては、現実はあまりにも早く推移し、政策は常に既成事実を追いかけることになるが、決して追いつくことはない。真珠湾攻撃ののち、アメリカの世界規模の利害は、膨大な海運活動、企業活動、軍隊動員、軍事連絡施設の拡充、その他多方面にわたってアメリカのプレゼンスを世界中に刻印しながら膨張した。アメリカ軍の海外展開に伴って、無線連絡回線が新設あるいは増強された。一九四三年五月までにアメリカは、ゴールドコースト、南アフリカ連邦、エジプト、インド、オーストラリア、ニュージーランド、ジャマイカやその他のカリブ海を含む植民地とコモンウェルスのほとんどと直接通信することができるようになった。新たな回線が、ニューカレドニア、イラン、仏領赤道アフリカ、ベルギー領コンゴ、アルジェリア、アフガニスタン、中国、ソ連など他の地域との連絡のため開設された。実際、アメリカは枢軸国占領下の地域以外の世界のあらゆる場所と、イングランドを経由することなく直接通信することが可能になっていたのである。(11)

イギリス人は、長期にわたってアメリカ合衆国の国際電信電話会社の合併を懸念し続けていたが、一方のアメリカでは、ITT社のベーン、RCA社のサーノフ、そしてFCCのフライが、それぞれ合併を提案した。だが、協力することもなければ連邦議会や大統領を納得させるほどには不十分であった。とりわけ、フライは、一九四一年から一九四二年にかけて熱心にロビー活動を展開していた。(12) 一九四三年七月には、委員会活動で身動きの取れなくなっていた国務省に国際電信電話会社の合併を提案した。(13) 皮肉なことに、その二カ月後、ウェスタン・ユニオン社がITT社から郵便電信ケーブル会社を買収した。ウェスタン・ユニオン社は、競争相手を寄せ付けない巨大企業を設立する代償として、この合併によってより近代的な通信手段にますます包囲されつつあった旧来の電信システムの「死」を遅らせてしまった。

北アフリカとヨーロッパへの戦略ケーブル

一九四二年から一九四三年にかけて、アメリカの利害が突如として世界中に拡大したことによって、いくつかの主要な問題の早急な解決が必要となった。その一つは、連合国が北アフリカ、イタリア、そして最終的にはフランスに進軍した際に、それぞれの派遣軍と通信する必要があったことである。

戦略的理由から、イギリスは長くケーブル・ネットワークを維持してきたが、無線については看過していた。一九四二年一月、海軍省は、無線に依存するアメリカ軍を批判する文書を作成した。

無線通信がケーブル通信に十分に代わりえるというアメリカの主張は、イギリスの政策とは一致しない。傍受される可能性が高いゆえ、無線通信は高度の暗号システムを不可欠としており、これによって無駄な遅延や労力が伴うのである。さらに、作戦遂行の合図が無線システムを経由した大量の最優先されるべき通信によって漏洩しないようにするために、通常では考えられない大量の通信がケーブルを経由して行われなければならないというケースが何度となく存在している。(14)

しかしながら、アメリカ、とりわけ軍部は、ケーブルが安全上優れていると十分認識していた。実際、一九四二年一一月に、米英連合軍が北アフリカに上陸したときにこの点が明らかになった。アルジェに向かうアメリカ陸軍第一軍団部隊を輸送する艦船に続いたのは、ケーブル敷設船「ミラー」であり、これは、ジブラルタルのケーブル二本をアルジェに繋げる任務を負っていた。一九四三年一月、「ミラー」はジブラルタルからカサブランカを結ぶケーブルを敷設した。その年の終わりまでに連合国の侵攻とともに、ケーブルは、マルタ島、シチリア島、ナポリ、ローマにまで拡大した。[15]こうして米英両国は北アフリカの兵力との通信を安全に行うことが可能になった。少なくとも、イギリス軍はそのように認識していた。

だがアメリカ軍にとっては、極秘の軍事電文がイギリス本国とジブラルタルにおけるイギリスのケーブル基地を経由するという事態を好ましくないと考えていた。アメリカ軍は自前のケーブルを必要としていた。一九四三年一月一四日、アメリカ軍事通信官僚はイギリス当局に対し、オルタ（アゾレス）とジブラルタルを結ぶ旧イタリアのケーブル、そしてオルタからニューヨークを結んでいたが、ニューヨーク沖一五マイルで切断された旧フランスのケーブルを、ニューヨークからカサブランカを結ぶアメリカ支配のケーブルへと転換するべきであると提案した。さらに、オルタとエムデンを結んでいたドイツのケーブルは切断されていたが、それを米英の連絡に接続しなおすことも提案した。[16]このアメリカ軍からの申し出に対し、イギリス無線電信理事会（その名称にもかかわらず、この理事会は軍事通信問題のすべてを監督していた）は、「これらの提案は、戦後アメリカの商業利益の優位性を見据えた、この地域でのイギリス利害を包囲することを意図したアメリカ企業の試みにほかならない」と返答した。[17]二月一〇日に行われたイギリス合同通信委員会との会合で、アメリカ陸軍通信部隊司令官のランボー大将は、排他的なケーブル敷設提案を撤回し、その代わりに、アメリカ軍要員によって管理される、ワシントンとカサブランカを直結するケーブルの敷設を要請した。[18]無線電信理事会議長のH・F・レイマンは、引き続き、彼が「商業的侵入」と名づけたアメリカ側の申し出に激しく抗議し、「イギリスが設定した現在のケーブルシステムは可能な限り妨害されるべきではない」と主張した。[19]（国防通信委員会を引き継いだ）戦時通信局によって率いられたアメリカ側が動じることはなかった。[20]最終的に七月一四日に米英両国は一つの合意に達した。つまり、ケーブル・ワイアレス会社が、カサブランカ〜オルタ間の複式チャンネルの一つ（ケーブル容量の半分）をアメリカ陸軍通信隊に貸与し、ウェスタン・ユニオン社のオルタ〜ニューヨーク間のケーブルと結ぶという合意である。この回線は、「再送信や傍受を排除した自動反復機器」で運用されるものとした。[21]この約定は、イギリスがアメリカ側の電信を調べるのではないかというアメリカの憂慮を緩和する目的で設定されたのである。これらの憂慮は、おそらく第一次世界大戦時にはありえたかもしれないが、今日では根拠のないものであり、安全保障をめぐる論争は非常に稀なものとなっていた[22]。しかしながら、イギリスは自らに向けられた不信感に憤った。この協定後も、しばらくの間、イギリス合同通信委員会は抗議を続けた。

アメリカの根拠のない疑念を払拭するには膨大で細かな作業が必要となる。その作業が戦争への歯止めとなっていると は言え、これらの疑念は、イギリスにおいて考えられうる限りの最悪の印象を生み出しつつある。イギリスの通信システムは、大西洋憲章の精神のもとで、すべての国連加盟国に対して等しい利益のために効果的に運用されている[23]。

この専用回線をめぐる論争は、当該期の特定の軍事的要求よりも、そして米英両国の相互不信よりも熱のこもったものであった。両国の相互不信は、通信に対する姿勢の違いを暴露することになった。アメリカは、チャンネルすなわち送受信のための貸与回線について考えていたのであるが、イギリスは、政府の電信を優先しつつも、ネットワーク全体をすべての利用者に開放されるべきだと考えていた。帝国通信委員会は以下のように説明している。

イギリスの世界規模のケーブルシステムは、七〇年間かけて構築されてきたものであり、またこの期間得られてきた経験によって、このようなシステムが全体として運用されるときにこそ十分に臨機応変に稼動することが明らかであった。ケーブルに関するアメリカ側の経験は……、大西洋横断および南北アメリカ・ルートに限定的なものであった……。そのため、アメリカは、適切な方法で用いられるケーブルの可能性を評価する能力を欠いている。アメリカ当局は、特定のサービスもしくはその他の政府省庁のための排他的ケーブル回線を確保する政策を採用しようとしている[24]。

しかし、アメリカは財布のひもを握っているので、イギリスは躊躇しながらもアメリカ側の要求に屈するようになった。一九四三年後半、アルジェ、イタリア、そしてイギリスを結ぶアメリカの占有する大西洋横断チャンネルが急速に拡張した。電気技師たちが、バリオプレックスと呼ばれるシステムを構築する際、洗練された解決策を提供したのである。高速の大西洋横断ケーブルにこの技術を採用することによって、一分当たり六〇文字を、若干スピードは落ちるがより多くのチャンネルに送電することが可能になった。要するに、チャンネルは容易にスイッチが切り替え可能となり、ネットワークが個々の伝聞の選択肢を与える一方で、利用者に専用チャンネルの優位性を与えた。大西洋の両側の米英両政府の機関によって借り上げられていた大抵のチャンネルは長期的であったが、いくつかは一過性であった。その回線の一部には、ワシントンの陸軍省とロンドンのアメリカ陸軍武官を結ぶチャンネル、ワシントンのアメリカ海軍対潜水艦作戦部とリバプールの西部上陸司令部を結ぶチャンネル、ワシントンのイギリス海軍省代表とロンドンのイギリス海軍省と航空大臣を結ぶチャンネル、そしてルーズベルトとチャーチルのケベック会議（一九四三年八月一一日から二四日）とイギリス外務省を結ぶチャンネルが含まれる[25]。

一九四四年までに連合国の相互不信は、フランス侵攻計画前後に予想された大量の通信のやり取りに傾注したことによって幾分和らいだ。アメリカ軍総司令官アイゼンハワー大将は、通常、兵士として行動することを好むディヴィッド・サーノフを司令官直属の特別通信補佐官に任命した。政府の極秘通信のために確保された大西洋横断ケーブルの容量に付け加えて、サーノフは、アメリカ陸軍通信隊のために、イギリス郵政省とケーブル・ワイアレス会社から合わせて一日に五〇万語以上を交信することが可能な短波チャンネルを獲得した[26]。ヨーロッパでの勝利に際して、アメリカの通信設備は完備されていた。たとえ交信が一日に一〇〇万語以上を超えたとしても、戦時情報通信委員会は、以下のようにコメントしたに違いない。「交信は予想されたほど増大したわけではなかったため、アメリカ企業の施設は需要を満たすのに十分な状態だった[27]」。連合国軍が侵攻するにつれて、ケーブルは英仏海峡を越えて敷設され、陸地伝いに修理され、ラジオ送信機が組み立てられた。九月までに、サン‐アスィスの巨大放送局が修繕され、ニューヨークと交信が可能になった。以後、連合国側が通信施設にこと欠くことはなくなったのである。

イギリスの退却

第二次世界大戦中につくり上げられた新しい電信システムがどれほど素晴らしいものであろうとも、このシステムがすべての人間を喜ばせたわけではなかった。とくに、イギリスは、むしろ自らの領域への突然のアメリカの侵入に対処しなければならなくなった。一九四二年二月四日、キャンベル・スチュアートは、エドワード・ウィルショウに、次のように報告した。「イギリス政府は、無線回線が関係する二国間にのみ制限されるという理解のもと、戦時の防衛上の観点から、アメリカとイギリス植民地を直接回線で繋ぐことに原則として同意した[28]」。これこそがウィルショウの恐れてきたことであり、彼は憤って、「アメリカの要求は商業的な動機に基づいている」とスチュアートに返答した。

アメリカの電信利害の明白な政策は、何年にもわたって、とりわけ第一次世界大戦以来、イギリスの通信に介入することを意図してきたものであり、外国の商業利害がこの目的を達成するうえで、目下の戦時という困難な時期が有利に働くと思われる。

イギリス政府がアメリカ側の要求を黙認したことによって、「世界的な通信の支配運用において、徐々にシェアを増やそうという外国利害の目論見に対して」、イギリス帝国通信を防衛するという一九二八年の合意が危うくなった。

当社が、いまや外国利害のイギリス帝国通信への侵入を予見するのは、こうした深刻な懸念に基づくものなのであり、帝国の通信全般のなかでも、とりわけ当社に対して深刻な事態が生じることになるであろう。

ウィルショウは、ケーブル・ワイアレス会社が示したこうした商業的な警鐘が、政府に何ら影響を及ぼさないことを知りながらも、国家の安全保障上の問題まで持ち出した。

現在ロンドンを経由している電文が、今後は経由しなくなり、しかも、安全保障を担う電文の傍受・精査部局を有しないような国家間において、直接に電文のやり取りが行われるとするなら、それは安全保障の観点から決して好ましいものとは言えないのである。(29)

ケーブル・ワイアレス会社の法律顧問は、政府に対する法的な訴訟事実を有しているわけではなく、また「われわれの顧客が賠償をも勝ち取る唯一の方法は、法的手段に頼ることなく、アメリカ政府へ圧力をかけること」によるものだろうと指摘した。(30)企業の経営陣の会合において、「イギリス首相への直接的な接近の可能性が検討されていた」。しかし、ウィンストン・チャーチルのアメリカへの友好政策に抗議することが賢明でないことは明らかだった。ケーブル・ワイアレス会社の利害はもはやイギリスの利害とは一致していなかったのである。イギリス政府はアメリカからの要望を拒否する立場になかっただけではなく、もはやコモンウェルスの内部事情を考慮することができなかったのである。過去の栄光を代表する人物だったウィルショウは、彼自身が時代に流されてしまったことを理解した。

このように一世紀にわたるイギリスの独占的な帝国通信支配は、ばらばらに崩壊し始めた。その状況下で、慈悲深いパトロンとしてのアメリカとの「パートナーシップ」という新たな政策が登場したのである。キャンベル・スチュアートの回想によると、「アメリカの第二次世界大戦参戦によって、ロンドンを世界への主要な玄関口としてきたイギリス帝国を、決してよじ登ることさえできない防壁で護られているかのように見なす従来の政策を維持することは、もはや実践的でもなく望ましいものでもなくなってしまった」[31]。アメリカのみが直通通信を望んでいたわけではない。自治領のなかでもとくにオーストラリアとニュージーランドは、ケーブル・ワイアレス会社への依存状態に苛立ち、とりわけ一九四二年に、アメリカのみがこれら自治領と侵攻する日本軍の間に立ちふさがっていたときには、アメリカとの直通通信の必要性を痛感したのである。

帝国の通信に関する主要会議の一つが、一九四二年秋にオーストラリア首相ジョン・カーティンの招きで、ロンドンではなくキャンベラで開催された。ウィルショウは招かれたものの会議への出席を断ったため、彼は自分の主張を述べる機会を失った。「ロンドンによる長年にわたる支配についに勝利した、新しいタイプの帝国パートナーシップの驚くべきデモンストレーションであり、この点からでもイギリス帝国史上画期的な出来事」である。スチュアートが、このように記している会議参加国のコンセンサスを、ウィルショウが覆すことは不可能になっていた[32]。（また、イギリスの電信政策に最大の影響を与えたこのスチュアートという人物がカナダ人であったことは特筆に価する）。

一度でもイギリス政府がこれら自治領とアメリカとの間の直通通信を受け入れたならば、これら諸国がコモンウェルス内部の通信問題を取り上げないはずはなかった。一九四三年四月、帝国通信諮問委員会は、自治領の影響力の増大を反映して、コモンウェルス通信協議会と改称した。スチュアート議長のもと、コモンウェルスの通信を国際化するというオーストラリアとニュージーランドが提案した計画が推奨された。この計画は、「オーストラリアとニュージーランドは、ロンドンに拠点を置く企業の利益に基づいて制限されたいかなる措置にも寄与せず、自治領の人々にとって安価な通信手段の最大の発展を目指す」という主張に基づくものであった[33]。

それゆえ、米英の利害対立に加えて、ケーブル・ワイアレス会社と自治領の間で長く燻っていた紛争が再び立ち現れたのだった。イギリス政府は中道の立場をとった。イギリス戦時内閣の帝国電気通信事業委員会はウィルショウの肩を持ったが、一方、スチュアートは自治領諸国、もしくは「キャンベラ」計画を支持したのである[34]。イギリス政府はこの相違を埋め合わせるために、リース卿をコモンウェルス遊説使節として送り出した。帰国後、リースは「キャンベラ」計画を推奨したが、イギリス政府は、その計画に尻込みし、新たにコモンウェルス電気通信会議を召集した[35]。その会議は、一九四五年七月から八月にかけてロンドンで行われたが、再び「キャンベラ」計画を推奨した。イギリスを含むそれぞれのコモンウェルス諸国は、自国内のケーブル・ワイアレス会社の地元資産を国有化し、海上および外国資産はイギリス本国の管理下に置くこととした。同年一一月、アメリカとの会議で、イギリス政府はロンドン会議の勧告を受け入れ、コモンウェルス諸国によるケーブル・ワイアレス会社の国有化と、それぞれの諸国間の直通通信を受け入れたのである。[36] 七〇年にわたってイギリスに貢献してきたロンドンを中心とする旧来の通信システムは、イギリス帝国とともに崩壊した。

戦後通信機構の組織化

一九四五年の連合国の観点からすれば、将来のグローバルな通信には二つの特徴が存在した。一つは、コモンウェルス諸国を含めた各国が、電信を管理し、あらゆる他国と直接通信することである。もう一つは、アメリカが新たなビジネスや報道の拡大に必要な経済成長を達成し、かつグローバルな通信需要を満たすのに十分な資源を持つがゆえに、アメリカが世界のコミュニケーションを確実に支配しつつあったことである。イギリス政府がいかなる政策を採用しようとも、権力と富をめぐる新たな現実は、ウィルショウの言葉を借りるならば、「ニューヨークが、通信の世界におけるハブとしてロンドンの役割を奪うことになる」ことを示唆していた。[37]

しかし、こうした変化は、敗北した枢軸諸国の通信の問題を解決すべきもう一つの問題として残した。第一次世界大戦後に連合国は、ドイツの海底ケーブルを没収したが、その他の電信については関与しなかった、第二次世界大戦において連合国は、さらなる措置を講じることを決定した。しかしながら、その他の問題の多くで見られたように、この問題においてもアメリカの姿勢は、イギリス政府のそれとは異なっていた。

アメリカの姿勢は、一九四三年九月にアメリカ国務長官コーデル・ハルがルーズベルト大統領に提出した「講和条件に関する通信特別省庁内委員会報告」に示された。ルーズベルトは、この報告書をチャーチルに見せ、チャーチルはこれをワシントン駐在イギリス統合参謀使節団およびイギリス外相アンソニー・イーデンに回覧させた。[38] この報告書によれば、アメリカは戦後、国際連合、もしくは国際通信機構の設立を想定していた。そして、この報告書は、すべての敵国の電信設備は国際連合に引き渡されること、そして放送から「好ましくない題材」を排除するために敗戦国の国内設備に対する管理体制を整えることを提案していた。全体としてこの報告は、具体性に欠け、理想主義的であった。またこれはイタリアを敵国と見なすかどうかという微妙な問題に議論の余地を残すものだった。

敵国の電信に対するイギリスの構想は、はるかに精密でより現実的だった。一九四三年三月、ケーブル・ワイアレス会社は、「戦後における枢軸国の電信の統制」という計画をイギリス政府に提案していた(39)。これは、「少なくとも一定期間、侵略諸国の電信サービスに対する厳格な統制は、戦後に確実に必要となるであろう」という立場を維持していた。「厳格な統制」を詳細に述べると以下のようだった。枢軸諸国におけるすべての電信、電話、テレックスのやり取りは第三国によって盗聴され精査されるであろう。すべての海外通信は、ロンドン、マルタ、グアム、もしくは上海などの精査可能な場所を通過するものとする。枢軸国のすべての無線通信は、国連職員によって管理され、いかなる暗号も符牒も許可されない。

一九四五年八月、戦争終結に伴って、イギリスの郵便電信検閲局長E・S・ハーバートは同じ提案を持ち出した。

今後二〇年間にわたってドイツの海外通信を完全に支配することができれば、一九一九年から一九三九年の間に起こったような、平和的なビジネスもしくは科学技術奨励という外皮の下で戦争準備を進めた侵略的ドイツの復活を回避することができよう。……

通信の検閲による統制は、連合国の検閲制度が脅威を与えるものではないということを、連合国に協力しようとしているドイツ人にわかるような方法で行われなければならないのである。それゆえ検閲による統制は、民主的考えを表明する自由を妨害するものであってはならない(40)。

ハーバートの文書はドイツに的を絞ったものであった。なぜならイギリス政府はそのときまでに意識的に極東から背を向けつつあったからである。一九四五年三月、イギリス外務省は帝国通信委員会に「太平洋における日本統治領の将来」という覚書を送った。この覚書において「外務省はアメリカによる太平洋の日本統治領の確保を黙認し、それはイギリスおよびオーストラリア、ニュージーランド、カナダなどの利害と矛盾しない」という見解を示した。また、この覚書は、「電信に関して、一見したところわれわれが［極東］にいかなる特殊利害を持つこともありえない」と示した。さらにイギリス郵政省から帝国通信委員会に送られた別の覚書でも、「電信の観点から、極東において特別な帝国利害は存在しない」と確認された(41)。

一九四五年までにイギリスの電信の専門家たちの主な関心は、ドイツの復活に向けられた。太平洋に関しては、喜んでアメリカに引き渡すことで、イギリスは徐々にヨーロッパにその関心を移すことになったのである。

結論

通信は、歴史上それ以外のいかなる出来事よりも第二次世界大戦の経過に大きな影響を与えた。この戦争の特質——規模が大きく行動範囲が広い——は、継続的で即時アクセス可能で安全な通信を必要とした。枢軸国の指導者たちが信じたように、最も勇猛果敢な国家に勝利が訪れたわけではなく、最も情報を獲得した国家こそが勝利したのである。

連合国の優位性はもちろん幸運という要素もあったが、しかしその結果は、グローバルな電信を支配してきた七〇年にわたるイギリスの経験によるものが大きかった。イギリスはいかに自国の極秘情報を守るのか、そしていかに敵国の極秘情報に侵入するのかに関してより多くの教訓を得てきたのだ。一九二〇年代後半以降、短波無線がケーブル会社に破産の脅威を与えたとき、イギリス政府はケーブル・ネットワークへの政府補助金付与を選択した。より幅広い規模でのケーブルへの公的資金投入は、商業上の競争を犠牲にしてもイギリスの海外通信の保全を守り抜くことを意味したのである。

しかしながら、イギリスは安全な通信とコモンウェルスの協力国の助けをもってしても、ドイツの攻撃から生き残ることはできなかったかもしれない。戦争が近づくなか、イギリスは、三つの同心円的な同盟を形成した。もっとも外側には共通の敵が存在する限りにおいて存続するだろう一時的な反独同盟である。その内側には今日まで続く北大西洋連合が形成され、そしてその中核において（しばしば陰謀と呼ばれる）長期に渡る米英の友好関係が存在した。敗北を避けるため、イギリスは、世界に占める自己の立場を――グローバルな情報の流れを統括する役割を含む――アメリカに遺産として譲ったのであった。

注

（1） Secret and confidential memorandum on foreign cables from Edward Wilshaw to the Imperial Communications Committee, July 1940, in Cable and Wireless archives, B2/550.

（2） U. S. Federal Communications Commission, "Report of the Federal Communications Commission on the International Telegraph Industry submitted to the Senate Interstate Commerce Committee investigating telegraphs," United States Senate, Appendix to Hearing before Subcommittee of the Committee on Interstate Commerce（77th Congress, 1st Session, part 2）, 450-81, reprinted in *The Development of Submarine Cable Communications*, ed. Bernard S. Finn（New York, 1980）.

（3） Ibid., 473.

（4） "Topi No. 3: Degree of coordination necessary to insure rapid handling of all international cable traffic," April 28, 1941, in National Archives, Record Group 259, Box 48, File "Com. Ⅲ D. C. B."

（5） Letter from Sir Campbell Stuart to J. L. Fly, August 31, 1941, in National Archives, RG 259, Box 1, File "DCB — Direct Com w Br Emp."

（6） Memorandum from J. L. Fly to FCC, October 14, 1941, re "Plan for Communication," ibid.

（7） Letter from J. L. Fly, chairman, DCB, to President Franklin D.

Roosevelt, November 14, 1941, in National Archives, Record Group 259, Box 1, File "DCB — Direct Com w Br Emp."

(8) 第二次世界大戦期における米英関係と植民地問題については、William Roger Louis, *Imperialism at Bay, 1939–1945: The United States and the Decolonization of the British Empire* (Oxford, 1977) を参照。残念ながら本書は通信については言及していない。

(9) Hugh Barty-King, *Girdle Round the Earth: The Story of Cable and Wireless and its Predecessors to Mark the Group's Jubilee, 1929–1979* (London, 1979), 288–89.

(10) Memorandum from J. L. Fly, chairman, to FCC, January 19, 1942, in National Archives, RG259, Box 1, File "DCB — Direct Com w Br Emp."

(11) "DCB — International Circuits — General," May 17, 1942, and "DCB Direct Circuits," July 14, 1943, in National Archives, RG 259, Box 2; FCC Engineering Department, International Division, "Maps of Radiotelegraph and Radiotelephone Circuits in Active Operation between the United States and Territorial Possessions and Foreign Countries," July 1, 1943, ibid., Box 61; "BWC Office of War Information, Report on United States Communications in the War," September 29, 1943, ibid., Box 62.

(12) See e. g., letter from J. L. Fly, chairman FCC, to Joseph F. Chamberlain, Columbia University, August 14, 1942, in National Archives, RG 173, Box 596: "FCC, Office of the Executive Director."

(13) Letter from President Roosevelt to J. L. Fly, chairman of the Board of War Communications, June 1, 1943, in National Archives, RG 259, Box 3, File "BWC. Unification of International Facilities of American Carriers."

(14) Admiralty memorandum to British Admiralty Delegation, Washington, January 30, 1943, in Public Record Office, ADM 116/5443; "Cable Communications and Cable Ships, 1941–1945."

(15) Charles Graves, *The Thin Red Lines* (London, 1946), 85, 91–93, and 123; Barty-King, 292.

(16) Memorandum "Naval Cypher XD plug by Cable," from Commonwealth Joint Communications Committee to British Joint Communications Board, January 14, 1943, in Cable and Wireless archives, B2/550.

(17) Memorandum from Wireless Telegraphy Board re "U. S. proposals concerning trans-atlantic submarine cable communications, January 26, 1943, in PRO, ADM 116/5137.

(18) Memorandum from Brigadier General W. S. Rumbough to British Joint Communications Board, February 10, 1943, in PRO, ADM 116/5137: "Use of Imperial and exenemy worldwide cable network, 1940–44."

(19) Memorandum from H. F. Layman, chairman of the Wireless Telegraphy Board, to the Imperial Communications Committee, February 26, 1943, re" U. S. proposals concerning trans-Atlantic submarine cable communication," ibid.

(20) Memorandum from BWC Committee Ⅲ (cables) to BWC re

"American Cable Communications Plan," April 6, 1943, in National Archives, RG 259, Box 47: "Board of War Communications (1941–1945)," File "Com Ⅲ."

(21) Agreement of July 14, 1943, in Cable and Wireless archives B2/550; memorandum from British Chiefs of Staff, July 21, 1943, in PRO, ADM, 116/5137.

(22) リスボン駐在アメリカ代理公使ジョージ・ケナンは、ケーブル・アンド・ワイアレス社の社員が、アメリカの外交ならびに通商に関する電信をイギリスのみならず枢軸国に対しても漏洩していると批判したが、同社はその申し立てを否定した。この問題については次を参照。Kennan's letters to Secretary of State Hull, October 21 and November 20, 1943, re "Eastern Cable Company and Marconi Wireless Company of Lisbon," in National Archives, RG 259, Box 34, File "Cable & Wireless, Ltd."

(23) Memorandum from British Joint Communications Board to Commonwealth Joint Communications Committee, August 25, 1943, PRO, ADM 116/5137.

(24) Memorandum from the IC to the Chiefs of Staff, October 20, 1943, in PRO, ADM, 116/5137.

(25) Letter from Ivan Coggeshall (formerly of Western Union) to Donard de Cogan, May 19, 1985, cited with permission.

(26) Kenneth Bilby, *The General: David Sarnoff and the Rise of the Communications Industry* (New York, 1986), 143–47.

(27) Memorandum from E. K. Jett, chairman, Coordinating Committee to Board of War Communications, June 10, 1944, in National Archives, RG 259, Box 61, File "BWC International Communications, efficient handling of trans-Atlantic."

(28) Letter from Campbell Stuart to Edward Wilshaw, February 4, 1942, in Cable and Wireless archives, B1/93: "Direct Services USA, 1942–1943."

(29) Letter from Wilshaw to Stuart, February 13, 1942, ibid.

(30) Letter from D. N. Plitt, April 3, 1942, ibid.

(31) Sir Campbell Stuart, *Opportunity Knocks Once* (London, 1952), 228–29.

(32) Ibid, 229. See also Barty-King, 289–90.

(33) Commonwealth Communications Council, "Interim Report to the Governments," May 10, 1944, in PRO, Cab 76/7. See also Stuart, 125–26.

(34) First Report of the Official Committee on Empire Telecommunication Services, James Rae, chairman, October 27, 1944, in PRO, CAB 76/7.

(35) "Commonwealth Telecommunications. Report by Lord Reith on his Mission to the Dominions, India and Southern Rhodesia," March 30, 1945, in PRO, Cab 76/7; "Reorganization Commonwealth Telecommunications. Lord Reith's report, 1945," in PRO, ADM, 116/5444; J. C. W. Reith, *Into the Wind* (London, 1949), 497–506.

(36) Reith, 506–17; Barty-King, 313–20.

(37) Barty-King, 294.

(38) Secret File, British Embassy, Washington, No. G. 285/1: "Spe-

cial Committee on Communications: Peace Terms," in PRO, FO 115/3571.

(39) Report by Cable and Wireless to Government "Post-war control of Axis telecommunications," March 12, 1943, in Cable and Wireless archives, B2/552.

(40) Memorandum by E. S. Herbert, chairman, Committee on Censorship and Director General, Postal and Telegraph Censorship, re: "Germany — Policy Concerning the Control of Communication by the Allies," August 30, 1945, in PRO, Cab 76/11: Minutes of Interdepartmental Committee on Censorship, 1942–45.

(41) Memoranda from the Foreign Office, March 16, 1945, and Post Office, March 21, to the Imperial Communications Committee of the War Cabinet in PRO, ADM 116/5438: "Japanese islands in the Pacific. British telecommunications interests and future policy."

第15章　電信、情報、そして安全保障

電信の歴史は、何よりもまして、人類の最も賞賛すべき功績の物語である。つまり電信とは、何百万人もの人々に情報を伝え、喜びを与え、安全性を保証する技術であり、現代のビジネスや政府にとって欠くことのできないシステムとなった。グローバルなレベルでは、世界的な貿易や繁栄は、現代の電信だけが提供できる瞬時の情報に依存するようになっている。国家間では、電信の利用は主に協調を目的としたものであった。過去一五〇年にわたって電気通信は高速化・信頼度・廉価性から先進国全体に広がり、現在ではより多くの途上国にも広がりつつある。その結果、人々は十分な情報を得られないことに不満を感じることはなくなっている。むしろ人々は、あまりにも多くの情報の洪水に直面するようになった。そして、これらは環境を汚染することもなく、また天然資源を枯渇させることもなく達成された。同時代のあまりにも多くの他の技術（例えば鉄道や自動車そして大量生産品）が華々しく登場したのちにその成長が鈍化したのとは違って、電信は改良を重ねてきた結果、その未来は、われわれの祖先が驚嘆するほどの目覚しい奇跡を約束している。したがって、電信や電話、そして無線やその他の通信手段についての研究のほとんどが、これらの発明が人類にもたらした恩恵を賞賛しているのは当然のことなのである。

われわれは、国際関係の観点から問題に接近してきた。本書で論及した時代において、国家間の関係は人類に対して恩恵と同様に悪夢も与えてきた。一八五〇年代から一九四〇年代までの一世紀の間に、二つの巨大な出来事が世界を一変させた。つまり、一つは、諸列強の勢力が世界中の脆弱な地域へと膨張したこと、そして二つ目は膨張に続いて起こった列強による二度の世界戦争が勃発したことである。一九世紀が、技術が人間の自然に対する支配力をいかに高めたかを示す時代であったとするならば、二〇世紀は、その支配力が他者を征服するための特定の人々の権力へと容易に転換することを示した時代だった。紛争の続いた時代において、電信は国家間の対立の武器でもあり、また原因ともなった。電信はその時代を反映していたのである。

多くの国が電信や無線の発展において一定の役割を担っていたが、イギリスほど大きな貢献をなした国はなかった。そのた

め、グローバルな電信の歴史は、イギリス帝国の興亡と密接に結びついているのである。一八六〇年代に、海底ケーブルが実用可能になったとき、イギリスのみが世界規模のネットワークをつくり出す産業と資本を有しており、また投資を保証するに十分な取引を確保していた。一八七〇年代以降には、イギリス帝国は徐々に海底ケーブルの銅線の束によって結び付けられるようになった。情報が大国としての地位や経済的繁栄のためにますます重要な要因となりつつあった時代において、イギリスはケーブル・ネットワークのおかげで情報の流れを支配する権力を握ったのである。イギリスの歴史は、相互依存関係を描き出している。イギリスが、産業部門において他国に追い抜かれたのちも数十年に渡って強国であり続けたとするならば、それはイギリス帝国、イギリス海軍、そしてそのグローバルな貿易によるものであり、これらすべては安全で効率的な通信システムを前提としていた。

帝国主義的膨張と世界貿易のなかに組み込まれた他のヨーロッパ諸国もまた、イギリスの構築した通信ネットワークの便宜を得ることができた。しかし、その協調の時代は、非ヨーロッパ諸国の領土が諸列強の膨張主義者の動きを満足させるのに十分であった限りにおいて続いたにすぎなかった。イギリスは、すべての顧客が利用できる商業的手段として通信ネットワークを構築し運用していたけれども、イギリスのネットワークの力は他国との競争において有効であることがすぐさま明らかになった。世紀転換期までに国際的な緊張の高まりのもとで、しかも自らの権益が脅かされるときには、いつでもイギリスは躊躇することなくグローバルな通信に対する自らの権力を行使してきた。この状況のもと、フランスやドイツは対抗するネットワークを創設するよう刺激を受けたのである。しかしながら、政治的に動機づけられたネットワークは、イギリスの覇権を浸食するに十分なほど収益率の高いものではなかった。イギリスのケーブル会社は、北大西洋においてのみ、アメリカ企業にその地歩を譲ったが、イギリスによる情報アクセスを脅かすことはなかった。

二〇世紀前半期は、戦争と軍備増強の時代だった。戦争は、電信に特別な意義を付け加えることになった。なぜなら情報は一つの武器であり、秘密にしなければならなかったからだ。ある国家とその同盟国の間で管理され、強力な海軍によって守られた海底ケーブルこそが最も安全なコミュニケーション手段であることが経験によって明らかになった。しかし、唯一イギリスとアメリカだけがこの選択肢を有していたにすぎない。第一次世界大戦は、ケーブルにおけるドイツの野望を打ち砕いたが、情報におけるイギリスの優位性を浸食するように見えた無線という新しい技術の発展を刺激し、実際にその技術の需要を高めた。

戦時においては、安全保障が極秘通信以上に求められることになる。それはまた、敵国の極秘情報へのアクセスと誤情報を流すことによって敵を欺く能力、そして情報較差による軍事力の優位性の確保を条件とする。無線で送られる電文は決して完全に安全ではなかったけれども、イギリスはドイツに対する通信諜報において本質的な優位を享受していた。二つの世界大戦において、イギリスは、たしかに勝利のために情報における優位性を活用するには、アメリカの参戦を待たねばならなかったが、それでも諜報においては抜きんでていたのである。

国際通信におけるイギリスの圧倒的優位性を脅すことになったのは、ドイツの軍事力ではなく、アメリカの経済力であった。第二次世界大戦において、アメリカは、世界をリードする産業国家および海軍国家としての役割を引き継ぎ、それによって国際的な貿易と情報の中心になった。その過程においてアメリカはグローバルな通信コミュニケーション・ネットワークを構築する一方で、通信の安全保障および通信諜報への強迫観念に取り付かれることにもなった。

本書は、一九四五年で幕を閉じる。いうまでもなく物語はここで終わるわけではなく、歴史家が信用に足る史料にアクセスできる限界がこの時代までということである。一九四五年以降も、一面では技術革新によって、他面では拡大する需要に対処するために、通信技術は加速度的なペースで改良され続けた。一九五六年には、古い電信ケーブルを一夜で時代遅れのものとした、世界最初の大西洋横断電話ケーブルが三〇年を費やして敷設された。その後すぐ、一九六〇年代には、通信衛星の時代が始まり、それから二〇年後には古い電話ケーブルといくつかの通信衛星さえも時代遅れのものとする光ファイバー・ケーブルの開発が続いた。

技術が急速に進歩していく一方、人間の対応は、はるかに遅れている。国際通信の分野では、世界戦争の時代に生まれた他国への疑念という習性は、戦後の時代にも持ち越されてきたし、通信諜報は主要な産業へと成長した。アメリカは、一九四一年以前には通信技術における見習い的な存在だったが、通信諜報というゲームの盟主としてイギリスと協力し、国家安全保障局として知られるようになった最大の諜報機関を生み出したのである。しかしながら、過去の成功も巨大な予算も機密を確保しきれず、これまでもたびたび、スパイたちが両国の最も執拗に守られた極秘情報をソ連に売却してきたのである。

通信の安全性を国家安全保障と混同することは危険である。平時においては、機密は、安全保障を守るというよりも、単に疑念と憤りを生み出すにすぎない。それゆえ自由に入手したか、もしくは極秘に獲得したかにかかわらず、より多くの情報はこれらの疑念を軽減することが可能だと言えよう。情報化時代において、機密性が少なくなればなるほど、突然の驚きを恐れることもなくなり、それゆえに世界はより安全になるかもしれない。おそらく一世紀前のフェルディナン・ド・レセップスのごとく、「相互に理解し合えれば、人は争いを止めるだろう」と願うことに遅すぎることはない。

文献ノート

電信に関する刊行文献は非常に偏っている。経済的・政治的研究にとっては価値が非常に限られている膨大な技術に関する文献を別とすれば、基本的に公刊されている文献は二つのカテゴリーに分けることができる。一つは、一九世紀半ばに遡る海底ケーブル敷設からそのピークとなった第一次世界大戦を扱うものであり、この分野の研究は比較的多い。それに比べて、無線に関する研究は少ない。その代わりに、二〇世紀後半においては、第二次世界大戦後の時代を扱う関係では当然のことであるが、通信諜報、暗号、スパイ活動に関する研究で出版が相次いでいる。これらの分野での研究は衰えを見せない。というのも、公文書館は定期的に第二次世界大戦以降の一次資料の機密解除を続けているからである。したがって、その分野での現行の研究は、いまだ確定的もしくは完全なものであるとは言えないであろう。読者は、現在の研究状況を自らの調査と発見のスタート地点と見なすべきなのである。

海底電信ケーブルに関する文献

海底電信ケーブルの起源や初期の衝撃を扱った研究はごくわずかである。最も早い時期に著された研究は、Willoughby Smith, *The Rise and Extension of Submarine Telegraphy*（London, 1891）と Charles Bright, *Submarine Telegraphs, Their History, Construction and Working*（London, 1898）の二つである。ケーブル技術についての明快な入門書としては、Gerald R. M. Garratt, *One Hundred Years of Submarine Cables*（London, 1950）を参照。Kenneth R. Haigh, *Cableships and Submarine Cables*（London and Washington, 1968）も、参照すべき優れた研究である。近代世界をつくり出すうえでケーブルの果たした役割を描き出そうとした文献としては、Vary T. Coates and Bernard Finn, *A Retrospective Technology Assessment. Submarine Telegraphy. The Transatlantic Cable of 1866*（San Francisco, 1979）がある。

多くの研究は、ケーブルのある特定の側面について論及したものである。Maxime de Margerie, *Le réseau anglais de câbles sous-marins*（Paris, 1909）は、政治的・経済的観点からイギリスのケーブルネットワークの意義を論じている。帝国主義時代のケーブル会社とイギリス政府の関係をテーマにしている研究としては、残念ながら公刊はされてはいないが Robert J. Cain, "Telegraph Cables in the British Empire, 1850–1900"（Ph. D. Dissertation, Duke University, 1971）が優れている。第一次世界大戦以前のケーブルの戦略的意義について議論している研究としては、P. M. Kennedy, “Imperial Cable Communications and Strategy, 1879-1914,” *English Historical Review* 86（1971）, 728-52がある。

三冊の研究書がドイツのケーブルについて論じているが、そのうちの二冊はケーブル創設期に発表されたものである。ドイツ人の見解に関しては、Hugo Thurn, *Die Seekabel mit besonderer Berücksichtigung der deutschen Seekabeltelegraphie. in technicher, handelswirtschaftlicher and strategicher Beziehung dargestellt*（Leipzig, 1909）を参照。フランス人の Charles Lesage は、反ドイツ的な視点から論じているものの、優れた実証的研究 *La rivalité franco-britannique. Les câbles sous-marins allemands*（Paris, 1915）を著わしている。学問的な立場から極めて綿密にドイツのケーブルを扱った研究として、Arthur Kunert, *Geschichte der deutschen Fernmeldekable. II. Telegraphen-Seekable*（Cologne-Mülheim, 1962）も参照。

アジアにおける電信を扱った研究を二点挙げておく。Halford L. Hoskins, *British Routes to India*（London, 1928）は、イギリスによる植民地インドとの電信開設の起源を詳細に論じている。また、Jorma Ahvenainen, *The Far Eastern Telegraphs: The History of Telegraphic Communications between the Far East, Europe and America before the First World War*（Helsinki, 1981）も優れた研究成果である。中国における電信の起源については、Saundra P. Sturdevant, “A Question of Sovereignty: Railways and Telegraphs in China 1861-1878,”（unpublished Ph. D. dissertation, University of Chicago, 1975）を参照。

無線と遠隔通信に関する文献

無線についてはいくつか優れた研究が存在している。とくに、Hugh Aitken の *Syntony and Spark: The Origins of Radio*（New York, 1976）および *The Continuous Wave: Technology and American Radio 1900-1932*（Princeton, 1985）を参照。軍隊による無線開発のはじまりは、歴史家の関心をひきつけてきた。例えば、Susan J. Douglas, *Inventing American Broadcasting, 1899-1922*（Baltimore, 1987）および Rowland F. Pocock, *The Early British Radio Industry*（Manchester, 1988）を参照。電子工学に関する軍事的観点からの研究としては、Arthur R. Hezlet, *The Electron and Sea Power*（London, 1975）が詳しい。また、無線の法律的側面については、John D. Tomlinson, *The International Control of Radiocommunications*（Geneva, 1938）が詳細に論じている。

無線と電話の出現以来、電信はより広範に研究者たちの関心をひきつけて遠隔通信へと発展した。一九二〇年代の後半に、遠隔通信ビジネスにおける大規模な再編が起こったが、それと同時に非常に注目すべき研究も出版されている。例えば、George A. Schreiner, *Cables and Wireless and Their Role in the Foreign Relations of the United States*（Boston, 1924）、Frank J. Brown, *The Cable and Wireless Communications of the World: A Survey of Present Day Means of International Communication by Cable and Wireless, Containing Chapters on Cable and Wireless Finance*（London, 1927）; Leslie B. Tribolet, *The International Aspects of Electrical Communications in the Pacific Area*（Baltimore, 1929）などである。より近年の研究については、Hugh Barty-King, *Girdle Round the Earth: The Story of Cable and Wireless and its Predecessors to Mark the Groups' Jubilee, 1929-1979*（London, 1979）が、イギリスのケーブル・ワイアレス会社の歴史を詳述している。フランスの遠隔通信については、Catherine Bertho, *Télégraphes et téléphones de Valmy au microprosseur*（Paris, 1981）がある。また関連文献としては、George A. Codding, *The International Telecommunication Union: An Experiment in International Cooperation*（Leiden, 1952）を参照。

通信諜報

第二次世界大戦におけるスパイと諜報のドラマチックな役割は、非常に多くの研究を生み出した。暗号に関する今でも最高の概説であり続けているのは、David Kahn, *The Codebreakers: The Story of Secret Writing*（New York, 1967）〔デーヴィッド・カーン著、秦郁彦・関野英夫訳『暗号戦争――日本暗号はいかに解読されたか』（早川書房、一九六八年）; デーヴィッド・カーン著、秦郁彦・関野英夫訳『暗号戦争』（早川書房、一九七八年）〕である。イギリスの隠密活動については、Christopher Andrew, *Secret Service: The Making of the British Intelligence Community*（London, 1985）を参照。第一次世界大戦については、とりわけ以下の三冊が参考になる。Barbara Tuchman, *The Zimmerman Telegram*（New York, 1958）、Patrick Beesly, *Room 40: British Naval Intelligence, 1914-1918*（London, 1982）、そして Alberto Santoni, *Il primo Ultra Secret: L'influenza delle decrittazioni britanniche sulle operazioni navali della guerra 1914-1918*（Milan, 1985）である。ハーバート・ヤードリー本人の回顧録、Herbert O. Yardley, *The American Black Chamber*（Indianapolis, 1931）〔ハーバート・O・ヤードリー著、大阪毎日新聞社訳『ブラック・チェンバー――米国はいかにして外交秘電を盗んだか』（大阪毎日新

聞社、一九三二年）：H・O・ヤードリー著、近現代史編纂会・平塚柾緒訳『ブラック・チェンバー――米国はいかにして外交暗号を盗んだか』（荒地出版社、一九九九年）〕は、独善的な論述にもかかわらず非常に魅力に富んだ読物である。

第二次世界大戦の歴史研究に関しては、一九七四年のFrederick W. Winterbotham, *The Ultra Secret*（New York, 1974）〔F・W・ウィンターボーザム著、平井イサク訳『ウルトラ・シークレット――第二次大戦を変えた暗号解読』（早川書房、一九七六年）〕が一つの転換点となった。ウィンターボーザムは、ドイツの極秘電信へのイギリスの侵入の程度を暴露したのである。それゆえ、一九七四年以降に書かれた研究は、以前に発表されたものよりもはるかに読者をひきつけている。とりわけRonald Lewin, *Ultra Goes to War*（London and New York, 1978）とAnthony Cave Brown, *Bodyguard of Lies*（New York, 1975）〔アンソニー・ケイヴ・ブラウン著、小城正訳〕『謀略――第二次世界大戦秘史』（フジ書房、一九八二年）〕は多くの読者を獲得した。Janusz Piekalkiewicz, *Rommel und Die Geheimdienste in Nordafrika 1941-1943*（Munich and Berlin, 1984）は北アフリカ戦線に特定した調査であるが、一方、Patrick Beesley, *Very Special Intelligence: The Story of the Admiralty's Operational Intelligence Centre, 1939-1945*（Garden City, New York, 1978）は、第二次世界大戦でのイギリス海軍諜報に関する最良の書であり続けている。またドイツのスパイ活動については、David Kahn, *Hitler's Spies: German Military Intelligence in World War II*（New York, 1978）を参照。太平洋における通信諜報については二つの重要な研究が挙げられる。W. J. Holmes, *Double-Edged Secrets: U. S. Naval Intelligence Operations in the Pacific during World War II*（Annapolis, Md., 1979）〔W・J・ホルムズ著、妹尾太男訳『太平洋暗号戦史』（ダイヤモンド社、一九八〇年）および再版（朝日ソノラマ社、一九八五年）〕とRonald Lewin, *The American magic: Codes, Ciphers, and Defeat of Japan*（New York, 1978）である。

第二次世界大戦後の通信諜報に興味のある読者もあろうが、本書では扱っていないので、ここでは、James Bamford, *The Puzzle Palace: A Report on America's Most Secret Agency*（Boston, 1982）〔ジェイムズ・バムフォード著、滝沢一郎訳『パズル・パレス――超スパイ機関NSAの全貌』（早川書房、一九八六年）〕の一読を勧めておく。

一次史料

参考文献として以上に取り上げたものに加えて、著者は公文書館で多くの一次資料を参照した。国際電信におけるイギリスの役割は、公文書館所蔵資料の重要性に、とりわけイースタン電信会社とマルコーニ無線電信会社を引き継いだロンドンのケーブル・ワイアレス会社の関連資料の重要性に反映されている。著者はロンドン滞在中、ケーブル・ワイアレス会社で受けた友好的な歓迎に深く感謝している。同様に重要な一次資料は、キューの公文書館のＡＤＭ、ＣＡＢ、ＦＯ、ＣＯファイルに所蔵されている。また、防衛省の所蔵資料も有用である。

フランスでは、パリのオートルｰメール公文書館（現在はエクスｰアンｰプロヴァンスに移動）と郵政電信省の資料に依拠した。

アメリカ合衆国ではワシントンの国立公文書館が、戦時電信局（一九四〇～一九四七年）、対外放送諜報サービス（一九四〇～一九四七年）、連邦通信委員会の重要な資料を所蔵している。

訳者あとがき

本書は、ダニエル・R・ヘッドリク（Daniel R. Headrick）著 *The Invisible Weapon: Telecommunications and International Politics 1851-1945*（Oxford University Press, New York and Oxford, 1991）の全訳である。アメリカ・ルーズベルト大学の社会科学・歴史学名誉教授であるヘッドリクの名前は、以下の三冊の翻訳書の刊行を通じて、すでにわが国でも広く知れわたっている。

原田勝正・多田博一・老川慶喜訳『帝国の手先——ヨーロッパ膨張と技術』（日本経済評論社、一九八九年）（原題：*The tools of empire: technology and European imperialism in the nineteenth century*, Oxford University Press, 1981）

原田勝正・多田博一・老川慶喜・濱文章訳『進歩の触手——帝国主義時代の技術移転』（日本経済評論社、二〇〇五年）（原題：*The Tentacles of Progress: Technology Transfer in the Age of Imperialism, 1850-1940*, Oxford University Press, 1988）

塚原東吾・隠岐さや香訳『情報時代の到来——「理性と革命の時代」における知識のテクノロジー』（法政大学出版局、二〇一一年）（原題：*When information came of age: technologies of knowledge in the age of reason and revolution, 1700-1850*, Oxford University Press, 2000）

ヘッドリクの研究が日本でも多くの読者を魅了してきている理由は、これまでわが国の西洋史や帝国史・帝国主義論の研究者がほとんど扱ってこなかった領域、すなわちアジア・アフリカをも含めた国際的な技術移転や武器移転、さらには情報システムや帝国統治システムとその普及・移転のメカニズムを、ヘッドリクが膨大な一次資料の分析を踏まえて克明に紹介している点にある。近代産業文明の世界的伝播の実態を、これほど広範囲にわたって、これほど具体的に、しかも、現代世界が直面する諸課題との関連を視野に入れて論じることのできる歴史家は、ヘッドリクを置いて他にいないであろう。

本書は、国際電気通信の一〇〇年史をテーマとしているが、その分析視角はこれまでの類書と大きく異なる。そうした点も含めて、以下、本書の特徴について簡単に紹介しておこう。

情報を遠方に伝える方法、つまり通信技術は、一八世紀以前はせいぜい伝書鳩、狼煙《のろし》、号砲、手旗信号などに止まっていたが、産業革命以降は状況が一変して、大量の情報を遠方まで迅速かつ確実に伝達することが可能となった。電気通信時代の到来である。モールスの有線電信機やベルの電話機の発明、大西洋横断海底ケーブルの敷設、そしてマルコーニの無線通信やラジオ、これらに代表される電気通信技術の開発と地球的規模での通信ネットワークの整備によって、情報伝達は速度と範囲の両面で驚異的な進化を遂げた。

以上の過程に関しては、各国の政府・軍・民間企業のそれぞれの役割に注目した多くの先行研究がすでに存在している。ただし、そうした研究は、経済史・経営史の視点からのものが一般的であるが、ヘッドリクはそれに加えて国際関係史と軍事史の視点をも十分に取り入れており、その点が本書の大きな特徴となっている。

イギリス産業革命にはじまる近代産業文明は、二〇世紀にはほぼ世界を覆い尽くした。産業革命によってもたらされた交通革命は、蒸気船と機関車を生み出し、汽船航路網と鉄道網を地球的規模で拡大していった。世界は確実に一体化・同質化の方向へと進んだ。そして、それを加速化させたのが通信革命であった。たとえば、二〇世紀初頭に誕生した電波による通信、すなわち無線通信は、地理的境界線を飛び越えて地球全体におよぶ性質を有していた。また、一九二〇年代にはじまった無線による音声放送（ラジオ）は、一瞬にして一国の情報を同質化することを可能とした。かくして、各国政府が無線通信の管理統制に多大の関心を払ってきたのも当然であったが、この点に関しても、本書の解説は類書をはるかに凌ぐ興味深いものとなっている。

そもそも、ヘッドリクが本書で追究した中心テーマは、電信革命の産業史・経済史ではなく、電信革命の国際関係史・軍事史である。本書が注目する点は、電信が国際化と情報化にいかに貢献したかという事実ではなく、電信が「国家間の対立の武器であり、原因でもあった」（本書、三六七頁）という側面である。一九世紀後半にヨーロッパ勢力がアジア・アフリカへ膨張を遂げるさいに、そして二〇世紀前半の戦争の時代においても、電信は不可欠の武器であった。電信による情報の伝達をいかに迅速化し、統制し、防衛するか。そして、その一方では、いかにして暗号通信と解読、通信諜報と防諜をリードしていくか、これが「武器としての電信」の課題であり、本書の中心テーマであった。

さて、かつて国際商業会議所の歴史を紹介したジョージ・リッジウェイ（George Ridgeway）は、世界貿易の進展による国際相互理解の深化に期待して、その著書に『平和の商人』（*Merchants of Peace: Twenty Years of Business Diplomacy through the International Chamber of Commerce, 1919–1938*, Columbia University Press, 1959）というタイトルを付したが、はたしてヘッドリクは情報化の進展と国際機密の減少によって、世界の安全保障が前進に向かうと考えているのであろうか。本書の原書が刊行されてから二〇年以上が経った現代では、ソーシャルメディアの普及が急速に進み、情報は多様な伝達手段を通じて、ときには発信者の意図とは関係のない範囲にまで拡散していく。このような時代においては、二〇世紀にそうであったように、電信が「人々を分離し孤立させる目的で、政治によって管理され、歪められ、変形される」（本書、ii頁）ことは、最早あり得なくなったと言えるのか。兵器システムの巨大化に伴って、逆に現代では「武器としての電信」の機密性と重要性は、これまで以上に増大したのではないのか。これらの点が、本書の翻訳を思い立った時点での訳者一同の共通の問題関心であった。本書を契機として、多くの読者の方々ともこうした問題関心を共有できれば幸甚である。

最後に、本書の刊行に際しては、日本経済評論社社長栗原哲也氏に格別のご理解を賜った。訳者を代表して深謝申し上げる。編集に関しては、同社編集部の谷口京延氏にお世話をおかけすることとなった。訳者の足並みが揃わず刊行計画が大幅に遅れてご迷惑をおかけしたことに、心よりお詫び申し上げる。なお、本書の翻訳作業では、用語の統一や訳文の見直しなど全般にわたって、明治大学商学部助手の高柳翔氏に大変お世話になった。記して謝意を表する次第である。

二〇一三年六月

訳者を代表して
横井勝彦
渡辺昭一

335
リヨン－ラ－ドゥア（無線局） Lyon-la-Doua (radio station) 194, 247, 254
リンテレン大佐 Rintelen von Kleist, Captain Franz 191, 202
ル・マテリエ電話会社 Le Matériel Téléphonique 274
ルーシー Lucy→レスラーを見よ
ルーシー・リング Lucy Ring 319–320
ルーズベルト, セオドア, 大統領 Roosevelt, President Theodore 131, 168
ルーズベルト, フランクリン, 大統領 Roosevelt, President Franklin D. 284, 307–308, 353–354, 357, 360
ルーデンドルフ攻勢 Ludendorff Offensive 214
ルート Root, Elihu, Jr. 241
「ルーム 40」（イギリス海軍省暗号局） Room 40 (British Department of the Navy code office) 215–228
ルサージュ Leasge, Charles 105, 147
ルシタニア号 *Lusitania* 225
ノルマンディー上陸作戦 Normandy invasion 312–318
レイマン Layman, H. F. 355
レジスタンス Resistance 314–320
レスラー、「ルーシー」 Rössler, Rudolf ("Lucy") 319–320
レスリー Leslie, Norman 285, 287
レセップス Lesseps, Ferdinand de 1, 370
「レッド」暗号解読機 "Red" cipher machine 339
連合王国 United Kingdom→イギリスを見よ
レンシャウ Lenschau, Thomas 96, 143–144
連邦電信会社 Federal Telegraph Company 167–172, 194–195, 247, 258–259
ロー Law, Bonar 252
ローズ Rhodes, Cecil 82, 109
ローレンス Lawrence, Sir Henry 22
ローレンス Lawrence, John 66
ロイター Reuter, Julius 12, 16, 26, 40
ロイター（通信社） Reuters (news agency) 201
ロイド・ジョージ Lloyd George, David 178, 248, 252
ロシアの電信 24–26, 53–56→USSRも見よ
ロジャーズ Rogers, Walter S. 239, 260
ロシュフォール少佐 Rochefort, Lieutenant Commander Joseph 340, 342
ロックウッド Lockwood, Admiral Charles A. 344
ロッジ Lodge, Oliver 156, 164, 170
ロッシャー Roscher, Max 147
露土戦争 Russo-Turkish War 49
ロンドン・プラチナ－ブラジル電信会社 London Platino-Brazilian Cable Company 51
ロンメル大将 Rommel, General Erwin 306, 309–312

わ 行

ワード Ward, Sir Joseph 177
ワシントン海軍軍縮会議 Washington Naval Arms Limitation Conference (1921) 242, 259, 297, 338
ワトソン Watson, Thomas 78
ウェドレイク Wedlake, G. E. C. 197

通信協定 traffic agreements 250
非相互通信政策 non-intercommunication policy 159–162, 177
連続波 continuous wave 168–176, 247
無線通信総合会社 Compagnie Générale de Radiotelegraphie 172
無線通信帳 Funkverkehrsbuch→FVB コードを見よ
無線通信保安局 Radio Security Service 302, 310
無線電信会社 Gésellschaft für drahtlose Télégraphie→テレフンケン社を見よ
無線電信信号会社 Wireless Telegraph and Signal Company 156
無線電信総合会社 Compagnie Générale de Télégraphie Sans Fil 177, 254–256, 279
ムッソリーニ Mussolini 243
メキシコ電信会社 Mexican Telegraph Company 51, 130, 243
メキシコ電信電話会社 Mexican Telephone and Telegraph Company 275
メッシミー Messimy, Adolphe 174
メルラン Merlin, Martial 173
メンジーズ少将 Menzies, Major General Sir Stewart 306
モーリー大尉 Maury, Lieutenant Matthew 20
モールス Morse, Samuel 20, 56, 97
モールス Morse：
信号 code 12, 38
電信 telegraph 65
モルガン Morgan, J. Pierpont 130–131
モルガン・ギャランティ Morgan Guaranty 275
モロッコ事件（1911） Moroccan Crisis（1911） 147
モンゴメリー Montgomerie, William 16
モンゴメリー大将 Montgomery, General Bernard 310–312
モンテ－グランデ（無線局） Monte-Grande（radio station） 254

や 行

ヤードリー Yardley, Herbert O. 330, 337–338
ヤゴー Jagow, Gottlieb von 189
ヤップ島 Yap Island：
ケーブル基地 cable station 123, 145
第一次世界大戦 191–194
無線基地 radio station 176
領有をめぐる紛争 238–242
山本五十六大将 341–342, 344
ヤング Young, Owen D. 248–249, 259, 284
ユーイング Ewing, Sir Alfred 215
郵便電信会社 Postal Telegraph Company 15, 132, 143, 245, 248, 275, 354
ユトランド沖海戦 battle of Jutland 222, 227
ユナイティッド・フルーツ社 United Fruit Company→熱帯無線通信会社も見よ
ヨーロッパ・アゾレス諸島電信会社 Europe and Azores Telegraph Company 53, 104, 143
ヨーロッパ・インド電信連絡会社 European and Indian Junction Telegraph Company 22–23

ら 行

ライアンズ卿（駐仏イギリス大使） Lyons, Lord（ambassador to France） 97
ラウンド Round, H. C. 213, 216, 276
ラカー Laqueur, Walter 320
ラグビー（無線局） Rugby（radio station） 252, 278, 286
ラジオ－オリエント Radio-Orient 256
ラジオ－フランス Radio-France 256, 282
ラテン・アメリカにおけるスパイ活動 espionage in Latin America 313
無線通信 radio 257–260
電信 telegraphy 50
→南アメリカも見よ
ラトゥール Latour, Marius 169, 254
ラドルフィ Radolfi, Alexander 319
ラングホーン少佐 Langhorne, Major 203
ランゲル Langer. Gwido 304–305
ランシング Lansing, Robert 230, 239–240, 257
ランボー大将 Rumbough, General 355
ランボルド Rumbold, Sir Horace 94
李鶴年 Li Ho-nien 74
李鴻章 Li Hung-chang 74
リース Reith, Lord 359
リード Read, Anthony 320
リーフィールド（無線局） Leafield（radio station） 178, 194, 252, 276
リボー Ribot, Alexandre 53
リポン Ripon, George Robinson 122, 125
リューイン Lewin, Ronald 341–342
リュートイェンス大将 Lutjens, Admiral

299
ホノルル（無線局） Honolulu（radio station） 169
ボリィ Bolli, Margareta 319
ポルト・リコ電信会社 Porto Rico Telephone Company 274
ボルドー－クロワ・ダン（無線局） Bordeaux-Croix d'Hins（radio station） 254–256
ボルドー－ラファイエット（無線局） Bordeaux-Lafayette（radio station） 194
ポルトガルのケーブル政策 Portugal, cable policy 143
ホワイトハウス Whitehouse, Edward 20
ボンバ Bomba→ボンブを見よ
ボンブ（暗号解読機） Bombe（decrypting machine） 304, 335

ま 行

マーシャル大将 Marshall, General George C. 341
マーニュ Magne, Inspector L. 166, 173
マカドゥー McAdoo, William G. 244
マクドナルド MacDonald, Ramsay 286
マザド Mazade, Charles 94
マジック Magic 316, 340–341, 343
マスカール Mascart, Captain Leon 139
マタパン沖海戦 Matapan, battle of 309
マッキンレー大統領 McKinley, President William 131
マッケイ Mackay, Clarence 132, 245
マッケイ Mackay, John W. 42, 132
マッケイ無線会社 Mackay Radio 275
マラバル（無線局） Malabar（Radio station） 247
マルゲリー Margerie, Maxime de 96, 110
マルコーニ Marconi, Commendatore Guglielmo 156–158, 275–276, 281
マルコーニ国際海洋通信会社 Marconi's International Marine Communication Company 159
マルコーニ無線電信会社 Marconi's Wireless Telegraph Company 159–162, 167, 170, 176–178, 247–250
マルシャン大尉 Marchand, Captain Jean-Baptiste 108–109
マルセイユ・アルジェ・マルタ電信会社 Marseilles, Algiers and Malta Telegraph Company 17, 43
『マンチェスター・ガーディアン』紙 *Manchester Guardian* 85
三井物産 258
ミッドウェイ海戦 battle of Midway 340–342
南アフリカ 111–115, 157
南アメリカ電信会社 South American Telegraph Company 46, 138, 146→南アメリカケーブル会社も見よ
南アメリカへのケーブル 146, 243–246
南アメリカケーブル会社 Compagnie des Câbles Sud-Américains 139, 191
ミューメタル［鉄とニッケルの合金］ Mumetal［The alloy of iron and nickel］ 272
ミュンヘン会議（1938） Munich Conference（1938） 300–301
ミリケン Milliken 71
ミルナー Milner, Sir Alfred 85
ミルナー卿 Milner, Lord 251
ミルラン Millerand, Alexandre 137
無線 Wireless→無線通信を見よ
無線通信 Radio：→通信諜報、帝国無線通信網、マルコーニも見よ
　時代：
　　第一次世界大戦 190–203, 211–228
　　第二次世界大戦 298–320, 331–345, 351–361
　　ボーア戦争 the Boer War 157
　地域：
　　アメリカ合衆国 166–172, 247–250, 282–286
　　イギリス 156–164, 176–180, 251–254, 275–276, 280–282, 287–288
　　インドシナ 173–174, 256
　　中国 258–259
　　ドイツ 160–165, 254–257
　　仏領アフリカ 165–166, 173, 256
　　フランス 165–166, 254–257, 282
　　フランス植民地 165–166, 172–175, 278
　　ラテン・アメリカ 257–260
　その他：
　　可聴周波数 musical-frequency 164–165, 225
　　起源 155–180
　　策略 deception 314–317
　　周波数割当規制 spectrum allocation 161
　　真空管 vacuum tubes 165, 225, 247
　　スパーク spark 156–159, 162–168
　　短波 shortwave 275–280

147, 211, 255, 316
陸軍 Army 302
ケーブル危機 cable crisis 135-149
ケーブルネットワーク cable network 17-19, 40-48, 51-53, 135-140
陸軍省 Ministry of War 213, 302
フランス海底電信会社 Société Française des Télégraphes Sous-Marins 46-47, 52-53, 104, 122, 136
フランス大西洋ケーブル会社 Société du Câble Transatlantique Francais 40, 135
フランス電信ケーブル会社（CFCT） Compagnie Française des Câbles Télégraphiques 46, 136, 254, 282
フランス無線電信会社（SFR） Société Française Radio-Electrique (SFR) 173, 247, 254
フランス領西インド諸島 French West Indies 67-70, 166
フランソワ・アラゴ号 *François Arago* 139
フランツ・フェルディナンド Franz-Ferdinand, Archduke 189
プリース Preece, William 156-158
フリードマン Friedman, William 338-339, 343
ブリアン Briand, Aristide 255
プリモ・デ・リヴェーラ Primo de Rivera, General Fernando 108
ブリュージュ（無線局） Bruges (radio station) 226
フレーシネ Freycinet, Charles 172
フレール Frere, Sir Henry Bartle 79
「ブレスラウ」 *Breslau* 217, 219
ブレッチリー・パーク（イギリス政府通信本部） Bletchley Park (Government Communications Headquarters) 303-308, 312, 320, 335, 339, 343
ブレット兄弟 Brett, Jacob and John W. 16, 19, 22, 23
ブレドウ Bredow, von 175
フレミング Fleming, John A. 164-165
フレミング Fleming, Sanford 121, 125
プロイセンの初期の電信 Prussia, early telegraphs in 11, 13
フンクシュピール（無線諜報工作） Funkspiele (Radio espionage maneuvers) 315-317
ベーカー Baker, Sir Samuel 79
ベーカー Baker, W. J. 160
ページ Page, Thomas N. 230
ベートマン - ホルヴェーク Bethmann-Hollweg, Theobald von 148
ベーン Behn, Hernand 274
ベーン Behn, Sosthenes 275, 283-285, 354
米西戦争 Spanish-American War 105-108
ベイトマン - シャンペーン少佐 Bateman-Champaign, Major J. V. 27
ベイル Vail, Theodore 134
ヘヴィサイド Heaviside, Oliver 272
ヘズレット大将 Hezlet, Admiral Arthur 211
ベトゥノ Bethenod, Joseph 169
ヘニッヒ Hennig, Richard 142-146, 176
ベネット Bennett, Gordon 42
ペリ大佐 Péri, Captain 173
ベル研究所 Bell Laboratories 307
ベルサイユ条約 Treaty of Versailles 254, 300
ペルシャの電信 Perisia, telegraph in 24-26
ヘルツ Hertz, Heinrich 156, 164
ベル電話会社（ベルギー） Bell Telephone (Belgium) 274
ベルトラン大尉 Bertrand, Captain Gustave 304
ベルフォート Belfort, Roland 283
ベルメホ大将 Bermejo, Admiral 108
ベルンシュトルフ Bernstorff, Johann von 229
ヘレロ戦争 Herero War 165
ペンダー Pender, James 79
ペンダー Pender, John 21-22, 28, 39, 43-45, 51, 55, 72, 75, 79, 95, 98, 124, 130
ボーア戦争 Boer War 113-115, 142, 210
ポーク Polk, Frank 244
ポースカーノ（ケーブル基地） Porthcurno (cable station) 25, 39, 41, 77, 329
ホームズ Holmes, Jasper 342
ホーランド Holland, Sir Henry 45
ポールセン Poulsen, Vlademar 169
ポールセン（無線通信機） Poulsen (transmitters) 214, 225
ホール大佐 Hall, Captain William "Blinker" 221, 228
ポールデュー（無線局） Poldhu (radio station) 163, 276
ホイートストン Wheatstone, Charles 12
ホスキンス Hoskins, Halford Lancaster 66
ボナッツ Bonatz, Heinz 211, 217, 222, 227,

er Stanford C.　171, 249, 260
フーパーズ電信会社　Hooper's Telegraph Company　78
フーバー大統領　Hoover, President Herbert　284
フーマン大将　Humann, Admiral　102
ファーガソン中佐　Fergusson, Lieutenant Colonel Thomas　210
ファショダ事件　Fashoda Incident　108–110
ファニング島（ケーブル基地）　Fanning Island (cable station)　123, 125, 219
ファルマス・ジブラルタル・マルタ電信会社　Falmouth, Gibraltar and Malta Telegraph Company　28, 43
フィールド　Field, Cyrus　20, 97, 130
フィッシャー　Fisher, David　320
フィッシャー大将　Fisher, Admiral Sir John　215, 218
『フィナンシャル・ニュース』紙　*The Financial News*　52
フィネガン　Finnegan, Joseph　342
フィリップス　Phillips, F. W.　330
フィリピン　Philippines　107–108
フィン　Finn, Bernard　94
フェッセンデン　Fessenden, Reginald　167, 169–172
フェッテルライン　Fetterlein, E. C.　297
フェビアン大尉　Fabian, Lieutenant Rudolph J.　340
フェラーズ大佐　Fellers, Colonel Bonner　310
フェリー大尉　Ferrie, Captain Gustave　166, 172, 254
フェルギーベル大将　Fellgiebel, General Erich　306, 320
フェルテン・ギヨーム社　Felten und Guilleaume　104, 141–146
フォークランド沖海戦　battle of the Falklands　220–221
フォイエルヴェルカー　Feuerwerker, Albert　75
フォイエルハーン　Feuerhahn　329
武器貸与　Lend-Lease　352–353
ブキャナン大統領　Buchanan, President James　20, 96
ブッツォウ（在中ロシア大使）　Butzow (ambassador to China)　73
フット　Foote, Alexander　319–320
フット大佐　Forbes, Lieutenant Colonel　64
普仏戦争　Franco-Prussian War　94
フラー　Fuller, Thomas　52
フライ　Fly, James Lawrence　351–353
ブライト　Bright, Charles　95, 134
ブライト　Bright, Charles Tilson　20
ブラウン　Braun, Carl Ferdinand　158
ブラウン　Brown, Frank J.　178
ブラウン－ジーメンス－ハルスケ　Braun-Siemens-Halske　160, 167
ブラウン大佐　Browne, Colonel Arthur　200
ブラウンリッグ准将　Brownrigg, Commodore Sir Douglas　198
ブラケット　Blackett, Sir Basil　287
ブラケリー　Braquerie　304
ブラジル海底電信会社　Brazilian Submarine Telegraph Company　43, 47, 52, 77, 81
ブラジル：
　1919年以降の通信政策　cable policy after 1919　243–244
　第二次世界大戦期　363
ブラック・コード　Black Code　310
ブラッケンベリー　Brackenbury, H.　100
ブラッシー卿　Brassey, Lord　85
ブラッドフォード少将　Bradford, Rear-Admiral R. B.　132, 158, 167–168
ブラッドリー大将　Bradley, General Omar　317
フラワーズ　Flowers, E. H.　306
フランクリン　Franklin, Charles S.　213, 276
ブランコ　Blanco y Erenas, General Ramon　107
フランス：
　暗号解読家　code breakers　211
　海軍　157–158
　海軍・植民地省　Ministry of the Navy and Colonies　66, 69, 278
　外務省　Ministry of Foreign Affairs　69, 211
　下院議会　Chamber of Deputies　52–53, 102, 104, 136–137, 174
　財務省　Ministry of Finance　147
　初期の電信　early telegraphs　11
　植民地省　Ministry of Colonies　66, 174, 278
　帝国主義と電信　63–86, 93–110
　内務宗教省　Ministry of the Interior and Religions　69
　無線　radio　166, 254–257
　郵便電信省　Posts and Telegraphs　53, 69,

ノックス Knox, Dyllwyn 304
野村吉三郎 339
ノルウェー－イギリス海底電信会社 Norwegian-British Submarine Telegraph Company 54
「ノルツポール（北極）」 NORDPOL（North Pole） 315
ノルマンディ上陸 312-317

は 行

ハーゲリン Hagelin 299
パーズ Z Pers Z 298, 307
ハーディング大統領 Harding, President Warren 246
ハード Hurd, Percy 111
ハートウェル大将 Hartwell, General 130
バーバー中佐 Barber, Commander Francis M. 167-168
ハーバート Herbert, E. S. 361
ハーバート Herbert, R. G. W. 125
「パープル」暗号解読機 "Purple" cipher machine 339
バーベイン検閲官 Berbain, Inspector 67
ハーボード大将 Harbord, General James 283
パーマストン Palmerston, Henry John Temple 18, 22
パーマロイ Permalloy 272, 283
バールソン Burleson, A. S. 239
バイオレット・プラン Plan Violet 316
「ハイポ」 "Hypo"→FRUP を見よ
ハインリッヒ王子 Heinrich, Prince 160
ハウス大佐 House, Colonel Edward 230
ハウスマン Haussmann, Jacques 68
パクー Pacu 189
バクストン Buxton, Sydney 162
バズリ Bazeries, Etienne 211
パットン大将 Patton, General George 312
バトル・オブ・ブリテン battle of Britain, 308→グレイト・ブリテンも見よ
ハメル兄妹 Hamel, Edmond and Olga 319
ハモンド Hammond, Edmond 94
バラード提督 Bullard, Admiral William 248-249, 258
パリ～ニューヨーク間フランス電信会社 Compagnie Française du Télégraphe de Paris á New York 42, 46-47, 52, 69, 136
パリ講和会議（1919） Paris Peace Conference（1919） 238-240, 248, 254
ハリファックス・バーミューダ・ケーブル会社 Halifax and Bermudas Cable Company 45, 47
ハル Hull, Cordell 352, 360
バルゼック（在中ロシア大使） Balluseck（ambassador to China） 70
バルフォア（外相） Balfour, Arthur James（foreign secretary） 240
バルフォア（商務大臣） Balfour, G. W.（president, Board of Trade） 160
ハワイ島へのケーブル cables to Hawaii 122-130
パンヴァン大尉 Painvin, Captain George 214
万国電信連合 International Telegraph Union 14, 56-57
ハンコック Hancock, Charles 16
反射検流計 Mirror galvanometer 20, 38
パンスマン Pincemin, Henri 313
ピーカルキーヴィツ Piekalkiewicz, Janusz 310
ビースリー Beesly, Patrick 217, 228
ビーティー大将 Beatty, Admiral Sir David 223
ヒートン Heaton, J. Henniker 121, 125
ピール Peel, George 101
東アフリカ：
英仏対立 Anglo-French confrontation 108-110
東アフリカへのケーブル cables to East Africa 76-80
東インド会社 East India Company 64-65
東ヨーロッパ電信会社 Osteuropaische Telegraphengesellschaft 141, 144
「ビスマルク」 *Bismarck* 335
ヒックス・ビーチ Hicks Beach, Sir Michael 79, 111-112, 126
ヒッピスレー Hippisley, Richard 215
ヒッペル大将 Hipper, Admiral Franz von 219, 226
ヒトラー Hitler, Adolf 19, 297-298, 306, 313-318, 327, 335
ビューレイ Bewley, Henry 16
ビューロー Bülow, Bernhard von 148
ビルビー Bilby, Kenneth 248
ビントザイル Bindseil, Korvettenkapitan 215
フーパー号 *Hooper* 37
フーパー少佐 Hooper, Lieutenant Command-

133, 141, 145, 176, 238
ドイツ合同電信会社　Vereinigte Deutsche Telegraphengesellshaft　103
ドイツ－大西洋電信会社（DAT）　Deutsch-Atlantische Telegraphengesellschaft（DAT）　141, 228, 273, 329
ドイツ逓信省調査部　Forschungsstelle　298, 307
ドイツ帝国逓信省　Reichspostamt→ドイツ、逓信省を見よ
ドイツ南洋諸島無線電信会社　Deutsche Südseegesellschaft fur drahtlose Telegraphie　176
ドイツ－南アメリカ電信会社　Deutsch-Südamerikanische Telegraphengesellschaft　141
ドイツ無線電信運営会社（DEBEG）　Deutche Betriebsgesellschaft fur drahtlose Telegraphie（DEBEG）　177
トウィードデール侯　Tweeddale, Marquis of（William Hay）　44
トウィードマウス卿　Tweedmouth, Lord　162
トウエンティ（XX－ダブルクロス）委員会　Twenty（XX or Double-Cross）Committee　311
ドゥクレ　Decrais　137
東南アフリカ電信会社　Eastern and South African Telegraph Company　44, 47, 77, 82
同盟国（第一次世界大戦期）　Central Powers　192, 198–200
特殊活動部隊　Special Operations Executive　315
特別連絡部隊（SLU）　Special Liaison Units（SLU）　307–309
ドッガーバンクの戦い　battle of Dogger Bank　221
ドナルド　Donald, Robert　252
トムソン　Thomson, Sir Basil　197
トムソン（のちのケルビン卿）　Thomson, William（Baron Kelvin）　20–21, 38
トランス・ラジオ社　Transradio　254–257, 313
トランスバール　Transvaal→南アフリカを見よ
トリトン暗号　Triton cipher　336–337
トルコ　Turkey→オスマン帝国を見よ
「ドレスデン」　*Dresden*　219
トレッパー　Trepper, Leopold　318

な　行

ナヴァホ語暗号の語り手　Navajo code-talkers　343
ナウエン（無線局）　Nauen（radio station）　165, 175, 190–195, 224, 229, 254
ナショナル・シティ・バンク（ニューヨーク）　National City Bank of New York　275
ナチ　Nazi　299, 306→警察保安部を見よ
ナポレオン３世　Napoleon III, Emperor　13, 16, 19
ナリー　Nally, Edward　250
ニコライ２世　Nicholas II, Czar　190
西アフリカ電信会社　West African Telegraph Company　46–47, 77, 81, 139
西アフリカへのケーブル　cable to West Africa　80–82, 139
西インド・パナマ電信会社　West India and Panama Telegraph Company　45, 47, 50, 68
西ヨーロッパ電信連合（1855）　West European Telegraph Union（1855）　13
日露戦争　Russo-Japanese War　165
日本：
　日本とケーブル　Japan and cables　53–56, 329–331
　日本のスパイ　espionage 317–318；
　海軍の通信体制 naval communications　341
　通信政策　radio policy　260
ニミッツ大将　Nimitz, Admiral Chester　342
ニュー・ブランズウィック（無線局）　New Brunswick（radio station）　176, 195–196, 247
ニューアル　Newall→R. S. ニューアル社を見よ
ニュージャージー太平洋ケーブル会社　Pacific Cable Company of New Jersey　130–131
『ニューヨーク・タイムズ』紙　*New York Times*　309
『ニューヨーク・ヘラルド』紙　*New York Herald*　42, 158
ニューヨーク太平洋ケーブル会社　Pacific Cable Company of New York　131
「ニュルンベルク」　*Nürnberg*　192
ネズビット－ホース軍曹　Nesbitt-Hawes, Sergeant　213
熱帯無線通信会社　Tropical Radio　167, 170, 249

ティエットゲン　Tietgen, C. F.　54
帝国会議（1911）　Imperial Conference（1911）　177
帝国会議（1921）　Imperial Conference（1921）　252
帝国国際通信会社　Imperial and International Communications Ltd　282–287
帝国主義と電信　Imperialism, and telegraphy　63–86, 101–110
帝国無線・ケーブル通信会議　Imperial Wireless and Cable Conference（1928）　281
帝国無線通信網　Imperial Wireless Chain　176, 194, 251–254, 277–278
帝国連合　United Empire　283
ディズレーリ　Disraeli, Benjamin　79
ティルピッツ大将　Tirpitz, Admiral Alfred von　221
デニー　Denny, Ludwell　275
デニストン　Denniston, Commander Alastair　296, 304–305
デニソン－ペンダー　Denison-Pender, John　44, 80, 82, 111, 125, 281, 285 330
デバルデレーベン　Debardeleben, John　313
デプレ　Depelley, J.　137
デューイ大将　Dewey, Admiral George　108
デュクレテ　Ducretet, Eugene　166–167, 172
デリンジャー　Dellinger, J. H　250
デルカッセ　Délcassé, Théophile　110
「テルコニア」　*Telconia*　191
テレフンケン社　Telefuken　160, 165, 170, 175–176, 195, 214, 250, 253–254
電気国際通信会社　Electric and International Telegraph Company　26
電撃戦　Blitzkrieg　308
伝書鳩　Pigeons, homing　12
電信　Telegraphy：
　アフリカの電信　78–82
　インドシナの電信　66–67
　インドの電信　64–66
　オスマン帝国の電信　24–26, 192
　中国の電信　70–76
　電信と外交　93–95
　電信と国際法　97
　電信と帝国主義　63–86, 101–111
　電信の起源　11
　電信の速度　24, 26–28, 38–39
　電信の費用　24, 75, 83, 122–128
　ロシアの電信　24–28, 53–56, 192
　→ケーブルも見よ
電信建設維持会社（TC & M）　Telegraph Construction and Maintenance Company（TC & M）　21, 28, 36, 44–46, 53, 58, 104, 125–126, 143, 158, 244, 272
電信総合会社　Société Générale des Telephones　18
電報翻訳課　Bureau du Chiffre　211, 213
デンマーク－ノルウェー－イギリス電信会社　Danish-Norwegian-English Telegraph Company　54
デンマーク－ロシア電信会社　Danish-Russian Telegraph Company　54
電話　Telephone　274–275
電話事業会社　Société Industrielle des Telephones　36, 166
ド・ゴール　de Gaulle, General Charles　303
ド・フォレスト　De Forest, Lee　165–172
ドール大統領　Dole, President Sanford D.　130
ドイツ：
　海軍省　217, 221, 226–227, 298
　　ケーブル　cables　103–105, 140–148, 191, 238–240
　　ケーブル危機　cable crisis　140–148
　海外貿易と海上交通　commerce and merchant marine　142
　海軍　214–228, 299, 332–337
　海軍の暗号　naval codes　216–217
　大洋艦隊　High Seas Fleet　219, 222–228
　逓信省　Post Office　53, 105, 141, 175, 273, 298, 307, 316, 329
　空軍省　Ministry of the Air Force　318
　外務省　Ministry of Foreign Affairs　298
　東アジア艦隊　East Asiatic Squadron, Asiatic Squadron　219
　無線　175–176, 254–257
　→アプヴェーア（ドイツ国防軍最高司令部外国諜報局）、B－ディーンスト、ゲシュタポ、ドイツ空軍、第二次世界大戦中のドイツ国防軍最高司令部も見よ
ドイツ海軍電信略号表　Signalbuch der Kaiserlichen Marine→SKM コードを見よ
ドイツ海底電信会社　Deutsche See-Telegraphengesellschaft　141
ドイツ空軍　Luftwaffe　299, 304, 307–308, 318, 333
ドイツ－オランダ電信会社　Deutsch-Niederländische Telegraphengesellschaft　123,

スパイと謀略　espionage and deception　310–314, 317–321
大西洋での海戦　naval warfare in the Atlantic　301–308, 327–337
太平洋での海戦　naval warfare in the Pacific　340–344
通信諜報　communications intelligence　301–308, 336–341
レジスタンス　resistance　314
第二次世界大戦中のドイツ国防軍最高司令部　Oberkommando der Wehrmacht　298, 307, 320
太平洋ケーブル局　Pacific Cable Board　123, 126, 273, 281
タイペックス暗号解読機　Typex cipher machine　299, 307, 308
『タイムズ』紙　*The Times*　12, 23, 31
ダイレクト・スパニッシュ電信会社　Direct Spanish Telegraph Company　46–47
ダイレクト・ユナイテッド・ステイツ電信会社　Direct United States Cable Company　42, 44, 47, 104, 134, 273
ダウディング大将　Dowding, Air Chief Marshal Sir Hugh　308
タッカートン（無線局）　Tuckerton（radio station）　170, 191–195
ダニエルス　Daniels, Josephus　171, 196, 248
ダブルクロス　Double Cross→トウエンティ委員会を見よ
ダリエン（無線局）　Darien（radio station）　171, 194
タルチン　Tulchin, Joseph　243
ダルフージー　Dalhousie, James　64–65
ダルメイダ　d'Almeida, José　16
タンネンベルクの戦い　battle of Tannennberg　212
短波　Shortwave→無線通信を見よ
ダンバーズ　Danvers, Juland　99
チェツキ少佐　Ciezki, Major Maksymilian　304
チェンバレン　Chamberlain, Joseph　85
地中海海底電信会社　Compagnie du Télégraphe Electrique Sous-Marin de la Méditerranée　17
地中海電信拡張会社　Mediterranean Extension Telegraph Company　43
チフリーアマシネン社　Chiffriermachinen A. G.　299
チャーチル　Churchill, Sir Winston　218, 252, 307–308, 357–358, 360
チャーチル大佐　Churchill, Colonel Arthur　198
チャーチル大将　Churchill, General　337
中国：
海軍省　Ministry of the Navy　258
總理衙門　Tsungli Yamen　72–74→義和団の乱も見よ
帝国電信管理局　Imperial Telegraph Administration　74–75, 258
逓信省　Ministry of Communications　258
無線・電信　258–259
陸軍省　Ministry of War　258
中国海底電信会社　China Submarine Telegraph Company　43, 67
中南米電信会社　Central and South American Telegraph Company　51, 131, 243–244
諜報　Intelligence→通信諜報を見よ
諜報（スパイ行為）Espionage→通信諜報を見よ
ツーゼ　Touzet, Andre　257
ツィンマーマン　Zimmermann, Arthur　230–231, 228–231
ツィンマーマン電報　Zimmermann, Telegram　228–231
通商記録帳 Handelsverkehrsbuch→HVB コードを見よ
通信隊情報部　Signal Intelligence Service→アメリカ陸軍通信隊を見よ
通信諜報　Communications intelligence：
第一次世界大戦期　200
第二次世界大戦期　301–321, 331–345
両大戦間期　295–301
→B-ディーンスト、ブレッチリー・パーク、E-ディーンスト、ブレッチリー・パーク、ルーム 40, イギリス海軍、Y（通信傍受）任務も見よ
ツェック　Szek, Alexander　229
ツェッペリン飛行船　Zeppelins　217, 222, 226
ツェラー　Zeller, Wilhelm　314
対馬海戦（1905年5月27～28日）　battle of Tsushima　165
デ・グレイ　de Grey, Nigel　230
デ・グロート　de Groot, Cornelius　247
デーニッツ大将　Dönitz, Admiral Karl　332–337
ティーレ大将　Thiele, General Fritz　306, 319, 329

スクワイアー　Squier, George　107–108, 132, 158, 260
スターディー大将　Sturdee, Admiral Sir Doveton　220
スタンダード電信電話会社　Standard Telephones and Cables　274
スタンホープ　Stanhope, Edward　100
スタンレー　Stanley, Henry Morton　79
スタンレー　Stanley, Oliver　288
スタンレー公　Stanley, Earl of　161
スタンレー大尉　Stanley, Captain　213
スチュアート　Stuart, Sir Campbell　285, 352, 357–359
スチュワート大佐　Stewart, Colonel Patrick　24
スティムソン　Stimson, Henry　338
スペイン国立海底電信会社　Spanish National Submarine Telegraph Company　46–47, 77, 80
スペイン国立電話会社　Compañia Telefónica Nacional de España　274
スポルディング　Spalding, Zephaniah S.　130, 131
スミス　Smith, Fancis　56
スミス　Smith, Willoughby　21
スラビー　Slaby, Adolf　158
スラビー－アルコ社　Slaby-Arco　160, 167
スレーター　Slater, Robert　56
セービル（無線局）　Sayville（radio station）　170, 176, 191–195, 329
ゼーボーム大尉　Seebohm, Captain Alfred　309–310
盛宣懐　Sheng Hsian-huai　74–75
政府暗号解読所　Government Code and Cypher School　296, 300, 303
西部戦線　Western Front→第一次世界大戦を見よ
政府通信本部　Government Communications Headquaters.→ブレッチリー・パークを見よ
赤軍　Red Army　319
セチワヨ王　Cetywayo, King　79
セック　Czek→ツェックを見よ
ゼネラル・エレクトリック社（GE）　General Electric Company（GE）　169, 172, 195–196, 247–249, 255
セル　Cell, John　18, 84
セルベーラ・トーピート大将　Cervera y Topete, Admiral Pascual　107–108
セルボーン　Selborne, William　159
潜水艦　Submarines：
　第一次世界大戦期　223–227
　第二次世界大戦期　331–337
戦闘機部隊　Fighter Command→イギリス空軍を見よ
セントジョンズ（無線局）　St. John's（radio station）　163
ソーベル　Sobel, Robert　248
ソールズベリー　Salisbury, Robert　110
ソールズベリー侯　Salisbury, Marquess of　159
曽国藩　Tseng Kuo-fan　71
総合電気会社（アー・エー・ゲー）　Allgemeine Elektrizitäts-Gesellschaft（AEG）　158, 160
総合無線通信帳　Allgemeines Funkspruchbuch→AFBコードを見よ
相互交信禁止政策　Nonintercommunication policy　159–162, 177
総理衙門　Tsungli Yamen→中国を見よ
ソビエト連邦　Soviet Union→USSRを見よ
ゾルゲ　Sorge, Richard　317–318
ソロモン諸島海戦　battle of the Solomon Islands　342–343
ゾンターク　Sonntag, K.　329
ゾーホン大将　Souchon, Admiral Wilhelm　217

た　行

第一次世界大戦：
　海戦　naval warfare　214–228
　ケーブルと無線通信　cables and radio　187–203
　西部戦線　Western Front　188, 200, 212–214, 237
　通信諜報　communications intelligence　209–231
第一次世界大戦期のメキシコ　229–230
第一次世界大戦におけるプロパガンダ　200–203
第一次世界大戦期のスウェーデン　229
大艦隊　Grand Fleet　218–227
大西洋電信会社　Atlantic Telegraph Company　20–21, 40
大西洋の戦い　Battle of the Atlantic　332–337
タイタニック号　*Titanic*　174, 177
第二次世界大戦　World War Ⅱ：

さ 行

サーノフ　Sarnoff, David　248, 260, 283–285, 340, 354, 357
サイファー　Ciphers（暗号で表した数字）→コードを見よ
作戦情報本部　Operational Intelligence Centre →イギリス海軍を見よ
サフォード大尉　Safford, Lieutenant Lawrence 340
サミュエル　Samuel, Herbert　178
サムソーノフ大将　Samsonov, General Alexander　212
サモア（無線局）　Samoa（radio station） 171
サロー　Sarraut, Albert　174
サン‐アスィス（無線局）　Sainte-Assise（radio station）　255, 278, 357
サンディエゴ（無線局）　San Diego（radio station）　171, 194
サントニ　Santoni, Alberto　217–218, 222
サンフランシスコ（無線局）　San Francisco（radio station）　169
シーア大将　Scheer, Admiral Reinhard　222
シーグフリード　Siegfried, Jules　53
ジーメンス　Siemens, Walter　16, 27
ジーメンス　Siemens, Wilhelm　141
ジーメンス・シュッケルト社　Siemens Schuckert　257
ジーメンス・ハルスケ社　Siemens und Halske 27, 141, 158
ジーメンス兄弟社　Siemens Brothers and Company　36, 42, 141
シアスコンセット（無線局）　Siasconsett（radio station）　195
シヴェライト　Sivewright, J.　78
ジェイムソン　Jamesons　156
ジェリコ　Jellicoe, Admiral John　218, 222
シェンノート大将　Chennault, General Claire 343
シガバ暗号解読機　Sigaba cipher machine 308, 343
シドー　Sydow, Reinhold Friedrich von　141
「シドニー」　*Sydney*　192
シャーフハウゼン銀行　A. Schaaffhausen' scher Bankverein　141
シャウプ　Shoup, G. Stanley　284
ジャクソン　Jackson, Captain Henry　157
シャップ　Chappe, Claude　11
「シャルンホルスト」　*Scharnhorst*　219
シューベルト　Schubert, Paul　280
シュヴィーゲル大佐　Schwieger, Captain Walther　225
シュターチクニイ　Starzicny, Jacob　313
シュテファン　Stephan, Ernst Heinrich Wilhelm 141
シュペー大将　Spee, Admiral Maximilian von 191–192, 219–220
シュライナー　Schreiner, George　243, 272
シュルツ‐ボイセン　Schultze-Boysen, Harro 318
シュルツ・ハウスマン　Schultz Hausmann, Frederick von　314
『ジュルナル・デ・デバ』紙　*Journal des Debats* 136
シュワルツ・カペレ　Schwartze Kapelle 306
徐宗幹　Hsu Ch'ung-kan　71
ジョージ5世　George V. King　39
ショート大将　Short, General Walter C. 341
ジョーンズ　Jones, Sir Roderick　201
情報収集局　Forschungsamt　298, 318
商用ケーブル会社　Commercial Cable Company　42, 47, 105, 132, 143, 240, 245–246, 273–275, 283–286
商用太平洋ケーブル会社　Commercial Pacific Cable Company　123, 132, 245, 275
植民地・沿岸調査協会　Société des Etudes Coloniales et Maritimes　136
植民地連盟　Union Coloniale　136
ジョリー　Jolly, W. P.　160
ジョンソン大統領　Johnson, President Lyndon B.　19
ジロドー　Girardeau, Emile　173, 255
沈葆楨　Shen Pao-chen　74
真珠湾　Pearl Harbor　171, 194, 340–342, 352–353
新ドイツ電信会社　Neue Deutsche Kabelgesellschaft　273
ズールー戦争　Zulu War　79, 83
スイスでのスパイ活動　Switzerland, espionage in　318–320
スウェーデン迂回通信経路　Swedish Roundabout　229–230
スエンソン　Suenson, Edouard　54–55
スクリムザー　Scrymser, James　50–51, 131–132, 260

極東および太平洋　36, 43-46, 53-56, 73, 107-108, 238, 274
紅海　22-28, 37
黒海　19, 25
地中海　16-19, 267, 328
南アメリカ　51, 146-147
その他：
イギリスの戦略　British strategy　96-101, 111-113, 121-130, 286-287
延長　40-53, 80-82
会社（個人会社も参照）　43-48
起源　15-29
技術　34, 269-271
国際関係　93-95, 135-140
植民地統治　82-85
帝国主義　22-29, 63-86
長さ　33-35
配置　47-48, 267-272
ケーブル・ワイアレス会社　Cable and Wireless, Ltd.　300-302, 327-330, 351-360
ケーブル・ワイアレス株式会社　Cables and Wireless, Ltd.　282
「ゲーベン」　*Goeben*　217
ゲーリング　Goering, Hermann　228, 308
警察保安部　Sicherheitsdienst　299, 319
ゲシュタポ　Gestapo　306, 315
ゲッデス（駐ワシントン大使）　Geddes (ambassador to Washington)　241
ケネディ　Kennedy, P. M.　127, 254
ゲハイムシュライバー暗号解読機　Geheimschreiber cipher machine　306, 317
ケルヴィン　Kelvin, Baron→トムソンを見よ
ケルクホフス　Kerkhoffs, Auguste　211
ケルン　Kern, Stephen　188-190
検閲　Censorship：
ケーブル監視　cable scrutiny　245, 301
第一次世界大戦期　195-200
第二次世界大戦期　301-302
ボーア戦争期　113-115, 142
コーガン　de Cogan, Donard　20
コーツ　Coates, Vary　94
コード　Codes：
海軍コード　199, 211-231
外交コード　228-229
ケーブル信号　38
コマーシャル・コード　56-57
モールス信号　Morse　38
→AFB、ブラック・コード、FFB、FVB、HVB、JN25、SKM、Triton, VB も見よ
ゴードン　Gordon, Charles "Chinese"　79
ゴールドシュミット　Goldschmidt　169
ゴールドスミッド少佐　Goldsmid, Major Frederick　24, 26
紅海・インド電信会社　Red Sea and India Telegraph Company　23
公職機密法（1920）　Official Secrets Act (1920)　245, 297, 301
交通記録簿　Verkehrsbuch→VB 暗号を見よ
合同無線会社　United Wireless Company　170
国際電信会議（協定）（サンクト・ペテルブルク, 1875）　International Telegraph Convention (St. Petersburg, 1875)　14-15, 57, 114, 128
国際電信管理局　International Bureau of Telegraph Administrations　14, 114
国際電信電話会社　International Telephone and Telegraph Company→ITT を見よ
国際法と電信　International law, and telegraphy　97
国際無線通信委員会　Radio International Committee　254
国際無線電信電話会社　Compagnie Universelle de Télégraphie et Téléphonie Sans Fil　170
国立電気信号会社　National Electrical Signaling Company (NESCO)　169-170
ココス諸島（ケーブル基地）　Cocos Island (cable station)　123, 192, 273, 330
ゴッシェン　Goschen, George
コミント　Comint→通信諜報を見よ
コモンウェルス通信協議会　Commonwealth Communications Council　359
コモンウェルス電気通信会議　Commonwealth Telecommunications Conference (1945)　359
ゴリアテ（無線局）　Goliath (radio station)　332
コリンズ　Collins, Perry　54
コルタノ（無線局）　Coltanoo (radio station)　176
コロッサス（コンピューター）　Colossus (computer)　306
コロネル沖海戦　battle of Coronel　220
『コンテンポラリー・レビュー』誌　*Contemporary Review*　111

北アフリカ：
戦い 308
北アフリカへのケーブル 17–18, 354–356
北ドイツ海底ケーブル会社 Norddeutsche Seekabelwerke 141–148
キッチナー Kitchener, General Horatio H. 109–110
キャメロン Cameron, Verney Lovett 79
キャンベル大将 Campbell, General Colin 66
キューバ海底電信会社 Cuba Submarine Telegraph Company 45, 47, 50, 106
キューバ電信会社 Cuban Telephone Company 274
ギヨーム Guilleaume, Emil 141–144
ギヨーム Guilleaume, Max 141
ギヨーム Guilleaume, Theodore 141
ギルバート Gilbert, George 55
義和団事件 Boxer Rebellion 76, 127, 144
キングスタウン・ヨットレース Kingstown yacht races 157
キングレーク Kinglake, A. W. 19
キンバリー Kimberley, John W. 84, 105
キンメル Kimmel, Admiral Husband Edward 341
クート Coote, Audley 122
クーネルト Kunert, Artur 272
グールド Gould, Jay 42, 51
クールベ大将 Courbet, Admiral 101
グアム島（無線局） Guam (radio station) 171
クエット Quet, Pierre 320
クック Cooke, William 12
クック‐フィートストン電信 Cooke-Wheatstone telegraph 65
クビチェク Kubicek, Robert 85
クラーク Clark, Keith 248
クラーク Clarke, Sir Andrew 84
クラーク Clarke, Russell 215
クラウゼヴィッツ Clausewitz, Karl von 221
クラウゼン Clausen, Max 317–318
クラウゼン Clausen, William 56
グラス・エリオット社 Glass Elliot and Company 17, 20–21
グラッドストーン Gladstone, William 94
クラドック少将 Craddock, Rear Admiral Sir Christopher 220
グラネー Granet 102
グラモン社 Etablissements Grammont 36
グラモン社 Société Grammont 18
グランヴィル Granville, George 94
クランプトン Crampton, Thomas 16
クリーヴランド大統領 Cleveland, President Grover 130
クリード・テレプリンター社 Creed Teleprinter Company 299
グリーリー Greely, Genefal 106–107, 159
クリスチャン9世 Christian IX, King 54
クリフデン（無線局） Clifden (radio station) 163, 176, 194
クリプトテクニック株式会社 Aktiebolaget Cryptoteknik 299
クリミア戦争 Crimean War 18–19, 22
グリムストン Grimstone, Robert 26
クリューガー大統領 Kruger, President Paul 103
クルーゲ Kluge, General Gunther von 317
クルスクの海戦 battle of Kursk 319
グレーヴズ Graves, James 38
グレート・イースタン号 *Great Eastern* 21–22, 28, 37
グレート・ノーザン中国・日本電信拡張会社 Great Northern China and Japan Extension Telegraph Company 54–55
グレート・ノーザン電信会社 Great Northern Telegraph Company 46–47, 54–56, 73–76, 123, 130, 132, 139, 145, 191, 245, 329
グレイ Gray, Matthew 80
グレイ Grey, Edward 144
グレイス・ベイ（無線局） Glace Bay (radio station) 163, 194
グレイソン大将 Grayson, Admiral Cary 248
ケーブル Cables：
時代：
第一次世界大戦期 187–203
第二次世界大戦期 327–331, 351, 354–355
両大戦間期 238–250
地域：
アフリカ 77–82, 137–139, 147–148
インド 22–28, 48–50
インド洋およびオーストラリア 43–44, 48–50, 126–128
カリブ海 37, 45–46, 50–53, 98–101, 106–108, 275
北大西洋 19–22, 28, 34–42, 133–134, 191–195, 238, 273–274, 335–336

オバッハ　Obach, Eugen　141
オランダ　13, 145–146
オランダ領東インド　Netherlands East Indies　14, 145–146, 302
オリバー大将　Oliver, Admiral Sir Henry Francis　215, 221–222
オレンジ自由国　Orange Free State→南アフリカを見よ

か　行

カーク　Kirk, John　79
カーゾン　Curzon, George Nathaniel　242
カーティン　Curtin, John　359
カーナーボン　Carnarvon, Henry Herbert　78, 83, 98
カーナーボン（無線局）　Caernarvon (radio station)　176, 251–252, 276
ガービー－チェルニアウスキ大尉　Garby-Czerniawsaki, Captain Roman　315
ガーリンスキ　Garlinski, Jozef　320
カールトン　Carlton, Newcomb　230, 244–246, 283–285
カーン　Kahn, David　211, 230
海外無線通信会社　Drahtlose Ubersee-Verkehrs Aktiengesellschaft.→トランス・ラジオ社を見よ
会議：
　国際電信会議　*International telegraph*：
　　ウィーン（1868）　14
　　サンクト・ペテルブルク（1875）　14–15
　　パリ（1865）　14, 97
　　パリ（1884）　97
　　ベルリン（1855）　13
　　ローマ（1871-72）　14
　国際無線電信会議　*International radiotelegraph*：
　　ベルリン（1903）　161
　　ベルリン（1906）　161
　　ロンドン（1912）　177
　　ワシントン（1927）　279
　その他：
　　コモンウェルス電気通信会議（1945）　Commonwealth Telecommunications (1945)　359
　　植民地会議（1887）　121
　　帝国会議（1911）　177
　　帝国会議（1921）　252
　　帝国ケーブル無線会議（1928）　Imperial Cable and Wireless (1928)　281
　　パリ講和会議（1919）　238–240
　　ミュンヘン会議（1938）　300–301
　　ワシントン海軍軍縮会議（1921）　Washington Naval Arms Limitation (1921)　241
　　ワシントン通信会議（1920）　Washington Communications (1920)　241
海軍　Kriegsmarine→ドイツ海軍を見よ
海軍諜報部　Naval Intelligence Division.→イギリス海軍を見よ
外交と電信　Diplomacy and telegraphy　93–95
海戦　Naval warfare：
　第一次世界大戦期　214–228
　第二次世界大戦期　330–344
海底電信会社　Submarine Telegraph Company　16
海底電信ケーブル　Submarine telegraph cables→ケーブルを見よ
ガタパーチャ　Gutta-percha　16, 36–37
ガタパーチャ社　Gutta Percha Company　21
カナダと大西洋ケーブル　Canada and the Pacific Cable　121–128
カビテ（無線基地）　Cavite (radio station)　171, 194
カミナ（無線局）　Kamina (radio station)　176, 191
カランサ大統領　Carranza, President Venustiano　230
カルチエ上院議員　Pouyer-Quertier, Senator　42
カルティエ大佐　Cartier, Colonel Fancois　213
ガルニエ通信社　Correspondance Garnier　12
ガルボ　Garbo　312
監視　Scrutiny→検閲を見よ
艦隊通信暗号帳　Flottenfunkspruchbuch→FFBを見よ
ガンビア－ペリ　Gambier-Perry, Richard　314
カンロベール大将　Canrobert, General　19
ギースラー　Giessler, Helmuth　214
ギースル（駐セルビア大使）　Giesl (ambassador to Serbia)　189
ギスケス少佐　Giskes, Major Hermann　315
ギズボーン　Gisborne, Lionel and Francis　22–23

von　219
インターナショナル・ウェスタン電気会社　International Western Electric Company　274
インド：
大反乱　Rebellion　22–23, 65
電信局　Telegraph Department　49, 66
郵便局　Post Office　66
インド－オスマントルコ電信協定　Indo-Ottoman Telegraphic Convention（1864）　26
インド－ヨーロッパ電信会社　Indo-European Telegraph Company　25, 27, 49, 54, 133, 144
インド－ヨーロッパ電信局　Indo-European Telegraph Department　24–25, 27, 49
インド・ゴム・ガタパーチャ電信会社　Rubber Gutta-Percha and Telegraph Works Ltd.　17, 36, 45–46, 80–81, 132, 138
インドシナ：
インドシナにおける無線通信　256
インドシナにおける電信　66–67
インドの電信　64–66
ヴァーレ　Walle, Heinrich　227
ヴァスムス　Wassmuss, Wilhelm　229
ヴィクトリア女王　Victoria, Queen　20, 39, 96
ウィルショウ　Wilshaw, Edward　328–329, 351, 357–359
ウィルソン大統領　Wilson, President Woodrow　195, 230, 237–240, 248
ヴィルヘルム２世　Wilhelm II, Kaiser　103
ウィンターボーザム　Winterbotham, Captain Fred W.　307
ウェード　Wade, Thomas　72
ウェスタン・ブラジル電信会社　Western and Brazilian Telegraph Company　43–44, 47, 51
ウェスタン・ユニオン電信会社　Western Union Telegraph Company　15, 42, 47, 51, 54, 69, 104, 130–135, 143, 198, 240–246, 272–273, 283–286, 354
ウェスタン電気会社　Western Electric Company　195, 250, 273
ウェスタン電信会社　Western Telegraph Company　51, 138, 146, 243–246, 273
ウェスティング・ハウス社　Westinghouse Company　195, 249
ヴェルレーヌ　Verlaine, Paul　316
ウォルスレイ大将　Wolseley, General Sir Garnet　83
ヴォルフ　Wolf, Bernhard　12, 200
ウルトラ　Ultra　316, 320 340, 343→ブレッチリー・パークも見よ
エイトケン　Aitken, Hugh G. J.　248
英仏協商　Entente Cordiale　140, 201
エクハルト　Eckhardt, Heinrich von　230
『エジンバラ・レヴュー』紙　*Edinburgh Review*　162
エドモンド大佐　Edmonds, Colonel　210
エニグマ暗号解読機　Enigma cipher machine　279, 303–306, 311, 335–337, 340
「エムデン」　*Emden*　192
エランジェ社　Société Erlanger→フランス大西洋ケーブル会社を見よ
エランジェ男爵　Erlanger, Baron　40
エル・カイエイ（無線局）　El Cayey（radio station）　171
エルウェル　Elwell, Cyril　167, 172
『エレクトリカル・レヴュー』誌　*Electrical Review*　251
『エレクトリシャン』誌　*The Electrician*　52
エレクトル　ELECTRE　316
遠洋艦隊 Hochseeflotte.→ドイツ、外洋艦隊を見よ
エンリケ（下院議員）　Henrique（deputy）　137
オーエンズ、「スノウ」　Owens, A. G.（"Snow"）　311
オーストラリア：
太平洋ケーブル　Australia, and Pacific cable　121–128
電信　telegraphs in　48–50
ケーブル　48–50, 121–128
無線通信政策　radio policy　252, 353
オーストラリア－ドイツ電信連合　Austro-German Telegraph Union　13
オーネゾルゲ　Ohnesorge, Wilhelm　329
オール・アメリカ・ケーブル社　All-America Cables, Inc　243–246, 275, 302, 330
オウショーニシ　O'Shaughnessy, William Brooke　15, 64–65
大島　浩　316–317
オクシャ－オルゼコウスキ　Oksza-Orzechowski, Tadeusz d'　81
オスマン帝国　Ottoman Empire　24–26, 143–144, 192, 217–218

王立通信隊 Royal Corps of Signals 297
大蔵省 Treasury 27, 44-45, 78, 80, 83, 122, 124, 157, 178
海軍省 Admiralty 11, 98, 111, 128, 157, 179, 215, 219-227, 241, 246, 253, 280, 286, 296, 330, 357
外務省 Foreign Office 27, 44-45, 55, 93-94, 98-101, 115, 286, 296, 301, 361
下院 House of Commons 22, 26-27, 125, 162, 252-253, 276
航空省 Air Ministry 253
商務省 Board of Trade 20, 27, 199
植民地省 Colonial Office 27, 44-45, 78-85, 94, 98, 111, 122, 124
郵政省 Post Office 56, 103-104, 111, 114, 121, 157-161, 178, 251-253, 277-280, 286, 357
陸軍 Army 212
陸軍省 War Office 80, 83, 98, 108, 111, 113, 128, 157, 178, 210, 219, 253, 296-297
報告書：
英印間電気通信報告（1891） Report on Telegraphic Communication with India（1891） 99
ケーブル通信に関する省庁間委員会報告（1901-1902） Report of the Interdepartmental Committee on Cable Communications（1901-1902） 128
戦時海底ケーブル通信に関する報告（1911） Report on Submarine Cable Communications in Time of War（1911） 129
戦時海底ケーブル通信に関する報告（1898） Report on the communications by Submarine Telegraph in Time of War（1898） 111-113
その他：
ケーブル戦略 cable strategy 96-101, 111-113, 128-130
第二次世界大戦期の無線政策 radio policy in World War II 351-362
太平洋ケーブル Pacific cables 121-128
通信統合 communications merger 279-288
電信買収法（1868） Telegraph Purchase Act（1868） 28
無線政策（1919-24） radio policy（1919-24） 251-254
→ブレッチリー・パーク、大艦隊、帝国無線通信網、MI 6、公職機密法（1920）、無線通信保安局、イギリス空軍；イギリス海軍飛行隊も見よ
イギリス海軍 Royal Navy 18, 110, 112, 157, 162, 190, 215-220, 226-227, 300, 308, 309
海軍諜報 Navy espionage 330-337
海軍諜報 Naval Intelligence 198-199, 214, 218-220
作戦情報本部 Operational Intelligence Centre 300-307, 331, 336
西部要塞前線司令部 Headquarters Western Approaches 331
潜水艦追尾室 Submarine Tracking Room 334-336
イギリス空軍（RAF） Royal Air Force（RAF） 299, 307
沿岸司令部 Coastal Command 331
戦闘機部隊 Fighter Command 306-308
イギリス情報局秘密諜報部 Secret Intelligence Service →ＭＩ６を見よ
イギリス・インド海底電信会社 British Indian Submarine Telegraph Company 28, 43
イギリス・インド電信拡張会社 British Indian Extension Telegraph Company 43, 49
イギリス・オーストラリア電信会社 British Australian Telegraph Company 43, 49
イギリス－地中海電信会社 Anglo-Mediterranean Telegraph Company 28, 43
イギリス陸軍航空隊 Royal Flying Corps 213
イギリス遠征軍 British Expeditionary Force
第一次世界大戦期 213
第二次世界大戦期 302
イタリア：
海軍 Navy 157-158
郵便電信省 Ministry of Posts and Telegraphs 156
イタリア国際電信電話会社 Compagnia Italiana dei Cavi Telegrafici Sottomarini→イタルカブレを見よ
イタルカブレ Italcable 273, 313
イリゴイエン大統領 Irigoyen, President Hipolito 257
インヴァーフォース卿 Inverforth, Lord（Andrew Weir） 281
イングランド England→イギリスを見よ
イングリス Inglis, K. S. 49
インゲノール大将 Ingenohl, Admiral Friedrich

暗号解読法　Cryptology：
1914年以前　210-211
第一次世界大戦期　219-225
第二次世界大戦期　299-321, 333-345
→通信諜報、暗号解読機も参照
両大戦間期　296-314
暗号コード ABC　218
暗号文解読　Cryptanalysis→暗号解読法を見よ
アンソン少佐　Anson, Major　200
アンデス横断電信会社　Transandine Telegraph Company　51
アンドリュー　Andrew, Christopher　210
イースタン・エクステンション・オーストラレーシア・中国電信会社　Eastern Extension Australasia and China Telegraph Company　43-44, 46-47, 67, 75, 101, 104, 124, 130-133, 258
イースタン電信会社　Eastern Telegraph Company　25, 43, 45, 47-49, 77, 132
イースタン電信連合会社　Eastern and Associated Telegraph Companies　43-50, 124, 192, 198, 243-245, 267, 274, 279-280, 287
イーデン　Eden, Anthony　360
イギリス　Great Britain：
委員会および会議：
無線電信諮問委員会（1912-13）；Advisory Committee on Wireless Telegraphy（1912-13）　178
植民地会議（1887）Colonial Conference（1887）　121
英印間電信委員会（1891）　Communications with India（1891）　99
英印間の通信に関する特別委員会（1866）Select Committee on Communications with India（1866）　26-27
英領及び植民地の防衛に関する王立（カナーボン）委員会（1880-81）　Royal（Carnarvon）Commission on the Defence of British Possessions and Colonies（1880-81）　98
ケーブル通信に関する小委員会（1911）Sub-Committee on Cable Communications（1911）　129
ケーブル通信に関する省庁間委員会　Interdepartmental Committee on Cable Communications　128
合同委員会（1859-60）Joint Committee（1859-60）　20, 23
合同通信理事会　Joint Communications Board　355-356
植民地防衛委員会　Colonial Defence Committee　98-99, 127
戦略的ケーブルに関する小委員会（1932）Strategic Cables Sub-Committee（1932）　288
帝国会議（1911）　Imperial Conference（1911）　177
帝国会議（1921）　Imperial Conference（1921）　252
帝国通信委員会　Committee on Telegraphic　241, 251-252, 277, 286-287, 328, 356, 359, 361
帝国通信諮問委員会　Imperial Communications Advisory Committee　280-287, 352, 359
帝国電気通信事業委員会　Committee on Empire　359
帝国防衛委員会　Imperial Defence Committee　129, 178, 190, 253, 280, 288
帝国無線・ケーブル会議（1928）　Imperial Wireless and Cable Conference（1928）　281
帝国無線通信委員会（1914）　Sub-Committee on Empire Wireless（1914）　179
帝国無線電信（ドナルド）委員会（1924）Imperial Wireless Telegraphy（Donald）Committee（1924）　253, 276
帝国無線電信（ノーマン）委員会（1919-20）　Imperial Wireless Telegraphy（Norman）Committee（1919-20）　251
「ビーム」無線とケーブル間の競争に関する特別小委員会（1927）　Sub-Committee on Competition between “Beam” Wireless and Cable（1927）　280
イギリス放送協会（BBC）　316
無線電信小委員会（1924）　Wireless Telegraphy Sub-Committee（1924）　253
無線電信に関する特別委員会（1907）　Select Committees on Wireless Telegraphy（1907）　162
無線電信（ミルナー）委員会　Wireless Telegraphy（Milner）Commission　252
無線電信理事会　Wireless Telegraphy Board　355
政府：
インド省　India Office　23, 27, 98, 178

アナポリス（無線局） Annapolis (radio station) 194–195
アプヴェーア（ドイツ国防軍最高司令部外国諜報局） Abwehr 298–299, 311–319
アブザーバル（無線局） Abu Zabal (radio station) 178, 194, 252
アブランシュ渓谷の戦い battle of Avranches Gap 317
アフリカ周辺のケーブル網 cables around Africa 77→東アフリカ、南アフリカ、西アフリカも見よ
アフリカ大陸横断電信会社 African Transcontinental Telegraph Company 81
アフリカ直通電信会社 African Direct Telegraph Company 44, 47, 77
アフリカ部隊 Afrika Korps 310
アメリカ合衆国：
アメリカ連邦議会 Congress 130, 162, 171, 230, 245–246, 284, 354
海軍 Navy 107, 158, 166–168, 191–196, 238, 245–249, 308, 332, 340–342, 352
海軍情報部（FRUPac. Op-20-G も見よ）Office of Naval Intelligence 338–340
下院 House of Representatives 130
下院州間及び海外通商委員会 House Interstate and Foreign Commerce Committee 245
ケーブル政策 cable policy 130–135, 238–246
ケーブル敷設ライセンス聴聞会 Cable Landing License Hearings 132
国防通信委員会（DCB） Defense Communications Board 352–353
国務省 State Department 94, 199, 210, 230, 245, 286, 338, 352
最高裁判所 Supreme Court 245
財務省 Treasury Department 352
司法省 Justice Department 274
シャーマン反トラスト法 Sherman Anti-Trust Act 134
上院 Senate 130
上院州間通商委員会 Senate Interstate Commerce Committee 245, 284–286, 351
商務省 Commerce Department 284
信号秘密保全局 Signal Security Agency 343
戦時情報通信委員会 Board of War Communications 357
第一次世界大戦への参戦 228–229
通信隊 Signal Corps 159, 168, 299, 357
通信隊情報部（SIS） Signal Intelligence Service 338–339
無線政策 radio policy 351–362
無線通信諜報部 Radio Intelligence Division 314
陸軍 106, 195
陸軍省 War Department 352
連邦捜査局 Federal Bureau of Investigation 313
連邦通信委員会 Federal Communications Commission 286, 313, 351–354
連邦無線委員会 Federal Radio Commission 279
アメリカ合衆国・ハイチ電信会社 United States and Hayti Telegraph Company 53, 106
アメリカ西岸電信会社 West Coast of America Telegraph Company 44, 47, 51
アメリカ電信電話会社 American Telephone and Telegraph Company→AT & T を見よ
アメリカ無線通信会社 Radio Corporation of America→RCA を見よ
アメリカン・ブラック・チェンバー（アメリカ諜報機関） American Black Chamber 338
アメリカン・マルコーニ社 American Marconi company 167–168, 195–196, 247–249
アリ Alis, Harry 136
アルコ Arco, Wilhelm Alexander Hans von 169, 175
アルジェリアへのケーブル cables to Algeria 17–18
アルゼンチンの無線通信 radio in Argentina 254–257
アルデンヌ攻防戦 Ardennes offensive 317
アレキサンダー Alexander, III, Czar 54
アレキサンダー Alexander, Field Marshal Sir Harold 310
アレクサンダーソン Alexanderson, Ernst 167, 196, 254
アングロ・アメリカ電信会社 Anglo-American Telegraph Company 22, 35–47, 38, 40, 42, 44, 103–104, 134, 136, 143, 163
暗号解読 Code breaking→暗号解読法を見よ
暗号解読機 Cipher machines 298–299→エニグマ、暗号解読機：「ゲハイムシュライバー」「パープル」「レッド」、シガバ、タイペックス、M-209も見よ

索　引

ABC 暗号　ABC code　218
AEFG（米英仏独）コンソーシアム　AEFG Consortium　257–258
AFB 暗号　AFB code　222
AP→AP 通信社を見よ
AP 通信社　Associated Press　107, 200
AT & T　134, 172, 249, 272–274
B－ディーンスト（ドイツ海軍の諜報機関：暗号解読班）　B-Dienst　226–227, 297–299, 307, 333–337, 343
CFCT→フランス電信ケーブル会社を見よ
CSF→無線電信総合会社を見よ
DAT→ドイツ－大西洋電信会社を見よ
E－ディーンスト（暗号解読班）　E-Dienst　227
FFB 暗号　FFB code　223
FRUPac　340, 342–344
FVB 暗号　FVB code　222
GC & CS→国営コード・サイファー学校を見よ
GCHQ→ブレッチリー・パークを見よ
GE→ゼネラル・エレクトリック社を見よ
GRU（ソヴィエト軍情報部）　GRU（Soviet military intelligence）　317
HF/DF　333–334, 336
HVB 暗号　HVB code　217
I & IC→帝国国際通信会社を見よ
ITT　274, 283–286, 313, 354
ITU→国際電信連合を見よ
JN25コード　JN25 code　340–341
M-209 暗号解読機　M-209 cipher machines　299
MI 6［軍情報部第 6 課］　209, 307, 311, 312
MI 8　337
OKW→第二次世界大戦中のドイツ国防軍最高司令部を見よ
OKW/Chi　298, 307, 310
Op-20-G　340–342
PQ→パリ～ニューヨーク間フランス電信会社、カルチエ上院議員を見よ
R. S. ニューアル社　R. S. Newall and Company　17–23
RCA（アメリカ無線通信会社）　RCA（U. S. wireless-communications company）　247–250, 283–285, 302, 313, 340, 354
RCA コミュニケーション社　RCA Communications, Inc.　283–285
SFR→フランス無線電信会社を見よ
SIS→ＭＩ６を見よ
SKM 暗号　SKM code　217–222
SLU→特別連絡部隊を見よ
TC & M→電信建設維持会社を見よ
USSR：
　GRU（軍情報部）　GRU（military intelligence）　317
　国家保安省　Ministry of State Security　318
　スパイ・リング　spy rings　317–321
　無線通信　radio　279
U－ボート　U-boats→潜水艦を見よ
VB 暗号　VB code　217–218, 222
W. T. ヘンリー電信会社　W. T. Henley Telegraph Works　36
Y（通信傍受）任務　Y-Service　215

あ　行

アー・エー・ゲー（AEG）→総合電気会社を見よ
アーリントン（無線局）　Arlington（radio station）　171, 194
アール　Earle, C. D.　69–70
アイザックス　Isaacs, Godfrey　170, 178, 251
アイザックス　Isaacs, Rufus　178
アイゼンハワー大将　Eisenhower, General Dwight D.　357
アイルフェス（無線局）　Eilvese（radio station）　191, 193, 224
アヴァス　Havas, Charles Louis.→アヴァス通信社を見よ
アヴァス通信社　Agence Havas　12
アヴェナイネン　Ahvenainen, Jorma　72, 145
赤いオーケストラ　Red Orchestra　318
アコス　Accoce, Pierre　320
アシャンティ戦争　Ashanti War　80, 83
アゾレス諸島へのケーブル　cables to Azores　103–105, 143
アディー　Adee, Alvin　242

【訳者紹介】

竹内真人（たけうち　まひと）〈第２章、第３章担当〉

1969年生まれ。ロンドン大学大学院（キングス・カレッジ）博士課程修了（Ph. D. [History]）

現　在　日本大学商学部准教授

主な業績：*Imperfect Machinery? Missions, Imperial Authority, and the Pacific Labour Trade, c.1875-1901*（Saarbrücken, Germany: VDM Verlag, 2009)、『軍拡と武器移転の世界史——兵器はなぜ容易に広まったのか——』（共著、日本経済評論社、2012年）

山下雄司（やました　ゆうじ）〈第４章、第５章担当〉

1975年生まれ。明治大学大学院商学研究科博士後期課程修了（博士：商学）

現　在　日本大学経済学部助教

主な業績：『日英兵器産業史——武器移転の経済史的研究——』（共著、日本経済評論社、2005年)、『日英経済史』（共著、日本経済評論社、2006年)、「イギリス光学産業の市場構造に関する史的考察——第一次世界大戦と戦間期を対象として——」『明大商学論叢』（第91巻第２号、2009年）

福士　純（ふくし　じゅん）〈第６章、第７章担当〉

1976年生まれ。明治大学大学院文学研究科博士後期課程修了（博士：史学）

現　在　岡山大学大学院社会文化科学研究科准教授

主な業績：「1886年『植民地・インド博覧会』とカナダ」（『社会経済史学』第72巻第５号、2007年)、「イギリス関税改革運動とカナダ製造業利害」（『歴史学研究』第866号、2010年）

高田　馨里（たかだ　かおり）〈第13～15章、「文献案内」担当〉

1969年生まれ。明治大学大学院文学研究科博士後期課程修了（博士：史学）

現　在　大妻女子大学比較文化学部准教授

主な業績：『軍拡と武器移転の世界史——兵器はなぜ容易に広まったのか——』（共著、日本経済評論社、2012年)、『オープンスカイ・ディプロマシー——アメリカ軍事民間航空政策1938～1946年』（有志舎、2011年）

【監訳者紹介】

横井勝彦（よこい　かつひこ）〈「はしがき」、第８～10章、「訳者あとがき」、索引担当〉

1954年生まれ。明治大学大学院商学研究科博士課程単位取得
現　在　明治大学商学部教授
主な業績：『日英兵器産業とジーメンス事件――武器移転の国際経済史――』（共著、日本経済評論社、2003年）、『アジアの海の大英帝国――19世紀海洋支配の構図――』（講談社、2004年）、アンドリュー・ポーター編『大英帝国歴史地図――イギリスの海外進出の軌跡：1480年～現代――』（共訳、東洋書林、1997年）

渡辺昭一（わたなべ　しょういち）〈第１章、第11章、第12章、「訳者あとがき」、索引担当〉

1953年生まれ。東北大学大学院文学研究科後期博士課程満期退学
現　在　東北学院大学文学部教授
主な業績：『ヨーロピアン・グローバリゼーションの歴史的位相――「自己」と「他者」の関係史――』（編著、勉誠出版社、2013年）、『帝国の終焉とアメリカ――アジア国際秩序の再編――』（編著、山川出版社、2006年）、木村和男編『世紀転換期のイギリス帝国』（共著、ミネルヴァ書房、2004年）

インヴィジブル・ウェポン　電信と情報の世界史 1851–1945

2013年６月19日　第１刷発行　　　定価（本体6500円＋税）

著　者　D. R. ヘッドリク
監訳者　横井勝彦
　　　　渡辺昭一
発行者　栗原哲也

発行所　株式会社　日本経済評論社

〒101-0051　東京都千代田区神田神保町3-2
電話　03-3230-1661　FAX　03-3265-2993
info8188@nikkeihyo.co.jp
URL：http://www.nikkeihyo.co.jp

装幀＊奥定泰之　　　印刷＊文昇堂・製本＊誠製本

乱丁・落丁本はお取替えいたします。　Printed in Japan

ISBN978-4-8188-2268-9

D・R・ヘッドリク著／原田勝正・多田博一・老川慶喜訳

帝国の手先
―ヨーロッパ膨張と技術―

A5判　三二〇〇円

19世紀ヨーロッパの帝国主義列強は、いかなる技術を用いてアジア、アフリカ進出を果たしたか。技術と帝国主義のかかわりを社会史の観点から克明に分析する。

D・R・ヘッドリク著／原田勝正・多田博一・老川慶喜・濱文章訳

進歩の触手
―帝国主義時代の技術移転―

A5判　四五〇〇円

西欧列強のアジア・アフリカ支配は飛躍的な工業技術の進歩ぬきには語れない。船舶、鉄道、電気通信、鉱業・冶金などの技術は植民地にどのようにもたらされ、受容されたのか。

ディヴィス・ウィルバーン編著／原田勝正・多田博一監訳

鉄路17万マイルの興亡
―鉄道からみた帝国主義―

A5判　三二〇〇円

20世紀初頭までに欧米列強はアジア・アフリカへ競って鉄道を建設した。距離にして17万マイル（27万キロ）。そこには帝国側と植民地側のさまざまな駆け引きがあった。

奈倉文二・横井勝彦・小野塚知二著

日英兵器産業とジーメンス事件
―武器移転の国際経済史―

A5判　三〇〇〇円

日本海軍に艦艇、兵器とその製造技術を供給したイギリスの民間兵器企業・造船企業の生産と取引の実体や、国際的贈収賄事件となったジーメンス事件の謎に迫る。

横井勝彦・小野塚知二編著

軍拡と武器移転の世界史
―兵器はなぜ容易に広まったのか―

A5判　四〇〇〇円

軍拡と兵器の拡散・移転はなぜ容易に進んだのか。16～20世紀にわたる世界の武器についての「受け手」「送り手」「連鎖の構造」などを各国の事例をもとに考察する。

（価格は税抜）

日本経済評論社